방탕하고
쟁취하며
군림하는

암컷들

방탕하고
쟁취하며
군림하는

암컷들

루시
쿡

조은영
옮김

BITCH

이 책을 먼저 읽은 분들이 보낸 찬사

다윈은 그의 성선택 이론을 두 갈래로 나눠 설명했다. 짝짓기의 선택권은 궁극적으로 암컷에게 있으며(암컷 선택), 암컷의 간택을 받기 위해 수컷들은 경쟁할 수밖에 없다(수컷 경쟁). 수컷의 가장 결정적 약점은 스스로 자식을 낳을 수 없다는 것이다. 그래서 수컷들은 암컷에게 잘 보이기 위해 화려한 깃털로 치장하고 밤이 새도록 노래하고 춤을 추며 교태를 부리거나 근력, 재력, 권력을 키워 아예 다른 수컷들이 암컷에게 접근조차 못 하도록 막는다. 이런 삶의 현장을 바라보면 자연은 언뜻 수컷들의 세상처럼 보인다. 하지만 일부일처제를 가장 잘 지키는 듯한 새들도 막상 유전자 검사를 해보니 한 둥지에서 사는 새끼들의 아빠가 서로 다르다. 적극적이고 방탕한 암컷들이 세상을 움직이고 있는 것이다. 암컷에 관한 충격적인 이야기들을 쏟아내는 이 책에 왜 우리는 이토록 속수무책으로 빨려드는 것일까? 우리가 기실 오래전부터 세상을 주무르는 실체가 암컷이라는 사실을 뼈저리게 느끼며 살아왔기 때문이 아닐까? 이 책을 읽다 보면 저절로 고개가 끄덕여진다.

—최재천(이화여자대학교 에코과학부 석좌교수, 생명다양성재단 대표)

이 책은 원제 'Bitch'에서부터 전하고 싶은 메시지를 강렬히 드러낸다. 동물의 암컷을 가리키는 수많은 영어 단어 중 굳이 선택된 '비치(암캐)'는 '성깔 더러운 여자'를 가리키는 비속어다. 『암컷들』은 (둔하게) 크고 정적인 난자 하나를 품고 얌전하게 기다리는 암컷의 선택을 받기 위해 역동적이고 재빠른 정자 군단을 앞세워 고군분투하는 수컷에게만 관심을 쏟아 부은 진화생물학 연구사에서 지워지고 잊혔던 암컷, 그리고 그들이 고군분투하며 이루어낸 무궁무진한 진화적 혁신에 대한 책이다. '여자답지 못한' 암컷과 '남자답지 못한' 수컷을 연구하며 여자다움과 남자다움이라는 틀이 얼마나 자연적이지 않은지, '찐' 자연은 얼마나 다양하고 화려한지 보여주는 과학자들의 여정에 연대하며 이 책을 강력하게 추천한다.

—이상희(캘리포니아대학교 리버사이드 인류학 교수)

"과학에는 뜻밖의 재미가 아주 많습니다. 하지만 질문하지 않는다면 답도 찾을 수 없겠지요. 올바른 질문을 하려면 이걸 살펴볼 여성이 있어야 했어요."『암컷들』은 전복적 발견, 즐거운 깨달음으로 가득한 책이다. 좌우대칭 암수한몸인 자웅모자이크 새, 산쑥들꿩의 구애, 거미의 동족 포식성 69 체위, 양서류의 다양한 돌봄 전략, 개코원숭이의 계급과 부모되기 등을 탐색하면서, 우리는 진화생물학이 밝혀낸 새로운 진실의 영토를 알아간다. 그 결과, 과학이 동물의 암컷을 얼마나 왜곡해왔는지를 차근차근 접하게 된다. 무엇보다도 연구실에서 바다, 정글을 오가는 듯한 박진감 넘치는 서술 덕분에 즐거운 독서가 된다.

—**이다혜**(《씨네21》 기자, 『출근길의 주문』 저자)

아름다운 글, 매우 재미있고 중요한 내용을 다루고 있다. 루시 쿡은 생물학 분야에서 두 세기에 걸친 성차별적 신화를 날려 보낸다.

—**앨리스 로버츠**(버밍엄대학교 생물인류학 교수, 『세상을 바꾼 길들임의 역사』 저자)

재밌고 유익하고 혁명적이다. 이 책은 학교에서 읽혀야 한다. 쿡은 실제 연구 자료를 정확히 파악하여 여성 과학자들의 실질적인 기여에 대해 목소리를 내고 학계와 대중의 성에 대한 편견·맹목·무지를 파괴한다. 이 책을 읽고 나면 다시는 흰동가리, 따개비, 범고래, 알바트로스 그리고 인간을 이전과 같은 방식으로 볼 수 없을 것이다. 그리고 세상은 더 나아질 것이다.

—**오거스틴 푸엔테스**(프린스턴대학교 인류학 교수)

다윈 씨, 이제 떠날 시간이 되었습니다. 이것이 바로 우리가 기다렸던 진화적 리부트다.

—**수 퍼킨스**(영국의 작가 겸 배우)

성에 대한 완전하고도 정확한 탐구. 이 얼마나 기쁜가!

—**크리스 팩햄**(영국의 동식물 연구가·작가)

동물의 성에 관한 흥미로운 가이드. 고리타분한 낡은 생각들을 날려버린다.

—《**텔레그레프**》

최고의 과학책. 면밀한 연구 내용과 도발적인 필체 —《네이처》

스토리텔러로서의 유머에 생물학 연구자의 과학적 권위가 결합한 책 —《사이언스》

대담하고 매혹적인 엎어치기. 놀라움으로 가득한 책 —《가디언》

생물학적 연구에 담긴 성차별적 시선을 걷어내는 책 —《파이낸셜 타임스》

암컷의 행동과 성에 대한 선입견을 눈부시게, 재미있게, 그리고 우아한 분노로 부숴버리는 책. 폭발적이고 놀랍다. —《옵서버》

폭발적이다! 진화생물학의 최전선에 관한 유쾌한 깨달음을 주는 여행!
—《사이언티픽 아메리카》

신화를 흥미롭게 파헤치는 최고의 자연과학서 —《커커스》

고정관념을 거부하는 동물들에 대한 생생한 묘사. 매력적이고 도발적인 스타일의 글
—《퍼블리셔스 위클리》

다채롭고 헌신적이며 깊이 있는 정보를 제공한다. —《선데이 타임스》

내 인생의 모든 계집들에게 바칩니다.
당신들이 주신 사랑과 영감에 감사하며.

———

왼쪽부터 루시 쿡, 메리 제인 웨스트 에버하드, 세라 블래퍼 허디, 진 앨트먼

이 책에 쓰인 언어에 관하여

언어는 빠르게 진화한다. 성과 젠더에 관한 용어의 통합을 두고 논의가 한창이다. 용어를 혼동하지 않고 적절히 쓰는 것은 대단히 중요하다. 비인간 동물에게 젠더가 없다는 사실은 과학자들 대부분이 동의하고 있다. 이 책에 쓰인 암컷과 수컷이라는 말은 동물의 생물학적 성sex을 말한다. 나는 이 책을 쓰면서 어느 정도 의인화를 허용했다. 일부는 예로부터 관습적으로 쓰여온 용어로, 암컷의 생식기가 '남성화'되었다거나 뇌가 '여성화'되었다는 표현은 원기재문에 나오는 말이다. 오늘날 학문의 영역에서 동물의 성적 특징이나 행동을 설명할 때 굳이 그런 젠더화된 용어를 쓸 필요는 없고 써서도 안 된다.

나는 동물을 기술할 때 '어머니'나 '아버지' 같은 젠더화된 용어를 사용했는데, 이 역시 문제의 과학자들이 사용했던 말이기 때문이지만 내 책을 읽는 대부분의 독자는 내가 그런 말을 썼을 때 무엇을 또는 누구를 지칭하는지 알 거라고 생각한다. 예를 들어 '어머니' 또는 '어미'는 부모 중 알을 낳는 쪽을 말한다. 심지어 나는 스토리텔링의 목적에서 팜파탈, 여왕, 레즈비언, 자매, 부인, 계집과 같은 의인화된 용어도 사용했다. 독자는 자신의 분야에서 이런 명칭들을 복제하여 사용하지 않아도 된다. 나는 의인화가 의도치 않게 젠더화에 영향을 미칠 수 있음을 잘 알고 있다.

이 책은 성이란 대단히 다양하며, 성을 이원적으로 구분하는 젠더화된 발상이 어불성설임을 보여주고자 한다. 이런 의도가 명확하게 전달되기를 진심으로 바라는 바이다.

일러두기   · 이 책은 국립국어원 표준국어대사전의 표기법을 따랐다.

· 용어의 원어는 첨자로 병기하였으며 학명은 이탤릭체로 별도 표기했다.
독자의 이해를 돕기 위한 옮긴이 주는 각주에 '-옮긴이'로 표기했다.

· 국내 번역 출간된 책은 한국어판 제목으로 표기했으며, 미출간 도서는 원
어를 병기했다.

차례

암컷은 어떻게 태어나 생존을 위한 투사로 살아가는가.
다윈 시대의 흑백사진에서 조금만 시선을 돌리면
총천연색 와이드스크린 속 숨 막히게 매혹적인 그녀들의 세계가 펼쳐진다.

다윈의 고정관념을
거스르는 암컷들

6H

동물학을 공부하면서 나는 서글픈 부적합자가 되었다. 그건 내가 거미를 사랑하고 길가에서 죽은 동물을 발견하면 해부하고 동물의 배설물이 눈에 띄면 똥의 주인이 뭘 먹었는지 보려고 기어이 헤집어보기 때문이 아니다. 내 동기들도 모두 그런 별난 호기심꾼들이었기에 그런 일로 부끄러울 건 없었다. 내 불안의 근원은 성性이었다. 이 분야에서 여자는 딱 한 가지를 뜻했으니까. 패배자.

"암컷은 착취당하는 성이다. 착취의 진화적 근거는 난자가 정자보다 크다는 사실에 있다." 대학 시절 우리를 가르쳤던 리처드 도킨스가 진화론의 바이블인 『이기적 유전자』에 쓴 말이다.[1]

동물학 법칙에 따르면 우리 난자 제조기들은 덩치 큰 제 생식세포에게 배신당했다. 이동성이 뛰어난 수백만 개짜리 정자가 아니라 영양이 풍부한 난자 몇 개에 유전물질을 투자하는 바람에 그 옛날 여성의 선조들이 생명의 복권에서 꽝을 뽑았다는 것이다. 이제 죽을 때까지 여자는 정자를 쏘는 자들의 보조 역할이나 할 운명이다.

나는 (명백히 사소한) 이런 성세포의 차이가 성 불평등의 확고한 생물학적 토대라고 배웠다. 도킨스는 "암컷과 수컷 사이의 다른 모든 차이가 오직 이 한 가지 근본적인 다름에서 비롯했다고 해석할 수 있다."라고 말했다.[2] "암컷에 대한 착취는 여기에서 시작된다."

　동물의 수컷은 저돌적인 주체로서 파란만장한 삶을 살았다. 주도권과 여자를 두고 서로 싸웠으며 자신의 씨를 되도록 멀리 많이 뿌려야 하는 생물학적 책무에 따라 상대를 가리지 않고 섹스했다. 수컷은 사회적으로도 우위에 있다. 수컷이 앞에서 이끌면 암컷은 얌전히 뒤를 따른다. 암컷에게 주어진 것은 온전히 자기를 내어주는 어머니의 역할이었다. 어머니의 일이란 대개 한결같다. 암컷은 경쟁심이 없으며 암컷에게 섹스는 욕구가 아닌 의무에 불과하다.

　진화를 이끌어가는 주체도 수컷이다. 암컷은 수컷과 DNA를 공유한 덕분에 고분고분하기만 하면 무임승차가 가능하다.

　난자를 제조하는 진화 전공자로서 나는 성역할을 구분하는 이 올드한 1950년대 시트콤에서 내 자리를 찾을 수가 없었다. 나는 뭐 여자 돌연변이쯤 되는 걸까?

　고맙게도 답은 "아니요"이다.

　과거 성차별적 신화가 생물학에 도입되면서 동물의 암컷을 바라보는 방식이 크게 왜곡되었다. 실제 자연 세계에서 암컷의 형태와 역할은 대단히 폭넓은 스펙트럼의 해부구조와 행동을 아우른다. 물론 헌신적인 어머니상도 그중 하나다. 그러나 동물의 세계에는 자기가 낳은 알을 버리는 암새도 있고, 바람난 아내를 둔 수컷들의 하렘에서 새끼를 키우는 물꿩도 있다. 정절을 지키는 암컷도 있지만 전체 종의 7퍼센트만 성적으로 일부일처이며, 많은 암컷이 여러 상대를 전전하며 섹스하는 바람둥이 기질이 다분하다. 동물 사회가 전적으로 수컷에 의해 지배되는 것도 아니다. 알파 암컷은 여러 분류군에서 진화했고, 자애로운 보노보에서 잔인무도한 여왕벌까지 다양한 방식으로 권력을 행사한다. 암컷은 수컷들만큼이나 서로 살벌하게 경쟁한다. 토피영양 암컷은 잘난 수컷에 접근할 기회를 두고 거대한 뿔로 죽기를 각오하고 싸운다. 미어캣 여족장은 지구에서 가장 흉악한 포유류로서 경쟁자의 새끼를 죽이고 번식을 막는다. 팜파탈은 또 어떤가. 암거미는 교미가 끝나면, 아니 심지어 교미도 하기 전에 연인을 먹어치우는 동족포식을 일삼는다. '레즈비언' 도마뱀은 수컷의 도움 없이 오직 복제만으로 번식한다.

지난 수십 년간 암컷이 된다는 것의 의미를 두고 혁명이 일어났다. 이 책은 그 혁명에 관한 것이다. 나는 세상의 다채로운 암컷과 암컷을 연구하는 과학자를 주인공으로 삼아 소개할 것이다. 종의 암컷뿐 아니라 진화의 엔진 자체를 재정의한 인물들이다.

빅토리아 시대와 진화론의 아버지

어쩌다 인간이 자연을 보는 이런 삐딱한 관점에 도달하게 되었는지 파악하려면 빅토리아 시대의 영국으로 돌아가 내 우상인 찰스 다윈을 만나야 한다. 자연선택natural selection을 내세운 다윈의 진화론은 어떻게 공통 조상에서 시작해 생명의 풍부한 다양성이 유래했는지를 설명한다. 환경에 잘 적응한 생물은 살아남아 자신의 성공을 도운 유전자를 후대에 물려준다. 이 과정은 시간이 지나면서 변화와 종의 분화를 유발한다. 종종 '적자생존'이라고 잘못

인용되는―이 용어는 철학자 허버트 스펜서Herbert Spencer가 만들어 낸 것으로『종의 기원』제5판(1869)에서 다윈이 어쩔 수 없이 끼워 넣게 되었다.[3]―이 발상은 단순하기에 더없이 훌륭하며 역사를 통틀어 가장 위대한 지적 혁명의 하나로 정당하게 환영받는다.

그렇기는 하나 자연에 존재하는 모든 것을 자연선택으로 설명할 수는 없다. 다윈의 진화론도 수사슴의 뿔이나 공작의 꼬리로 인해 허점이 드러났다. 저런 화려하고 사치스러운 형질은 당장 살아남기에 전혀 도움이 되지 않을뿐더러 오히려 일상생활에 방해가 된다. 자연선택 같은 철저한 실용주의적 원칙의 산물일 리가 없다는 말이다. 다윈도 이 같은 사실을 인지했기에 오랫동안 괴로워했다. 마침내 다윈은 자연선택과는 전혀 다른 진화의 메커니즘이 작동하고 있음을 깨달았다. 바로 성에 대한 추구였고, 그래서 그는 그것을 '성선택sexual selection'이라고 불렀다.

새로 밝혀진 진화의 원동력은 현란하고 이색적인 형질을 잘 설명했다. 거추장스러운 장식물의 유일한 목적은 이성을 차지하거나 유혹하는 것임이 분명하다. 다윈은 그런 형질이 본질적으로 생존과는 무관하다는 점을 강조하고 생식기관처럼 생명을 영속하는 데 필수 불가결한 '일차적 성적 특성'과 구분하기 위해 '이차적 성적 특성'이라고 불렀다.

세상에 자연선택을 제안한 지 10년이 넘어갈 무렵 다윈은 두 번째 위대한 이론적 결작『인간의 유래와 성선택』을 발표했다. 이 묵직한 후속작에서 그는 성선택이라는 새 이론을 개괄했고, 이는 그가 두 성 사이에서 관찰한 크나큰 차이를 설명했다. 자연선택이 생존을 위한 투쟁이라면, 성선택은 본질적으로 짝을 찾기 위한 투쟁이다. 다윈에게 그 경쟁은 대개 수컷의 영역이었다.

　　다윈은 "거의 모든 동물에서 수놈의 열정이 암놈보다 강하다. 따라서 싸움을 벌이고 암컷 앞에서 부지런히 매력을 발산하는 것은 수컷이다."라고 설명했다.[4] "반면에 암컷은 극소수의 예외를 제외하면 수컷보다 덜 열심이다…… 암컷은 일반적으로 '구애를 받는 쪽'이다. 암컷은 수줍음이 많다."

　　이렇듯 다윈 앞에서 암수의 성적 이형성sexual dimorphism은 행동으로 연장되었다. 각 성의 역할은 신체적 특징만큼이나 예측 가능했다. 수컷은 암컷을 '소유'하기 위해서 특별히 진화된 '무기'나 '매력'[5]을 들고 치열하게 싸움으로써 진화의 주도권을 잡는다. 경쟁은 수컷의 번식 가능성을 다양하게 이끌고 성선택은 승리한 형질로 진화를 추진한다. 반면 암컷은 애초에 변이의 필요성이 적다. 암컷의 역할은 수컷이 진화시킨 특성을 받아들여 후대에 전달하는 것이다. 다윈은 왜 이런 차이가 나는지 확실히 알지 못했지만 그 근원이 성세포로까지 거슬러간다고 보아 암컷은 어미의 역할에 투자하는 바람에 기운이 소진했다고 의심했다.[6]

　　다윈은 성선택의 역학에서 수컷끼리의 경쟁 외에도 '암컷의 선택female choice'이라는 요소의 필요성을 알았다. 하지만 이 사실을 설명하기는 몹시 껄끄러웠으니, 암컷에게 수컷을 쥐락펴락하는 불편할 정도로 적극적인 역할을 부여하기 때문이다. 이는 빅토리아 시대의 영국에서는 쉽게 받아들여질 수 없는 발상이었고, 앞으로 2장에서 보겠지만 궁극적으로 다윈의 성선택 이론을 과학적 가부장제의 입맛에 맞지 않게 만들었다.[7] 그래서 궁여지책으로 다윈은 암컷의 선택이란 수컷들의 허세전에 '관중으로 서 있는'[8] 여성에 의해 '비교적 수동적'[9]이고 덜 위협적인 방식으로 진행된다고 말함으로써 여성의 영향력을 축소하고자 각고의 노력을 기울였다.

다윈이 성을 적극적인 수컷과 소극적인 암컷의 이미지로 굳힌 것은 수백만 달러의 예산을 투입한 마케팅 회사의 작품처럼 효과적이었다. 우리 뇌는 이런 깔끔한 이분법을 직관적으로 옳다고 판단하여 크게 반기기 때문이다. 옳거나 그르거나, 흑이거나 백이거나, 친구이거나 적이거나.

그러나 이런 편리한 성적 분류의 원조가 다윈은 아닐 터, 아마 그도 동물학의 아버지인 아리스토텔레스로부터 개념을 빌려왔으리라. 기원전 4세기에 이 고대 그리스 철학자는 최초의 동물 연감이자 번식에 관한 논문인 「동물의 발생에 관하여On the Generation of Animals」를 썼다. 다윈이 이 기념비적 연구를 그냥 지나쳤을 리 없고, 그래서 아리스토텔레스가 제시한 성역할의 분담이 아주 친숙하게 느껴지는 것이리라.

"두 가지 성이······ 있는 동물에서······ 수컷은 효율성과 적극성을······ 암컷은······ 수동성을 상징한다."[10]

암컷의 수동성과 수컷의 활력이라는 고정관념은 동물학 자체만큼이나 오래됐다. 그만큼 오랜 시간의 시험을 버텨왔다는 것은 수 세대의 과학자들이 계속해서 '옳다고 느꼈다'는 뜻이지만, 그렇다고 진짜 옳은 것은 아니다. 지금까지 모든 영역에서 과학이 가르쳐준 한 가지가 있으니 직관은 종종 인간을 오도한다는 사실이다. 군더더기 없는 이분법적 분류의 가장 큰 문제는 그것이 틀렸다는 점이다.

점박이하이에나 암컷에게 소극적으로 살아야 할 이유를 피력해보길. 아마 개처럼 물어뜯은 다음 내뱉으며 면전에서 비웃을 것이다. 동물의 암컷은 수컷만큼이나 성적으로 개방적이고 경쟁심이 강하며 적극적, 공격적이고 우세하고 역동적이다. 암컷에게도 변화의 버스를 운전할 똑같은 권리가 있다. 그저 다윈은 진화론을 알리는 데 도움을 준 여타 동물학자 신사분들처럼 암컷의 진면목을 볼 수 없었거나 아니면 그러고 싶지 않았던 것이다. 생물학이라는 학문 전체에서, 아니 과학의 전 영역에서 가장 위대하다고 여겨지는 도약은 19세기 중반을 배경으로 빅토리아 시대의 남성들에 의해 이루어졌고, 그 과정에 젠더와 성의 본질에 관한 특별한 가정을 슬쩍 끼워 넣었다.

만약 다윈이 TV 퀴즈 쇼 〈마스터마인드Mastermind〉의 참가자였다면 가장 자신 있는 주제가 남녀 관계는 아니라고 말해야 할 것이다. 결혼의 장단점을 죽 적고 따져본 후에야 사촌인 엠마와 결혼한 한 남성이니까. 하필 친구에게 보낸 편지 뒷면에 끄적댄 바람에 폭로된 이 로맨틱한 목록은 다윈 본인은 수치스럽겠지만 위대한 인물의 은밀한 속내가 모두에게 판단되도록 영구히 보존되었다.

'결혼한다', '결혼하지 않는다' 두 항목만을 담은 목록에서 다윈은 결혼에 대한 내면의 혼란을 내비쳤다. 가장 걱정스러운 부분은 '사교모임에서 똑똑한 남성들의 대화'에 끼지 못하게 되는 것, 그리고 '비만과 게으름', 더 심하게는 '나태하고 게으른 멍청이로 타락'하게 될 수도 있다는 것이었다(아마도 엠마는 사랑하는 약혼자가 결혼을 그렇게 묘사했다는 걸 믿고 싶지 않을 테지만). 그러나 '집안

을 돌볼 사람'이 생긴다는 것과 '소파에 앉아 있는 부드럽고 아름
다운 아내'가 '어쨌든 개보다는 나을' 것이라는 점은 긍정적이었
다.[11] 그래서 다윈은 용감하게 모험을 시도했다.

다윈이 열 명의 자녀를 둔 아버지였음에도 사람들은 그가 육
욕보다는 이성이 이끄는 대로 행동한 사람이었다는 인상을 받는
다. 다윈은 여성에 대해 잘 알지도 못했고 심지어 궁금해하지 않
았을지도 모른다. 그래서 그가 살았던 사회적 배경까지 갈 것도
없이 다윈이라는 사람 자체가 남성은 물론이고 여성의 관점에서
진화를 들여다볼 가능성은 낮았다.

세상 누구보다 독창적이고 꼼꼼한 과학자도 문화의 영향에
서 자유로울 수는 없다. 다윈이 남성 중심으로 성을 읽은 것은 그
시대에 만연한 남성 우월주의 탓이라는 데에는 의심의 여지가 없
다.[12] 빅토리아 시대 상류층 사회에서 여성에게는 평생 한 가지 중
요한 역할이 있었으니, 결혼하여 아이를 낳고 남편의 관심사에 동
참하며 바깥일을 거드는 것이다. 이는 가정을 지키며 남성을 뒤에
서 받쳐주는 보조 역할에 불과하다. 여성은 신체적으로나 지적으
로 '약한' 성으로 정의되었기 때문이다. 여성은 모든 면에서 남성
의 권위에 종속되어 있었다. 아버지, 남편, 오빠나 남동생, 심지어
성인이 된 아들에게 속한 존재가 여성이다.

이런 사회적 편견은 동시대 과학적 사고의 힘으로 간편하게
정당성이 입증되었다. 빅토리아 시대를 주도한 학자들은 암수를
근본적으로 다른 생명체로 보았다. 두 성은 본질적으로 서로 상극
이었다. 암컷은 제대로 발육이 이루어지지 않은 성이다. 몸집이 작
고 약하며 대체로 색깔이 덜 화려한 것으로 보아 종의 어린 개체

를 닮았다. 수컷이 생장에 에너지를 쏟을 때, 암컷의 에너지는 난
자에 양분을 공급하고 자식을 데리고 다니는 일에 쓰였다. 수컷은
보통 체격이 더 크기 때문에 암컷보다 형태가 복잡하고 다양할 뿐
아니라 정신적 능력까지 뛰어나다고 보았다. 암컷의 지능은 평균
에 머물렀지만 수컷은 상대 성에서 보이지 않는 천재적인 수준까
지 발전하여 그 폭이 넓었다. 수컷은 태생 자체가 암컷보다 '진화
된' 존재였다.[13]

이런 정서가 모두 다윈의 『인간의 유래와 성선택』에 통합되
었다. 책 제목에서 알 수 있듯이 다윈은 빅토리아 시대가 지지하
는 인간의 진화와 남녀의 차이를 설명하기 위해 성선택과 자연선
택을 제시했다.

다윈은 "남녀의 지적 능력에서 가장 큰 차이는 그것이 깊은
사고나 이성, 상상력을 요구하는 일이든, 단순히 감각과 손을 사용
하는 일이든 남성은 모든 영역에서 여성보다 높은 명성을 얻는다
는 점"이라고 설명했다. "따라서 궁극적으로 남성은 여성보다 우
월해졌다."[14]

생물학자들의 확증편향

다윈의 성선택 이론은 어디까지나 여성혐오 문화에서 배양
되었으므로 그 안에서 암컷의 진실이 왜곡된 것도 놀랄 일은 아니
다. 동물의 암컷은 빅토리아 시대의 주부처럼 소외되고 제대로 이
해받지 못했다. 하지만 진짜 놀랄 일은 따로 있다. 저 성차별의 얼

룩을 과학에서 씻어내는 것이 얼마나 힘겨운 일이며 그 깊은 상처로 인해 얼마나 많은 피가 흘렀는가이다.

이 문제에서 다윈의 천재성은 도리어 방해만 된 듯싶다. 신에 버금가는 명성 때문에 다윈의 뒤를 이은 생물학자들이 확증편향이라는 만성질환에 시달렸기 때문이다. 저들은 수동적 여성의 모태를 찾아 헤매며 보고 싶은 것만 보았다. 발정기에 다수의 수컷과 하루에도 수십 번씩 짝짓기하는 암사자의 방종한 행위처럼 예상 밖의 상황과 마주치면 조심스럽게 외면했다. 혹은 3장에서 보겠지만 '올바른' 과학 모델의 측면 지원이라는 명목 아래 구미에 맞지 않는 실험 결과를 통계적으로 조작하는 최악의 범죄까지 저질렀다.

과학의 한 가지 중요한 신조는 '오컴의 면도날'이라고도 알려진 간결성의 원칙parsimonious principle이다. 가장 간단한 것이 가장 최선이라는 전제하에 과학자들에게 증거를 신뢰하고 가장 단순한 설명을 선택하도록 가르치는 방법론이다. 하지만 다윈이 엄격하게 못 박은 성역할 덕분에 과학자들은 이런 기본적인 태도마저 포기했다. 고정관념에서 벗어난 암컷의 행동을 설명하자면 더 길고 복잡한 변명을 늘어놓을 수밖에 없었기 때문이다.

피논제이Gymnorhinus cyanocephalus를 예로 들어보자. 까마귓과의 이 코발트블루색 종은 북아메리카 서부에서 50~500마리가 무리를 짓고 시끌벅적하게 산다. 지능이 높고 적극적인 사회생활을 영위하는 동물은 분주한 사회에 명령을 내리는 수단, 즉 지배 집단이 발달했을 가능성이 높다. 그러지 않으면 사회는 혼돈의 도가니가 될 테니까. 1990년대에 조류학자 존 마즐러프John Marzluff와 러셀 밸다Russell Balda는 20년 이상의 연구를 집대성하여 피논제이에 관한 권위 있는 책을 썼다. 두 사람은 피논제이 사회의 위계질서를 해독하는 데 관심이 있었으므로 먼저 무리의 '알파 수컷'을 찾아다녔다.[15]

하지만 본격적인 관찰을 시작하면서 연구자들은 독창성을 발휘해야 했다. 피논제이 수컷이 어찌나 평화를 사랑하는지 어지간해서는 싸우지 않았기 때문이다. 하여 이 진취적인 조류학자들은 새들의 영역에 먹이 창고를 짓고 기름진 팝콘과 밀웜처럼 거부할 수 없는 간식을 채운 다음 수컷들 간의 영토 분쟁을 부추기려고 애를 썼다. 그러나 여전히 수놈들은 전쟁에 참여할 의사가 없었다. 결국 연구팀은 신경전 수준에서 이들의 관계를 파악할 수밖에 없었다. 우세한 수컷이 열등한 수컷을 노려보면 열등한 수컷은 순순히 먹이 창고를 떠날 거라고 가정하고 이를 기준으로 우세한 수컷을 판별한 것이다. 〈왕좌의 게임〉과는 비교도 할 수 없는 수준이지만 어쨌거나 연구자들은 2,500건의 '공격적인' 만남을 부지런히 기록했다.

그러나 데이터의 통계 결과를 확인한 순간 연구팀은 더 혼란에 빠졌다. 무리를 이루는 200마리 중에 고작 14마리만이 지배적이라고 할 만했고, 그나마도 선형적인 서열 관계는 보이지 않았기 때문이다. 심지어 아래에 있던 수컷이 하극상을 일으켜 우세한 수컷을 '공격하는' 사례까지 발견되었다. 이런 알 수 없는 연구 결과와 수컷들 사이에서 적대감이란 찾아보기 힘들다는 사실에도 불구하고 연구자들은 여전히 자신에 차서 "수컷들이 적극적으로 무리를 통제한다는 사실에는 의심의 여지가 없다."라고 선언했다.[16]

재미있는 사실은 실제로 이 새들이 신경전 수준을 벗어나 훨씬 적대적으로 행동하는 장면이 분명 목격되었다는 점이다. 연구팀은 무시무시한 공중전을 벌이는 새들을 기록했다. 대결에 나선 피논제이 한 쌍이 공중에서 뒤엉켜 싸우다가 '땅에 떨어져서도 격렬하게 날개를 퍼덕이고' 그 상태에서 '강력한 일격을 가하며 서로 쪼아댔다'라는 내용도 있었다. 이 싸움은 '그해에 관찰된 것 중에서 가장 과격한 행동'이었지만 가해자가 수놈이 아니라는 이유로 지배 계층에 포함되지 않았다. 맞다. 싸움꾼들은 모두 암놈이었다. 연구팀은 여성들의 '격분한' 행동이 어디까지나 호르몬 때문이라고 결론지었다. 봄철에 호르몬이 급증하면서 피논제이 암컷들이 '인간 여성의 월경 전 증후군(PMS)에 해당하는 번식 전 증후군(PBS)'에 시달린 탓이라는 것이다.[17]

무슨 소리. 새한테 그런 증후군은 없다. 만약 마즐러프와 밸다가 조금만 마음을 열고 암새들의 공격적인 행동에 오컴의 면도날을 들이댔다면, 피논제이의 복잡한 사회 체계에 한 발 더 다가갈 수 있었을 것이다. 피논제이 암컷이 사실은 굉장히 경쟁적이고 집단의 서열 유지에 중요한 역할을 한다는 결정적 단서가 본인들이 꼼꼼히 기록해둔 데이터에 모두 들어 있었는데도 보지 못한 것이다. 대신에 두 사람은 독단적으로 '새로운 왕의 대관식'을 거행했다.[18] 물론 실제로는 일어날 리 없는 신념의 예식이었다.

여기에 음모 같은 것은 없다. 그저 편협한 과학이 있을 뿐이다.[19] 마즐러프와 밸다는 훌륭한 과학자가 어떻게 나쁜 편견에 사로잡힐 수 있는지를 잘 보여준다. 조류학자 듀엣은 예상치 못한 행동을 목격하여 혼란스러웠지만 끝내 자신들의 관찰을 가짜 틀

안에서 해석하고 말았다. 정직한 실수는 그들만의 것이 아니다. 과학은 우발적인 성차별에 푹 젖어 있었다.

기존 학계의 지배층이 동물계를 수컷의 관점에서 바라보는 남성들이었고 또 많은 분야에서 지금도 그렇다는 사실이 문제를 악화시켰다.[20] 연구에 영감을 주는 질문 역시 남성의 관점에서 던져졌기 때문이다. 많은 이들이 암컷에는 일절 관심이 없었다. 수컷은 사건의 중심이자 모델 생물이 되었으며, 암컷이 존재하는 토대이고 종을 판단하는 기준으로 자리 잡았다. 반면 '엉망진창인 호르몬'에 좌우되는 암컷은 주요 사건과는 상관없이 주변부에서 산만하게 얼쩡대는 이상치이므로 수컷과 동일한 수준의 과학적 검토를 받을 필요조차 없었다. 암컷의 몸과 행동은 조사되지 않았다. 그로 인한 데이터 공백이 급기야 자기실현적 예언이 되었다. 암컷은 언제까지나 수컷의 노력을 보조하는 무기력한 존재로 취급된다. 그럴 수밖에 없다. 연구된 적이 없으니 들이밀 결과가 있을 리가 없다.

다윈에게 반기를 든다는 것

성차별적 편견에서 가장 위험한 것은 부메랑처럼 되돌아오는 성질이다.[21] 빅토리아 시대의 쇼비니즘 문화에서 시작한 것이 한 세기 동안 과학의 힘으로 배양되었고 결국 다윈에게서 인증 도장을 받은 정치적 무기로서 다시 사회에 분출되었다. 그러면서 진화심리학이라는 새로운 과학에 헌신한 일부 소수의 남성에게 강간에서부터 강박적인 스토킹, 남성 우월주의에 이르기까지 온갖 파렴치한 행동이 '지극히 자연스러운 것'이라고 주장할 이데올로기적 권위를 주었다. 왜? 다윈이 그렇다고 했으니까. 이들은 여성이 고장 난 오르가슴을 느낀다고 했고, 천성적으로 야망이 부족하여 절대 유리 천장을 뚫을 수 없으며, 모성애에 충실해야 한다고 말했다.²²

세기의 전환기에 진화심리 나부랭이는 마침내 새로운 부류의 남성 잡지에 의해 격렬하게 흡수되어 성차별적 '과학'을 주류로 승격시켰다. 베스트셀러와 대중 매체의 인기 칼럼에서 로버트 라이트Robert Wright 같은 저널리스트들은 이런 과학적 진리를 거부하는 페미니즘은 망했다고 떠들어댔다. 라이트는 자신의 이데올로기적 토대에서 '페미니스트, 다윈 씨를 만나다'와 같은 제목의 오만한 기사를 썼고, "이름 있는 페미니스트 중에서 제대로 판단을 내릴 만큼 현대 다윈주의를 잘 아는 사람은 단 한 명도 없다."²³라고 주장하면서 자신을 비평하는 사람들에게 '기초 진화생물학 수업 C학점'을 주었다.

그러나 라이트가 틀렸다. 페미니즘의 두 번째 물결은 닫혀 있던 실험실의 문을 열었고, 여성은 일류 대학의 복도를 걸으며 스스로 다윈을 공부했고, 야외로 나가 수컷에 대한 똑같은 호기심으로 암컷을 관찰했다. 성적으로 조숙한 암컷 원숭이를 발견했을 때 남성 전임자들과 달리 그냥 넘기지 않고 왜 그렇게 행동하는지 궁금해했다. '양쪽' 성에 똑같이 주의를 기울이게 하는 표준 행동 측정법을 개발했으며, 신기술로 암새를 정찰하여 그들이 수컷에 의한 성적 지배의 희생자이기는커녕 실제로 쇼를 이끄는 배후자라는 사실을 밝혔다. 또한 과거 다윈의 성적 고정관념을 뒷받침했던 실험을 반복하여 그 결과가 왜곡되었음을 폭로했다.

다윈에 도전하려면 용기가 필요하다. 다윈은 상징적인 지성 이상의 존재다. 그는 영국의 국보다. 어느 베테랑 교수가 나에게 지적했듯이 다윈의 견해에 반기를 드는 것은 이단임을 선언하는 행위다. 하여 영국에서 시작한 진화 과학은 뚜렷한 보수주의로 이어졌다. 다윈의 고향이 아닌 대서양 반대편에서 미국 과학자들이 진화, 젠더, 성생활에 대해 대안적인 서술을 과감히 시도하며 반란의 첫 씨앗을 뿌린 것도 아마 이런 이유일 것이다.

독자는 이 책에서 여러 지적 전사들을 만날 것이다. 나는 저들 중 몇몇과 함께 캘리포니아 호두 농장에서 점심을 먹었다. 그곳에서 우리는 다윈과 오르가슴과 독수리, 그 밖의 것들에 관해 이야기를 나누었다. 세라 블래퍼 허디Sarah Blaffer Hrdy, 진 앨트먼 Jeanne Altmann, 메리 제인 웨스트 에버하드Mary Jane West-Eberhard, 퍼트리샤 고와티Patricia Gowaty는 데이터와 논리로 무장하고 남근 체제의 과학과 용감히 맞서는 현대 다윈주의의 여족장이다. 이들은 자신을 '여인네들The Broads'이라고 부르며 지난 30년간 매년 허디의 집에서 따로 만나 진화를 잘근잘근 씹어왔다. 나는 마침 운 좋게 이들의 연례 대뇌 잼버리에 초대받았다. 비록 은퇴한 사람도 있지만 이 선구적인 교수들은 여전히 모여서 서로 응원하고 새로운 아이디어를 나누고 진화생물학의 터전을 평평하게 유지하기 위해 모이고 있었다. 맞다, 그들은 페미니스트다. 그러나 둘 중 어느 하나의 부당한 지배가 아닌 양성의 동등한 대표성을 믿는 이들이다.

저들의 과학은 차세대 생물학자들이 암컷의 몸과 행동을 조
사하고 딸, 자매, 엄마, 경쟁자의 관점에서 진화의 선택이 어떻게
작동하는지 질문함으로써 동물의 암컷을 경이의 눈으로 바라보게
했다. 이들은 문화적 규범을 기꺼이 넘어서고 성역할의 유동성에
관한 비정통적 발상을 즐기면서 진화생물학의 남성주의를 타도했
다. 이들 과학자들 중 많은 이가 여성이지만 이 과학적 반란에 여
성만 참여한 것은 아니다. 모든 성과 젠더가 제 몫을 하고 있다. 독
자는 이 책에서 많은 남성 과학자, 몇 명만 대보자면 프란스 드 발
Frans de Waal, 윌리엄 에버하드William Eberhard, 데이비드 크루스David
Crews 등의 선구적인 연구를 만날 것이다. 또한 LGBTQ 과학 공동
체의 신선한 관점은 현재 동물학계를 지배하는 이성애 중심의 근
시안적 관점과 이분법적 도그마에 도전하는 데 중요한 역할을 했
다. 그중에서도 앤 파우스토 스털링Anne Fausto-Sterling과 조앤 러프
가든Joan Roughgarden 같은 생물학자들은 동물계에서 성적 표현의 놀
라운 다양성과, 진화를 추진하는 다양성의 근본적인 역할에 시선
을 돌리게 했다.

그 결과는 동물의 암컷에 대한 풍성하고 생생한 초상화이며
진화의 뒤엉킨 역학을 새롭게 해석하는 놀라운 통찰이다. 우리는
진화생물학자들에게 흥미진진한 시대를 살고 있다. 성선택은 커
다란 패러다임 변화의 진통을 겪고 있다. 실험으로 폭로된 내용이
기존에 수용된 사실들을 뒤엎고 개념의 변화는 오랫동안 고수되
어온 가정들을 밀어내고 있다. 다윈이 전적으로 틀렸다는 말이 아
니다. 수컷의 경쟁과 암컷의 선택이 성선택을 주도하는 것은 사실
이지만 이 역시 진화가 그린 큰 그림의 일부일 뿐이다. 다윈은 빅

토리아 시대의 핀홀 사진기를 통해 자연 세계를 보았다. 여기에 암컷의 성을 추가한다면 우리는 지구의 생명을 총천연색 와이드 스크린 버전으로 볼 수 있을 것이다. 이야기는 점점 사람들을 빨아들인다.

여성의 본성을 찾는 여정

이 책에서 나는 진화에 대한 가부장적 관점을 새로이 쓰고 암컷을 재정의하는 동물과 분투하는 과학자들을 만나기 위해 전 세계를 모험한다.

나는 마다가스카르섬으로 가서 우리의 가장 먼 영장류 사촌인 여우원숭이 암컷이 어떻게 신체적, 정치적으로 수컷을 지배하게 되었는지 알아본다. 캘리포니아의 눈 덮인 산에서는 어떻게 산쑥들꿩 로봇이 수동적인 암컷이라는 다윈의 신화를 타파하는지 발견하게 된다. 하와이의 섬에서는 전통적인 성역할을 거부하고 새끼를 기르기 위해 한 팀으로 뭉친 오래된 암컷 알바트로스 커플을 만난다. 또한 워싱턴주 해안을 항해하면서 모계 중심의 범고래와 연대 의식을 느낀다. 범고래 암놈은 사냥 집단을 이끄는 현명한 늙은 리더이자, 인간을 포함해 폐경을 겪는 고작 다섯 종 중의 하나다.

여성성의 경계선에서 나오는 새로운 이야기를 탐구함으로써 나는 암컷들의 신선하고 다양한 초상화를 그리고, 이런 폭로가 인간이라는 종에 대해 무엇을 알려주는지 이해하고 싶었다.

이솝의 시대 이후로 인간은 동물을 인간 행동의 예시이자 본보기로 삼아왔다. 많은 이들이 자연은 인간 사회에 무엇이 선이고 무엇이 옳은지를 가르쳐준다고 오해하고 있다. 그것이 이른바 자연주의적 오류이다. 그러나 생존은 감상과는 거리가 먼 스포츠이며, 동물의 행동은 무소불위의 권한을 부여받은 권력가에서부터 끔찍하게 핍박받는 약자까지 다양한 여성의 이야기를 포괄한다. 동물의 암컷에 관한 과학적 발견은 페미니스트라는 울타리 양쪽에서 싸움을 부추기는 데 사용될 수 있다.

물론 동물을 이념적 무기로 휘두르는 것은 아주 위험한 일이다. 그러나 동물의 암컷이 된다는 게 어떤 의미인지 제대로 이해한다면 게으른 논쟁과 고루한 남성중심적 관념에 대항할 수 있다. 그것은 무엇이 자연적이고 정상이며 심지어 가능한가에 대한 오래된 기본 전제에 도전한다. 여성을 시대에 뒤떨어진 엄한 규칙과 기대가 아닌 다른 한 가지로 정의할 수 있다면, 그것은 곧 여성의 역동적이고 다양한 본성이다.

이 책에 나오는 계집들은 암컷으로 태어나 어떻게 단순한 수동적 보조가 아니라 생존을 위한 투사로 살아가는지 보여줄 것이다. 다윈의 성선택 이론은 암수의 차이에 초점을 맞추어 두 성을 가르는 쐐기를 박았지만, 이런 구분은 생물학적이라기보다는 문화적인 측면이 더 컸다. 동물의 형질은 신체적이든 행동적이든 다양하고 가소성이 있다. 자연선택이든 성선택이든 선택의 힘이 부리는 변덕에 맞춰 변형될 수 있으며 성적 형질을 유동적이고 유연하게 만든다. 한 암컷의 특징을 성이라는 수정구슬을 보고 예측하는 대신, 환경, 시간, 기회가 모두 그 형태를 형성하는 중요한 역할을 하고 있음을 이해하고 그에 합당한 진실을 찾아야 한다.

　　첫 장을 읽으며 알게 되겠지만, 암수는 사실상 다른 점보다는 비슷한 점이 훨씬 더 많다. 선을 어디에 그어야 할지 난감할 정도로.

1장

무엇이 암컷을 만드는가? 아마도 당신은 생물 시간에 배운 대로
남성은 XY, 여성은 XX라는 한 쌍의 염색체로 성별을 나눌 것이다.
큰 오해다. 성은 매우 복잡한 비즈니스다.

무정부
상태의 성

암컷이란
무엇인가

대

땅속으로 내려가 대단히 비밀스러운 암컷을 만나는 것으로 시작하자. 조경사들의 최대 난적이자 탐욕스러운 지렁이 사냥꾼이 그 주인공이다. 나는 지금 유럽두더지*Talpa europaea*를 말하고 있다.

사람들이 두더지라는 동물은 몰라도 두더지의 소행만큼은 잘 알고 있다. 예쁘게 손질한 잔디밭을 무참하게 파헤친 잔해는 만성 여드름만큼이나 쓰리고 아프다. 잔디밭에 가해지는 궁극의 고통이랄까.

1970년대로 돌아가면 우리 아버지는 소중한 잔디에 침입한 두더지 때문에 몹시 골치를 앓으셨다. 하지만 그놈들을 잡겠다고 야만적인 쇠덫을 놓으신 건 솔직히 실망스러웠다. 두더지가 잡히면 나는 땅에 묻기 전에 보여달라고 졸랐다. 생명이 사라진 몸뚱이의 '아 정말 매끄러운 은색 등' 털을 매만지며 구슬처럼 작디작은 눈(다들 잘못 알고 있다. 두더지는 시력이 아주 나쁘지만 그렇다고 아예 눈이 먼 것은 아니다)과 우스꽝스러운 초대형 분홍색 앞발에 감탄하곤 했다. 흙으로 돌아가거라. 원래 너희가 있던 곳으로.

두더지 암컷은 경이롭기 그지없는 생물이다. 제가 판 굴을 덫으로 삼아 지렁이를 잡아먹고 사는 고독한 늑대라고나 할까. 지렁이가 지하 통로의 천장을 통과할 때면 긴 분홍색 주둥이가 이내 냄새를 포착한다. 두더지의 두 콧구멍은 서로 따로 작용하여 스테

레오로 냄새를 맡는다. 그래서 칠흑 같은 어둠 속에서도 저녁거리의 위치를 정확히 가늠할 수 있다. 그렇게 잡은 사냥감은 바로 죽이지 않고 독이 든 타액으로 마비시켜 특수 제작한 창고에 산 채로 저장한다. 그 안에서는 지렁이가 잘 썩지도 않는다. 어느 실력 좋은 두더지는 창고에 470마리나 되는 꿈틀이들을 저장했다는 기록이 있다. 하루에 지렁이를 제 몸무게의 절반 이상이나 먹어야 하는 처지로서는 대단히 유용한 재주다.[1]

지하의 삶은 녹록지 않다. 땅굴 작업은 쉬이 지치는 일이고 땅속에는 산소도 별로 없는 편이다. 이런 열악한 환경에서 살아남기 위해 진화는 두더지에게 몇 가지 훌륭한 전문 장비를 갖춰주었다. 두더지의 헤모글로빈은 산소 친화력이 높고 유독가스에 강한 저항력이 있다.[2] 한편 두더지는 여분의 '엄지'를 자랑한다.[3] 유난히 고된 진화의 여정 중에 마침 판다처럼 손목뼈 하나가 흙을 옮기는 데 유용한 손가락이 되어준 것이다. 그러나 뭐니 뭐니 해도 가장 인상적인 것은 두더지 암컷의 고환이다.

암두더지의 생식샘은 난소고환ovotestis이라고 불린다. 그도 그럴 것이 이 내부 생식기관은 한쪽에 난소 조직, 다른 쪽에 정소 조직을 갖추었기 때문이다. 난소 쪽은 번식기의 짧은 기간에만 팽창하여 난자를 생산한다. 그리고 생식이 완료되면 수축하고 그때부터 정소 조직이 확대되어 난소보다 더 커진다.[4]

두더지 암놈의 정소 조직은 테스토스테론을 만드는 라이디히 세포로 가득차 있다. 하지만 정자는 들어 있지 않다. 이 성 스테로이드 호르몬은 흔히 수컷과 연관된 호르몬으로, 근육을 키우고 공격성을 부추긴다. 둘 다 힘겨운 지하 생활에 요긴한 무기가 되어

두더지 암컷에게 땅을 파는 힘과 새끼와 지렁이 창고를 지킬 투지를 준다.

이른바 남성호르몬이 넘치다 보니 두더지 암컷은 수컷과 구분할 수 없는 생식기가 발달하게 되었다. '남근phallus' 또는 '음경음핵penile clitoris'이라 불릴 정도로 음핵이 확대되고[5] 번식기가 아닐 때는 아예 질이 막혀 있다.

두더지 암컷은 성을 구분하는 오래된 전제에 도전할 수밖에 없는 존재다. 짧은 번식기를 제외하면 두더지 암컷은 평소에 생식기, 생식샘, 호르몬 수치의 모든 면에서 쉽게 수컷으로 오해할 만한 모습으로 살아간다. 그렇다면 무엇으로 암컷이 암컷인 줄 알 수 있을까?

이 책은 비인간 동물에 관한 책이므로 일단 성과 젠더를 구분하는 것으로 시작하는 게 좋겠다. 생물학자는 동물에게 젠더가 없다는 말에 대부분 동의한다. 젠더란 성별을 나타내는 사회적, 심리적, 문화적 개념이며 인간의 전유물로 여겨진다.[6] 따라서 생물학자들이 암컷이라 말할 때는 오로지 생물학적 성을 지칭한다. 그렇다면 생물학적 성은 또 무엇일까?

태초에 생물은 단순하게 번식했다. 처음에는 갈라지고 합쳐지고 싹이 트거나 복제하여 수를 불리는 게 전부였다. 성은 나중에야 나타났는데 그러면서 일이 다소 복잡해졌다. 성이 생기면서 이제는 서로 다른 성세포, 즉 생식세포가 결합해야만 번식할 수 있게 되었기 때문이다. 동물계에서 생식세포는 오로지 두 종류의 크기로 나타났다. 크거나 작거나. 이 기본적인 이분법이 생물학적으로 성을 정의하는 표준이다.[7] 암컷은 크고 영양분이 풍부한 난자를 생산한다. 수컷은 작고 이동성이 있는 정자를 만든다.

이보다 완벽한 구분이 있을까? 참으로 훌륭하지 않은가?

아니, 그렇지 않다. 성은 복잡한 비즈니스다. 앞으로 보겠지만 상호작용하여 성을 결정하고 구분하는 유전자와 성호르몬의 오래된 네트워크에는 남과 여라는 이분법을 무시하고 생식세포, 생식샘, 생식기, 몸, 그리고 행동을 뒤죽박죽 섞어버리는 능력이 있다. 이 모든 것은 성을 구분하는 일을 전혀 간단하다고 볼 수 없는 아주 복잡다단한 과정으로 만든다.

두더지와 하이에나 암컷의 가짜 음경

피상적인 수준에서 사람들은 생식기를 성을 구분하는 손쉬운 지표로 생각한다. 두더지 암컷의 '남근'이 그런 통념을 박살 낸다. 하지만 두더지 암컷은 어디에도 없는 망측한 생물이 아니다. 다듬이벌레*부터 아프리카코끼리에 이르기까지 수십 종의 암컷이 흔히 남근으로 묘사되는 애매한 생식기관을 자랑한다.

아마존에서 거미원숭이 암컷을 처음 봤을 때 아랫도리에 매달린 부속물을 보고 나는 영락없이 수놈인 줄 알았다. 크기도 작

---

* 다듬이벌레 중에서도 남아메리카의 네오트로글라속*Neotrogla*과 아프리카 남부의 아프로트로글라속*Afrotrogla* 벌레의 경우, 암컷에서는 완전히 발기하는 '음경'이, 수컷에서는 '질'이 진화했다. 동굴에 사는 이 곤충의 암컷은 수컷보다 성적으로 자유분방하고 더 공격적이다. 벼룩 크기의 암컷은 교미 중에 작고 가시 돋친 음경을 이용해 수컷의 몸에 닻을 내린다. 이 상태는 40~70시간 동안 지속되고 그사이에 수컷에서 암컷으로 정자가 이동한다. 두 개체군의 지리적 거리를 고려할 때 암컷의 도구는 공통 조상에서 비롯한 것이 아니라 각각 따로 진화했다고 보인다.[8]

지 않아서 나무 사이를 뛰어다니다가 걸려서 다치지는 않을까 걱정까지 했더랬다. 하지만 옆에 있던 영장류학자들이 점잖게 진실을 알려주었다. 오히려 수놈 쪽은 제 물건을 안쪽 깊숙이 넣고 다니기 때문에 겉에서는 음경이 보이지 않았다. 반면에 암컷은 보란 듯이 음핵을 덜렁거리고 다닌다. 생물학계에서는 '가짜 음경pseu-do-penis'이라고 칭하는 해부 구조. 이런 남성중심적인 용어는 특히 거미원숭이 암컷의 '가짜' 남근이 수컷의 '진짜' 남근보다 더 길다는 점을 생각하면 다소 거슬린다.

가장 희한한 예는 포사fossa이다. 포사는 마다가스카르에서 가장 큰 포식동물로 몽구스과에서 제일 몸집이 크고 머리가 쪼그라든 퓨마처럼 생겼다. 학명인 크립토프록타 페록스*Cryptoprocta ferox*를 번역하면 '흉포한, 숨은 항문'이라는 뜻이다. 하지만 분류학자들이 암컷의 진짜 신기하고 은밀한 부분은 제쳐둔 채 포사의 항문을 보고 은밀하다고 강조한 것은 희한한 일이다.

원래 암컷 포사는 작은 음핵과 외음부를 정상적으로 잘 갖추고 태어난다. 하지만 생후 7개월쯤 되면 이상한 일이 벌어진다. 음핵이 커지면서 안쪽에 뼈가 자라고 가시까지 달려 음경의 복제품이 되는 것이다. 심지어 수컷처럼 안쪽에서 노란 액체까지 흘러나온다.[9] 이 음경 같은 음핵은 1~2년 정도 유지되다가 포사 암컷이 번식기에 들어서면 마술처럼 사라진다. 포사의 생식기로 논문을 쓴 저자들은 이처럼 음경을 닮은 음핵이 어린 암컷을 수컷의 성적 강압이나 다른 암컷의 거친 텃세로부터 보호하는 기능이 있다고 보았다.[10]

음경처럼 보이는 저 일시적인 물건은 물론 전혀 기능하지 못한다. 모든 형질에 기능이 있는 것은 아니다. 인간의 충수처럼 포사의 가짜 음경도 과거 진화의 역사에서 도태되지 않을 만큼 적당히 얌전하게 지내온 유물에 불과하다. 물론 진화가 선택한 다른 형질의 부산물일 가능성도 있다. 어떤 특이한 형질에 대해 궁극적인 진화의 목적을 찾는 것도 흥미롭지만, 포사의 근연종을 수십 년 연구한 결과 포사처럼 '남성화'된 생식기가 발달한 과정을 밝히는 귀중한 증거를 찾을 수 있었다. 이런 통찰은 암컷의 성 발달에 '수동적인' 성격을 부여한 오랜 과학적 선입견과 호르몬을 내세우는 젠더화된 고정관념에 도전한다.

점박이하이에나*Crocuta crocuta*의 생식기는 이미 아리스토텔레스 시대부터 큰 파문을 일으켰다. 어떤 포유류 암컷도 이처럼 성별이 모호한 외음부를 보인 적이 없었으므로 고대 자연과학자들은 하이에나가 암수한몸이라고 굳게 믿었다. 점박이하이에나 암컷의 20센티미터짜리 음핵은 모양과 위치가 수컷의 음경과 똑같을 뿐 아니라 발기하기까지 한다. 점박이하이에나 수컷과 암컷 모두 '인사 의례' 중에 발기한 부분을 서로 보여주고 훑어본다.[11] 하지만 점박이하이에나 암컷의 사내다운 특징 중 으뜸은 털 달린 한 쌍의 고환이다.

물론 이 음낭은 가짜다. 하이에나의 음순은 융합되어 지방세포로 채워졌으며 수컷의 생식샘과 똑 닮았다. 그 말은 점박이하이에나 암컷이 외부에 질 입구가 없는 유일한 포유류라는 뜻이다. 대신 암컷 하이에나는 다용도 음핵을 통해 소변을 보고 교미도 하고 심지어 출산도 한다. 하이에나가 암수한몸이라는 오랜 루머의 출처가 바로 이 음낭이었다. 최근 과학자들은 점박이하이에나 암 컷과 수컷이 너무 똑같이 생겨서 '음낭을 만져봐야만' 암수를 구 별할 수 있다고 선언했다.[12] 뼈를 바수어 먹는 걸로 유명한 동물의 암수를 감별할 때 가장 피하고 싶은 방법이지 않을까.

점박이하이에나 암컷의 규칙 위반은 생식기에서 그치지 않는 다. 과학자들은 이 암컷의 '남성화된' 몸과 행동에도 감탄했다. 야 생에서 암컷 점박이하이에나는 수컷보다 몸이 최대 10퍼센트 더 묵직하다(사육 상태에서는 20퍼센트). 일반적으로 포유류에서는 수 컷의 크기가 더 크므로 아주 특이한 사례라고 볼 수 있다.* 하지만 사실 포유류를 제외한 동물계의 나머지, 그러니까 대다수 동물에 서 암수의 크기 차이는 대개 반대이다. 살찐 암컷일수록 알을 많 이 낳기 때문에 대부분의 무척추동물과 많은 어류, 양서류, 파충류 종이 수컷보다 암컷이 크다.**

---

* 크기 트렌드에 역행하는 또 다른 포유류가 있으니 가장 극단적인 사례가 남아메리카에 서식하는 꼬마흰어깨박쥐*Ametrida centurio*이다.[13] 수컷의 몸집이 너무 작아서 처음에는 암 수가 아예 별개의 종으로 분류되었다. 서로 경쟁하는 박쥐 수컷 사이에서는 강한 몸보다 날렵한 몸이 더 유리하기 때문에 암컷보다 작은 크기로 진화했다는 가설이 있다. 한편 크기 스펙트럼의 반대편을 보면 대왕고래를 포함한 수염고래의 많은 종이 수컷보다 암 컷이 더 크다. 남대서양 사우스조지아섬 연안에서 잡힌 암컷 대왕고래는 길이가 30미터 나 되고 무게도 173톤으로 이층버스보다 길이는 3배, 무게는 13배 더 컸다.[14] 다시 말해 이 세상에 살았던 가장 큰 동물이 암컷이라는 뜻이다.

** 심해 아귀 종인 케라티아스 홀보일리*Ceratias holboelli*가 극단적인 사례이다. 수컷은 암컷보 다 60배 이상 작고 50만 배 이상 가볍다. 수컷은 헤엄치는 정자 주머니보다 조금 더 큰 정도라고 보면 된다. 칠흑같이 어두운 심해에서 수컷은 페로몬을 좇아 암컷을 찾아간 다 음, 입으로 암컷을 꼭 부여잡고 남은 생을 일심동체로 살아간다. 성적 부착성 무임승차의 진화적 구현이라고나 할까. 그때부터 암컷은 사정 시점을 포함해 머리부터 발끝까지 수 컷을 지배한다. 1925년, 이런 밀접한 관계를 발견한 한 덴마크 어부는 "남편과 아내의 결 합이 완전무결하여 분명 둘의 생식샘도 동시에 무르익을 것이다."[15]라고 말하고는 로맨 스는 죽었다고 덧붙였다.

점박이하이에나 암놈은 수놈보다 더 적극적이다. 지능이 뛰어나고 사회성이 높은 이 육식동물은 최대 80마리가 우두머리 암컷의 지배하에 모계 집단을 이루고 살아간다. 수컷은 태어난 무리에서 방출되고 하이에나 사이에서는 가장 낮은 계급을 차지한다. 수용, 먹이, 성을 구걸하는 복종적인 낙오자가 점박이하이에나 수컷이며, 반대로 암컷은 모든 상황에서 지배적이고[16] 거친 놀이와 강한 냄새 표시는 물론이고 영역 방어에도 관여한다. 일반적으로 여성이 아닌 다른 성의 것이라 여겨지는 행동들이다.

점박이하이에나 암컷의 급진적 젠더 벤더gender bender* 로서의 삶도 처음에는 핏속에 테스토스테론이 과하게 돌아다닌 결과라고 해석되었다. 테스토스테론을 포함한 성호르몬 안드로겐androgen은 명실상부한 남성호르몬으로 각인되어 있다. 'andro'는 '남성'이라는 뜻이고 'gen'은 '생산하거나 야기하는 물질'이라는 뜻이다. 그래서 이 크고 공격적인 암컷 하이에나 몸에는 앞서 만난 두더지 암컷처럼 당연히 남성호르몬이 넘쳐흐를 거라고 가정했다. 그러나 측정해보니 놀랍게도 점박이하이에나 암컷의 몸에서 순환하는 테스토스테론의 양은 수컷과 견줄 만큼 많지 않았다.

그렇다면 이 남자다움이 어디에서 온 것일까? 이 암컷의 가짜 음경을 보면 필시 테스토스테론이 과도하게 작용한 적이 있을 텐데 말이다. 하이에나 태아의 발생 단계에 그 답이 있었다.

성 분화의 표준 패러다임은 1940년대와 1950년대에 프랑스 발생학자 알프레드 조스트Alfred Jost가 확립했다. 그는 다양한 발생

* 고정된 성역할에 맞서 성을 구분할 수 없는 외모를 추구하는 사람—옮긴이

단계에 있는 자궁 속 토끼 태아를 대상으로 잔혹하지만 선구적인 연구를 수행했다.

포유류의 배아는 암컷이든 수컷이든 처음에는 단일 성별 키트로 시작한다. 키트 안에는 난소와 정소 어느 쪽으로도 발달할 수 있는 다양한 관과 미발달 생식샘이 들어 있다. 따라서 난소로 가든 정소로 가든 본격적인 노선을 정할 때까지, 발생 중인 태아는 성적으로 '중성'이다.

조스트의 토끼 실험은 성적 분화를 촉발하는 최초의 방아쇠를 알아내지 못했다(자세한 것은 뒤에서 설명하겠다). 하지만 적어도 테스토스테론이 태아의 생식샘을 정소로 이끌어 수컷의 생식기가 발달하게 하는 중요한 역할을 맡고 있음을 보여주었다.

조스트가 발생 초기에 수컷 배아에서 생식샘을 제거했더니 태아는 음경과 음낭 대신 질과 음핵이 발달했다. 하지만 암컷 배아에서 발생 중인 난소를 제거했을 때는 성의 발생에 전혀 지장을 주지 않았다. 배아에 난소나 다른 호르몬이 없어도 난관, 자궁, 자궁경부, 질이 모두 저절로 발달한 것이다. 그에 반해 조스트는 "안드로겐 결정 하나가 고환의 부재를 상쇄하여 수컷의 성적 특징을 발달시킨 것으로 보아 이 성 스테로이드가 남성성을 일으키는 역동적인 영약"[17]임을 알 수 있었다.

수십 번의 생식샘 제거 실험을 통해 조스트는 발생 중인 정소 세포에서 생산된 고농도 테스토스테론이 배아를 수컷으로 만든다는 사실을 확인했다. 그와 비교해 암컷의 창조 과제는 수동적이었다. 생식샘에 테스토스테론이 부재할 때 발생하는 '기본값'이었기 때문이다.

조스트의 이론은 여성은 대체로 수동적이고 남성은 능동적이라는 통념에 아주 잘 부합했다. 과거 다윈 덕분에 유행하게 된 관념 그 자체였다. 이후 조스트의 이론은 다른 이들에 의해 잘 윤색되어 조직개념Organizational Concept이라는 정식 명칭을 부여받았다. 조직개념은 신체는 물론이고 행동에까지 보편적으로 적용되는 성 분화 모델이다. 이 모델은 성적 패러다임의 구세주였으며 만물 남성주의의 주역으로서 남성 생식샘과 안드로겐을 주인공으로 내세웠다.

테스토스테론을 펌프질하는 정소의 힘은 배아의 생식샘과 생식기뿐 아니라 태아의 신경내분비계와 발달 중인 뇌를 구분하는 원동력이 되었다. 그리고 이후에는 성 스테로이드 호르몬에 의해 활성화되는 신체와 행동의 암수 차이를 프로그래밍한다.[18] 따라서 테스토스테론은 성적 이형성을 총괄하는 감독이 되어 수사슴의 장대한 뿔에서 발정 난 코끼리 수컷의 광포한 상태, 바다코끼리 수컷의 무시무시한 몸집과 성질에 이르기까지 암컷에게는 없는 온갖 수컷의 특성을 책임졌다.

남성성과 여성성의 기원을 찾아서

조스트의 발견은 남성성과 여성성의 기원이 호르몬이라는 의제를 두고 내분비학계에서 진행 중이던 논쟁에 혁명을 일으켰다. 1969년에 열린 학회에서 조스트는 이렇게 설명했다. "남성이 되는 길은 길고 지난하고 위험한 모험이다. 내재된 여성성을 거스르는 투쟁이다."[19]

남자다움을 향한 여행은 연구 가치가 있는 영웅적 과제로 받아들여졌다. 반면 여성을 두고는 이 유명해진 프랑스 배아학자가 '중성' 또는 '무호르몬' 성 유형이라고 분류했다. 난소와 에스트로겐은 불활성이고 보잘것없어서 인간의 이야기와 무관하다고 취급했다. 여성의 성 발달은 딱히 반응성이 없고 과학적으로도 중요하지 않다. 여성은 배아에 고환이 없어서 남성이 되지 못한 채 그냥 기본값으로 발생한 존재가 되었다.[20]

이런 편견은 놀랍도록 오래 지속되어 심한 손상을 입혔다. 조직개념이 남긴 것은 첫째, 제대로 연구되지 않은 여성 시스템과 둘째, 전능한 테스토스테론에 의한 남성성의 발현이 성 분화를 촉진했다고 보는 이원적 관점이다. 그런데 이때 점박이하이에나 암컷이 남근을 닮은 커다란 음핵을 들고나와 이 패러다임에 문제가 있다고 선언한 것이다.

테스토스테론은 실제로도 전능한 호르몬이다. 적절한 시기에 노출되면 어류, 양서류, 파충류의 암컷에서 타고난 생식샘의 성을 역전하는 능력이 있다. 포유류에서는 성의 완벽한 유턴까지 강제하지 못하지만 암컷인 태아를 안드로겐에 재워두면 적어도 생식기 형성에 심각한 변화가 일어난다. 1980년대에는 임신한 히말라야원숭이를 발생 단계의 중요한 시점에 테스토스테론에 노출시켜 '수컷과 구분할 수 없는' 음경과 음낭을 가진 암놈을 만들어낸 실험도 있었다.[21]

아니나 다를까 임신한 점박이하이에나 암컷을 검사했더니 평소와 달리 테스토스테론의 수치가 말도 못하게 높았다. 그러나 정소도 없는데 어디에서 이 '수컷' 호르몬을 공급했을까? 또한 발생 중인 암컷 태아는 이 남성호르몬의 강력한 영향력을 어떻게 버텨내고 정상적인 암컷의 생식 시스템을 발달시키는 걸까?

그 답은 테스토스테론이 합성되는 과정에 있다. 에스트로겐, 프로게스테론, 테스토스테론과 같은 성호르몬은 모두 콜레스테롤에서 만들어진다. 이 스테로이드는 효소의 작용으로 프로게스테론으로 변환된다. 프로게스테론은 흔히 임신과 연관되는 호르몬이며 안드로겐의 전구물질이다. 또 안드로겐은 에스트로겐의 전구물질이다. 결론적으로 이 '남성' 호르몬과 '여성' 호르몬은 서로 쌍방향으로 변환될 수 있고 남성과 여성에 모두 존재한다.

"남성호르몬이니 여성호르몬이니 하는 것은 없습니다. 흔히들 착각하지만요. 남자나 여자나 모두 똑같은 호르몬을 갖고 있습니다." 크리스틴 드레아Christine Drea가 스카이프로 이야기를 나누던 중에 내게 말했다. "남성과 여성의 차이란 성 스테로이드를 이것에서 저것으로 바꾸는 효소의 상대적인 양과 호르몬 수용기의 분포와 민감성, 그게 전부입니다."

듀크대학교 교수인 드레아는 암컷 성 분화에 미치는 호르몬의 작용에 관해 누구보다 많이 알고 있다. 드레아는 평생 미어캣, 호랑꼬리여우원숭이 등과 함께 점박이하이에나를 포함하는 소위 '남성화된' 암컷 집단을 연구해왔다.

드레아는 임신한 하이에나의 테스토스테론 공급원을 찾아낸 연구팀의 일원이다. 하이에나 암컷의 테스토스테론은 안드로스테네디온 또는 A4라고 하는 비교적 덜 알려진 안드로겐에서 왔으며, 실제로 임신한 암컷의 난소에서 생산되었다. 이런 형태의 안드로겐을 전구체 호르몬이라고 하는데, 태반에서 효소의 작용에 따라 테스토스테론이 되기도 하고 에스트로겐이 되기도 하기 때문이다.

딸을 임신한 포유류 암컷의 몸에서 A4는 보통 에스트로겐으로 변환되지만, 특이하게 점박이하이에나에서는 테스토스테론으로 전환된다. 이 '남성' 호르몬이 발생 중인 암컷 태아의 생식기와 뇌에 영향을 미쳐서 외음부나 태어난 이후의 행동을 변화시키는 것이다.[22]

역사적으로 A4는 성호르몬으로서 별다른 흥미를 일으키지 못했다. 기존 안드로겐 수용체에 결합하지 않는다는 이유로 '비활성' 호르몬이라고 무시되었기 때문이다. 그러나 이제는 A4의 수용체 위치가 밝혀져서 이 호르몬이 직접 작용하는 것은 물론이고, 결정적으로 태아의 성별에 따라 효과가 다르다는 사실이 제시되었다.

"호르몬이 동물의 양쪽 성에서 서로 다른 효과를 준다고 암시하는 문헌이 늘고 있어요. 결국에는 양과 기간, 타이밍의 문제라는 거죠." 드레아가 힘주어 말했다.

드레아의 연구는 암컷을 만드는 과정이 절대 '수동적'이지 않으며 그 안에서 안드로겐이 적극적인 역할을 한다는 사실을 명확히 보여준다. "테스토스테론은 '남성' 호르몬이 아닙니다. 여성보다 남성에서 더 명확히 발현되는 호르몬일 뿐이에요." 드레아가 반복해서 말했다.

드레아가 보기에 하이에나 암컷의 성 발생이 과도한 안드로겐의 강한 영향력하에서도 온전한 암컷 생식 시스템으로 발달하려면 복잡한 유전학적 통제가 이루어져야 한다는 점은 너무나도 명백하다. 다만 그 방식은 아직 알려지지 않은 부분이 많다. 실제로 암컷의 생식기관을 만드는 유전학적 과정은 수컷에 비하면 아직 많이 밝혀지지 않았다.

과거의 편견은 조스트의 유명하지만 허점 많은 성 분화 이론에서 비롯한다. 이 이론은 어떻게 수컷이 분화했는지를 설명할 뿐 암컷이 만들어지는 과정에 관해서는 전혀 궁금해하지 않았다. 하지만 그게 무엇이든 한 생체 기관의 발달 과정이 '수동적'으로 일어날 수 있다는 생각 자체가 터무니없다. 난소는 정소 못지않게 적극적인 조립을 필요로 한다. 그러나 50년 동안 '기본값'인 여성 시스템은 누구도 알아볼 생각을 하지 않았다.

드레아는 "지금까지 성 분화 연구는 어떻게 여성과 남성이 되는지를 설명하지 않았습니다. 어떻게 남성이 되는지만 파헤쳤지요. 수십 년간 사람들은 실제로 암컷의 형태가 어떻게 생기는지는 설명하지 않고 그저 '저절로 발생한다'고 하면서 만족했어요."라고 주장했다.

포유류 성 발생에 관한 기초가 된 어느 출판물(2007)에서는 난소의 발생을 '테라 인코그니타Terra Incognita', 즉 미지의 영역으로 소개했다. 저자는 난소의 발달을 '기본값'으로 보는 지배적인 관점이 "난소나 암컷의 생식기는 별개의 유전학적 과정을 거치지 않아도 저절로 지정되거나 형성될 수 있다는 생각을 널리 퍼트려왔다."라고 주장하면서[23] 이는 "적절한 여성의 발달과 번식에 이 기관이 얼마나 중요한지 생각할 때 다소 놀라운 발상"이라고 씁쓸하게 지적한다.

상황은 나아지고 있다. 난소 발생이라는 미지의 영역은 이제 조금씩 탐사되고 있다. 그러나 그와 관련한 유전자 지도는 아직 정소에 비해 많이 비어 있다. 조직개념을 향한 광신적 애국주의의 유물은 성 분화를 연구하는 유전학적 탐구를 철저히 남성에만 집중해왔다. 정소의 발달을 결정하는 요인, 다시 말해 성적으로 무관심한 중성의 태아에서 생식샘 세포를 일깨워 정소가 되게 하는, 그래서 테스토스테론 펌프질을 시작하게 하는 유전학적 시발점을 찾는 게 급선무였다.

그러나 실제로 성별을 결정하는 유전자 레시피는 복잡하게 뒤엉켜 있으며 양성의 특성을 모두 가진 유전자들이 등장한다는 특징이 있으니 지금부터 알아보자.

혼돈의 염색체

'무엇이 동물의 암컷을 만드는가'라는 질문의 궁극적 해답이 한 쌍의 XX 염색체에 있다고 생각할지도 모르겠다. 아마도 대부분은 생물 시간에 이 특이한 한 쌍의 성염색체가 남성은 XY로, 여성은 XX로 성별을 정의한다고 배웠으니까. 하지만 성은 그렇게 간단하지가 않다.

XY 성결정 시스템은 일부 여타 척추동물 및 곤충, 그리고 포유류의 방식인 덕분에 가장 많이 연구되었다. 이 시스템에서 암컷은 동일한 성염색체 두 개(XX)를, 반면에 수컷은 두 종류의 성염색체(XY)를 갖고 있다. 가장 큰 오해는 X와 Y가 염색체의 모

양을 가리킨다는 것이다. 하지만 모든 염색체는 소시지 모양이고
짝을 지었을 때 X나 Y와 비슷하게 보이는 것은 어디까지나 우연
이다.

X 염색체는 1891년에 독일의 젊은 동물학자 헤르만 헨킹Her-
mann Henking이 발견했다. 그는 별노린재fire wasp의 고환을 조사하던
중 신기한 것을 보았다. 염색체는 대개 세포 안에서 서로 짝을 이
루고 있는데 모든 표본에서 짝이 없이 혼자 떨어진 것처럼 보이는
염색체를 발견한 것이다. 헨킹은 신비한 속성을 가졌다 하여 이
염색체에 미지수를 나타내는 수학 기호 X를 붙였다. 결국 그는 이
수수께끼 같은 DNA 가닥을 성별과 연관 짓지 못했다. 그랬다면
꽤 이름을 날렸겠지만 얼마 후 헨킹은 세포학 공부를 포기하고 그
후로 수산업에 종사했다.[24] 벌이는 나아졌지만 과학적 명성을 얻
을 기회는 잡지 못했다.

Y 염색체는 마침내 14년 뒤인 1905년에 갈색거저리 애벌레
의 생식기관에 잠복한 것을 미국인 네티 스티븐스Nettie Stevens가 발
견했다. 선구적인 여성 유전학자인 스티븐스는 이 염색체가 성별
을 결정하는 열쇠임을 알았지만 이 획기적인 발견으로 이름을 날
리지는 못했다. 대신 비슷한 시기에 같은 염색체를 발견한 남성
과학자 에드먼드 윌슨Edmund Wilson이 명성을 독차지했다. 이 염색
체는 헨킹이 시작한 알파벳 체계를 따라 Y라는 이름으로 불리게
되었다. 하지만 유난히 크기가 축소된 탓에 더 길쭉한 X와 함께
짝을 지을 때면 Y라는 글자와 닮아 보이기도 했다.

X 염색체와 비교했을 때 Y 염색체는 가장 약한 녀석이다. 제
대로 크지도 못했고 유전물질도 훨씬 적게 갖고 있다. 그러나 염

색체에서는 크기보다 그 안에서 무엇을 암호화하는지가 더 중요하다. 실제로 Y 염색체에는 SRY(Sex-determining Region of the Y, Y 염색체의 성결정 지역)라는 아주 중요한 성결정 유전자가 자리 잡고 있다.

그간 모습을 드러내지 않아 그토록 애를 먹인 정소 결정 인자 유전자 코드가 1980년대 런던의 피터 굿펠로Peter Goodfellow 실험실에서 마침내 베일을 벗었다. 굿펠로 연구팀은 SRY 유전자의 스위치가 켜지는 것이 중성인 태아의 생식샘을 정소로 발달시켜 테스토스테론 펌프질을 시작하게 하는 결정적인 첫 단계임을 증명했다. SRY 유전자가 없으면 생식샘은 좀 더 느긋하게 배아의 난소로 자란다.[25]

이 결과는 대대적인 환호를 받았다. 마침내 포유류 성결정의 마스터 스위치이자 '남성성의 본거지'[26]가 밝혀진 것이다. SRY 유전자는 수컷의 길로 가는 전초지로서 정소 발달을 암호화하는 연쇄적인 유전자들의 잃어버린 방아쇠였다.

나는 제니퍼 마셜 그레이브스Jennifer Marshall Graves와 이야기를 나누었다. 그레이브스는 오스트레일리아의 저명한 진화유전학 교수로 이 중요한 남성 성결정 유전자를 사냥한 국제 연구팀 소속이었다. 유대류 염색체에 관한 그레이브스의 연구는 Y 염색체의 새로운 구역을 수색하도록 밀어붙인 계기가 되었는데, 결국 그곳에서 SRY 유전자가 발견되었다. 그레이브스는 마침내 성의 퍼즐이 풀렸다고 생각했으나 그들의 승리는 오래가지 못했다.

"성배를 찾았다고 생각했어요." 그레이브스가 멜버른 자택에서 줌으로 고백했다. "제 학생이 처음 SRY 유전자를 찾았을 때 우리는 이 유전자가 아주 간단하게 작동할 거라고 생각했어요. 켜고 끄는 일종의 스위치처럼요. 하지만 성결정은 생각했던 것보다 훨씬 더 복잡했습니다."

독자는 정소를 만드는 유전자가 Y 염색체에 있고 난소를 만드는 유전자가 X 염색체에 있다고 생각해도 용서받을 것이다. 지금까지 그런 식으로 성을 배웠으니까. 하지만 진화는 유전학자들이 슬렁슬렁 일하게 두지 않는다.

생식기관을 결정하는 일은 약 60개의 유전자가 오케스트라처럼 협업하는 과정이다. 성을 결정하는 이 유전자들은 성별에 따라 X 염색체나 Y 염색체에 딱딱 나뉘어 있기는커녕 모두 다 성염색체에 존재하는 것도 아니다. 사실상 이 유전자들은 게놈 전체에 되는대로 흩어져 있다.

SRY 유전자는 말하자면 오케스트라의 지휘자와 같다. 게놈에 이 정소 결정 인자가 존재하면 성결정 유전자에 지시를 내려 정소를 발생시키는 T 음을 연주하기 시작한다. 만약 SRY 유전자가 존재하지 않으면 오케스트라는 난소가 되라는 O 음을 연주할 것이다. 오랫동안 유전학자들은 별개의 두 경로가 존재하여 하나는 수컷으로(SRY 유전자의 존재로 유발된다), 다른 하나는 암컷으로(SRY 유전자의 부재로 유발된다) 간다고 보았다. 그러나 진화가 성에 대해 그렇게 단순한 이분법적 해결책을 제공했다는 생각은 순진하기 짝이 없는 것이었다.

여기서부터 성이 굉장히 복잡해진다. SRY 유전자 외에도 60개의 성결정 유전자로 이루어진 이 오케스트라는 기본적으로 남성과 여성에서 모두 단원의 구성이 동일하다. 이 유전자들은 난소도 만들 수 있고 정소도 만들 수 있지만, 실제로 어떤 생식샘을 형성할지는 유전자 사이에서 벌어지는 복잡한 협상에 달렸다.

나는 한 방 먹은 것 같았다. 그러나 그레이브스는 침착하게 말했다. "많은 유전자들이 '정소' 유전자 아니면 '난소' 유전자로 구분되지 않아요. 보통 '둘 다'에 해당합니다. 다만 개수가 얼마나 많고 또 어느 쪽으로 생화학 반응을 이끄는지에 따라 성별이 달라지죠. 이 유전자들 중 일부는 한 단계 이상에서 하나 이상의 기능이 있다는 사실이 연이어 밝혀지고 있습니다."

게다가 정소나 난소로 가는 두 경로는 선형이 아닐뿐더러 서로 완전히 분리되지도 않았다. 모든 경로가 서로 얽혀 있다. 예를 들어 수컷의 경로에 있는 어떤 유전자는 생식샘이 정소로 발달하게 부추기는 데 필요하지만, 또 어떤 유전자는 난소로 발달하지 못하도록 억제하는 데 필요하기도 하다.

"정소를 만드는 경로가 하나뿐이라고 생각한다면 그건 지나친 단순화예요. 난소를 만들지 '않게' 하는 경로도 있기 때문이죠. 모순된 반응들이 뒤죽박죽 섞였어요. 한 경로는 억제하고 다른 경로는 강화하는 중간적 유전자가 너무 많거든요. 그래서 이 두 성의 '경로'는 밀접하게 연결되어 있다고 보는 게 맞습니다." 그레이브스가 설명했다.

이런 복잡성을 예시하려고 그레이브스는 정신없이 돌아가는 한 기계의 영상을 보여주었다. 서로 연결된 수십 개의 래칫과 톱니바퀴가 바쁘게 돌아가고 그 사이를 작은 파란색 공이 튕기고 다니면서 때로는 으스러지고 다시 만들어진다. 이 난장판 속에서 파란 공이 다니는 길처럼 단순하리라 생각됐던 성결정의 경로가 실제로는 저렇게 복잡하다는 의미다.

혼란스럽게 뒤얽힌 양성兩性 유전자의 관계는 성의 가소성을 설명한다. 뒤엉킨 톱니바퀴 중 어느 것이라도 발현에 변화가 생기면 새로운 변이를 생산할 것이다. 이는 진화를 추진하고 동물이 새로운 환경에 도전하면서 적응하고 활용하게 하는 재료가 된다.

이 장을 시작하며 보았던 두더지 암컷이 그 간단한 예시다. 국제 과학자 협회는 최근 스페인두더지Talpa occidentalis 게놈 전체의 염기 서열을 분석했다. 연구팀은 두더지의 염기 서열을 다른 포유류와 비교했으나 성결정과 관련된 유전자 단백질 생산에서 어떤 차이점도 발견하지 못했다. 그러나 성결정 유전자들 가운데 두 유전자에서 '조절 방식을 변형'하는 돌연변이를 발견할 수 있었다. 이 돌연변이는 정소 발달에 중요한 유전자가 암컷에서도 억제되지 않게 스위치를 계속 켜두었다. 그 결과물이 바로 두더지 암컷의 난소에서 크게 확장된 정소 조직이다. 게다가 두더지 암컷에게는 안드로겐 생산과 관련된 효소를 만드는 또 다른 유전자가 있는데, 이것이 추가로 복제본을 갖고 있어 테스토스테론 출력의 강도를 높이고 두더지 암컷이 '적응형 암수동체'의 이점을 잘 활용하게 한다.

'남성' 염색체가 사라지고 있다?

변이는 얼마든지 더 있다. 60개의 단원으로 이루어진 성결정 유전자 오케스트라의 유전적 방아쇠인 SRY는 동물계 전체는 고사하고 포유류에서조차 보편적인 마스터 스위치가 아니었다.

오리너구리를 보자. 오스트레일리아에서 온 이 알 낳는 포유류는 청개구리 짓으로 알아주는 동물인데, 그건 이 동물의 성염색체도 마찬가지다.[27] 그레이브스는 오리너구리의 성염색체가 다섯 쌍이라는 사실을 발견한 연구팀의 일원이었다.[28] 오리너구리 암컷의 성염색체는 XXXXXXXXXX이고 수컷은 XXXXXYYYYY이다. 그런데 이렇게 Y 염색체가 차고 넘치는데도 SRY 마스터 스위치는 어디에도 보이지 않았다.

"정말 놀랐죠." 그레이브스가 회상했다.

오리너구리는 1억 6,600만 년 전에 인간으로부터 갈라져 나간 단공류monotreme라는 고대 포유류이다. 이 짐승의 해괴한 성염색체 덕분에 그레이브스는 성염색체의 진화와 Y 염색체의 불안한 미래를 내다볼 수 있었다.

오리너구리의 성결정 유전자 오케스트라도 사실은 다른 포유류와 똑같다. 그레이브스는 이 60개의 유전자가 모든 척추동물에서 놀라울 정도로 잘 보존되었다는 것을 발견했다. 새, 파충류, 양서류, 어류에서 정소와 난소를 만드는 유전자가 모두 포유류와 비슷한 유전자 집합을 지니고 있었다. 다른 것이 있다면 경로를 자극하는 마스터 스위치였다. 오리너구리에서는 이것이 SRY이 아니라 오케스트라의 평범한 단원 중 하나였고, 그것이 제자리에서 한 발 나와 전체 성결정 과정의 방아쇠를 당겼다.

"SRY 유전자는 경로를 시작하는 한 가지 방법일 뿐이에요. 사실 성결정 유전자 중에 어떤 것도 그 일을 할 수 있습니다." 그레이브스의 말에 나는 더 놀랐다. "성이 기이한 이유가 그겁니다.

성을 결정하는 방법은 정말 가지각색이고 각각 서로 아주 달라 보이지만 또 실제로는 그렇지도 않거든요. 모두 이 60개 유전자가 만드는 반응의 경로와 관련이 있습니다. 어차피 경로는 모두 비슷합니다. 방아쇠가 다를 뿐이에요."

오리너구리 게놈은 그레이브스에게 다른 사실도 밝혀주었다. Y 염색체는 유전물질을 잃어가고 있었다. 염색체 가운데 제일 약체인 이 염색체는 실제로 수축하고 있다. 그레이브스는 오리너구리의 Y 염색체가 인간의 Y 염색체와 비교해 얼마나 차이가 나는지 확인했고, 우리 종이 분지한 이후로 얼마나 많은 유전물질을 잃어버렸는지 계산했다. 그 결과 그레이브스는 인간의 Y 염색체가 사라질 시기를 추정할 수 있었다.[29]

"인간의 Y 염색체는 100만 년에 10개씩 유전자를 잃고 있어요. 이제 남은 유전자가 45개밖에 안 됩니다. 450만 년이면 Y 염색체가 완전히 사라질 거라는 계산은 아인슈타인이 아니어도 할 수 있겠죠."

일부 저명한 (특히 남성) 유전학자들은 '남성' 염색체가 멸종의 길을 걷고 있다는 소식을 받아들이기 힘들어했다.

"전 흥미롭다고 생각했지만 데이비드 페이지David Page(그레이브스의 예측에 발끈한 MIT 유전학 교수)는 그렇지 않았나 봐요. 페미니스트들이 '이봐, 당신들 다 죽었어!'라는 말로 공격한다고 보았죠. 지금도 Y 염색체가 소멸할 거라는 주장에는 반대 의견이 많습니다. Y 염색체를 멸종 위기에서 구출하고 현재 얼마나 안정적인지를 보여주려는 필사적인 시도도 진행 중이지요. 하지만 그게 뭐 그리 중요할까요?"

그레이브스는 자신의 음울한 예언이 인류의 종말을 뜻하지는 않는다고 믿어 의심치 않는다. 인간의 남성에서 생식샘을 발달시킬 새로운 유전자 방아쇠가 진화하리라고 확신하기 때문이다. 포유류 중에 이미 그 수순을 밟은 동물이 있다. 일본의 류큐가시쥐 *Tokudaia osimensis*와 남캅카스두더지들쥐 *Ellobius lutescens*는 Y 염색체를 완전히 잃었지만 고환이 아직 달려 있는 두 종의 포유류이다. 암수 모두 X 염색체만 갖고 있고, 성 발달은 아직 밝혀지지 않은 전혀 다른 마스터 성결정 유전자에 의해 촉발된다.[30]

한편 무명의 작은 갈색 설치류에서 신선한 염색체 이상이 나타나고 있다. 남아메리카에 서식하는 남아메리카밭쥐속 *Akodon* 9종은 암컷의 4분의 1이 XX가 아닌 XY 염색체를 보유한다. Y 염색체에 버젓이 SRY 유전자가 있는데도 그것을 무시하고 난소와 난자가 생산되는 것이다. 이는 더 윗선에 SRY 유전자를 억누르는 새로운 마스터 스위치가 있다는 뜻으로 해석할 수 있다.[31]

삐딱한 성염색체를 갖고 있는 이 특이한 설치류들은 진화의 실패작처럼 보인다. 그레이브스도 인정한다. 실패작이 맞다고.

"저나 당신이 생물을 설계한다면 이렇게 엉터리로 만들지는 않을 거예요." 그레이브스가 설명했다. "하지만 진화가 저렇게 내놓았어요. 그렇다면 그걸 설명할 방법은 그것이 기존의 다른 시스템에서 진화했고 거기에는 틀림없이 이로운 점이 있다고 믿는 겁니다. 도무지 어떤 점에서 유리한지는 아직 알 길이 없지만 말이에요."

이제 팔십 대에 들어선 그레이브스는 평생 일터에서 수많은 동물을 대상으로 성의 진화유전학을 연구했고 여전히 이 주제를 향한 열정에 들떠 있다. 이제 그레이브스는 진화의 초기로 돌아가 척추가 없는 고대 어류인 활유어속*Amphioxus* 같은 고대 생물을 연 구한다. 심지어 선충nematode worms까지 파헤치고 있다. 그러면서 그 레이브스는 비록 방아쇠는 다르지만 비슷한 성결정 경로에서 튀 어나오는 똑같은 유전자들을 발견하며 놀라고 있다. "이 유전자들 은 아주아주 오랫동안 머물러 있었어요. 똑같지는 않아도 성에 관 한 일을 해왔고 지금도 그 자리에 있습니다. 정말 소름 돋지 않나 요?" 그레이브스가 반짝이는 눈으로 말했다.

성은 재창조의 달인이다. 그럴 수밖에 없다. 유성생식하는 종 이 지속하기 위한 필수적인 과정이기 때문이다. 이처럼 공통된 유 전자들이 만들어낸 무정부 상태는 오히려 성이 막 시작할 무렵인 수억 년 전에는 한층 논리적이고 선형적이었을지도 모른다. 그러 나 억겁의 시간 동안 진화를 거듭하면서 성을 결정하는 혼돈 속에 는 말도 안 되게 터무니없지만 어쨌든 잘 돌아가고 있는 비정상적 인 시스템들이 흔적으로 남았다.

"진화의 빛을 제외하면 어떤 것도 이치에 맞지 않습니다."라 고 생리생태학의 아버지 테오도시우스 도브잔스키Theodosius Dob- zhansky의 유명한 말을 인용하며 그레이브스가 제안했다. "여기에 의도가 개입되었다는 생각을 버려야 합니다. 진화는 설계된 과정 이 아니에요. 그 힘이 항상 우리를 뒤흔들고 있어요."

성적 형질의 다양성

　　포유류에서 보이는 성염색체의 혼돈은 자연계 전체에 존재하는 시스템의 다양성에 비하면 빙산의 일각이다. 우선 모든 유전학적 성결정이 XY 시스템을 따르는 것도 아니다. 새, 다수의 파충류, 나비가 아주 비슷한 성결정 유전자를 갖고 있지만 커다란 Z와 축소된 W라는 다른 성염색체 위에 있다. 더구나 이 시스템에서는 역전된 패턴이 표준이다. 즉, 암컷이 ZW이고 수컷이 ZZ이다. 이 대체 ZW 시스템에서 마스터 스위치 유전자는 포유류의 SRY처럼 아주 잘 보존된 경우도 있고, 근연 집단 내에서 변이가 존재하기도 한다.

　　일부 파충류, 어류, 양서류는 성의 분화가 마스터 유전자가 아닌 외부적 요인에 자극받는다. 거북의 예를 들어보자. 거북은 바다에서 무겁게 몸을 끌고 나와 열대 해변의 모래에 알을 파묻는다. 이때 섭씨 31도 이상에서 부화하는 알은 난소를 만드는 유전자를 활성화하고, 반면에 27.7도 이하에서는 정소를 만든다. 두 온도 사이에서는 수컷과 암컷이 섞여서 나온다.

　　열은 성을 결정한다고 알려진 외부 자극의 하나일 뿐이다. 햇빛 노출, 기생충 감염, pH 수치, 염도, 수질, 영양, 산소 압력, 개체군 밀도, 사회적 상황(주위에 이성이 얼마나 많은지 등) 따위가 모두 한 동물의 성적 운명에 영향을 준다.[32]

　　동물에서 성은 저 요인들 중 하나, 실제로는 여러 요인에 의해 조절된다. 그렇다면 특히 개구리의 성은 정말 혼란스러울 수밖에 없다.

니콜라스 로드리게스Nicolas Rodrigues는 내가 보기에 세상에서 가장 좋은 직업을 가진 사람이다. 봄이면 스위스 알프스에서 만년 설이 뒤덮인 산과 야생화와 염소 떼가 흩어진 푸른 목초지로 둘러싸인 고지대 물가에서 지낸다. 소설『하이디』의 책장을 펼친 듯한 목가적 풍경이다. 이 진화생물학자의 일은 개구리를 잡는 것이다. 방금 변태한 북방산개구리Rana temporaria 새끼가 물속 어린이집에서 졸업해 어른의 삶을 살기 위해 육지로 이동하고 있다. 때로 로드리게스는 아름다운 경치를 벗 삼아 술을 마시며 며칠씩 하염없이 기다린다. 그러다가 어디선가 한 떼의 작은 뜀뛰기 선수들이 나타나면 그때부터 그물이 분주해진다.

만일 그에게 조수가 필요하다면 나는 자다가도 일어나서 합류할 것이다. 나는 가장 행복했던 어린 시절을 집 근처 연못에서 산개구리를 잡으며 보냈다. 로드리게스처럼 나도 막 변태하여 연못 밖으로 튀어나오는 작고 귀여운 생물에 푹 빠졌었다. 이 생물을 보면 4억 년 전 물에서 뭍으로 도약한 개척자들이 생각난다. 새끼 개구리 몸속의 조직과 장기에 일어난 격변은 이제 그들이 아가미를 사용해 산소를 거르는 대신 허파를 통해 공기를 들이마시고 산소를 얻어야 한다는 뜻이다. 많은 개구리가 물속에서 보낸 청춘을 기념하며 올챙이 적 꼬리를 달고 나온다. 반대로 아직 덜 완성된 공기주머니를 차고 연못을 떠나는 놈들도 있을 것이다.

사실 이 청소년 양서류의 삶은 내가 상상한 것보다 더 힘겹다. 어려서 내가 잡은 개구리의 절반은 허파 말고 다른 기관의 변화 때문에 극심한 진통을 겪고 있었을 것이다. 그들은 물속에서 올챙이 암컷으로 살다가 개구리가 되어 육상으로 올라올 때면 수컷으로 성이 전환되면서 난소가 정소로 바뀐다.

산개구리에게 성적 분화는 물 샐 틈 없이 처리되는 과정이 아니다. 로드리게스에 따르면 조금 '새는' 것 이상이다. 그가 속한 연구팀에서는 이 개구리들 몸에서 난소가 아닌 정소를 발달하게 하는 마스터 스위치가 때로는 유전적으로, 때로는 환경적으로, 때로는 둘 다에 의해 결정된다는 사실을 발견했다. 셋 중 어떤 것이냐는 개구리가 어디에서 왔는지에 따라 다르다.

북방산개구리는 스페인에서 노르웨이까지 유럽 전역에 널리 분포한다. 이 낯익은 갈색 양서류는 모두 한 종이지만, 로드리게스에 따르면 성을 결정하는 양식에 따라 세 가지 '성 종족'으로 분류된다.[33]

분포 영역의 최북단에 서식하는 산개구리는 우리에게 익숙한 XY 시스템을 갖추었고 예상대로 XY 개체는 정소가, XX는 난소가 발달한다.

한편 내가 어렸을 적 잡았던 개구리는 남쪽에 분포하는 개체군인데 이들의 성은 좀 더 유동적이다. 올챙이는 모두 XX이고 암컷으로 발달한다. 그러나 연못에서 나올 때면 유전학적으로 암컷이었던 올챙이들의 절반이 성을 뒤집는다. 난소가 정소로 변형되어 결국 XX 수컷이 된다.

성을 전환한다는 것은 보통 큰일이 아닐 것 같지만 개구리들은 눈꺼풀 하나 깜짝하지 않고 성을 바꾼다.(사실 '눈꺼풀들'이라는 표현이 옳다. 개구리는 양쪽 눈에 각각 눈꺼풀이 세 개씩 있다.) 그 메커니즘이 아직 완전히 이해되지 않았지만 기온과 관련이 있는 것으로 보인다.

한편 실험실에서 에스트로겐을 모방하는 화학물질에 개구리를 노출시켰더니 수컷에서 암컷으로 성을 바꾸었다. 저 화학물질은 아트라진 같은 제초제에서 발견되는 성분으로 미국에서 잔디를 가꾸는 사람들이 흔히 사용한다.[34] 저 제초제를 생각 없이 사용하면 주변의 수컷 개구리가 강제로 암컷이 될 것이다.

중간 지대에 살고 있는 개구리들은 모든 면에서 중간이다. 어떤 수컷은 성이 온도에 의해 조절되며 난소를 갖고 시작한다. 또 어떤 것들은 성결정 유전자에 의해 성이 결정된다. 그 결과 어떤 개구리는 일반적인 XY 수컷과 XX 암컷이지만 로드리게스는 XY 암컷과 XX 수컷도 기록한 바 있다. 겉으로만 보면 이 개구리들은 수컷 또는 암컷이다. 하지만 그들의 생식샘은 다른 이야기를 한다. 일부는 난소와 정소 조직이 뒤섞여 있어서 성별을 둘 중 하나로 깔끔하게 지정하기가 불가능하다.

"생식샘 수준에서는 분명히 수컷과 암컷 사이에 연속성이 있습니다. 하지만 아무 연못이나 가서 닥치는 대로 잡아서 보면 여전히 수컷이나 암컷, 둘 중의 하나로 보일 겁니다." 로드리게스가 내게 말했다.

이처럼 뒤죽박죽인 상태를 불완전하고 덜 진화된 성결정 시스템의 사소한 오류라고 치부하기는 쉽고, 또 많은 과학자가 그래 왔다. 그러나 이는 포유류 중심의 원시적인 관점이다. 이 특별한 가소성은 다양한 범위의 파충류, 어류, 양서류에서 존재한다고 밝혀졌다. 다양한 종에서 수억 년에 걸쳐 지속되어 왔다면 모종의 진화적 이점이 있기 때문이 아닐까.

중부턱수염도마뱀*Pogona vitticeps*은 오스트레일리아 사막에 사는 파충류로 가시 돋친 목이 인상적이다. 이 도마뱀에 대한 최근 연구가 단서를 주었다. 연구팀은 환경에 의해 유발되는 성전환과 유전학적 성결정이 조합하여 서로 다른 두 유형의 암컷을 창조한다는 것을 알아냈다.

턱수염도마뱀은 대부분 유전자에 의해 성이 결정된다. 암컷은 ZW 성염색체에서, 수컷은 ZZ 성염색체에서 발달한다. 하지만 이런 유전학적 성결정 시스템도 과열 상태에서는 제대로 작동하지 않는다. 발생 시기에 ZZ 수컷 알 무더기가 뜨거운 오스트레일리아 햇볕에 구워질 지경이 되면 염색체의 성과 상관없이 태어나는 암컷이 돼버린다.

이처럼 성이 바뀐 ZZ 암컷은 수컷과 암컷의 신체적, 성격적 형질이 뒤섞인 독특한 구성을 갖게 된다. 이 도마뱀들은 알을 두 배나 많이 낳지만 행동으로만 보면 수도마뱀에 더 가깝다. 대담하고 활달하며 체온도 더 높다. 이런 새로운 변이는 유전적 암컷이나 성전환된 암컷들로 하여금 다양한 환경의 압박에서 다르게 적응하여 진화적 이점을 준다.

이 연구를 주도한 과학자들은 생식샘은 암컷이지만 행동이나 형태가 수컷에 가까운[35] 저 초강력 성전환 도마뱀들을 분리된 제3의 성으로 보아야 한다고 주장한다.[36] 이들은 종 전체에 독특한 적응상의 유리함을 제공할 수 있다. 이처럼 뒤범벅된 성결정 시스템과 그 결과 나타난 성전환 암컷들을 별난 '이상체'로 보는 대신 진화적 변화의 강력한 동인이 될 가능성으로 보아야 한다.[37]

암컷의 생식샘과 수컷의 행동이 뒤섞인 이런 성전환 도마뱀은 조직개념에도 어깃장을 놓는다. 그들의 '수컷 같은' 뇌는 성결정에 의해 시작되는 연쇄적인 호르몬 변화보다는 내재된 유전자 구성에 따라 움직이는 것처럼 보인다.[38] 이들만 그런 것이 아니다. 지난 몇십 년 동안 성적으로 모호한 동물에 대한 연구는 성 분화의 보편적 패러다임에 도전해왔고 동물계 전체에서 생식샘, 신체, 두뇌와 관련하여 대단히 복잡한 성과 성의 표현 방식을 드러내기 시작했다.

하와의 갈비뼈

2008년, 은퇴한 고등학교 교사 로버트 모츠Robert Motz는 창문 밖으로 뒷마당을 보고 있다가 웬 희한한 새 한 마리를 발견했다. 몸의 절반은 눈에 띄는 주홍색 깃털이 덮고 있고 머리에는 화려한 붉은 볏이 있었다. 반면 다른 절반은 볼품없는 누런 갈색이었다. 두 마리 새를 절반씩 잘라다가 하나로 붙여놓은 모양새였다. 어찌 보면 실제로도 그렇다.

그 새는 자웅모자이크gynandromorph였다. 정확히 가운데에서 좌우로 갈라지는 이례적인 간성intersex이다. 붉고 화려한 쪽은 수컷 홍관조로 몸속에 고환 한쪽을 갖추고 있었다. 반면 갈색 쪽은 암컷이며 난소가 있었다. 이와 같은 좌우대칭의 개체가 드물기는 하지만 다수의 새, 나비, 곤충, 갑각류에서 기록된 적이 있다. 모두 ZW 성결정 시스템인 동물이라는 점은 특기할 만하다. 자웅모자이크는 홍관조처럼 암수 사이에 성적 이형성이 강한 종에서 특히 두드러지며, 2세포기에서 64세포기 사이의 발생 초기에 쌍둥이 배아가 융합하면서 발생하여 한쪽에는 ZW 성염색체(여성) 그리고 다른 쪽에는 ZZ 성염색체(남성)가 있는 키메라가 된다.

이 '반남반녀half-sider'들은 성호르몬이 뇌와 행동에 미치는 영향을 시험할 유일무이한 기회를 제공한다. 자웅모자이크는 두 가지 성으로 구성되었지만 하나의 혈류를 공유한다. 그 말은 같은 호르몬에 노출된다는 뜻이다. 그렇다면 과연 이 키메라에서 뇌 전체의 성적 운명을 결정하는 절대적인 책임자가 누구일까? 조직개념이 예상하듯 하나짜리 정소와 그것이 내뿜는 건장한 안드로겐일까, 아니면 어떤 식으로 '소극적인' 여성이 세력을 장악할까?

과학계의 손에 들어간 최초의 '반남반녀'는 1920년 캐나다에 있는 한 의사의 양계장에서 발견되었다. 섀프Schaef 박사는 자신이 키우는 닭 한 마리가 한쪽에서 보면 암탉이고 다른 쪽에서 보면 수탉이라는 걸 알게 되었다. 이 근사한 닭은 생김새 못지않게 행동도 특이했다. 이 수탉은 암탉과 교미를 시도하고 알도 낳았다.

안타깝게도 이 새의 뇌와 행동이 제대로 조사되기 전에 저 훌륭한 의사는 소중한 이상체를 잡아서 저녁으로 구워 먹는 파격적인 행보를 보이고 말았다. 섀프는 그 닭의 뼈와 생식샘을 해부학자인 친구에게 기증했고, 그는 이 새의 한쪽 골격이 더 크고 수컷에 가깝다는 특징과, 난소는 제 기능을 하면서도 정소 조직 일부를 포함하고 있다는 사실을 상세히 기록했다. 해부학자는 이런 혼합이 두 생식기관에서 생산하는 남성호르몬과 여성호르몬이 충돌하면서 일어났을 거라고 추측했지만, 연구 대상의 대부분이 섀프 박사의 배 속에서 소화된 바람에 더 이상 추정할 수 없었다.[39]

얼추 한 세기가 지나 UC 로스앤젤레스 연구교수인 아서 아널드Arthur Arnold가 금화조Zebra finch 자웅모자이크를 손에 넣었다. 아널드는 잡아먹는 대신 그 새의 뇌를 열심히 들여다보았다. 금화조는 명금류이지만 수컷만 노래를 한다. 그래서 수컷의 신경 회로는 암컷보다 좀 더 발달했다. 새가 노래하는 것을 본 아널드는 이 암수한몸이 '남성'의 뇌를 가졌을 것이라고 가정했다. 그러나 새를 해부해보니 여성 쪽 뇌가 정상보다 좀 더 남성화되어 있긴 했지만, 결정적으로 새의 노래 회로는 자웅모자이크의 남성 쪽에서만 발달해 있었다.

"정말 끝내주는 결과였다."[40] 아널드가 당시 과학 잡지 《사이언티픽 아메리칸Scientific American》에서 이렇게 말했다. 자웅모자이크 새에서 반쪽짜리 여성의 뇌는 성적 이형을 주도하는 생식샘의 전능성에 문제를 제기했다. 한마디로 이 좌우대칭 암수한몸이 조직개념에 엿을 먹인 것이다. 안드로겐이 새의 몸과 뇌와 행동의 성적 차이를 일으키는 절대적인 힘은 아니라는 증거가 나타났다. 대신 성염색체가 신경세포 안에서 독자적으로 중요한 역할을 하는 것이 분명하다.

자웅모자이크는 ZZ와 ZW 세포가 좌우로 반듯하게 나눠지는 대신 몸 전체에 뒤섞여 있는 성적 모자이크로도 발달할 수 있다. 이런 방식의 자웅모자이크 닭 세 마리를 연구했더니 몸에 흩어진 세포는 각자 자신의 유전자가 내리는 지침을 따랐고 노출된 성호르몬에 반드시 지배되는 것은 아니었다. 그렇다면 적어도 새에게서는 개별 세포의 유전학적 성 정체성이 몸과 뇌의 성적 이형을 일으키는 데 중요한 역할을 한다고 볼 수 있다.[41]

"성은 일원화된 현상이 아닙니다."라고 데이비드 크루스가 내게 전화로 설명했다. 은퇴한 지 얼마 안 되는 이 텍사스대학교 동물학 및 심리학 교수만큼 이 분야를 잘 아는 사람도 없을 것이다. 크루스는 다양한 야생동물에서 성결정과 성 분화 뒤에 있는 메커니즘을 풀기 위해 40년을 애써왔다. 거북에게서 생식샘 발달과 관련된 정확한 유전자를 찾아 해독했고, 채찍꼬리도마뱀whiptail lizard을 부추겨 성전환시켰으며, 부화 온도가 어떻게 표범도마뱀붙이leopard gecko의 성별은 물론이고 성적 매력에도 영향을 주는지 관찰했다.

크루스에 따르면 성의 양식에는 염색체, 생식샘, 호르몬, 형태, 그리고 행동의 다섯 종류가 있다. 이것들은 서로 합의할 필요도 없고 심지어 평생 변하지 않는 것도 아니다. 누적되고 창발적이며, 유전자나 호르몬은 물론이고 환경 또는 경험에 의해서도 영향을 받을 수 있다. 이런 가소성 덕분에 우리가 종 내부와 종 사이에서 볼 수 있는 성과 성적 표현의 다양성이 가능해진다.

"변이는 진화의 기본 틀입니다. 변이가 없다면 진화 시스템이 존재할 수 없어요. 그래서 성적 특성에도 변이가 있는 것은 중요합니다."

크루스는 자칭 자유사상가인데, 그의 신선한 관점은 성 발달 연구의 표준 동물로서 실험실에서 사육된 쥐가 아닌 야생의 파충류, 새, 물고기를 연구하면서 다져졌다. 크루스의 말에 따르면 이런 색다른 모델 동물은 '실제'일 뿐 아니라 '진짜'이다. 이들의 자연스러운 본능은 수십 년에 걸친 근친교배에 의해 무뎌진 것과는 다르다. 이 생물들의 성 발달은 유전자, 기온, 환경 등 다양한 요인에 의해 촉발된다. 따라서 그는 표준적인 실험 쥐 모델 너머를 보고 진화의 시간을 거슬러 포유류의 성이 발달하기 이전부터 토대를 다진 시스템을 연구할 수 있었다.

크루스는 조직개념이 성에 대한 경직된 결정론적 관점을 부추겼다고 비난한다. 조직개념은 암수의 차이에만 초점을 두어 이분법적 개념을 공고히 하고 자연에서 발견되는 성적 형질의 아름다운 다양성을 무시하게 만들었다.

"말도 안 됩니다." 우리의 긴긴 수다 중 한번은 그가 오스틴 근처의 자택에서 전화로 이렇게 푸념했다. 크루스는 표준 패러다임의 전성기는 끝났다고 본다. 이 한물간 사고방식은 포유류 중심에다가 지나치게 단순화되었고, 조직하고 활성화하는 성호르몬으로서 에스트로겐의 역할을 무시한다. "암컷은 수컷만큼이나 특수화되어 있습니다. 저는 이 점을 여러 차례 강조해왔어요. 결론은 이겁니다. 암컷이 성의 원형이라는 점이지요. 증거는 많이 있습니다."

크루스는 다양성이 어떻게 동일한 메커니즘에 의해 조절되는지에 초점을 맞춰왔다. 실패한 혼돈 속에서 보전된 것을 연구하는 것이야말로 근원을 발견하는 열쇠이다. 이런 접근법 덕분에 크루즈는 성 분화의 진화를 보는 새로운 관점을 발전시킬 수 있었다. 바로 성의 기원에 토대를 둔 것이다.

"최초의 생물이 복제를 통해 번식했다는 데에는 의심의 여지가 없습니다." 크루스가 내게 말했다. "최초로 번식한 생물은 알을 낳을 수 있어야 했겠죠. 그러니까 암컷입니다."

크루스의 연구 결과는 6억 년 전에서 8억 년 전에 존재했던 유일한 생물은 복제한 알을 낳는 생물이었다고 추정한다. 수컷은 성이 도래할 때까지 진화의 무대에 등장하지 않았다. 크루스는 그 시기가 2억 5,000만 년에서 3억 5,000만 년 후라고 보고 있으며 그제야 생식세포의 크기가 다양해졌다. 이렇게 생식세포가 뚜렷하게 나누어지면서 서로 크기가 다른 생식세포의 결합을 촉진하는 상호보완적 행동이 필요하게 되었다. 서로 상대를 찾을 수 있어야 하고 성적으로 끌려야 하며 재생산이 가능해야 한다. 그래서 안드로겐에 의해 활성화되는 성적 이형이 진화한 것이다.

"남성성은 여성성의 적응 과정으로서 진화했습니다." 크루스가 설명을 이어갔다. "최초의 남성이 한 일은 여성의 몸에서 번식을 촉진하는 것이었습니다. 생식세포 분리의 기초가 되는 신경내분비학적 과정을 자극하고 조정하는 일이죠. 남성은 행동상의 촉진자입니다."

남성이 원래 여성으로부터 진화한, 즉 여성에서 파생된 성이라면 거기에는 난자 제조기의 흔적이 남아 있다고 가정하는 것이 논리적이다. 그리고 실제로 그렇다. 크루스가 남성성의 한복판에서 고대 여성성의 살아 있는 유물을 발견했으니, 바로 정소이다.

"우리는 정소에 에스트로겐 수용체가 있다고 보여주는 현미경 사진을 최초로 공개했습니다." 에스트로겐, 즉 가장 대표적인 '여성' 성 스테로이드 호르몬이 사실은 수컷의 정소와 정자 발달에 근본적인 역할을 한다는 사실이 밝혀진 것이다.

크루스는 시카고대학교 유전학자인 조 손턴Joe Thornton과 공동으로 분자 차원의 시간 여행을 떠나 고대 연체동물에서 태곳적 에스트로겐 수용체를 부활시켰다. 이 연구와 칠성장어 같은 원시적인 동물에 대한 손턴의 연구는 에스트로겐 수용체가 척추동물에

서 가장 오래된 전사인자(유전자를 켜고 끄는 일을 하는 단백질)임을
보여주었다.[42] 그리고 그 기원은 과거에 알려진 것보다 훨씬 오래
된 6억 년 전에서 12억 년 전 사이다. 반면 안드로겐 수용체 유전
자는 그보다 3억 5,000만 년이나 더 지나서 진화했다.

"에스트로겐이 최초의 스테로이드 호르몬일 수밖에 없는 게,
최초의 동물은 알만 낳았고 알은 에스트로겐을 생산했기 때문입
니다." 크루스가 설명했다. "에스트로겐 수용체는 사실상 신체의
모든 조직에서 중요합니다. 몸에서 에스트로겐 수용체가 없는 조
직은 생각할 수도 없어요."

조직개념은 테스토스테론의 전능함만을 강조해왔지만 에스
트로겐 역시 강력한 호르몬이라는 것이 증명되고 있다. 에스트로
겐은 앞에서 본 것처럼 개구리의 성을 전환하는 능력과 함께 테스
토스테론만큼이나 발생 초기에 동일한 조직에 영향력을 발휘한다
고 드러났다. 또한 크루스는 에스트로겐을 차단하여 발생 중인 도
마뱀 암컷의 성을 전환하는 데 성공했다.[43] 에스트로겐은 분명 암
수의 성 발달을 조직하는 데 중요한 역할을 하며 또한 이후에도
성적 행동을 활성화하는 근본적인 책임을 맡고 있다. 이 '여성' 성
호르몬은 정소와 정자를 만드는 데 필요할 뿐 아니라 일부 종에서
는 수컷의 교미 행동을 자극한다고 밝혀졌다.

"여성 성 스테로이드는 남성에서도 없어서는 안 될 역할을 합
니다. 당연하죠, 남성은 원래 여성이었으니까요."

하여 크루스가 말하길, 성경의 하와가 아담의 갈비뼈에서 빚
어진 것이 아니라 그 반대다. 태초에 여성이 있었고 여성이 남성
을 낳았다. 진화를 보는 이런 대안적인 관점에서 '암컷이란 무엇인

가'라는 질문에 대한 최종 답변은 다음과 같다. 여성은 성의 시조
始祖이다. 이 원시적 난자 제조기의 유물은 우리 모두 안에 존재한
다. 이 사실을 통해 남성이 내면의 여성성과 접촉하는 것을 재해
석할 수 있다.

2장

산쑥들꿩 수컷은 짝짓기 철마다 춤을 추다 죽을 기세로 무대에 오른다.
과연 누가 암컷의 간택을 받을까? 종잡을 수 없는 여성의 선택은
최근 몇 년간 진화생물학의 뜨거운 화두다.

배우자 선택의 미스터리

여성은
무엇을 어떻게
선택하는가

산쑥들꿩*Centrocercus urophasianus*만큼 별나고, 솔직히 말해서 우스꽝스럽게 구애하는 동물이 또 있을까 싶다. 커다란 닭 정도 크기의 이 북아메리카 조류는 서부 대평원에서 산쑥을 먹으며 검소하게 생활한다. 초봄이면 산쑥이 자라는 평원에 산쑥들꿩 총각들이 뾰족한 부채 꼬리 장식을 현란하게 드러내며 우후죽순 모여든다. 짝을 찾아 서로 겨루기 위해서다. 동물학에서 레크lek라고 알려진 이 장소는 사실상 산쑥들꿩의 클럽이다. 이곳에서 여인과의 하룻밤을 두고 춤 대결이 벌어진다. 수컷들은 거들먹거리면서 비현실적인 비트박스로 직접 반주까지 한다.

수컷 산쑥들꿩의 식도는 아주 크게 확장되어 공기를 한입 꿀꺽 삼키면 잔뜩 부풀어 오르고, 목 주위로 출렁대는 흰색 깃털의 목도리가 생긴다. 완전히 부풀면 잠깐 동안 올리브색의 둥글납작한 풍선 두 개가 드러나는데, 마치 옷 가게의 유두 없는 마네킹 가슴 같다. 수컷은 인상적인 가슴 근육망을 사용해 올리브색 공기주머니를 철썩철썩 두드려 매력이 넘치는 소리를 낸다. 물 위에서 고무줄을 튕겼을 때 울리는 소리랄까. 전반적인 느낌은 코미디 그룹 몬티 파이튼 그 자체이며 "진화야, 도대체 무슨 생각인 거니?"라고 묻지 않을 수 없는 생김새다. 대체 어떤 별난 힘이 저렇게 엉뚱한 생물을 만들어냈냐고 묻는다면 답은 정해져 있다. 암컷의 선택female choice이다.

산쑥들꿩의 아찔한 춤

여자는 책임질 일이 많다. 왜 코주부원숭이 수컷은 그렇게 길고 덜렁거리는 코를 가졌을까? 코주부원숭이 아가씨들이 그걸 좋아하니까. 자루눈파리의 거추장스럽게 양쪽으로 뻗친 눈자루도 마찬가지다. 심지어 눈자루의 너비가 몸길이보다 더 길다. 당연히 산쑥들꿩의 팝핑 댄스도 그렇다. 암컷의 선택은 진화의 힘 중에서도 가장 엉뚱하고 기발하며 자연이 만든 가장 사치스러운 창조물에 영향력을 발휘한다. 여성이 정확히 무엇을 어떻게 선택하는지를 밝히는 일이 최근 몇 년간 진화생물학에서 가장 활발한 연구 분야가 되었다. 그리고 산쑥들꿩만큼이나 초현실적인 방법을 동원하여 통찰을 끌어냈다.

이 분야의 선구자인 게일 패트리셀리Gail Patricelli는 UC 데이비스 진화 및 생태학과의 눈이 반짝반짝한 젊은 교수다. 패트리셀리는 지난 10년간 산쑥들꿩의 우스꽝스러운 춤을 연구해왔다. 실험실로 찾아가 만나기 전에 너그럽게도 그녀는 대학원생 에릭 팀스트라Eric Tymstra를 통해 산쑥들꿩의 새벽 쇼 관람권을 주었다. 에릭은 캘리포니아주 이스턴 시에라에서 이 요상한 새들의 장기 연구를 돕고 있다. 나는 에릭과 약속을 잡고 매머드 요세미티 공항 근처에서 만나기로 했다. "서로 어떻게 알아볼까요?" 내가 염려스럽게 물었다. 하지만 쓸데없는 걱정이었다. "청록색 옷을 입었고 머리는 모히칸 스타일입니다." 에릭이 무심하게 답했다.

역시나 에릭은 자기가 연구하는 새만큼이나 생기 있는 사람이었다. 기괴하지만 금세 좋아지는 유머 감각의 소유자였고, 물론 알아보기도 쉬웠다. 현장으로 가는 길에 에릭은 나에게 두 가지 옵션을 주었다. 새벽 1시에 일어나서 그가 새를 잡아 꼬리표를 다는 것까지 보든지, 아니면 새벽 4시까지 늘어지게 자고 일어나 레크에서 새들이 춤추는 것만 보든지.

"꼬리표는 어떻게 달아요?" 내가 물었다. 에릭이 설명하기로, 일단 새를 찾아야 한다. 손전등으로 산쑥 지대를 훑어 어둠 속에서 빛나는 한 쌍의 망막을 찾으면 된다. 산쑥들꿩은 '아주 어리바리해서' 강한 조명을 비추면 일시적으로 꼼짝도 못한다. 그때 에릭과 동료가 다가가서 그물로 잡는다. "보통 새한테 다가갈 때는 발소리를 숨기려고 백색 소음을 틀어놓아요." 에릭이 말했다. "하지만 저는 ACDC*를 애용합니다." 어찌 거절할 수 있겠는가?

이런 연유로 나는 산에서의 첫날 밤, 영하의 두껍게 쌓인 눈밭에서 구슬같이 밝은 한 쌍의 눈을 찾아 수풀을 훑으며 몇 킬로미터를 걸었다. 한창때인 두 청년을 따라잡으려고 꽤나 애를 썼지만 결국 느려터진 일행이 되고 말았다. 2,700미터라는 고도에 익숙하지도 않은 데다 옷을 열두 겹이나 빌려 입어 과대 포장된 인간 짐짝이 되었기 때문이다. 게다가 잘 맞지 않는 스노부츠 때문에 발을 헛딛기 일쑤고, 허벅지 높이까지 쌓인 눈 위로 연방 얼굴을 처박았다. 거추장스럽게 방해가 된 것을 생각하면 두 사람이 그날 밤 새를 한 마리도 잡지 못한 것은 당연하다.

새벽 5시쯤 되었을까. 아직 세상은 칠흑같이 어두웠다. 우리는 꼬리표 붙이는 일을 접고 작은 2인용 위장 텐트 안에 몸을 구기

* 오스트레일리아 하드록 밴드—옮긴이

고 들어가 쌍안경, 망원경, 그 외에 다수의 카메라까지 과하다 싶
게 많은 렌즈를 설치했다. 레크에서 일어나는 활동을 관찰하고 기
록하는 장비였다. "우리는 조류포르노학자pornithologist*들입니다."
에릭이 농담했다. "새들의 섹스를 기록하는 게 우리 일이니까요."

새들의 오케스트라는 새벽이 되기 전부터 조율을 시작했다.
검은 하늘이 푸르게 변할 때 꿀렁꿀렁 울리는 기괴한 소리가 청중
을 도발했다. 떠오르는 태양이 주위의 눈 덮인 산맥을 분홍빛으로
물들일 무렵 멀리서 꽤 많은 검은 얼룩들이 발을 질질 끌며 다가
오는 모습이 보였다. 드디어 쇼는 시작되었다.

위장 텐트 앞에서 펼쳐진 장면은 과연 기대에 어긋나지 않게
괴이했다. 30마리 정도 되는 수컷 산쑥들꿩이 네트볼 경기장 두
개를 합친 넓이의 땅에서 팝핑을 했다. 아침 해가 드리운 산은 공
연을 위한 원형 극장이 되었고 그 소리가 3킬로미터까지 울려 퍼
졌다. 수놈들의 존재를 이성에게 알리는 이 공연장의 앞자리에는
암새가 없었지만 그렇다고 쇼가 지연되지는 않았다. 수놈들은 마
치 자기 솔로 무대에 심취한 듯 암컷과 상관없이 춤을 추었다. 수
컷끼리 서로 의식하기는 했으나 별다른 소득도 없이 애만 쓰는 것
같았다. 다툼이 일어날 때도 있었다. 기함할 정도로 과격한 날갯짓
과 함께 한차례 소동이 일어나고 나면 패자는 조용히 물러났고 승
자는 그 앞에서 으스대며 팝핑 행진을 했다.

이런 우스꽝스러운 모습을 즐기는 게 나만은 아니었다. "이
새들을 연구하면서 제일 재밌는 건 다들 너무 진지하게 임한다는

---

* 조류학자를 뜻하는 ornithologist에 p를 붙여 변형한 조어—옮긴이

거예요." UC 데이비스의 연구실로 찾아갔을 때 패트리셀리가 내게 고백했다. "행동 하나하나가 정말 우습기 짝이 없거든요. 아주 노골적이죠. 하지만 당사자들은 그렇게 심각할 수가 없어요. 여기가 바로 진화의 중심이에요. 유전자가 다음 세대로 전달되는 시점이죠. 기를 써서 살아남고 용케 포식자를 피했다 해도 짝짓기를 하지 못하면 다 무슨 소용이겠어요. 그러니까 이곳이 진정한 진화의 시발점인 셈이죠."

암새들이 나타난 이후가 더 가관이었다. 몸집이 작고 누가 봐도 볼품없는 암새들의 존재가 수새를 어찌 자극했는지 원래도 아찔한 춤의 수위가 몇 단계는 더 올라갔다. 하지만 암새들도 흥미롭기는 마찬가지였다. 몇 마리씩 적당히 흩어져서는 가끔 땅을 마구 쪼면서 마치 제 주변에서 일어나는 광란의 팝핑과 허세의 장이 눈에 보이지 않는다는 듯 가식을 떨었기 때문이다. 가끔 수새들은 치명적인 실수로 이 종잡을 수 없는 공연을 더욱 오리무중으로 만들었다. 이미 지루해 보이는 암새들에게 수시로 등을 돌려 섹시하게 출렁대는 주머니를 아예 보이지 않게 만들었기 때문이다.

"제가 산쑥들꿩에 관심을 가지게 된 이유에는 저들의 쇼에서 빅토리아 시대의 고정관념이 생생하게 살아난다는 점도 있어요. 그렇지 않았나요?" 패트리셀리가 말했다. "수컷은 화려하고 공격적이며 암컷을 두고 서로 싸웁니다. 쇼를 제대로 보여주고 있지요. 반면에 암컷은 소극적으로 수줍게 새침을 떨고 있잖아요."

산쑥들꿩의 레크에 관한 묘사에는 남성중심적 고정관념이 고스란히 들어 있다. 이 새들은 1932년 학술지 《네이처Nature》 표지에서 한껏 부풀린 주머니를 과시하는 수컷의 사진과 함께 조류학

계에 화려하게 데뷔했다. 논문의 저자인 로버트 부르스 호스폴Rob-
ert Bruce Horsfall은 수새의 '기묘한 행동'을 묘사하는 일에 큰 기쁨을
느꼈지만,[1] 그들의 '고무주머니'가 암새가 아닌 다른 수컷을 향한
거라고 가정했다. 이런 관점은 '주인 역할을 맡은 수새'의 적극적
인 과시와 별 볼 일 없는 암새의 '눈에 덜 띄고 소극적인'[2] 행동을
주제로 긴긴 토론에 돌입한 과학 논문들과 함께 20세기 내내 유지
되었다.

　"오로지 사내들에 관한 것이어야 한다는 관점이 반영된 것이
죠." 패트리셀리가 설명했다. "모든 의사소통이 단지 수컷을 위협
하는 수컷에 관한 것일 뿐 암컷의 선택 따위에 움직일 리가 없다
고 보았죠."

암컷의 선택에 관한 논란의 역사

　암컷의 선택은 오늘날 진화생물학에서 가장 뜨거운 감자 중
하나지만 과거에도 그랬던 것은 아니다. 하지만 다윈도 처음에 여
성의 취향이 가지는 힘을 성선택 이론의 일부로 제시했고, 『인간
의 유래와 성선택』에서 이를 자세히 설명했다. 다윈의 두 번째 위
대한 진화의 원리는 사실 자연선택의 구멍을 메우려는 의도에서
착안한 것이다. 자연선택의 허점이란 일부 수컷의 화려한 장식과
기이한 구애 방식을 설명하지 못하는 데서 비롯했다.

　『종의 기원』 출간 이듬해인 1860년 아사 그레이Asa Gray에게
보낸 유명한 편지에서 다윈은 이렇게 털어놓았다. "눈에 대해 생

각하면 오싹해지던 때가 여전히 기억나는 게 신기하지만, 어쨌든 난 그 불평의 단계를 잘 극복했네. 그런데 이제는 작고 사소한 것들이 아주 거슬리는군. 공작새의 꽁지깃을 볼 때마다 욕지기가 날 정도라니까!"[3] 다윈의 메스꺼움은 공작새 꼬리의 주체할 수 없는 경솔함에 관한 것이었다. 그런 꼬리가 새의 전반적인 생존 과업에 도움이 될 것 같지 않았기 때문이다. 아니, 도움은커녕 위협이 닥쳤을 때 숨거나 비행 능력을 방해하여 해를 끼칠 가능성이 더 컸다. 그렇다면 어떻게 왜 그런 과도한 형질이 자연선택이라는 실용주의적 원칙 아래에서 형성되었을까?

다윈은 그런 '이차적인 성적 특성'은 두 가지로 설명될 수 있다는 혁명적인 제안을 했다. 하나는 암컷을 앞에 두고 수컷 대 수컷이 벌이는 싸움으로, 장수풍뎅이의 초대형 뿔처럼 규모가 큰 무기로 이어졌다. 다른 하나는 암컷의 배우자 결정권이며 공작새 꼬리와 같은 화려한 장식이 진화하게 되었다.

"이는 다양한 예로 보여졌다…… 암컷은 비록 비교적 소극적이지만 대개 자신에게 주어진 선택권을 잘 행사하고 특정 수컷을 다른 수컷보다 선호하여 받아들인다."[4] 다윈은 계속해서 그런 변덕의 전반적인 효과를 설명한다. "더 매력 있는 수컷을 암컷이 선호하기 때문에 수컷이 변화한다. 종의 존재와 양립하는 한 오래도록 시간제한 없이 변화가 일어날 수 있다."[5]

빅토리아 시대의 가부장제는 성선택을 자연선택의 하위 분류로 취급하긴 했어도 암컷과 짝지을 권리를 두고 수컷들이 대결한다는 발상을 받아들이는 데는 문제가 없었다. 다윈이 물의를 일으킨 부분은 여성이 성적으로 자율적일 뿐 아니라 남성의 진화를 좌지우지하는 결정권을 가졌다는 주장이었다. 이것은 마나님들에게 강력한 권한을 준 것으로 대부분의 (남성) 생물학자들의 심기를 몹시 불편하게 만들었다. 빅토리아 시대는 남성이 여성을 통제하는 시기였기 때문이다. 그 반대가 아니라.

놀랄 만한 독창성에도 불구하고 성선택은 문화적, 과학적으로 수용되지 못했다. 자연선택에 의한 진화론은 많은 18, 19세기 사상가들에 의해 예측된 바 있고 엄밀히 말해 앨프리드 러셀 월리스Alfred Russel Wallace와 공동 발견한 것이지만, 진화의 원동력으로 성선택을 꼽는 것은 과학계에서 전례가 없는 개념이었다.[6] 설상가상으로 다윈은 암컷이 짝을 고르는 기준을 제대로 설명하지 못했다. 대신 암컷이 특정 수컷에게 끌리는 것은 '미적 취향' 때문이라고 주장했다.[7] 비록 동물에게 그런 결정을 내릴 지적 능력이 있는지를 두고 긴 분석을 시작했지만(곤충은 그렇다, 벌레는 그렇지 않다 등), 다윈은 성선택이 작동하려면 동물에게도 인간과 같은 미적 감각이 요구된다는 인상을 주었다.[8]

이런 상황이 빅토리아 시대의 기득권층에게 다윈의 새 이론을 매질할 채찍을 주었다. 당시의 사고방식에 따르면 예술과 음악을 논하는 것은 오로지 상류층의 특권이었으므로 하찮은 공작새는 말할 것도 없고 여성이 미적 능력을 부여받았다는 사실은 입밖에 낼 가치도 없는 헛소리였다. 아름다움은 신이 내린 것이다. 그러므로 여성의 성적 기호가 진화의 중요한 원동력이라는 생각은 이단이나 다름없었다.

하여 다윈의 대담한 새 이론은 공개적으로 조롱과 무시를 받았다. 가장 강한 비판이 앨프리드 러셀 월리스로부터 나왔다. 월리스는 수컷의 장식이나 구애 방식을 설명하는 데 가짜 진화론 따위는 필요하지 않다고 보았다. 그는 그저 수컷의 '힘과 활력과 생장력이 넘친' 결과라고 믿었다.[9] 위대한 인물이 세상을 떠난 후 몇 년 뒤인 1889년에 누구도 오해할 수 없는 제목을 달고 나온 진화론 저서 『다윈주의Darwinism』에서 월리스는 다윈의 유산을 검열하는 대담한 행보를 보였다. "암컷의 선택이라는 것을…… 거부하면서 나는 자연선택에 더 큰 효능이 있다고 고집하겠다. 그것은 다윈 자신의 탁월한 신조이다. 그러므로 나는 내 책이 다윈주의의 순수한 옹호자 입장임을 주장하는 바이다."[10]

월리스는 자연선택에 의한 진화론의 주창자로서 동등한 공적을 인정받지는 못했을지도 모른다. 그러나 20세기에 다윈주의적 사고[11]를 형성하는 전쟁에서는 그가 이겼다. 월리스가 암컷의 선택을 버린 것은 성선택이라는 다윈의 두 번째 위대한 이론이 '진화의 다락방에 감금된 천덕꾸러기 이모'로 전락했다는 뜻이었다. 몇몇 예외를 제외하면 이 이론은 무려 100년 동안이나 허락되지 않았다. 20세기를 주도한 진화생물학자들은 화려한 수컷의 형질을 두고 포식자를 겁주거나 암컷이 제 종 안에서 짝을 찾는 데 일조하는 기능만을 논했다.

하지만 세상은 변했다. 1970년대의 성 혁명과 페미니즘이 진화론에도 영향력을 미치면서 다윈의 대담한 생각이 100년의 긴 잠에서 깨어났다. 새에서부터 물고기, 개구리, 그리고 나방에 이르기까지 암컷이 감각적 평가를 내릴 수 있고 성적 기호를 행사할 수 있다는 생각이 과학적으로 증명되고 또 받아들여졌다. 지난 30년간 여성의 선택은 산쑥들꿩처럼 레크를 형성하는 종과 함께 진화론 연구의 '가장 역동적인 영역'이 되어 경쟁적인 수컷과 까다로운 암컷이라는 패러다임의 사례를 제공했다.

수새는 선택받고 싶어 한다

레크는 가장 극단적인 유혹의 시장이다. 소수의 운 좋은 총각들이 짝짓기 무대를 독차지하는 승자독식의 장이다. 곤충에서 포유류까지 레크에서 일어나는 교미의 70~80퍼센트가 고작 10~20퍼센트의 수컷에게 돌아간다.

"짝짓기 철의 절정에 산쑥들꿩 레크는 아수라장이에요." 게일 패트리셀리가 연구실에서 설명했다. 교미의 대부분이 불과 3일에 걸쳐 일어나는데 이때 암컷들은 크게 스크럼을 짜고 가장 인기 있는 수컷에서 가까운 자리를 차지하기 위해 티격태격한다. 패트리셀리는 내게 전설의 딕 이야기를 들려주었다. 딕은 와이오밍주에서 아주 잘나가던 산쑥들꿩 수컷으로, 2014년 시즌에 137번이나 짝짓기를 했고 23분 동안 연속해서 23번 교미한 기록이 있다.[*]

성선택을 연구하는 학생들에게 레크가 특별한 이유는 레크를 형성하는 종의 암컷은 대체로 새끼를 혼자서 키운다는 점에 있다. 그래서 암컷은 짝을 고를 때 수컷이 지닌 영역의 자원이나 잠재적 육아 기술 같은 조건을 따지지 않는다. 오로지 수컷의 유전자만을

---

[*] 게일 연구팀은 흰색 정수리에서 꽁지깃까지 이어지는 고유한 무늬를 따라 새들의 이름을 붙였다. 마침 딕의 깃털은 음경의 모양을 닮아서 딕(Dick. 속어로 음경이라는 뜻—옮긴이)이라고 불렸다. 당시는 이 수컷이 그렇게 제 이름값을 할 줄은 몰랐다고 한다.

볼 뿐이다. 승리한 수컷 혼자서 무리의 암컷 대부분에게 유전자를 전달한다는 사실로 미루어, 기이한 장식과 구애 방식을 끌어내는 암컷의 배우자 선택은 그 영향력에 제한이 없는 것 같다.

"딕은 그 시즌에 거의 모든 새끼에게 유전자를 물려준 놈이었어요. 그래서 그런 사내가 되어야 한다는 선택압이 아주 크지요." 패드리셸리가 설명했다. "레크를 형성하는 동물들은 막말로 자연계에서 볼 수 있는 가장 정신 나간 짓들을 합니다. 최고만 간택되니까요. 극락조와 공작새와 산쑥들꿩의 거들먹거림도 다 그 때문이에요."

그런데 여기에 백만 달러짜리 질문이 있다. 도대체 왜 다들 딕에게 흘렸던 걸까? "실제로도 딕은 꽤 특별했어요." 패트리셸리가 내게 말했다. "늘 정말 열심히 뽐내고 다녔거든요. 에너지가 무한히 샘솟는 것처럼 보였지요."

사실 산쑥들꿩의 비트박스 팝핑은 무척 힘이 많이 드는 행위다. 수컷이 저렇게 자신을 과시하는 데 얼마의 에너지가 들어가는지 알 수 없지만, 레크에서 날개를 연속해서 두드려 구애하는 깍도요사촌great snipe의 경우 과시 행위가 한 번 끝날 때마다 체중이 거의 7퍼센트나 빠진다는 연구 결과가 있다.[12] 그렇게 보면 산쑥들꿩 수컷도 구애에 드는 에너지 비용이 만만치 않을 것이다. 그들이 즐겨 먹는 산쑥은 열량이 풍부한 먹이도 아닐뿐더러, 에릭이 말하길 산쑥의 잎은 독성이 매우 강해서 이 수컷들은 본질적으로 엄청난 숙취 상태에서 춤을 추고 있는 셈이다.

패트리셸리는 암새들이 수새에게 이렇게 힘겨운 춤을 요구함으로써 A등급 유전자를 보유한 혈통을 감별한다고 생각한다. "누구는 세계적인 운동선수로 만들고 누구는 그렇지 않게 하는 단일 시스템이 있는 건 아니잖아요. 유산소 능력, 대사의 효율성, 면역계, 먹이를 찾는 능력, 음식을 소화하고 에너지를 생산하는 능력까지 다양한 조건이 있겠죠. 그래서 산쑥들꿩 수컷은 건강한 몸으로만 할 수 있는 버거운 행위를 죽어라 하는 겁니다."

여기가 이야기의 끝이라고 생각하기 쉽다. 가장 정력이 넘치고 가장 현란한 수컷이 암컷을 차지한다고 말이다. 그리고 많은 과학자들이 그렇게 가정한다. 그러나 패트리셀리는 겉으로 수줍어 보이는 암새의 성격에도 흥미를 느꼈다. 정말 암새들이 보이는 것만큼 그렇게 소극적일까?

진실을 알아내기 위해 패트리셀리는 코넬대학교 조류연구소에서 근무하는 마크 댄츠커Marc Dantzker와 잭 브래드버리Jack Bradbury로부터 영감을 얻었다. 두 사람은 놀라운 사실을 발견했다. 수컷 비트박스의 음향은 소리의 반향이 네 가지 방식으로 연장된 독특한 패턴을 이루는데, 다시 말해 그들이 내는 소리가 실제로는 얼굴을 마주 보는 쪽에서 가장 조용하고 반대로 옆과 뒤에서 가장 크게 들린다는 뜻이다.[13] 따라서 뽐내기에 열중한 수새가 바보처럼 암새에게 등을 돌린 줄 알았지만 사실은 꿀렁대는 메시지를 정확히 그녀를 향해 날리고 있었던 것이다. 그때 패트리셀리는 생각했다. 수새의 구애가 겉으로 보기와 다르다면 암새도 눈에 보이는 것만큼 따분한 동물은 아닐 거라고.

수새의 과시에 쏠렸던 관심을 별 볼 일 없는 암새에게 돌린 덕분에 패트리셀리는 훨씬 의미심장한 사실을 발견했다. 알고 보니 딕과 같은 최고의 수새는 레크에서 가장 요란한 춤꾼일 뿐 아니라 암새가 주는 미묘한 신호에도 잘 반응했다. 인기를 얻으려면 출중한 춤 솜씨는 기본이고 상대의 말을 '잘 들어야' 한다는 말이다.

"저는 암수가 소통하며 서로 메시지를 주고받는 방식을 관찰했어요. 암새는 훨씬 적극적인 역할을 맡고 있었어요. 자신이 원하는 수새의 과시를 유도하거나 만들어내는 것이지요. 매력 있는 수컷이 되려면 겉모습이 화려한 것만으로는 안 됩니다. 반응을 해야해요. 그걸 확인하려고 제가 로봇을 투입한 겁니다."

암새의 머릿속에 들어가 이들이 어떤 기준으로 수컷을 선택하는지 알아내기 위해서 패트리셸리는 비트박스 하는 수새보다 훨씬 더 초현실적인 새를 창조했다. 산쑥들꿩 암컷 로봇새다. 패트리셸리는 애정을 담아 이 새를 '펨봇fembot'이라고 부른다. 펨봇은 패트리셸리가 산쑥들꿩 암컷의 박제된 가죽, 원격 조종 탱크, 온라인에서 구입한 로봇 부품들을 보정속옷과 함께 잘 조합하여 만들었다. 패트리셸리가 손재주를 발휘해 탄생한 수제 로봇새는 바퀴만 빼면 영락없는 진짜 새였다.* 사실 생각 없는 수컷들에게는 대놓고 가짜처럼 보여도 상관없었다. 패트리셸리가 말하길, 주위에 암새가 없자 말린 소똥과도 짝짓기를 시도하는 놈들이니 분명 눈은 높지 않았다. 그렇기는 해도 처음에 펨봇을 레크에 투입하면서

---

* 패트리셸리는 '콜로라도에서 스키광'으로 보낸 1년 반이 로봇새를 만드는 데 큰 도움이 되었다고 생각한다. 당시 스키장에서 체류비를 벌기 위해 부업으로 학회 운영을 맡았는데 마침 뉴로모픽 공학(인공지능과 로봇에 관한 분야)은 패트리셸리가 가장 좋아하는 분야였다. 그래서 로봇새 생각이 떠올랐을 때 학회 친구들에게 연락했고 운 좋게 미 항공우주국에서 통제 시스템을 설계한 친구가 기꺼이 곁다리 프로젝트로 로봇새 제작을 도와주었다. "첫 버전에서부터 아주 정교했지요." 패트리셸리가 내게 말했다. "저는 학생들에게 대학원에 들어가기 전에 잠시 쉬라고 말해요. 그 시간에 무엇을 보고 배울지 모르니까요."

패트리셀리는 수새들이 좋아하지 않을까 봐 걱정했다. "기억에 남을 첫 데이트를 했지요."

나는 펨봇을 데리고 실험실을 한 바퀴 돌았다. 실험실의 넓고 평평한 바닥에서 펨봇을 조종하는 것은 울퉁불퉁하고 북적대는 레크에서보다 한결 수월하다고 했다. 펨봇은 다른 새에게 다가가 머리를 돌리고 시선을 주고 고개를 숙이고 먹이를 찾는 동작을 할 수 있고, 명령에 따라 진짜 암새처럼 추파를 던지거나 수줍게 행동할 수 있었다. 이 실험에는 두 명이 필요하다. 패트리셀리는 위장 텐트 안에서 원격 조종기를 들고 들어가 있고, 박사과정 학생 한 명은 쌍안경과 무전기를 들고 언덕 위에 앉아 펨봇이 레크에서 돌아다니는 것을 도왔다. 패트리셀리가 말했다. "진짜 새들은 정신없이 사방을 돌아다니죠. 그 사이를 움직이면서 다른 새들이 로봇을 쓰러뜨리거나 충돌하지 않게 조심해서 조종해야 해요."

패트리셀리의 펨봇은 수컷들의 애를 태워야 한다. 게다가 수새의 관심을 끌다가도 감당하기 힘든 상황이 닥치면 얼른 빠져나와야 한다. "로봇과 짝짓기를 시도하는 수컷들이 있었어요. 당연히 잘되지 않았지요." 조심한다고 해도 사고는 일어난다. 한번은 펨봇이 한창 추파를 던지던 중에 머리를 잃었다. 하지만 얼빠진 수컷은 신경 쓰지 않았다. "수새는 상황을 제대로 인식하지 못하기 때문에 어떻게 반응해야 할지 몰라요. 그래서 그냥 펨봇이 머리가 없는 채로 돌아오게 했죠."

이 복잡한 구애의 대화를 여성 쪽에서 제어하면서 패트리셀리는 암새의 행동 변화가 어떻게 수새의 공연에 영향을 주는지 관찰할 수 있었다. "우리는 암새가 얼마나 가까이 있느냐에 따라 수새가 과시의 수준을 조정하는 걸 확인했어요. 실제로 암새에 반응하여 가장 중요한 곳에 에너지를 쏟았죠. 성공하지 못한 수컷들은 처음부터 무작정 온 힘을 쏟아붓기 때문에 정작 결정적인 순간이 오면 훌륭한 쇼를 보여줄 여력이 남지 않죠. 아마도 사회적 기술과 기본적인 체력 사이의 조합일 겁니다."

처음에 패트리셸리는 이 '사회적 기술'의 중요성을 레크를 이루는 수새들 중에서도 가장 수준 높은 종에서 발견했다. 박사과정 주제로 연구했던 오스트레일리아 동부의 새틴정원사새*Ptilonorhynchus violaceus*이다. 수컷 정원사새는 동물의 왕국에서 예술가 살바도르 달리에 가장 근접한 존재다. 새틴정원사새 수컷은 나뭇가지로 대단히 화려하고 초현실적인 바우어bower[*]를 짓고 암새의 눈을 즐겁게 하는 밝은 색상의 물체들로 오랜 시간 공들여 장식한다. 장식의 스타일과 색깔은 종에 따라 다양하며 어떤 바우어는 좀 더 정교하다. 예를 들어 큰정원사새의 바우어는 착시의 집 같다. 물체가 크기에 따라 배열되어 바우어는 실제보다 더 작게, 수컷은 더 크게 보이는 가짜 원근감을 조성한다.^{**}

새틴정원사새 암컷은 수새의 몸집보다는 그가 구해오는 푸른색 싸구려 장식품에 더 신경을 쓴다. 수새는 이곳저곳 찾아다니며 꽃에서부터 깃털, 플라스틱 병뚜껑, 빨래집게까지 부리로 물어올 수 있는 것이면 무엇이든 들고 와서 바우어 바닥에 흩어놓는

* 정원사새가 구애하기 위해 짓는 공간—옮긴이
** 큰정원사새는 가히 환시의 대가라 불릴 만하지만 앵무, 개똥지빠귀, 비둘기, 심지어 닭도 다양한 착시에 민감하며 많은 종의 수새가 특정한 각도와 거리에서 암새 앞에 자신을 내보인다. 착시가 새들 사이에서 널리 퍼진 기술임을 알 수 있다.

다. 이걸로도 성이 차지 않는지 부리로 열매를 씹어서 그 즙을 벽에 색칠하기까지 한다. 살바도르 달리도 울고 갈 미적 감각이다.

파란색 장식들로 암새의 주의를 끌고 나면 그때부터 수새는 윤기 나는 푸른 깃털을 부풀리고 웅웅 소리가 나는 고난도 춤을 추면서 신체적 기량을 뽐낸다. 사실 수새의 춤은 동성끼리 서로 위협할 때 사용하는 동작과 크게 다르지 않기 때문에 처음에는 암새가 긴장할 수밖에 없다. 패트리셸리는 암새가 공연을 관람할 마음의 준비가 되면 일종의 웅크리는 동작을 한다는 걸 알아챘다. 그렇다면 수새들이 여기에 주의를 기울이고 반응할까? 그래서 패트리셸리는 이런 동작을 흉내 내는 로봇 정원사새를 제작했고, 성공적인 수새는 실제로 굉장히 전략적이며 사려가 깊다는 것을 알게 되었다. 이들은 암새가 웅크리고 앉아 준비되었다는 신호를 보낼 때만 춤의 강도를 높였다.

과거에도 과학자들은 구애 중에 암컷의 신호에 주의를 기울이는 수컷들을 주목했다. 그러나 패트리셸리는 암컷의 신호를 듣고 반응하는 것이 수컷의 짝짓기 성공과 연관이 있음을 처음으로 증명했다. 추가로 패트리셸리는 적어도 정원사새의 경우 수컷의 성공에는 과시의 강도 못지않게 사회적 기술도 중요하다는 사실을 밝혔다.

산쑥들꿩 암컷들도 서로를 눈여겨본다. 어린 구피guppy* 암컷은 나이 든 (그래서 아마 더 현명한) 암컷 물고기의 배우자 선택을 모방한다고 알려졌다.[14] 패트리셸리는 그런 '엿보기'가 딕 같은 우

---

* 송사리목 난태생송사리과의 민물고기―옮긴이

세한 수컷의 미친 듯한 매력에 기여할 수 있다고 믿는다. "한 수컷 주위를 둘러싼 암컷 80마리가 모두 온전히 자기 취향으로 같은 남자를 찜했다고 보기는 어렵죠." 2014년으로 돌아가 패트리셀리는 펨봇이 덜 매력적인 수새에 관심을 보였을 때 암새들이 펨봇을 따라 같은 수새를 선택하는지 보려고 했다. 그러나 그해 최고 인기남이 뿜어내는 독보적인 카리스마에 좌절할 수밖에 없었다. "딕의 자석 같은 매력은 도저히 이길 수가 없더라고요."

패트리셀리는 아직 포기하지 않았다. 비록 산쑥들꿩의 수컷 로봇 제작은 자신의 기술을 넘어서는 것이지만 레크에서 수새와 암새의 역동적인 전략을 분리하기 위해 펨봇을 여럿 제작하고 싶어 한다. 전통적으로 구애는 수컷과 암컷이 수컷의 형질과 암컷의 선호도에 따라 분류되는 블랙박스로 여겨졌으며, 그 과정 자체도 잘 알려지지 않거나 무관하다고 취급되었다. 패트리셀리는 레크가 상인과 고객 사이에 구매와 협상이 지속적으로 이루어지는 오픈 바자회에 더 가깝다고 본다. 다윈이 자연선택 이론을 세울 때 경제학자 토머스 맬서스*의 영향을 받았던 것처럼, 패트리셀리 역시 구애를 수컷과 암컷이 흥정하여 거래를 성사하는 과정으로 강조하고, 그에 합당한 개념의 틀을 세우기 위해 협상의 경제 모델

---

* 토머스 맬서스는 인구 증가에 대한 논문으로 잘 알려진 영국 사회경제학자로, 번식을 억제하지 않는 한 인구는 언제나 식량 공급을 초과할 것이라고 주장했다. 이 발상은 다윈이 진화를 추진하는 힘을 탐색할 때 매우 큰 영향을 미쳤다. 맬서스를 접하기 전에 다윈은 생물이 어디까지나 개체수를 안정적으로 유지할 만큼만 알아서 번식한다고 생각했다. 그러나 경제학자의 연구를 읽은 후 인간 사회에서처럼 동물의 개체군도 적정한 수준보다 넘치게 번식하여 생존을 위한 싸움을 벌이고 그 결과 생존자와 패자가 갈린다는 것을 깨달았다. 그렇게 살아남기 위한 경쟁이 자연선택에 의한 진화론의 주요 원동력이 된 것이다.

로 눈을 돌렸다.

패트리셀리는 "성선택은 화려한 외적 형질뿐 아니라 사회적 지능도 함께 진화시킵니다. 이러한 구애 전술은 짝을 찾기 위한 경쟁에서도 중요한 일부이지요. 그래서 성선택은 처음에 가정했던 것보다 훨씬 강력할 수 있는 겁니다."라고 설명했다.

모든 전략적 협상에는 인지력이 필요하다. 새틴정원사새 수컷은 상대적으로 뇌가 크고 수명이 길며 7년이라는 이례적으로 긴 사춘기를 보내는데, 그동안 암새를 흉내 내면서 지낸다. 어린 수새는 암새와 똑같이 깃털이 초록색이다. 패트리셀리는 수새가 복잡한 바람둥이 재주를 배우기 위해 이처럼 비정상적인 발달기 동안 암새의 옷을 입고 산다고 생각한다. 이 시기에 어린 수새는 바우어 제작을 연습할 뿐 아니라 동성의 어른들로부터 적극적으로 구애를 받는다. "어린 수새는 여성으로 사는 동안 구애에 관해 배우는 것 같아요. 그리고 종종 이 웅크리는 동작을 하겠지요. 실제로 '짝짓기'를 하지는 않지만 기본적으로 구애의 전반적인 과정을 여성의 입장에서 겪습니다. 성체 수컷이 정말로 짝짓기를 시도하면 그냥 날아가버릴 겁니다."

수컷 새틴정원사새의 문제 해결 능력을 시험한 어느 2009년 연구는 인지 능력이 짝짓기 성공과 연관 있으며 암새는 가장 똑똑한 수새를 선호한다는 사실을 처음으로 보여주었다.[15] 한편 어려운 문제를 잘 풀어낸 사랑앵무 수컷이 암새에게도 좀 더 매력 있는 것으로 나타났다. 그렇다면 암컷의 선택은 수컷의 몸과 행동뿐만 아니라 두뇌에도 책임이 있을 수 있다.

이런 발상은 새로운 것이 아니다. 다윈 역시 성선택으로 사람의 인지력이 크게 진화했을 가능성을 제기했다. 특히 예술, 도덕, 언어, 창의력처럼 '자기표현'이 강한 행위에서 영향력이 더 두드러진다. 하지만 여성의 선택이 인간의 두뇌를 명석하게 만들었을지도 모른다는 생각은 빅토리아 시대 가부장적 과학계의 급소를 가격하여 치명타를 입혔을 것이다.

암컷의 선택은 실제로 강력한 진화의 원동력이지만 뜬금없고 무작위적으로 보인다. 왜 하필 암컷 새틴정원사새는 윌리엄 터너의 노란색이 아니라 앙리 마티스의 블루를 사랑할까?

종잡을 수 없지만 그럼에도 한결같은 암컷의 선택을 제대로 설명하지 못하는 바람에 다윈은 성선택을 반대하는 이들에게 더 많은 공격의 빌미를 제공했다. 특히 앨프리드 러셀 월리스 같은 반대론자는 "여성 대다수가…… 모두 똑같은 변이를 좋아하도록 합의했다는 것은…… 도무지 믿을 수 없다."라고 일갈했다.[16]

오늘날 많은 과학자들은 이런 유행성 욕망에 대한 답이 암컷의 감각을 조정한다고 믿는다. 수컷은 선택되고 싶어 한다. 즉, 군중에서 눈에 띄어 주목받는 것이다. 암컷의 관심을 끄는 가장 확실한 방법은 그녀가 가장 좋아하는 음식으로 변장하는 것이다.[17]

트리니다드섬에 사는 담수어 구피Poecilia reticulata 암컷은 대체로 몸집이 크고 주황색 반점이 진한 수컷과 짝짓기하고 싶어 한다. 이런 기호는 주황색에 대한 편향에서 출발했다. 웅덩이에 떨어진 잘 익은 열매는 척박한 환경에서 당분과 단백질이라는 필수 영양소를 제공한다. 따라서 구피 암컷은 양질의 식량원으로 안내하는 색이기에 주황색을 좋아하며 수컷은 암컷의 이런 편애를 성적으로 이용하는 것이다.[18]

새틴정원사새 수컷도 주목받기 위해서 비슷한 감각을 활용하는 것 같다. 실험 결과 새틴정원사새 암컷은 다른 색깔의 열매보다 유독 푸른색 포도를 반복해서 선택했는데, 그건 이들의 감각이 그 색깔에 반응하게 조정되었음을 암시한다.[19] 이런 선호도는 오랜 진화를 거치며 주체할 수 없는 수준으로 증폭되었을지도 모른다. 수천 세대의 암컷이 푸른색을 선택하는 과정에서 취향이 심각하게 변형되어 푸른 열매에 대한 암컷의 애정이 결국엔 코발트색이면 뭐든 훔쳐오는 수컷의 도벽과 푸른색 전리품으로 가득 찬 집에 이르게 된 것이다. 산쑥들꿩의 올리브색 가슴도 가장 맛있을 철의 산쑥 새싹의 색과 같으며, 목주머니가 철벅대는 소리 역시 단지 그녀가 제일 좋아하는 간식을 알리는 저녁 종소리처럼 기존의 감각적 편향을 강하게 자극하는 건지도 모른다.

결국 산쑥들꿩 암컷이 수컷이 추는 춤의 에너지(즉, 그의 건강 상태), 유전자 적합성, 사회적 기술의 정도를 따져보아 행운의 짝을 선택했는지, 아니면 단지 그의 가슴 색깔이 저녁 밥상을 떠올렸기 때문인지, 또는 자신의 유난스러운 '미적 취향'을 저격했기에 골랐는지는 확인하기 힘들다. 이런 개념들이 양립하지 못하는 것은 아니며, 종마다 기준이 작용하는 수준은 진화생물학자들이 수년은 아니더라도 수일 동안 논쟁할 정도는 된다. 암컷이 자신의 선택으로 실질적인 혜택을 얻었는지, 아니면 단지 '쾌락'[20]을 추구하기 위한 미적 변덕에 불과한지를 두고 벌이는 의견 충돌은 150년 전 월리스와 다윈이 처음으로 벌인 논쟁의 연장선에 있다.

개인적으로도 산쑥들꿩 암컷의 기이한 취향은 나 자신의 취향보다도 이해하기 어려운 것 같다. 20년에 가까운 집중 연구 끝에 이 분야의 전문가들이 유일하게 합의에 도달한 한 가지가 있으니, 암컷의 선택이 '본질적으로 종잡을 수 없다'는 사실이다.[21]

하지만 이제 우리는 배우자 선택이 고정된 현상이 아님을 알게 되었다. 퉁가라개구리túngara frog 암컷이 밤이 시작할 무렵 연못가에서 요란한 불협화음에 둘러싸인 채 처음 내리는 결정은 최종 선택과는 상당히 달랐다. 이 파나마 암개구리는 까다롭기 짝이 없어 아직 밤이 깊지 않고 세상이 희망으로 가득차 있을 때는 휴대용 스피커로 들려준 합성 수개구리 소리에 들은 척도 하지 않았다. 하지만 저녁이 끝날 무렵 암개구리의 변별력이 심하게 떨어졌다. 가짜 개구리 울음소리를 내는 플라스틱 스피커에 기꺼이 올라가서는 연못의 파티가 끝나기 전에 알을 수정시키길 바라며 초조하게 서성거렸다.[22]

까다로운 정도는 암컷의 나이, 생식력, 환경, 기대 수명, 기회의 정도에 따라 달라진다. 때로 암컷의 선택은 한 마리 이상과의 섹스에도 연관이 있을 수 있다. 산쑥들꿩 암컷은 수줍어 보였지만 알고 보니 놀라울 만큼 성적으로 개방적이었다.[23] 다음 장에서 알게 되겠지만 다수의 파트너와 열정적으로 짝짓기하고자 하는 암컷의 선택은 동물의 왕국에서 늘 유행하는 현상이었다.

암새의 90퍼센트는 비밀리에 바람을 피운다. 커플을 이룬 새의 새끼 4분의 3이
다른 둥지 수새의 친자임이 밝혀졌을 때 학자들은 혼란에 빠졌다.

"암컷이 진심으로 원했을 리 없어. 진화적으로 여자는 신중하고 소극적이라고!"

조작된
암컷 신화

바람둥이 암컷에 대한
불편한 발견

호가무스, 히가무스
남자는 폴리가무스
히가무스, 호가무스
여성은 모노가무스

—월리엄 제임스William James, 1842~1910

나는 포효 소리로 사자의 여자친구를 훔친 적이 있다. 물론 내 입에서 나온 소리는 아니었다. 다른 수사자의 소리를 녹음했다가 확성기로 재생한 것이다. 나는 사자 전문가인 루딕 지퍼트Ludwig Siefert와 함께 마사이 마라 국립공원에 있었다. 지퍼트는 오디오를 이용해 사자의 의사소통을 해독하는 시범을 보여주고 있었다. 우리는 깜깜한 밤에 지프차 천장 위로 몸을 내밀고 서서 어느 우두머리 수사자의 소리를 다른 사자의 영역에 틀어놓는 대담무쌍한 시도를 감행했다. 폐점 시간 술집 밖에서 "어디 자신 있으면 덤벼보시지!" 하고 외치는 기분이랄까.

처음에는 어둠 속에 이렇게 작은 소리를 내보내는 것이 무슨 소용이 있을까 싶었다. MP4와 휴대용 스피커로는 사자의 포효를 감당할 수 없으니 말이다. 사자가 울부짖는 소리는 대형 고양잇과 동물 중에서 가장 큰 114데시벨이다. 하지만 보통은 MGM 영화 첫머리에 '어흥' 하고 나오는 사자 소리에 비하면 덜 압도적인 저음의 그르렁 소리에 가깝다. 그러나 그 소리에는 최대 8킬로미터까지 전달되는 낮은 울림이 있다. 나는 이런 시답잖은 복제품으로는 누구의 관심도 끌지 못할 것으로 생각했다. 그런데 몇 분의 정적 뒤 멀리서 반응이 왔다. 이어서 30분쯤 지나 우리는 근처 어딘가에 있는 사자와 소리를 주거니 받거니 했는데, 상대의 소리가 점점 커지는 것을 듣고 심장이 쿵쿵거리더니 몸에 소름이 돋고 손에는 땀이 났다.

어둠 속에서 등장한 것은 한 마리가 아니라 세 마리의 대형 고양잇과 동물이었다. 수컷 두 마리와 암컷 한 마리. 심기가 불편한 반 톤짜리 근육과 이빨, 발톱 앞에서는 내가 탄 사파리 차량도 의지가 되지 않았다. 놈들은 수사자처럼 생겼거나 냄새를 풍기는 것을 찾아 차량 주위를 조용히 어슬렁거렸다. 아무것도 찾지 못하자 곧 수컷 두 마리는 멀리 가버렸다. 하지만 암컷은 차량 앞에 한 시간 동안이나 누워서 우리를 꼼짝 못하게 했다.

지퍼트는 이 사자들을 알고 있었다. 수컷 둘은 형제이고 암컷은 아마 발정기 상태로 둘 중 하나와 어울리던 중일 거라고 했다. 암사자가 제 짝을 버리고 우리가 낸 소리 근처에 남은 이유는 포효의 당사자와 정사를 원했기 때문이다. 사자의 여자친구를 빼앗는 게 그리 어려운 일은 아니라는 생각이 들었다. 암사자가 다른 수컷과의 밀회를 위해 자고 있는 파트너한테서 슬금슬금 멀어지는 일은 드물지 않게 목격된다.[1] 그런 자유분방한 이중성은 대형 고양잇과 연구자들 사이에서 난교로 유명한 암사자에게 평범한 행동이다. 발정기 중에 다수의 수컷과 하루에 최대 100번까지 짝짓기를 한 유명한 암사자도 있다.[2]

나는 암사자의 음란한 기질에 충격을 받았지만 한편으로 조용히 흥분했다. 철학자 윌리엄 제임스의 악명 높은 시구가 증명하듯 사람들은 방탕한 삶을 즐기는 건 수컷이지 암컷이 아니라고 알고 있다. 동물학과 학생이었을 때 나는 성적 방종이 생식세포에 명시된 수컷의 생물학적 책무라고 배웠다. 이형접합Anisogamy—암수 배우체 크기의 근본적인 차이를 나타내는 말. 그리스어로 '같지 않음'과 '결혼'이라는 뜻이다—은 암수를 정의할 뿐 아니라 그들의 행동까지 결정한다고 여겨진다. 정자는 작고 양이 많지만 난자는 크기가 크고 수가 제한된다. 그래서 수컷은 방종하고 암컷은 까다롭고 정숙하다는 말이다.

"과도한 교미는 실제로 암컷에게 큰 비용이 들지 않을지도 모르지만…… 그렇다고 도움이 되는 것도 아니다. 반면 수컷은 아무리 많은 암컷과 교미를 해도 충분하지 않다. 과하다는 말이 수컷에게는 의미가 없다."[3]라고 내 지도교수였던 리처드 도킨스가 『이기적 유전자』에서 설명했다.

이런 생물학 법칙이 언제나 내 머리(와 마음)를 아프게 했다. 어떻게 한 성은 절대적으로 문란하고 다른 성은 절대적으로 정숙할 수 있을까? 그렇게 모든 암컷이 조신하다면 대체 수컷들은 누구와 섹스를 한 것인가? 나는 도무지 이해가 가지 않았다. 성적으로 수줍은 암컷의 습성이 생식세포에 미리 규정된 것이라면 암사자의 절제되지 않은 성생활은 어떻게 설명해야 할까? 게다가 암사자의 바람기가 동물의 왕국에서 유일한 것도 아니었다. 이형접합의 진부한 성역할은 진작에 모조리 재평가받았어야 했다. 인간이 받아들일 준비가 되었다면 말이다.

조작된 정절

과학의 눈으로도 암컷이 항상 병적으로 정숙한 것은 아니었다. 동물학의 탄생기에 아리스토텔레스는 집에서 기르던 암탉이 신중하게 선택한 한 마리 수탉 대신 여러 수놈과 관계를 맺는 게 일상이라는 걸 알게 되었다.[4] 2,000년 뒤 『인간의 유래와 성선택』에서 암컷에게 맞지도 않는 정조대를 채워 성의 석판을 깨끗하게 닦아낸 것은 다윈이었다.

"포유류, 조류, 파충류, 어류, 곤충, 심지어 갑각류까지 동물계의 대부분 분류군에서 성별의 차이는 언제나 동일하게 다음과 같은 법칙을 따른다. 구애하는 쪽은 항상 수컷이다."[5]

『인간의 유래와 성선택』에서 요약된 다윈의 성선택 이론은 수컷이 '더 강한 성적 열망'을 지녔고 '암컷 앞에서 끈기 있게 자신의 매력을 보여주기 위해'[6] 서로 다툰다고 말함으로써 밀스 앤드 분*에서 출간한 듯한 로맨스 소설의 맥을 이어가고 있다. 반면에 여성은 "극소수의 예외를 제외하고 언제나 남성보다 정열이 덜하다. 여성은 일반적으로 '구애를 받는 쪽'이다. 그 말인즉슨 여성은 수줍다는 뜻이다." 암컷의 몫은 승리한 수컷의 매력에 굴복하거나, '구혼자들' 가운데서 하나를 선택하거나, 성적 요구에 마지못해 응하는 것이다. 암컷의 조신한 본성은 "남성으로부터 벗어나기 위해 오랜 시간 노력하는 모습으로 자주 보여졌다."라고 다윈은 언급했다.[7]

---

* 연애 소설 전문 출판사—옮긴이

다윈 역시 역할이 뒤바뀐 소수의 종—암컷이 경쟁적이고 수컷은 까다로운—이 있다고 언급하면서도 무시해도 좋은 별종이라고 여겼다. 성역할의 불변성에 대해 다윈은 모두 정자와 난자의 본질적인 차이로 귀결되는 문제라고 설명했다. 정자는 이동성이 있지만 난자는 제자리를 지키며, 그것이 '적극적인' 남성성과 '소극적인' 여성성의 기초가 된다고 했다.[8]

여성이 마냥 순진할 거라는 다윈의 고정관념은 시대의 일반적인 분위기와 잘 맞아떨어졌다. 대중적 이데올로기는 사람들의 입맛을 맞추려고 한다. 빅토리아 시대에 '진정한 여자다움의 추종'은 사실에 입각한 과학적인 정보라고 주장한다. '진정한 여성'은 독실하고 고분고분하고 오로지 가정에만 관심이 있을 것이라 기대되었다. 정열이 부족하고 심지어 결혼 후에도 섹스에는 관심이 없다. 생식은 신성한 서약의 일부로 수행되어야 할 의무일 뿐 즐거움이나 열정이 끼어들 자리는 없다.

다윈의 성선택 이론은 이런 발상들과 일치했다. 그럼에도 자연선택보다 훨씬 심한 논란을 불러왔다. 2장에서 보았듯이 '암컷의 선택'이 아킬레스건이었다. 진화를 좌지우지하는 힘을 여성에게 덥석 넘기자니 빅토리아 시대 가부장제의 목구멍에 턱 걸려버렸고, 자연선택에 이은 자연의 두 번째 섭리는 받아들이기 쉽지 않았다. 성선택 개념은 70년쯤 뒤인 1948년에 홀연히 나타나 다윈의 젠더 관념을 지지하고 실험 데이터를 통해 보편적 법칙으로 승화시킨 한 영국 식물학자가 아니었다면 조용히 사라졌을 것이다.

다윈을 인증한 사람은 존 이네스 원예연구소에서 일하는 뛰어난 식물유전학자 앵거스 존 베이트먼Angus John Bateman이었다. 베이트먼은 수컷은 열정적이고 암컷은 수줍음이 많다는 다윈의 '일반 원칙'[9]을 확인하기 위해 야심 찬 계획을 세웠다. 그는 다윈이 제시한 젠더화된 성역할은 실험으로 뒷받침되지 못하고 오로지 관찰에만 기반을 두었기에 이 위인이 "성의 차이를 제대로 설명하지 못해 쩔쩔맸다."[10]라고 지적한 바 있다. 이런 그가 자청해서 도전한 실험이 다윈의 개념에 실증적인 동아줄을 제공했다.

베이트먼은 잠시 식물에서 눈을 돌려 썩어가는 과일 주위에 마법처럼 나타나는 작은 파리를 실험 대상으로 점찍었다. 노랑초파리*Drosophila melanogaster*는 열매를 먹고 사는 동물에게는 성가신 해충이지만 유전학자들에게는 더없이 좋은 친구이다. 이 작은 곤충은 태어난 지 며칠 만에 어른이 되어 한 번에 몇 백 개씩 알을 낳고, 무엇보다 실험실에서 쉽게 교배해 유전자 돌연변이를 명확히 보여줄 수 있다. 눈의 색깔이 이상하거나 눈이 아예 없거나 구부러진 기형의 날개를 가진 각종 초파리는 계보를 추적할 수 있는 이름표처럼 기능했다.

베이트먼은 각각 다른 신체 돌연변이를 지닌 초파리 수컷 3~5마리와 같은 수의 암컷을 유리 용기에 넣고 그대로 두었다. 그곳은 '털북숭이 날개', '강모', '이상소두(일명 눈이 없는 작은 머리)' 같은 기괴한 이름이 붙은 돌연변이 초파리들에게 제공된 일종의 〈러브 아일랜드〉*였다.

며칠 뒤 베이트먼은 그들의 자손을 조사하여 누가 누구와 짝을 지었는지 조사했다. 부모는 모두 돌연변이 잡종인데, 그 말은

---

* 영국의 리얼리티 데이트 쇼—옮긴이

각각 우성인 돌연변이 유전자와 열성인 정상 유전자를 하나씩 갖고 있다는 뜻이다. 그러므로 멘델의 법칙에 따라 예컨대 강모와 이상소두가 교배하면 자손의 4분의 1은 아비의 뻣뻣한 털을, 4분의 1은 어미처럼 눈이 없고, 4분의 1은 뻣뻣한 털에 눈이 없고, 운좋은 마지막 4분의 1만 아무 돌연변이가 없는 정상 형질이 나온다. 이런 기본적인 유전학 원리를 적용해 베이트먼은 각 수컷과 암컷이 얼마나 많은 자손을 생산했는지 추정했다.

베이트먼의 기괴한 짝짓기 파티는 다소 섬뜩하긴 했으나 친자 검사나 게놈 해독 이전 시대에 유전을 공부할 수 있는 훌륭한 방법이었다. 덕분에 그는 초파리의 짝짓기 과정을 직접 관찰하지 않고도 누가 누구를 수정시켰는지 추정할 수 있었다. 하지만 같은 실험을 64번도 넘게 진행했기 때문에 작업은 무척 힘들었을 것이다. 초파리 실험이 냄새나고 끈적거리는 건 말할 것도 없고 극도로 성가신 일이라는 건 나도 겪어봐서 알고 있다. 초파리는 몸길이가 고작 3밀리미터에 불과하므로 수천 마리의 젊은 성충을 보고 강모가 있는지 굽은 날개가 있는지 일일이 확인하는 것은 아무리 열심인 학자라도 즐겁지 않은 도전이었을 것이다.

베이트먼은 64번의 실험 결과를 두고 두 개의 그래프를 그렸다. 생식 적합성(예: 자손의 수)을 짝짓기 횟수에 대해 나타낸 그래프였다. 두 그래프 중에서 첫 번째 그래프는 이제 전 세계 동물학 교과서에 수백만 번 이상 실린 전설이 되었다. 이 그래프에는 각각 암수를 나타내는 두 개의 선이 있다. 수컷을 나타내는 선은 하늘을 향해 치솟고 있다. 짝짓기를 많이 할수록 자손의 수가 많아진다는 뜻이다. 암컷을 나타내는 선은 맥없이 올라가다가 안정을 이루는데, 암컷은 여러 마리와 짝짓기를 해도 딱히 자손을 더 많이 얻지 못한다는 뜻으로 해석된다.

잘 알려진 '베이트먼의 경사도Bateman's gradient'는 수컷에게 경쟁이란 종마가 되느냐 숫총각으로 남느냐의 여부를 가리는 과정임을 증명했다. 하지만 암컷은 생식적 결과물에 별 차이가 없었다. 베이트먼의 결과에 따르면, 번식에 가장 성공한 초파리 수컷은 가장 성공한 암컷보다 자손을 세 배 가까이 많이 생산했다. 또한 수컷의 경우 전체의 5분의 1이 전혀 자손을 낳지 못한 반면 자손을 낳지 못한 암컷은 4퍼센트에 불과했다.

이런 번식 성공률의 차이는 암컷에게 침체의 그림자를 드리웠다. 실험 결과는 성선택이 암컷보다 수컷에게 더 강하게 작용한다고 암시했는데, 이는 반대로 암컷은 크게 노력하지 않아도 대체로 번식이 보장된다는 뜻이다. 따라서 암컷은 순진하다는 낙인이 찍혔을 뿐 아니라 진화와도 무관하므로 과학이 살펴볼 가치가 없는 존재로 전락했다.

초파리 한 종만을 대상으로 한 실험이었음에도 베이트먼은 이 결론을 인간을 비롯한 훨씬 복잡한 생물에도 적용할 수 있다고 확신했다. 그는 성역할의 이분법, 즉 수컷의 '무분별한 열망'과 암컷의 '까다로운 수동성'[11]이 동물계 전체에서 일반적인 규범이라고 주장했다. 베이트먼은 "일부일처를 따르는 종(예: 인간)에서조차 이런 성별 간 차이의 법칙이 적용될 수 있다."[12]라고 결론지었다.

베이트먼이 제안한 고정된 성역할은 이형접합에 인수되었다. 암컷의 번식 성공은 개수가 정해진 크고 값비싼 난자 때문에 제한되는 반면, 저렴한 정자를 무한히 공급할 수 있는 수컷에서는 오직 스스로 쟁취하여 짝짓기할 수 있는 암컷의 수에 따라 번식량이 결정된다는 뜻이다.

　　이런 긍정적인 결과에도 불구하고 다윈의 성역할 고정에 베이트먼이 던진 동아줄은 학계에서 망각되며 성선택의 말로에 합류했다. 젊은 식물학자는 다시 식물로 돌아갔고 과일 그릇에 꼬인 놈들을 때려잡지 않는 한 초파리를 다시 볼 일은 없었을 것이다.

　　하지만 그렇게 영원히 역사의 뒤안길로 사라져버린 것은 아니었으니, 24년 뒤 로버트 트리버스Robert Trivers라는 하버드대학교 동물학자가 베이트먼의 실험을 1만 1,000번 이상 인용된 가장 영향력 있는 생물학 논문으로 지정한 것이다. '부모의 투자와 성선택'에 관한 1972년 고전 에세이에서 트리버스는 다윈의 성선택 이론을 베이트먼의 증거와 함께 발굴하여 무조건적인 권위를 주고, 조신한 암컷과 바람둥이 수컷을 진화생물학의 지도 원리로 승격시켰다.

　　트리버스는 어떤 성이든 자손에 덜 투자하는 성이 많이 투자하는 성과 짝짓기하기 위해 자기들끼리 경쟁한다고 주장했다. 이런 불평등의 기저에는 역시나 이형접합이 있었고, 암컷은 이미 난자에 상당한 투자를 했기 때문에 신중해야 하며 수컷은 정자를 물 쓰듯이 무차별적으로 뿌린다는 전제가 적용되었다.

　　트리버스의 논문은 마침 사회생물학(현재는 행동생태학으로도 알려졌다. 동물의 행동에 초점을 맞춘 진화생물학의 새로운 분야이다.) 이 탄생할 무렵 출판되어 그 탄탄한 토대가 되었다. 베이트먼의 경사도와 함께 '빼는 여성과 들이대는 남성'[13]과 같은 장제를 실은 교과서가 생물학도의 성경이 되었다. 이 생물학 법칙은 이윽고 과학에서 벗어나 대중문화로 스며들었고 가장 의외의 장소에서 기념되는 지경에 이르렀다.

"남자는 움직이는 것이면 무엇과도 하려고 들지만 여자는 그렇지 않다. 이제 사회생물학이라는 깜짝 놀랄 신생 과학이 그 이유를 말해줄 것이다." 1979년 잡지 《플레이보이》가 샤덴프로이데*가 넘쳐나는 심층 기사에서 이렇게 떠들어댔다. '다윈과 이중 잣대'라는 제목의 기사는 "최근 과학 이론은 남녀 사이에 타고난 차이가 있으며 수거위에게 옳은 것이 암거위에게는 틀릴 수도 있다고 제시한다."라고 주장하면서 페미니스트들은 자신들의 생물학적 유산을 무시하고 있다고 비난했다. 이 폭로는 남성 독자로 하여금 마음껏 섹스하라며 과학의 인증 도장까지 찍은 면허증으로 마무리했다. "양다리를 걸치다가 걸리면 악마가 그리했다고 말하지 마라. 진짜 악마는 당신의 DNA 안에 있다."[14]

《플레이보이》 잡지에서 찬양한 취지가 인간 행동을 진화로 설명한 진화심리학에서 계속해서 되살아났다. 앨프리드 킨제이Alfred Kinsey에서 『욕망의 진화』의 저자 데이비드 M. 버스David M. Buss까지 과학자들은 이런 행동이 이형접합으로 규정된 동물계의 짝짓기 전략을 닮았다는 가정하에 남성의 난잡함에 초점을 맞춰왔다. 어떤 이들은 심지어 강간, 혼외정사, 가정 폭력 같은 최악의 행동까지도 진화적으로 적응된 형질이라고 정당화했다.[15] 남성은 원래 난잡하게 태어났지만 여성은 성적으로 주저하기 때문에 비롯

---

* 남의 불행을 보며 느끼는 기쁨—옮긴이

한 일이라는 것이다.

이런 보편적 법칙의 문제는 그것이 보편적 진실이 아니라는 데 있다. 한번 암사자들에게 물어보라. 베이트먼의 패러다임에 처음으로 생긴 균열은 트리버스가 식물학자의 초파리 논문을 저승에서 건져오기 전부터 나타났지만 그걸 인정하고 싶어 하는 사람은 없었던 것 같다. 다윈이라는 이름의 지적인 무게는 베이트먼의 패러다임과 트리버스라는 뜨는 별에 의해 더욱 탄탄해져서, 동물학자들이 실제로 바람둥이 암컷을 마주치면 외면하도록 격려했다. 기록을 바로잡으려면 깃털 달린 새와 인간, 그리고 범죄자를 조사할 도구가 필요했다.

바람피우느라 바쁜 새들

붉은날개검은새Agelaius phoeniceus는 북아메리카 농부들에게 위협적인 존재이다. 매년 봄이면 진홍색·황금색 견장으로 어깨를 장식하고 날개에 검은색 윤기가 차르르 흐르는 새가 밀밭에 내려와 이 나라를 대표하는 곡물을 쪼아 먹는다. 1960년대에 농부들의 반응은 단순했다. 보이는 족족 쏴버린 것이다. 하지만 총질로 해결하는 방식은 미 연방정부의 야생동물 보호기관에서 승인하지 않았다. 그래서 1970년대 초반 미국 어류 및 야생동물관리국 소속 보전과학자들은 이 새의 성생활에 관한 지식에 착안해 기발한 대안책을 시도하기로 했다.

붉은날개검은새 수컷은 일부다처제를 따른다. 수컷은 최대 여덟 마리로 구성된 하렘을 운영하며 넓은 영역을 지킨다. 따라서 미 정부 과학자들은 다소 파격적이기는 하지만 매년 봄에 벌어지는 집단 살상에 대한 좀 더 인도적인 해결책으로 수컷의 정관수술을 제안했다. 불임이 된 수컷은 더 이상 해조書鳥의 아비가 되지 못한다. 그렇게 고환을 제거한 미스터 블랙버드와 그의 하렘은 더 이상 재앙을 일으키지 않고 영원히 행복하게 살 것이다.

결국 이 계획은 가까스로 승인받아 1971년 봄 콜로라도주에서 실제 실험에 들어갔다. 세 명의 남성 과학자가 제퍼슨 카운티의 레이크우드 근처 습지에서 붉은날개검은새 수컷 여덟 마리를 잡아 정관을 묶었다. 테니스공보다 조금 더 무거운 새를 대상으로 하기에는 쉽지 않은 수술이었다. 수술받은 새들은 마취에서 깨어난 다음 원래 살던 곳으로 보내졌고 그곳에서 '빠르게 회복했으며 눈에 띄는 부작용은 없었다.'[16]

한편 암컷들은 이미 알을 낳기 시작했다. 조사팀은 그때부터 9일 동안 낳은 알을 모두 둥지에서 제거했다. 그래서 그 이후에 나오는 알은 불임이 된 수컷과의 정사에서 나온 산물임을 확신할 수 있었다.

그런데 얼마 뒤에 조사해보니 정관수술을 받은 수컷의 영역에서 낳은 알의 69퍼센트가 새끼를 까는 유정란이지 않은가. 이런 놀랍고도 실망스러운 결과는 세 가지로 설명할 수 있는데 가장 가능성 있는 가정은 까다롭던 수술이 아니나 다를까 실패했다는 것이다. 조사팀은 수술받은 여덟 마리를 희생하여 현미경 아래에서 생식샘을 드러내 확인했다. 하지만 불임수술을 하지 않은 수컷과 비교했을 때 여덟 마리 모두 고환이 많이 축소했고 정관에서 분비하는 '치즈 같은 물질'이 확실히 감소한 것을 확인했다. 수술이 계획대로 잘되었다는 뜻이다.

다음으로 과학자들은 암컷이 불임수술 전에 수컷에게 받았던 정자를 보관했다가 나중에 수정에 사용했을 가능성을 제기했다. 그러나 성적으로 다양한 단계에 있는 암컷 30마리의 생식기관을 조사한 결과 알을 수정시킬 만큼 정자가 오래 살아남을 수 없다는 결론을 내렸다.

그렇다면 남은 설명은 한 가지였다. 암컷이 제 영역 밖에서 거세되지 않은 수컷과 정사를 한 것이다. 상상도 할 수 없는 시나리오였다. 1970년대 인간 세계에서는 성 혁명이 한창이었는지 몰라도 명금류 암컷은 아직 그 대열에 합류하지 않았다. "모든 참새목 아과(명금류)의 10분의 9(93퍼센트)가 대개 일부일처를 따른다." 권위 있는 조류학자 데이비드 랙David Lack이 1968년에 쓴 말이다. "'일처다부제'* 인 종은 알려진 바 없다."[17]

당황한 과학자들은 수컷의 불임화가 붉은날개검은새 개체수를 조절하는 도구로 적합하지 않다고 발표할 수밖에 없었다. '암컷의 성적 문란함'이 원인일 가능성을 울며 겨자 먹기로 인용했다. 이런 당황스러운 결과는 유해 조수 통제의 실패를 의미하지만 동시에 암컷의 짝짓기 행동에 대한 이해에 일대 혁명을 예고했다.[18]

---

* 용어를 왜곡하지 말자. 복혼polygamy은 어느 성이든 하나 이상의 배우자가 있는 짝짓기 패턴을 설명할 때 사용하는 말이다. 한편 일처다부polyandry는 암컷이 하나 이상의 배우자와 짝짓기하는 특정 형태의 복혼을 말한다. 단어를 풀어서 해석하면 뜻을 기억하기 쉽다. 'poly'는 그리스어로 '많다'는 뜻이고 'andr'는 '남성'이라는 뜻이다. 일부다처polygyny는 수컷이 여러 명의 암컷 배우자가 있는 복혼 형태이다. 여기에서도 그리스어가 적용된다. 'gyne'는 여성을 뜻한다. 그렇다면 암컷이 하나의 짝만 있는 일부제monandry라는 말도 있을 수 있다. 곧 보겠지만 그 용어는 그렇게 많이 쓰일 일이 없다.

붉은날개검은새와 같은 몇몇 다처다부의 예를 제외하고 명금류는 오랫동안 일부일처제의 표본으로 여겨졌다. 그 이유는 이해하기 쉽다. 새들이 대부분 쌍으로 번식한다는 것은 전문가가 아닌 아마추어 탐조가들도 쉽게 아는 사실이다. 암수 한 쌍이 사이좋게 둥지를 짓고 알을 낳은 다음, 암수 모두 새끼가 둥지를 떠날 때까지 까다로운 입맛을 맞추며 먹이를 날라다 주느라 지칠 새도 없이 일하기 때문이다. 이들의 둥지가 인간의 거주 지역에 있는 경우가 많아 새들의 이런 가정환경은 쉽게 관찰되고 심지어 낭만적으로 묘사되었다.

"바위종다리처럼 살아라. 암수가 서로에게 충실하기 짝이 없으니."라고 1853년에 목사 프레데릭 모리스Frederick Morris는 부르짖었다. 모리스는 빅토리아 시대의 열성적인 조류학자이자 새에 관한 유명한 책을 쓴 작가로 사람들에게 '소박하고 가정적인' 유럽 종다리Prunella modularis[19]의 수수한 생활방식을 따르도록 격려했다. 이 선량한 목사는 실은 자기가 여성 신자로 하여금 가정을 꾸리기 전에 밖으로 나가 연인을 찾고 두 마리 수컷과 250회 이상 짝짓기 하도록 종용했다는 사실을 꿈에도 몰랐을 것이다. 바위종다리 암컷의 자유분방한 성생활을 처음으로 기록한 케임브리지대학교 동물학자 닉 데이비스Nick Davies가 풍자조로 쓴 것처럼 목사의 조언은 '교구에 대혼란'을 가져왔을 것이다.[20]

밝혀진 바와 같이 사회적 일부일처와 성적 일처일부 사이에는 하늘과 땅만큼의 차이가 있다. 새들은 아주 충실하게 사회적 일부일처를 따른다. 심지어 어떤 종은 평생 한 배우자와 짝을 이루어 산다. 하지만 과연 성적으로도 그럴까? 그건 완전히 다른 이야기다.

셰필드대학교 행동생태학 교수인 조류 생물학자 팀 버키드 Tim Birkhead에 따르면 이런 발견이 조류학계를 뒤흔들었다. "조류 생물학에서 50년 만에 가장 큰 발견이었습니다." 버키드가 요크셔의 왕립조류보호협회 벰튼 클리프로 떠난 탐조 여행에서 내게 말했다. 그곳은 번식기의 절정이었고 하얀 백악 절벽은 수천 마리의 활공하는 세가락갈매기, 고개를 까딱거리는 가넷, 딱딱거리는 바다오리로 살아 있었다. 주위에는 한 쌍의 바닷새가 현란하게 구애의 춤을 추고 둥지를 짓고 새끼를 먹이고 몰래 바람을 피우느라 바빴다.

"다윈이 암컷은 배우자가 하나뿐이라고 했기 때문에 한 세기 동안 다들 그렇게 믿어왔어요." 버키드가 말했다. "일부일처가 아닌 게 뻔한데도 사람들은 착오이거나 암컷의 호르몬이 불균형해진 탓에 일어난 일시적 현상이라고 변명하기 급급했지요. 불편한 것들은 모조리 카펫 밑에 쓸어 넣고 덮어버린 겁니다."

이제는 암새의 90퍼센트가 일상적으로 다수의 수컷과 교미한다는 것은 기정사실이다. 그 결과 한 둥지에 있는 알의 아비가 모두 다를 수 있다.[21] 수컷이 화려하게 차려입은 종일수록 암컷이 외도할 가능성이 더 높았다. 최근 버키드는 성적 이형이 큰 종일수록 부정을 크게 숨기고 있었다는 걸 알아냈다. 오스트레일리아의 동부요정굴뚝새*Malurus cyaneus*가 가장 극단적인 사례이다. 이름에서도 알 수 있듯이 수컷은 현란한 푸른색 계절깃을 뽐내며 갈색의 작고 수수한 암새에게 노란 꽃을 바치고 구애한다. 하지만 수컷의 야단스러운 구애는 서방질로 보답받는다. 새벽이면 그의 파트너

는 몰래 빠져나와 이웃 남자와 불륜을 저지른다. 그러다 보니 둥
지에서 사회적 배우자가 부지런히 돌보는 새끼 새의 4분의 3이 사
실은 다른 수컷의 씨다.[22]

암새는 아주 비밀리에 바람을 피운다. 이들의 이중생활은 동
물학자들이 법의학 DNA 지문 분석을 사용해 알의 친자를 확인하
고서야 만천하에 드러났다.

이런 신기술을 활용해 명금류 암컷의 정절을 조사한 첫 번째
인물은 퍼트리샤 고와티Patricia Gowaty다. 고와티는 현재 칠십 대인
과학계의 거장이자 UCLA 진화생물학과의 전 석좌교수이다. 페
미니스트인 그녀의 탁월한 탐정 활동은 소위 성별 간 행동 차이
의 '표준 모델'에 대담하게 의문을 제기한 최초의 약진이었다. 또
한 기존 남성 과학계에서 처음으로 무시당한 아픈 경험이기도 했
다.[23]

"이 연구로 얼마나 공격을 많이 받았나 몰라요." 전화로 나눈
대화에서 고와티가 상대를 편안하게 하는 느긋한 남부 말투로 말
했다. "아주 끔찍했죠. 분명 내가 뭔가 발견하긴 했는데, 그게 그렇
게 많은 사람들을 불쾌하게 했다는 게 믿을 수 없었어요."

고와티의 연구 대상은 동부파랑지빠귀Sialia sialis였다. 행복의
상징인 코발트색 명금류로 디즈니 영화 〈남부의 노래〉에도 등장
한다. 애플파이만큼이나 미국적인 것으로 사랑받는 이 조류계의
건전한 슈퍼스타를 고와티는 이제벨*이라고 불렀다. 어느 정도 반
발은 예상했으나 고와티는 동료들의 상상 이상으로 깊은 선입견

* 이스라엘 7대 왕 아합의 아내이자 성경에 사악한 여인으로 기록된 인물—옮긴이

에 충격을 받았다.

"그들은 암컷이 절대 순진하지 않다는 걸 상상도 못했어요. '다른 짝을 찾아다닐 리가 없어. 그러니까 그건…… 죄악이잖아!' 대놓고 말하지는 않았지만 마음속에서는 다들 그렇게 생각하고 있었죠."

한번은 미국 조류협회 회의에서 어느 유명한 남성 동물행동학 교수가 고와티의 연구에 나온 파랑지빠귀는 '강간당한' 게 분명하다고 의심했다. 하지만 고와티의 말이, 그건 애초에 물리적으로 불가능하다. 명금류 수컷은 음경이 없다. 암수 모두 다용도 총배설강으로 생식세포와 노폐물을 운반한다. 수정이 일어나려면 수컷과 암컷이 둘 다 총배설강의 중간 부분을 뒤집어서 생물학자들이 '총배설강 키스'라고 부르는 자세가 되도록 서로 맞대야 한다. 수새가 암새의 등 위에서 아슬아슬하게 균형을 잡으며 이루어지는 행위라서 암새는 획 날아가버리기만 해도 원치 않는 성적 시도를 중단시킬 수 있다.

"명금류는 #미투 운동이 필요하지 않습니다." 고와티의 말이다. "암컷의 협조 없이는 물리적으로 수정이 불가능하거든요."

그 후로 10년 동안 조류 친자 연구의 광풍이 불면서 더는 무시할 수 없는 증거들이 해일처럼 쏟아졌다. 그러나 (남성 중심) 조류학계의 눈에 암새들은 여전히 정숙하기만 했다. 어쨌든 다윈-베이트먼-트리버스가 말한 원칙에 따르면, 암컷은 다수의 짝짓기로부터 얻을 게 없고 잃을 것뿐이다. 사회적 배우자에게 들키기라도 하면 불륜을 저지른 암컷은 버려지거나 심하게는 살해될 수도 있기 때문이다. 그래서 실질적으로 강간이 불가능한 상태인데도 암새는 제 씨를 사방에 뿌리고 다니는 수컷들의 생물학적 특권에 억지 희생자가 되어야 한다는 게 지배적인 의견이었다.* 심지어 팀 버키드 같은 조류학자도 암새가 강제적인 혼외정사로 '시달리고' 있다고 말했으며,[24] 어떻게 암새가 수새를 꼬드겨 한 배우자하고만 짝짓게 하는지를 두고 논쟁했다.

"파고들면 들수록 이해할 수 없는 희한한 청교도적 발상"이라고 매사추세츠주 마운트홀리오크대학교 생물과학 교수인 수전 스미스Susan Smith가 썼다.[25] 스미스의 검은머리박새black-capped chickadee 장기 연구가 판도를 바꾸는 데 크게 일조했다. 총 14번의 번식기에 암컷의 정사 중 70퍼센트는 제 사회적 배우자보다 계급이 높은 수컷의 영역에서 해가 뜬 직후에 일어났다. '흙남'과 살고 있는 암새가 월등한 유전자를 얻기 위해 동네 '훈남'에게 몰래 접근하는 딱 그런 모양새였다.

스미스 연구의 핵심은 토론토 요크대학교 생태학과 교수인 조류학자 브리짓 스터치버리Bridget Stutchbury의 연구로 보강되었다. 스터치버리는 스카이프로 통화하면서 자신도 처음에는 희생양으로서의 암컷 스토리로 시작했었다고 했다. 하지만 1990년대 초반 두건솔새hooded warbler의 등에 무선 송신기를 설치하면서 상황이 반전되었다.

스터치버리는 암새가 희생자가 아니라는 사실을 발견했다. 오히려 이웃 수새에게 자신이 밀회 상대를 찾아왔다고 알리는 특별한 "칩 칩" 울음소리로 본인의 생식력을 적극적으로 광고했다.

---

* 오리와 같은 일부 소규모 분류군은 음경을 유지하고 있으며, 이 경우 강제 교미는 짝짓기 체계의 특징이다. 5장에서 설명할 것이다.

수새의 움직임을 추적함으로써 스터치버리는 수새가 이웃 영역에 방문하는 시기가 암새의 번식기, 그리고 '어서 와서 날 가지세요' 라는 독특한 칩 칩 소리의 선전과 어떻게 일치하는지 기록했다.

"암새는 유독 가임기에 소음을 많이 냅니다." 스터치버리가 내게 말했다. "그렇다면 아주 어리석거나 적극적인 참가자 둘 중의 하나일 거라고 생각했어요."

두건솔새 암컷은 동네의 섹시한 수새를 물색하려고 제 영역을 떠나지만 그런 행동은 가임기일 때만 보인다. 솔새 암컷은 수새의 노랫소리를 듣고 찾아간다. 노래를 많이 부르지 않는 맥없는 수컷을 짝으로 둔 암새일수록 좀 더 패기 넘치고 잘난 수컷과 하룻밤을 보내려고 뻔질나게 집을 떠난다. 실제로 DNA 검사를 해보니 목소리 큰 수컷들이 가장 많은 새끼 새의 아비가 되었다.

스터치버리는 암새가 자기의 성적 운명과 알의 친부 결정권을 쥐고 있다는 확실한 증거를 찾았다. 하지만 이 선구적인 논문을 출판하기까지 무척 애를 먹었다. "심사위원들이 자꾸 요점이 어긋났다고 지적하는 거예요." 스터치버리의 말이다.

학술 논문 심사위원들은 익명으로 작업하지만 당시 이 분야에서 적어도 80퍼센트가 남성이라는 사실로 미루어 그런 평을 남긴 사람의 성적 정체성은 쉽게 짐작할 수 있었다. 특히 게재 불가의 이유를 설명하는 맨스플레인mansplain*의 수준을 보면 말이다.

"심지어 한 검토자는 우리한테 멍청하다고까지 했어요. 암새가 그렇게 우는 건 우리, 그러니까 연구자들이 자기 영역에 들어

---

* 남성이 여성에게 거들먹거리며 아랫사람 대하듯 설명하는 태도 ─ 옮긴이

와 지켜보고 있었기 때문이라고요. 암새들이 사실은 우리를 보고 지저귀었다는 거죠."

스터치버리의 논문은 1997년에 마침내 출판되었다.[26] 이 논문은 소위 일부일처성이라 알려진 푸른박새와 청둥제비 암컷들이 제 새끼를 부지런히 먹이는 사회적 배우자보다 더 섹시한 수새와의 불륜을 적극적으로 찾아다닌다고 밝힌 다른 연구들에 합류했다. 이들은 함께 첫새벽을 알렸다. "대부분의 조류에서 암새가 교미와 정자 전달을 통제할 가능성이 높다."[27]라고 뉴캐슬대학교 행동생태학 교수인 메리언 피트리Marion Petrie가 1998년 새들의 부계 연구에 관한 리뷰 논문에서 의기양양하게 밝혔다. 길지 않은 문장이지만 10년 전까지만 해도 인쇄조차 될 수 없었던 말이다.

성적으로 거리낌 없는 명금류 암컷은 행동생태학계를 뒤흔든 '일처다부제 혁명'[28]의 불씨가 되었다.

동물의 왕국에서 암컷은 수컷에게 빼앗긴 성적 운명의 통제권과 알의 친자 결정권을 되찾기 시작했다. DNA 검사 기술로 도마뱀에서 뱀, 바닷가재까지 다른 암컷들의 정절이 속속 철회되었다. 일처다부의 경향은 모든 척추동물에서 발견되었고 무척추동물에서도 예외가 아닌 표준으로 선언되었다. 한편 '죽음이 우리를 갈라놓을 때까지' 함께하는 진정한 성적 일부일처는 극히 드물어 지금까지 알려진 종의 7퍼센트 미만에서만 확인되었다.[29]

"수 세대의 생식생물학자들이 암컷은 성적으로도 일부일처성이라고 가정했지만 이제는 그것이 틀렸다는 게 명확해졌다."[30] 2000년에 출간된 『난교Promiscuity』에서 팀 버키드가 이렇게 인정했다.

기존 학계는 마침내 암컷이 적극적으로 다수의 수컷과 육체적 관계를 추구한다는 사실을 받아들였다. 그러나 그 이유는 여전히 논쟁거리다. 베이트먼-트리버스 패러다임은 암컷이 '과도한' 짝짓기에서 얻는 것이 없다고 예측했다.[31] 그래서 암새가 욕정이 넘쳐 수컷에게 들이댄다는 것이 '보편적 법칙'의 신봉자들에게는 와닿지 않는다. "도대체 여성들이 뭘 얻는지 모르겠단 말이죠."라고 버키드가 벰튼 클리프 탐조 여행에서 내게 말했다.

음탕한 랑구르원숭이

암컷의 방탕함에 모두가 황당해하는 것은 아니다. 나는 내 학문적 우상을 찾아뵙고자 캘리포니아 시골로 순례를 떠났다. UC 데이비스 명예교수인 저명한 미국인 인류학자 세라 블래퍼 허디이다. 일흔의 나이에도 여전히 매력 넘치는 이 텍사스인은 180센티미터의 장신으로 두 팔 벌려 나를 맞이했고 동료 학자인 남편 댄과 함께 운영하는 호두 농장을 구경시켜주었다. 허디는 두 사람이 어떻게 맨땅을 일구어 이렇게 푸른 전원을 만들었는지 아주 자랑스럽게 설명했다. 서식지를 자연 상태로 복원하기 위해 토종 식물과 생울타리를 심고 키웠다고 했다. 이런 작업은 허디가 학계에 있을 때부터 해왔던 일이다. 허디는 40년이 넘는 세월 동안 성차별적 교리를 솎아내고 여성의 진정한 본성이 꽃을 피울 수 있도록 새로운 이론의 씨를 뿌렸다. 허디는 '조신한 암컷 신화'[32]에 최초로 도전한 인물이고 많은 이들에게 원조 페미니스트 다윈주의자로 알려졌다.

"저는 '모계 다윈주의자'라는 말을 더 좋아해요." 허디가 내게 말했다. "나를 저 이름으로 부르는 사람들이 나와 똑같이 정의하는지는 잘 모르겠지만요. 저한테 페미니스트는 '양쪽' 성의 동등한 기회를 옹호하는 사람입니다. 진화론적 측면에서 수컷만이 아니라 암컷에게도 선택압이 가해진다고 보는 것이죠."

1970년대 초반 하버드대학교 소속 대학원생으로서 허디는 사회생물학이라는 새로운 과학의 진원지에서 그 분야의 귀재인 로버트 트리버스의 궤도에 있는 자신을 발견했다.[33]

허디는 수강생 중 유일한 여성이었고 당시 연구의 초점은 동물의 수컷에만 꽂혀 있었다. 건물 복도는 테스토스테론으로 가득 차 있었다고 했다. "당시 하버드에서 성차별주의는 과학에도 만연했어요." 허디가 내게 말했다. 당시 교과서에서는 영장류 암컷을 경쟁력이라고는 전혀 없는, 근본적으로 자식을 양육하는 엄마로만 보았다. 영장류 암컷은 '한결같이 수컷에 종속되어 있었다.'[34] 그리고 성적 행동은 '암컷의 삶에서 극히 일부만 차지한다'[35]고 여겨졌다. 따라서 암컷은 모두 '상대적으로 동일했고'[36] 과학적으로도 따분한 연구 대상이었다. 솎아낼 것이 아주 많은 때였다.

허디는 하누만랑구르원숭이*Presbytis entellus* 수컷 사이에서 영아 살해 행위에 대한 희한한 보고 내용을 조사하는 프로젝트를 시작했다. 하누만랑구르원숭이는 긴 회색 팔과 잿빛 얼굴이 특징인 인도 아대륙 토종 원숭이다. 그런데 처음부터 허디의 관심을 끈 것은 암컷이었다. 허디가 처음으로 본 랑구르는 인도 라자스탄주의 타르 사막 근처에서 제 가족을 떠나 총각들 무리로 들어가 하룻밤을 간청하며 교태스럽게 걷는 한 암놈이었다.

"당시 하버드에서 훈련받은 저한테는 저렇게 이해할 수 없는 행동을 해석할 배경지식이 없었어요. 시간이 지나서야 그렇게 돌아다니면서 '헤퍼 보이는' 행동을 하는 것이 랑구르원숭이 암컷의 일상이라는 걸 깨닫게 되었지요."[37]

허디는 도서관에 들어가 자료를 뒤지기 시작했고 마침내 자신이 본 랑구르가 유일한 '음탕한' 암컷 영장류는 아니었음을 발견했다. 사회성이 강한 많은 종들이 특히 배란기에는 색정증에 가까운 적극적인 성적 취향을 보였다. 야생에서 침팬지 암컷은 평생 다섯 마리 정도의 새끼를 낳지만 수컷 수십 마리와 6,000번 이상의 교미를 한다. 배란기에 이 암컷은 무리의 모든 수컷을 유혹하고 하루에 30~50회 섹스를 한다. 바바리마카크 암컷도 욕정이 강하기로 유명하여 기록에 따르면 11마리의 성숙한 수컷이 있는 집단에서 한 암컷이 모든 수컷과 17분마다 교미를 했다. 개코원숭이 암컷은 발정기에 색욕이 넘쳐서 심지어 수컷이 거부할 정도로 섹스를 조른다는 기록도 있다.[38]

"'발정기oestrus'의 그리스어 어원은 배란 즈음에 여성의 교태성을 아주 잘 묘사하고 있어요. 원래 '쇠가죽파리에 의해 산만해진 암컷'이라는 뜻이지요."

수십 종의 영장류 암컷에서 그와 같은 광기는 난자를 수정하는 데 필요한 수준 이상으로 과도하게 성적 활동을 부추긴다. 어떤 암컷은 수정할 난자가 없을 때도 섹스를 찾아다니는 것이 관찰되었다. 허디는 자신이 연구하던 랑구르 암컷이 심지어 임신 중에도 무리 밖으로 나가 낯선 수컷을 유혹했다고 기록했다. 한편 오

랑우탄이나 마모셋 같은 동물의 암컷은 지속적인 수용성receptivity
을 보이며 인간처럼 생식 주기 내내 성적으로 활성화되어 있다.

그런 지나친 행동에 위험이 없는 것은 아니다. 이런 '과도한'
성생활에 들어가는 에너지는 말할 것도 없고 독점욕이 강한 수컷
에 의한 보복, 성병에 걸릴 가능성, 무리를 떠나 있으면서 잡아먹
힐 위험성까지, 바람둥이로 살아가는 것이 결코 공짜로 되는 일은
아니다. 그러므로 암컷은 여럿과 짝을 지어야만 하는 강한 선택압
을 받는 게 분명하다.

허디는 "돌이켜보면 어째서 1980년대가 되어서야 암컷의 난
교가 피상적인 관심 이상을 받게 되었는지 정말 궁금합니다."라고
말했다.[39]

게다가 심지어 많은 암컷이 섹스를 즐기는 것처럼 보이기까
지 한다. 놀랄지도 모르지만 모든 포유류의 암컷은 음핵이 있다.
암양처럼 음핵이 잘 가려진 동물도 있지만, 1장에서 다룬 점박이
하이에나 같은 동물에서는 음경처럼 앞으로 부풀어 오른 20센티
미터짜리 거창한 기관이다. 두 극단 사이에는 다양한 형태가 존재
한다. 하지만 그것조차 빙산의 일각이다. 인체에서 신경이 조밀하
게 배치된 이 기관은 질 주위를 감싸는 두 팔과 함께 몸의 안쪽으
로 10센티미터나 뻗어 있으며 여성이 오르가슴을 느끼는 장소이
다. 다른 포유류 암컷도 음핵에서 비슷한 쾌감을 끌어낼 수 있는
지는 논쟁이 되어왔다. 여기에서 남성 과학자들은 "노!"라고 말하
고 수많은 여성 과학자들은 "예스!"라고 소리친다.

영국의 포퓰리스트 인류학자 데스몬드 모리스Desmond Morris
는 강한 의견을 피력하는 많은 남성들 중 하나였다. 모리스는 여

성의 오르가슴은 일부일처 체제에서 배우자와의 유대를 유지하기 위한 것이라며 '영장류 중에서도 유일무이한 것'이라고 단언했다.[40] 하지만 많은 영장류 암컷의 당당한 쾌락 추구는 다른 말을 하고 있다.

우선 대부분의 영장류 암컷이 동물원에서든 야생에서든 수음한다고 기록되었다. 영국 영장류학자 캐럴라인 터틴Caroline Tutin은 그렘린이라는 별명을 가진 한 야생 침팬지 암컷이 '돌이나 나뭇잎 같은 물체로 문지르며 자신의 생식기에 푹 빠진' 모습을 기록했다.[41] 그렘린이 알 수 없는 즐거움을 느꼈을 것이라 암시하는 사적인 파티였다. 제인 구달Jane Goodall 또한 암컷 침팬지가 자신의 은밀한 곳을 '애무하면서 부드럽게 웃었다'[42]라고 언급했다. 오랑우탄 암컷이 발볼로 수음하는 놀라운 재주를 과시하는 장면도 관찰되었다. 한편 작은 타마린은 '무아지경'에 이를 때까지 꼬리나 '부드러운 표면'을 이용했다.[43]

직접 물어볼 길이 없으므로 보노보 원숭이가 잔가지로 직접 만든 프랑스식 콘돔으로 얼마만큼 만족했는지 확인하기는 어렵지만, 몇몇 대담한 과학자들은 영장류 암컷이 정말 오르가슴을 느끼는지 측정하려고 했다. 수잰 슈발리에 스콜니코프Suzanne Chevalier-Skolnikoff는 야생 짧은꼬리마카크stumptail macaque의 성적 행동을 자세히 관찰하여 실제로 암컷이 절정에 오른다는 결론을 내렸고,[44] 심지어 절정의 순간을 나타내는 특유의 둥근 입과 O자형 얼굴을 그림으로 그려서 유용한 지침을 주었다.

1970년대에만 가능했던, 그리고 그 후로도 술집에서 몇몇의 눈살을 찌푸리게 한 실험에서 캐나다 인류학자 프랜시스 버턴Fran-

성적인 절정의 순간에 입이 둥근 모양이 된
짧은꼬리마카크 원숭이 암컷.

ces Burton은 인공 원숭이 음경을 사용해 실험실에서 히말라야원숭이 암컷 세 마리를 손수 자극하여 오르가슴을 유도함으로써 논쟁에 마침표를 찍고자 했다. 원숭이들은 강아지 가슴줄에 묶여 심장 모니터에 연결되었고 버턴은 용감하게 암컷마다 5분씩 생식기 촉진觸診을 실시했다.

이보다 섹시하지 못한 임상적 환경을 상상하기는 어렵지만 아무튼 세 마리 모두 마스터스와 존슨이 인간의 오르가슴을 정의하면서 제시한 성적 반응 4단계* 중에서 세 가지를 확실히 보여주었다. 심지어 두 마리는 인간 여성이 경험하는 오르가슴의 특징인

* 윌리엄 H. 마스터스William H. Masters와 버지니아 E. 존슨Virginia E. Johnson은 미국의 성 기능 이상 치료사로 1957년에서 1990년까지 인간의 성적 반응과 기능 장애 치료에 대한 획기적인 연구를 개척했다. 1966년에 두 사람은 실험 참가자들의 생리학적 변화를 기록한 1만여 건의 데이터를 바탕으로 인간의 성적 반응을 나타내는 4단계 '선형' 모델을 제안했다. (1) 성흥분기, (2) 성흥분 지속기, (3) 절정기, (4) 성흥분 해소기.

'집중적인 질 경련'까지 보였다. 버턴은 잠정적으로 히말라야원숭이 암컷은 실제로 절정에 오를 수 있다는 결론을 내렸다.[45] 그러나 자연적인 상태에서는 교미 시간이 기껏해야 몇 초 정도로 훨씬 짧다는 지적을 덧붙였다. 야생에서 원숭이 암컷의 오르가슴은 여러 차례의 교미로 자극이 축적된 후에야 일어날 수 있었다. 이를테면 수컷과의 연속된 섹스 말이다.

도널드 사이먼스Donald Symons와 같은 진화심리학자에게 이런 오르가슴 반응은 '기능 장애'에 가깝다.[46] 음핵은 음경의 쓸모없는 상동기관에 지나지 않으며 적응적 기능이 전혀 없다고 보았다. 사이먼스에 따르면 여성은 실제로 독자적인 오르가슴을 진화시키지 않았다. 여성이 느끼는 성적 쾌락은 단지 음핵이 음경과 발생상의 청사진을 공유한 덕분에 가능해진 즐거운 생물학적 우연일 뿐이다.

"음핵이 장의 충수에 해당하는 외음부 기관에 불과하다는 말을 믿어야 하는가?"[47] 허디가 『여성은 진화하지 않았다』에서 던진 질문이다. 허디의 눈에 음핵의 형태에서 나타난 다양성은 진화적 적응의 결과일 수밖에 없다고 소리친다. "이런 구닥다리 유언비어가 왜 아직까지 나돌고 있는지 이해를 못하겠어요."

해당 비교해부학 연구는 아직 많지 않지만 개코원숭이나 침팬지처럼 암컷이 여러 수컷과 난교하는 동물에서 특히 음핵이 잘 발달한 것으로 보인다. 이들의 음핵은 길이가 2.5센티미터 이상이며 교미하는 동안 직접 자극을 받을 수 있는 질 기부에 위치한다. 이는 이 암컷들이 다수의 파트너와 하는 섹스에서 상당한 즐거움을 보상으로 받는다고 암시한다. 이유가 뭘까?

허디는 이처럼 임신과 상관없는 섹스의 기능이 수컷을 조종하는 것이라는 큰 그림을 그리고 있다.

인도에서 랑구르를 연구하며 허디는 외부에서 온 수컷들이 무리를 점령하는 과정에서 젖을 떼지 않은 어린 새끼를 죽이는 일이 허다하다는 사실을 알게 되었다. 그리고 이런 영아 살해 행위가 성선택과 짝을 두고 벌어지는 수컷 간 경쟁의 유해한 부작용임을 깨달았다. 다른 수컷과 낳은 새끼가 젖을 뗀 후 다시 가임기가 될 때까지 2~3년이나 암컷을 기다리는 대신, 새로운 우두머리는 새끼를 살해하여 어미가 즉시 발정기에 들어서게 강제하고 곧바로 제 새끼를 임신하게 한다.[48] 이런 관찰을 바탕으로 허디는 암컷이 영아 살해를 막기 위한 방책으로 무리에 침입한 수컷과 섹스를 하게 되었다는 이론을 세웠다. 이는 제 자식인지 아닌지 헷갈리게 하여 새끼의 목숨을 보전하는 효과가 있다. 허디의 이론은 자신이 맨 처음 보았던 랑구르 암컷이 왜 무리에서 나와 수컷들이 모인 곳으로 가서 유혹의 몸짓을 보였는지, 또 왜 어떤 암컷은 심지어 임신 중에도 무리 밖 수컷과 섹스를 하는지 설명한다. 이들의 노골적인 성행위가 이제 허디의 눈에는 '음탕한' 것과는 거리가 먼 '강한 모성', 즉 새끼의 생존력을 높이려는 진화의 교활한 계책으로 보였다.

어린 개체를 잡아먹는 살인자 수컷을 모성에서 비롯한 성적 쾌락보다 한 수 아래로 보는 이론이 당연히 처음에는 이단으로 취급되었다. 허디의 주장은 베이트먼에 눈이 먼 진화심리학자들은 물론이고 바티칸에서도 공격받았다. 바티칸에서는 허디가 성적 교잡의 의미를 발표한 학회에 '적대적인' 사절을 보내왔다. 다른 이들은 이 하버드 과학자의 연구를 완전히 무시해버렸다. 허디는 자신의 이론을 들은 한 남성 동료가 보인 '모욕적인 반응'을 기억한다. "그러니까 세라 너는 흥분한다는 거지?"[49]

이제는 허디의 친부 혼동 이론을 뒷받침하는 증거가 주류 학계의 사고에 통합되고 있다.[50] 오늘날 수컷의 영아 살해는 영장류 사촌 사이에서도 널리 퍼진 것으로 알려져, 51종의 영장류에서 의심되거나 실제로 목격되었다. 대부분 외부에서 침입한 수컷이 번식 시스템에 진입할 때만 살해를 시도하며, 특히 젖을 떼지 않은 영아들이 타깃이다. 같은 패턴이 수사자에서도 보이는데 알파 수컷이 새로 무리를 장악하면서 새끼 사자를 죽인다. 요약하면 앞에서 내가 실수로 유혹했던 암사자는 생물학적으로 나와의 섹스를 강요받은 셈인데, 그건 내 작은 으르렁 소리가 마음에 들어서가 아니라 그래야 내가 자신의 아이들을 함부로 죽이지 못하기 때문이다.[51]

돌고래에서 쥐에 이르기까지 동물의 왕국 전역에서 알려진 영아 살해가 암컷의 유전자에 난교가 새겨진 이유일 수 있다. 그러나 허디는 덮어놓고 일반화하는 것은 원치 않는다. 허디는 보편적 패러다임의 함정을 명확히 지적하면서 "선택의 가능성이 수시로 달라지는 세상에서 반복되는 번식의 딜레마와 절충을 양쪽에 두고 융통성 있게 대처하는 기회주의적인 개체로서 암컷을 연구해야 한다."라고 강조한다.[52]

바람을 피우는 암컷은 월등한 유전자를 찾거나 자손의 생식 능력을 증가시킬 유전적 기회와 면역계의 적합성을 높일 기회를 포함해 많은 면에서 유리하다. 본질적으로 암컷의 난교는 어미가 자신의 소중한 난자를 모두 한 바구니에 담지 않아도 되기 때문에 더 건강한 자손으로 이어진다.

허디는 "그렇긴 하지만 아마도 성선택은 수컷의 영아 살해 대부분을 설명할 겁니다. 그리고 친부의 정보를 조작하는 것은 암컷에게 주어진 몇 안 되는 실질적인 옵션 중 하나일 테지요. 저는 꽤 많은 종의 암컷이 끔찍한 곤경 앞에서 당연히 이런 해결책을 생각해냈을 거라고 예상합니다."라고 설명했다.

친부가 누군지 혼란을 주는 것이 단지 영아 살해를 막는 보험만은 아니다. 수컷들로 하여금 어린 새끼를 돌보고 보호하게 독려하는 장점도 있다. 친자 정보를 조작하여 암컷이 얻는 이점을 예시한 가장 훌륭한 증거가 바로 우리가 앞에서 본 음란한 바위종다리에서 발견되었다. 알다시피 바위종다리 암컷은 전형적인 일처다부의 종으로 알파와 베타의 두 연인과 사랑을 나눈다. 두 수컷모두 암컷이 새끼를 부양하는 과제에 협조할 것이다. 실제로 수컷이 암컷의 가임기에 자신과 교미한 횟수에 비례하여 입에 물고 돌아오는 먹이의 양이 달라진다는 연구 결과가 있다. 바위종다리 수컷은 100퍼센트까지는 아니어도 대체로 정확하게 제 자식을 알아본다는 것이 DNA 지문 검사를 통해 밝혀졌다.[53]

허디는 전반적인 영장류에서 수컷이 자신의 새끼일 수도 있고 아닐 수도 있는 새끼를 돌보게 조종당한다는 사실을 밝혔다. 이런 명백한 사실은 수컷은 오로지 제 자식이라고 생각하는 새끼만 돌보기 때문에 일부일처가 암컷에게 최고의 전략이라는 흔한 가설에 찬물을 끼얹었다. 저런 생각은 도시의 사무실에서 펜질이나 하는 남성 포퓰리스트 베스트셀러 진화생물학자들 사이에서는 유행일지 모르지만, 실제로 야외에 나가 암컷 영장류의 야생적인 행동을 관찰한 인류학자들에게는 씨알도 안 먹히는 소리다. 허디는 바바리마카크와 개코원숭이 연구에서 성욕이 왕성한 암컷들이 성을 이용해 복잡한 친자 관계의 그물로 다수의 수컷을 끌어들인 사례가 보고되었다고 지적했다. 그 결과 수컷들은 평상시 다른 수컷의 자식까지도 데리고 다니며 보호했다. 우리 조상도 마찬가지였을지 모른다.

"임신과 상관없는 성적 행동은 수정의 빈도를 증가시키지는 않더라도 어린 새끼의 생존율을 높였어요. 그러니까 암컷에게는 궁극의 번식 전략인 셈이죠."[54] 허디의 말이다. 허디는 어미 쪽의 이런 일처다부 전략이 우리의 사람과Hominidae 선조들처럼 이례적으로 생장이 느린 영아를 긴 세월을 보살펴야 하는 상황에서 특히 유용했을 것이라 확신한다.[55]

여성의 성적 취향이 현재에 이르기까지 400~500만 년 동안 어떻게 변해왔는지는 추측의 영역이다. 인간은 오늘날 사회적으로 일부일처를 유지하고 있지만 그건 동부요정굴뚝새도 마찬가지다. 데이비드 M. 버스 같은 진화생물학자는 모든 여성이 아이들을 가장 잘 부양하기 위해 궁극적으로 일부일처를 추구한다는 생각을 즐길지도 모르지만, 만약 정절이 여성의 타고난 자질이라면 왜 그렇게 많은 문화에서 여성의 성생활을 통제하려고 애를 쓰겠냐고 허디는 묻는다. 통제 수단이 비방의 말이든 이혼이든 심하게는 할례이든 간에, 그 이면에는 여성을 방치하면 성적으로 난잡해진다는 보편에 가까운 의심이 깔려 있다. 허디가 지지하는 새로운 관점은 여성이 가진 성적 성향의 잠재력을 억제하고 제한하기 위해 가부장적 사회 체계가 진화했다고 본다.[56] 이런 관점에서는 여성의 정절이 대단히 유연하게 작용한다. 처한 환경과 다양한 선택지에 따라 달라질 뿐, 아무리 유행하는 패러다임이라도 배우체의 숙명으로 여성의 정절을 예측할 수는 없다.

고환은 거짓말을 하지 않는다

한 종의 암컷이 얼마나 성적으로 개방적인지 알고 싶을 때 지표로 활용할 수 있는 믿을 만한 신체적 단서가 있다. 몸무게에 비례한 수컷 생식샘의 무게를 보면, 일반적으로 암컷의 성적 습성을 대략 짐작할 수 있다.

영국에서 흔히 보이는 두 종의 나비를 예로 들어보자. 배추흰나비는 사람들이 텃밭에서 기르는 배추를 향한 엄청난 식욕에 필적하는 정소가 있다. 즉, 정소가 엄청나게 크다는 뜻이다. 반면에 뱀눈나비아과Satyridae—아이러니하게도 그리스 신화의 호색적인 숲의 신 사티로스의 이름을 따서 지은 이름—의 뱀눈나비는 그에 비하면 정소의 크기가 아담하다. 이 신체적 차이는 암컷의 전혀 다른 짝짓기 전략을 반영한다.[57] 배추흰나비는 일처다부성이지만 뱀눈나비는 그렇지 않다.

이 현상은 오스트레일리아 동물학자 로저 쇼트Roger Short가 영장류에 대해 처음 기록했다. 쇼트는 대형 유인원의 고환 크기가 너무 다양해서 깜짝 놀랐다. 하지만 신기하게도 고환의 크기는 동물의 몸무게와 비례하지 않았다. 실버백 고릴라*는 수컷 침팬지보다 덩치가 세 배나 더 큰 무시무시한 헤비급 동물이지만 그들의 불알은 4분의 1 크기도 안 된다. 침팬지의 고환을 커다란 배라고 한다면 실버백은 앙증맞은 딸기 정도라고나 할까.[58]

이 모든 것의 원인은 정자 경쟁이다. 큰 고환은 정자를 더 많이 생산하여 암컷의 생식관을 가득 채우고 다른 정자가 쌓이지 못하게 막거나 먼저 들어간 다른 수컷의 정자를 깨끗이 씻어낸다. 실버백은 제 근육의 힘으로 애초에 다른 수컷이 하렘에 접근하지 못하게 막아 암컷들이 오로지 그에게 충실하게 만든다. 반면 침팬지 암컷은 임신할 때마다 여러 수컷과 500~1,000번을 교미한다.[59] 이런 바람기의 물리적 결과가 바로 체격과 비교하여 고릴라보다 열 배나 더 큰 침팬지 수컷의 고환이다. 경쟁자의 정자를 쓸어내 버릴 수 있어야 하기 때문이다. 독자가 궁금해하는 인간의 고환은 이 둘의 중간 어디쯤에 있다.[60]

나비에서 박쥐까지 동물계 전체에서 정소의 크기는 암컷의 신의를 보여주는 확실한 지표로 밝혀졌다. 고환이 큰 종일수록 암컷이 단정치 못하다. 여우원숭이를 비롯한 많은 종에서 생식샘의 확장은 암컷의 배란기와 일치하는 계절적 현상으로, 번식의 필요가 끝나자마자 천천히 바람이 빠지면서 파티 풍선처럼 꺼져버린다. 아주 작은 크기로 쪼그라드는 경우도 있다. 정자가 그렇게 저렴한 재료라면 왜 굳이 철 따라 생산량을 조정할까? 도킨스의 말마따나 결국 '과하다는 말은 수컷에게 아무런 의미가 없다'는데 말이다.

미주리대학교 생물학과 명예교수인 줄레이마 탕 마르티네즈

---

* 고릴라 무리를 이끄는 우두머리를 이끄는 말 —옮긴이

Zuleyma Tang-Martínez는 "역사는 이런 공표를 친절하게 받아들이지 않았다."라고 말했다.[61]

수컷은 기이할 정도로 "어느 암컷에나 열심이고" 그들의 "번식력은 정자 생산에 구애받지 않는다."[62]고 주장한 베이트먼 공식의 다른 측면 또한 격렬한 비난의 대상이 되었다. 정자 한 개를 생산하는 비용은 난자 한 개와 비교하면 미미한 게 당연하지만, 이 헤엄치는 경이로운 생명체를 한 번에 한 개씩만 전달하는 수컷은 없다는 사실을 많은 과학자들이 지적했다. 한 번 사정하는 정액 안에는 정자 수백만 마리가 중요한 생물 활성 화합물과 함께 들어 있으며, 그로 인한 비용이 전체적인 생물학적 청구서*의 액수를 높이기 때문에 적어도 포유류에서는 한 번의 사정 안에 응축된 에너지가 사실상 난자 하나보다 더 크다는 것이 확실히 밝혀졌다.[64]

따라서 정액 생산은 대개 제약이 있고 '정자 고갈' 역시 중요한 관심사라 수컷 대부분이 한 번 크게 사정한 후에는 재고를 보충할 시간이 필요하다. 일례로 사람에서는 완전히 회복하는 데 최대 156일이나 걸릴 수 있다.[65]

닭새우spiny lobster나 뻐드렁니비늘돔bucktooth parrotfish 같은 일

---

* 어떤 정액 단백질은 암컷에게 적극적으로 더 많은 수컷과 짝짓기를 하도록 부추기는 직접적인 혜택을 준다. 여치 수컷은 정액에 단백질을 넉넉히 담은 '혼인 선물'을 주는데 이는 암컷이 자라는 수정란에게 먹일 수 있는 간편한 성교 후 간식이다. 정액에 포함된 일부 단백질은 난자 생산을 자극하고 심지어 수명을 증가시키는 것으로 알려졌다. 텍사스 귀뚜라미는 정액에 프로스타글란딘이라는 물질이 들어 있는 많은 종의 하나인데, 이 물질은 암컷의 면역력을 증진시킨다. 프로스타글란딘은 곤충에서부터 포유류까지 다양한 분류군의 정액에 들어 있다. 이는 실제로 광범위한 종류의 암컷이 다수의 짝과 많이 교미하는 것이 이롭다고 암시한다. 이는 난교하는 종의 암컷들이 그렇지 않은 종에 비해 수명이 긴 이유일 수도 있다.[63]

부 동물은 암컷의 번식력에 따라 정자 사정량을 분배해 스크루지식으로 정자 고갈의 문제를 해결한다. 암컷의 나이, 건강, 사회적 지위, 과거 짝짓기 전력 등이 수컷이 준비하는 정자의 양을 결정할 것이다.[66] 어떤 수컷은 암컷의 성적 접근을 단칼에 거절한다. 오스트레일리아 대벌레는 온종일 나뭇잎을 씹거나 나뭇가지를 흉내 내는 것 말고는 달리 하는 일이 없는데도, 일주일에 한 번씩 새로운 암컷을 소개받았을 때 전체의 30퍼센트만 짝짓기를 위해 몸을 일으켰다.[67] 유럽찌르레기European starling에서 몰몬귀뚜라미까지 많은 종의 수컷이 정기적으로 성을 거부하는 것이 관찰되었다. 심지어 꺅도요사촌 수컷 같은 일부 종은 구애하는 암컷을 쫓아낸다고 알려졌다.[68]

베이트먼의 오류

지금까지 소개한 모든 사례가 수컷을 암컷의 까다로운 선택안에 집어넣는다. 사실 방종한 생활양식의 원조 격인 초파리 수컷도 자유분방한 암컷 초파리 앞에서는 주춤한다는 기록이 있다. 이런 관찰은 가장 밑바닥부터 베이트먼 패러다임을 약화시켰다. 퍼트리샤 고와티는 난자와 비교해 정자의 크기가 다른 드로소필라 속 초파리 세 종을 대상으로 이형접합 이론을 철저히 검증했다. 이들 중 한 종은 실제로 정자의 크기가 난자보다 이례적으로 컸다. 과연 생식세포의 이런 거대한 크기가 보통의 작은 정자와 비교하여 수컷의 성적 행위를 제한할까?

베이트먼과 달리 고와티는 초파리의 짝짓기 행동을 단순히 교미의 결과물인 자손을 보고 추론하지 않았다. 왜냐하면 자손은 오직 교미에 성공한 시도만 담을 뿐, 섹스 스토리 전체를 알려주지는 못하기 때문이다. 대신 고와티는 드러나지 않는 부분까지 포착하기 위해 3밀리미터짜리 파리들의 짝짓기 게임을 밤낮없이 직접 관찰했다.

그 결과 정자와 난자가 형성하는 이형접합의 성격이 다름에도 세 종 모두 암컷의 일부는 수컷만큼이나 (또는 좀 더) 적극적으로 수컷에게 다가갔고, 수컷의 일부는 암컷만큼이나 (또는 좀 더) 신중한 자세를 취했다. 이 결과는 생식세포의 크기가 성적 전략과는 관련이 없다고 암시한다. "'까다롭고 소극적인 암컷'이라거나 '방탕하고 가리지 않는 수컷'"[69]이라는 꼬리표로는 짝짓기 행동에서 종 내부 또는 종 사이의 변이를 잡아내지 못했습니다."라고 고와티가 말했다.

원조 베이트먼 실험을 비판하는 사람이 고와티만은 아니다. 팀 버키드는 베이트먼이 사용한 노랑초파리 암컷은 몸속에 정자를 사나흘 동안 저장할 수 있다는 사실을 지적했다. 그렇다면 베이트먼이 4일로 제한한 실험 기간에 암컷이 다시 짝짓기할 필요를 느끼지 못했을 수도 있다. 버키드 왈, 만약 베이트먼이 정자를 저장하지 않는 다른 초파리 종을 선택했다면 이 유전학자는 전혀 다른 결과를 손에 쥐었을지도 모른다.[70] 게다가 노랑초파리 정액에는 암컷의 행동을 바꾸는 항최음제가 들어 있어서 암컷이 평소보다 더 오래 기다린 다음 다시 교미하게 만드는 것으로 밝혀졌다.[71] 조신함을 유도하는 화학적 정조대가 베이트먼의 결과를 왜곡할 가능성이 있었다는 말이다.

물론 과학 실험의 궁극적인 검증은 같은 실험을 반복하는 것이다. 동일한 실험으로 같은 결과를 도출하는 것은 과학의 필수적인 과정이다. 베이트먼의 기념비적인 논문이 많은 가설의 '토대'가 되었다는 점에서 고와티는 "베이트먼의 데이터가 탄탄하고 진정 올바로 분석되었으며 타당한 결론을 내렸는지 확인할 필요가 있다."[72]라고 느꼈다.

그래서 고와티는 자처하여 베이트먼의 실험을 재시도했다. 고와티는 동일한 실험 프로토콜과 동일한 돌연변이 초파리를 사용했다. 이는 결코 만만한 일이 아니었다. 먼저 연구팀은 정확히 동일한 기형 초파리 계통을 찾아야 했고, 이어서 베이트먼의 실험법을 해독하는 더 어려운 일을 해내야 했다.

"세상에 저만큼 베이트먼의 연구를 잘 아는 사람은 없을 거예요." 고와티는 전화로 다소 지친 듯 말했다. "그 오래된 논문은 이해하기 정말 어려웠어요. 모든 게 뒤죽박죽이었죠." 고와티와 고와티의 탐정 파트너 티에리 호케Thierry Hoquet는 먼지 쌓인 어느 오래된 문서 보관소에서 기적적으로 베이트먼의 오리지널 실험 노트를 찾아내어 원본 데이터를 다시 분석했다. 과학에 임하는 고와티의 예외 없는 자세가 확증편향의 나쁜 사례들을 찾아냈다.[73] 베이트먼의 방법에는 '오류', '차이', '통계적 거짓 반복성', '데이터 선별' 등이 모두 포함되었다. 고와티는 "베이트먼의 결과는 신뢰할 수 없고 그의 결론은 의심스러우며 그가 관찰한 분산은 무작위적인 짝짓기에서 예상되는 결과와 유사하다."[74]라고 결론지었다.

한마디로 고와티는 이렇게 말했다. "베이트먼의 논문은 날림입니다."

  우선 베이트먼은 아버지를 세는 것보다 어머니를 적게 세었는데 이건 아기를 만들려면 양쪽이 모두 필요하다는 전제하에 생물학적으로 불가능한 결과였다. 베이트먼은 그가 고른 끔찍한 표지 돌연변이 중에서도 예컨대, 굽은 날개와 눈이 없는 작은 머리를 양쪽 부모로부터 동시에 물려받는 것이 자손에게 치명적이라는 사실을 인지하지 못했다. 고와티가 베이트먼의 실험을 반복했을 때 아니나 다를까 이중 기형을 물려받은 자손 중 상당수가 "파리떼처럼 죽어나갔다."[75] 이런 짝짓기 결과가 베이트먼에게는 보이지 않았고, 따라서 짝이 없는 개체의 수를 부풀리고 짝이 하나 이상인 개체는 축소하는 결과를 낳았을 것이다.

  오직 수컷만 난교를 통해 번식상의 성공 이점을 얻는다는 베이트먼의 발견은 실제로 그의 실험 중 마지막 두 번에만 적용되었는데, 마침 거기에는 이 치명적인 이중 돌연변이가 포함되었다. (이제는 의심스러운) 이 결과는 비과학적인 논리에 따라 조합되어 나름의 그래프를 도출했고, 그것이 전 세계 수백만 권의 교과서에서 볼 수 있는 그 유명한 베이트먼 경사도로 전파된 것이다. 실제로 처음 네 번의 실험은 정도가 약하긴 했어도 암컷 역시 경기장에 뛰어들어 이득을 보았다고 보여주었다. 고와티는 베이트먼이 모든 결과를 한데 모아 하나의 그래프로 그리고 그에 합당하게 데이터를 분석했다면 아마 최초로 난교가 암컷에게 이롭다는 사실을 증명했을 것이라고 했다. 그러나 베이트먼과 그를 따르는 이들은 오직 난잡한 수컷과 까다로운 암컷이라는 다윈의 명제에 들어맞는 결과만 골라서 보았다.

고와티는 "베이트먼은 자신의 기대와 일치하는 결과를 만들어낸 거예요."라고 말했다. "고인을 비판하는 것이 좀 비열하긴 하지만 베이트먼은 자신이 벌인 일을 제대로 수습하지 못했어요."

어떤 오류는 너무 깊이 숨어 있어서 같은 실험을 반복해야만 밝혀낼 수 있지만, 결과 데이터를 실험자 구미에 맞게 수집하는 기본적인 오류는 틀린 게 '뻔한데도' 왜 지금까지 베이트먼을 인용한 수백 명의 과학자들이 알아채지 못했는지 고와티도 이해할 수 없다. "로버트 트리버스가 인지하지 못했다는 사실이야말로 진짜 놀라운 오류 같아요."

트리버스는 베이트먼의 논문을 유명하게 만든 장본인이다. 이 잘나가는 하버드 인사가 식물학자의 초파리 논문을 제대로 읽기는 했는지도 모르겠지만 말이다. 트리버스는 돌연변이 파리에 대해 "대부분 암컷은 한두 번 이상 교미하는 것에 관심이 없다."[76]라고 썼는데, 그건 베이트먼조차 초파리 암컷의 행동을 실제로 관찰하지는 않았으므로 그들과 모종의 초자연적 연결이 있지 않고서야 알 수 없는 사실이다. 베이트먼은 그저 결과로 나온 자손의 수를 세는 것으로 짝짓기를 추정했을 뿐이다. 그러므로 그의 실험은 오로지 얼마나 많은 수컷이 성공적으로 암컷을 수정시켰는지만을 밝힐 뿐이지 얼마나 많은 수컷이 암컷과 성공적으로 섹스를 했는지는 알지 못했다. 그런 지나친 단순화가 지금까지 이토록 널리 퍼지며 지속된 것이다. 2001년에 팀 버키드가 트리버스에게 왜 암컷의 번식 성공이 실제로 다수의 짝짓기로부터 혜택을 받았다는 사실을 나타내는 첫 번째 그래프는 무시하고 그렇지 않은 두 번째 그래프만 강조했냐고 물었을 때 트리버스가 "염치없게도 개인

적인 순수한 편견이었다."라고 대답한 것은 더욱 비난할 만하다.[77]

정숙한 암컷의 죽음

패러다임은 강력한 것이다. 특히 서서히 퍼지는 문화적 편견과 결합했을 때는 그 힘이 가공할 만하다. 패러다임의 압도적인 영향력은 가장 부지런한 과학자도 현혹하여 세상을 보는 방식을 제한하고 상자 바깥에서 보는 신선한 관점에 혼돈을 준다. 베이트먼의 세계관은 지나치게 오랫동안 우리의 눈을 가리면서 암컷이 다수의 파트너에게 섹스를 요청할 뿐 아니라 이런 방종한 행동이 암컷 자신과 자손에게 이로울 수 있다는 사실을 보지 못하게 했다. 베이트먼의 원칙은 성의 무대에서 암컷이 언제나 수컷에게 주도되므로 연구할 가치가 없다고 치부했다. 그러나 상대를 살피지 않으면서 수컷이 무엇을 하는지 알 수는 없다. 또한 번식의 성공에 있어서 암컷의 변이를 인정하지 않는 바람에 암컷뿐 아니라 그 수컷 파트너의 전략까지도 잘못 이해하게 되었다.

줄레이마 탕 마르티네즈에 따르면, 과거에 많은 과학자들이 베이트먼의 결과와 일치하지 않는다는 이유로 자신의 실험 결과에 의문을 품거나 애써 무시해왔다. "일부 학술지 심사위원이나 편집자가 짝짓기 횟수에 비례하여 암컷의 번식 성공이 증가한다는 함수를 보고한 논문들을 반려한 사례가 전혀 없는 일이 아닙니다. '1948년에 베이트먼이 그런 결과는 불가능하다고 입증했다'라는 이유로 말이지요."

고와티와 동료 연구자 멀린 아 킹Malin Ah-King은 또한 실제로 암컷이 상대를 가리지 않거나 반대로 수컷이 까다롭다고 보여주는 수십 건의 실험 연구를 찾아냈다.[78] 그러나 정작 저자들은 이런 결과를 인지하지 못했다. "그게 정말 신기했어요." 고와티가 내게 말했다. "사람들이 두려워했다는 뜻이지요."

패러다임은 그 압도하는 성질 때문에 뒤엎기가 더 어렵다. 모래 위에 세운 성도 무너지려면 시간이 걸린다. 하지만 베이트먼의 패러다임이 베이트먼 자신의 실험 데이터로 뒷받침되지 않는다는 사실은 그를 벼랑 끝으로 내몰았다. 베이트먼 경사도는 '인간 남성'에서 일어나는 일을 예측하지 못했을 뿐 아니라 사자와 랑구르와 심지어 (고와티의 꼼꼼한 분석에 따르면) 베이트먼 자신이 노랑초파리에서 얻은 증거에서조차 무슨 일이 일어날지 예측하지 못했다. 실제 베이트먼의 경사도를 따르는 종도 당연히 있겠지만, 이제는 프레리도그에서 살무사까지 다양한 동물을 대상으로 한 수십 건의 실험적 연구가 암컷이 난교를 통해 번식 적합도를 높인다고 증명한다.[79]

고와티와 많은 이들은 이런 연구 결과로 보아 앞으로 베이트먼의 원리를 사실과 반대되는 가설로 취급하고 또 그렇게 가르쳐야 한다고 생각한다.[80] 그러나 여전히 어떤 이들은 베이트먼의 예측에 순응하는 소수의 종에 집착하여 "진화된 성의 역할은 궁극적으로 이형접합에 안착했다."라고 주장한다.[81]

"사람들은 이형접합 이론을 마치 신이 내려준 것인 양 믿고 있어요." 고와티가 통탄하며 말했다. "실제로 무슨 일이 일어났는지는 신중하게 생각하지 않고 맹목적으로 믿었던 환락의 길로 인도되었습니다. 암수 사이의 이런 근본적인 차이에만 의존하는 세력이 있는 게 분명해요. 저는 이형접합 이론이 세상에 일반화된 여성혐오를 어떻게든 강화한다고 봅니다."

베이트먼의 연구를 둘러싼 논쟁은 확실히 정치적 사안이 되었다. 패러다임의 토대는 빅토리아 시대의 쇼비니즘에서 구축되었고 페미니스트 과학자들에 의해 무너졌다. 그러나 페미니즘이라는 단어에는 양극화 효과가 있기 때문에 견고한 과학도 힘을 쓰지 못할 수 있다. 고와티는 자신의 개방적인 정치적 태도가 방해되어 자신의 논문이 널리 읽히지 못했다고 생각한다. 특히 꼭 읽어야 하는 사람들에게 말이다. 몇 년 전 앤절라 사이니Angela Saini가 과학에 만연한 성차별을 기록한 책『열등한 성』을 집필하면서 트리버스를 인터뷰했을 때, 트리버스는 고와티의 '그 대단하신 논문'[82]을 읽은 적이 없다고 답했다. 오늘날 여전히 베이트먼의 패러다임을 가르치는 옥스퍼드대학교에서 고와티의 비판적 연구는 '정치색이 강하다'[83]는 이유로 추천 독서 목록에 오르지 못한다.

세라 플래퍼 허디는 "실증적 태도를 가진 생물학자들은 F로 시작하는 단어를 들으면 일단 '이데올로기적으로 접근'하고 있다고 해석합니다."라고 내게 말했다. "물론 자신들의 가정이 얼마나 남성주의적이고, 자신들의 다윈주의적 세계관의 이론적 근간이 얼마나 남성중심적인지는 간과하고 있지요."

베이트먼이 처음부터 끝까지 다 틀렸을까? 그렇지 않을 것이다. 이형접합은 분명 어떤 종에 대해서는 진화의 경기장을 기울였다. 그러나 그것으로 성역할에서 일어나는 모든 것을 설명할 수는 없다. 크기가 다른 배우체는 여러 전략에서 비용과 편익에 영향을 미치는 다양한 요인 중 하나에 불과하다. 베이트먼은 성역할을 고정된 것으로 보았다. 까다롭고 소극적인 암컷 대 무분별하고 경쟁적인 수컷으로. 그러나 이제야 드러나기 시작하는 그림에서 성역할은 과거에 알려진 것보다 훨씬 다양할 뿐 아니라 유연하고 유동적이다. 사회적, 생태적, 환경적 요인, 그리고 심지어 무작위적 사건 모두 그 성격을 결정하는 힘이 있다.[84] 예를 들어 많은 귀뚜라미 종이 먹이의 가용성에 따라 평생 성역할이 바뀐다. 먹이 공급이 열악해지면 까다롭던 암컷이 경쟁적인 귀뚜라미가 되기도 하고 흥청망청하던 수컷이 분별을 갖추기도 한다.[85]

동물계 전체에서 암컷은 플레이보이 저택에서 탈출하여 자신과 가족의 이익을 위해 성적으로 해방된 삶을 영위하고 있으며 거기에 수치심을 느끼지 않는다. 다윈의 성 고정관념은 수 세대의 남성 과학자들을 심리적으로 설득했지만 결국 성적으로 적극적인 솔새, 랑구르, 초파리, 그리고 그들을 연구하는 지적으로 적극적인 여성 군대에 전복되었다.

암컷은 베이트먼의 견고한 패러다임에 드리운 그림자에서 벗어나고 있으며, 다윈의 성선택 이론을 억제하기보다 오히려 확장하는 풍부한 성 전략을 드러내고 있다. 다음 장에서 우리는 섹스에서 로맨스를 뽑아버리고 협력보다 충돌이 중심에 있음을 드러내는 왕성한 식욕의 암컷들을 만나게 될 것이다.

저녁 식사와 데이트를 한 번에 해결하는 암거미의 성향은

빅토리아 시대 남성 동물학자들에게 여러모로 모욕적이었다.

악랄하고 지배적인 이 암컷 킬러들은 사랑이 전쟁이라는 사실을 진즉 알았을 뿐이다.

연인을 잡아먹는 50가지 방법

성적
동족 포식의
난제

거미의 머릿속을 누가 헤아릴 수 있겠는가?

―키이스 맥켄Keith McKeown,
오스트레일리아 박물학자(1952)

유혹은 많은 수컷에게 쉽지 않은 게임이다. 판돈은 크고 구혼자의 취약성도 크다. 성공하려면 타이밍과 기술, 그리고 어느 정도의 대담함이 모두 필요하다. 하지만 유혹의 대상이 수컷을 아침 식사로 잡아먹는 사나운 포식자라면 짝을 찾는 행위는 곧 죽음과의 춤이 된다.

황금무당거미Nephila pilipes 수컷이 그런 처지다. 암거미는 다윗 앞에 우뚝 선 골리앗이다. 수거미보다 몸집이 125배 더 크고, 강력한 독을 내뿜는 거대한 독니로 무장했다.[1] 암컷을 유혹하려면 수컷은 먼저 커다란 거미집을 들키지 않고 가로질러야 한다. 극미한 진동까지 감지하는 인계철선을 가까스로 통과하고 나면 거대한 몸집 위에 조심스럽게 올라간 다음 어렵사리 교미를 시도한다. 암컷의 U자형 공격을 자극하지 않도록 내내 극도로 주의해야 한다. 하지만 이 고난의 길 끝에 수컷이 멀쩡하게 빠져나올 가능성은 희박하다. 수컷 황금무당거미에게 실패의 결과는 소름 끼치는 죽음이다. 수컷의 예비 연인은 순식간에 한 생명체를 흡입한 다음, 바짝 쪼그라든 몸뚱이를 실패한 다른 구혼자들과 함께 시체 더미에 던져버린다.

이런 충격적인 암거미의 행보에 다윈의 귀가 솔깃하지 않았을 리 없다. 하지만 그는 그 공포를 대단히 완곡해서 표현했다. 다윈은 『인간의 유래와 성선택』에서 대체로 수거미가 암거미보다 '비정상적일 정도로' 작으며, 암컷의 '수줍은 성격이 종종 위험한 수준으로 증폭되는' 경우가 있으므로 극도로 조심해서 '전진해야' 한다고 설명했다.[2]

다윈의 남성중심적 기술記述은 마침내 찰스 드 기어Charles De Geer라는 동료 동물학자가 본 장면을 이렇게 설명하기에 이른다. "교미 전 애무가 한창일 때 제 관심의 상대에게 붙잡혀 거미줄에 칭칭 감긴 다음 통째로 삼켜졌는데, 그는 그 광경을 보고 공포와 분노에 휩싸였다고 덧붙였다."[3]

저녁 식사와 데이트를 한 번에 해결하는 암거미의 성향은 빅토리아 시대 남성 동물학자들에게 여러모로 모욕적이었다. 악랄하고 난잡하며 지배적인 태도를 보임으로써 원래의 소극적이고 수줍고 한 남자만 아는 틀에서 벗어난 여성이 나타난 것이다. 암거미는 또한 진화의 난제이기도 했다. 생물이 사는 이유가 제 유전자를 다음 세대에 전하는 것이라면 섹스도 하기 전에 파트너를 집어삼키는 행위는 진화적으로 적절치 못한 적응 아닌가. 그러나 성적 동족 포식은 전갈에서 나새류, 문어에 이르기까지 수많은 무척추동물과 함께 모든 종류의 거미에서 흔하게 나타난다. 가장 유명한 동물이 아마 사마귀일 것이다. 암사마귀는 연인의 머리를 뜯어먹는 팜파탈이다. 수사마귀는 목이 잘린 채로 용맹하게 뒤로 물러선다. 그런 행동을 보고 수 세대의 동물학자들은 진화가 머리를, 즉 이성을 잃은 게 틀림없다고 생각했다.

거미의 극심한 성적 갈등

ZSL 런던 동물원에서 무척추동물관을 책임지는 데이브 클라크Dave Clarke는 "교미만 아니면 분명 수거미는 암거미를 피해 다닐 거예요."라고 내게 말했다.

클라크는 이 분야의 최고 전문가이다. 그는 동물원 거미 전시장을 담당하고 있다. 관람객들은 거대한 거미집 사이를 자유롭게 돌아다니며 거미와 셀카를 찍을 수 있다. 나도 그곳에 여러 번 가보았지만 클라크가 알려주기 전에는 거미줄 한복판에 자리 잡은 커다란 거미가 모두 암컷인 줄 몰랐다. 수거미는 거미집을 짓거나 사냥할 시간이 거의 없는 가녀린 생물이다. 독니와 독주머니도 작은 편이다. 맹독을 조제하고 정교한 집을 짓는 이는 모두 암거미다. 그 특별한 공학적 산물인 거미집은 암거미가 사냥하고 짝짓고 둥지를 트는 활동 영역이다.

사육사로서 클라크가 맡은 막중한 임무의 하나가 교배이다. 런던 동물원에서 35년이 넘는 세월 동안 클라크는 큰개미핥기에서 물해파리까지 '거의 모든' 교배를 성공적으로 마쳤다. 그러려면 먼저 교배 대상에 대해 속속들이 잘 알아야 한다. "이런 일에는 관음증이 동반되기 마련이지요."

교배 대상의 마음이 동하게끔 부드러운 조명과 분위기 있는 음악에 해당하는 환경을 알아내는 것이 클라크의 일이다. 물론 말처럼 쉽지는 않다. 사육 상태에서 짝짓기가 어려운 동물이 대왕판다만 있는 것은 아니다. 모든 분류군이 나름의 복잡한 사정이 있다. 그러나 클라크에게 누구보다 큰 수행 불안을 일으키는 대상은 바로 거미다.

"진짜 치열합니다. 거미의 입장을 생각한다는 게 웃길지도 모르지만 어쩔 수 없어요. 수놈이 정말 너무 안쓰럽거든요. 짝짓기 성공 여부는 둘째치고 죽을까 봐 전전긍긍합니다." 클라크가 설명했다. "수거미가 되어 생각해보면 일이 잘못되는 순간 치명적인 자상을 입은 느낌이 들 겁니다."

클라크가 주도한 가장 드라마틱한 정사의 주인공은 그가 돌보던 새잡이거미bird-eating spider였다. 이 거미는 거미계의 거인족으로 다리를 뻗으면 길이가 30센티미터나 된다. 나도 예전에 오스트레일리아 노스퀸즐랜드 케언스에서 길을 걷다가 발밑에서 허둥지둥 기어가는 놈을 본 적이 있는데 놀라 자빠질 뻔했다. 1980년대 공포영화 〈악마의 손〉 한 장면 같았다. 이름에서 알 수 있듯이 새잡이거미는 전통적인 먹이사슬의 질서를 뒤엎고 새나 설치류를 잡아먹는다. 이 거대한 짐승을 사육 상태에서 교배하는 장면은 놓치기 아까운 볼거리다.

"보고 있으면 정말 스릴 넘칩니다. 같은 장면을 대형 화면으로 시청하고 있는 셈이니 아주 짜릿하죠. 수놈은 교미 중에 앞다리에 달린 갈고리를 사용해 암놈의 독니를 붙들고 있습니다. 물리면 안 되니까요. 마침 수놈이 더듬이다리를 앞으로 뻗어서 삽입하기에도 좋은 자세이고요." 클라크의 설명이다.

수거미는 음경이 없다. 머리 양쪽에 달린 더듬이다리(각수)라는 한 쌍의 부속지를 사용해 암컷에게 정자를 전달한다. 그러나 더듬이다리는 정소에 연결된 상태가 아니므로 수거미는 먼저 복부에서 정액을 짜내어 '정자 거미집'에 뿌리고 물총처럼 사이펀으로 빨아들인 다음 더듬이다리 끝의 커다란 구체로 옮겨서 보관한다. 그러면 준비 완료다. 이제 암거미에게 접근할 차례다.

거미의 섹스에서는 자세가 전부다. 종마다 거미판 카마수트라에 실릴 법한 선호하는 각도가 있다.* 새잡이거미는 대부분 얼굴을 마주 보는 자세를 좋아한다. 어느 대담한 브라질 종은 쉬운 접근을 위해 암컷의 등을 뒤집어 정상 체위를 시도한다. 수거미는 암거미의 배 밑까지 접근하여 더듬이다리를 암컷의 두 개짜리 생식기 구멍에 차례로 하나씩 넣어야 한다. 새잡이거미의 경우 모든 협상 과정은 암놈의 송곳니를 붙들고 있는 상태로 진행한다.

"붉은무릎새잡이거미Brachypelma hamorii의 짝짓기 장면이 기억납니다. 암수 각각 한 마리씩밖에 없었죠. 수거미가 막 자세를 잡으려는 순간 암거미가 수놈의 몸에 독니를 정통으로 내리꽂았어요. 진짜예요. 1센티미터짜리 독니로 푹 찔러 수거미를 바닥에 고정시켰는데 그저 지켜볼 수밖에 없었습니다." 클라크의 고백이다.

클라크는 항상 냄비나 자를 들고 대기하고 있다가 상황이 심상치 않다 싶으면 바로 개입한다. 특히 개체수가 많지 않을 때는 구혼자를 구출하여 나중에 다시 교배에 투입한다. 다리 한두 개

---

* 실제로 선호하는 자세가 존재한다. 독일 곤충학자 울리히 게르하르트Ulrich Gerhardt는 1911년에서 1933년 사이에 거미 151종의 번식 행동에 관한 어마어마한 양의 자료를 수집했다. 거미의 성교에 대한 집착에 가까운 열정이었다. 이런 집착은 어린 시절부터 시작되어 성인이 될 무렵 이미 38과 102속 거미 종의 교미 과정을 기록했다. 이 기록에는 종마다 선호하는 자세뿐 아니라 더듬이다리로 몇 번이나 찌르는지까지 정확히 적혀 있다. 수거미의 성공률과 함께 삽입 동작, 즉 '더듬기'인지 '망치질'인지에 관한 상세한 내용도 담겨 있다. 게르하르트는 특히 삽입에 실패했을 때의 상황을 관심 있게 지켜보았다. 그 덕분에 수거미가 대단히 서투른 선수라는 걸 알게 되었다. 거미 20종에서 실패는 '일상'이고 '밥 먹듯이' 일어났다.[4] 수거미가 느낄 압박감을 생각하면 약간의 무대 공포는 예상할 수 있지만 그만큼 실수가 잦다는 것은 분명 거미의 진화적 특이점으로도 볼 수 있다.

잃은 정도는 큰 문제가 없지만, 일단 독니가 박히면 독과 소화효소가 빠르게 주입되어 수놈의 몸은 암놈이 들이마실 거미 슬러시로 변해버린다.

"수놈이 실패한 데는 제 책임도 있습니다." 그가 자책하는 말투로 덧붙였다. "억지로 꾸민 무대였고 그를 사자 우리로 떠민 건 저였으니까요. 제가 잘못한 게 없다고 하시겠죠. 어쨌든 그는 최선을 다했으니까."

클라크는 몇 년간 거미와 작업하면서 포식성 암거미를 유혹하는 요령을 터득했다. 다리 여덟 개짜리 카사노바를 소개하기에 앞서 암놈이 먼저 와인과 식사를 마치게 하는 게 우선이다. "수컷을 잡아먹는 가장 큰 이유는 배가 고프기 때문이니까요. 굶은 지 오래라면 수컷을 보고 제일 먼저 드는 생각이 먹고 싶다는 것이겠지요. 물론 수컷은 오로지 짝짓기만 생각할 테고요. 그게 그가 찾아온 이유니까요."

둘 다 번식이라는 삶의 목적을 공유하지만 수거미와 암거미는 서로 다른 시간대를 살고 있다. 암거미는 몸집만 수컷보다 더 큰 게 아니라 몇 배나 더 오래 산다. 예를 들어 붉은무릎새잡이거미 암컷은 최대 30년을 살지만 수컷은 운이 좋아야 겨우 10년을 넘긴다. 수명의 차이가 거미 남녀의 만남에 갈등을 일으킨다. 암거미는 건강한 알을 낳기 위해 시간을 들여 살부터 찌우고 싶어 한다. 그래서 서둘러 짝짓기할 생각이 없다. 번식 철이 막 시작한 무렵이나 암컷이 어린 경우에 그들의 뇌 구조에는 성욕보다 식욕이 채워졌을 가능성이 크다. 반면 수컷은 자나 깨나 한 가지 생각밖에 없다. 암컷을 찾아 최대한 빨리 짝짓기를 하는 것.

수거미의 관심은 제 유전자를 전달하는 데 있으므로 당연히 짝짓기를 하고 싶어 한다. 하지만 교미만 한다고 되는 것이 아니라 결국 그 암거미가 낳은 새끼의 아비가 되는 것이 최종 목표이다. 앞에서 만난 많은 암컷들처럼 암거미에게도 일부일처가 좋은 전략은 아니다. 암거미는 새끼가 최대한 훌륭한 유전자를 물려받길 원한다. 따라서 최종 교미 상대를 까다롭게 고르거나 여러 수컷과 짝짓기를 하여 제 새끼가 유전자 로토에 당첨될 가능성을 높인다.

"적어도 거미에서는 확실히 암놈이 번식을 통제합니다. 수놈이 아니라요." 클라크의 설명이다. "암놈은 더 오래 삽니다. 정자를 저장할 수도 있지요. 최대 2년까지 보관하는 종도 있어요. 그래서 한두 마리쯤 먹어버리더라도 찾아올 놈들은 늘 있으니 아쉬울 게 없지요. 기다리면 되니까요."

다윈의 시대에 번식은 양쪽 성이 합심하여 다음 세대를 창조하는 조화로운 과제로 여겨졌다. 이런 낭만적 사고방식이 오늘날에는 다소 예스럽게 보인다. 지난 몇십 년간 우리는 동물계 전체에서 암컷과 수컷이 합의할 수 없는 성적 의제를 들고 빈번하게 충돌한다는 사실을 알기 시작했다.[5] 사랑은 전쟁이고 성적 갈등은 암수 간에 적대적으로 작용하는 주요 진화적 힘으로 이해되고 있다. 남녀가 서로를 속이고 자신이 원하는 것을 얻기 위해 대립하는 이해관계의 줄다리기는 적응과 역적응의 진화적 군비경쟁을 유발한다.

지난 장에서 소개했던 랑구르의 예를 들어보자. 무리를 새로 장악한 수컷 우두머리는 한시바삐 아비가 되고자 암컷의 새끼를 죽여 암컷이 발정기에 들어서게 한다. 그러나 그에 대한 역습으로 암컷에게서 개방적인 성적 전략이 진화했다.

거미만큼 성적 충돌이 극심한 생물은 없다. 동족 포식은 배고 픈 암거미의 치명적인 협박에 맞서 창의적인 해결책을 제시하도 록 수거미에게 극강의 선택압을 가했다.

가장 기초적인 수준부터 살펴보면, 많은 왕거미 수놈은 암거 미가 지은 거미줄 가장자리에서 대기하며 연인이 점심—아마 사 랑의 경쟁자 중 한 놈이겠지—을 다 먹을 때까지 참을성 있게 기 다리는 법을 배웠다.[6] 암거미가 식사를 마친 듯 보이면 그제야 슬 슬 움직인다. 검은과부거미black widow spider 수컷은 실제로 암거미 의 속사정을 거미줄의 성페로몬을 통해 알 수 있다.[7] 암거미의 위 장이 빈 듯하면 멀리 떨어져서 대기한다. 데이트 장소에 간식거 리를 선물로 들고 오는 수컷도 있다. 거미판 고급 초콜릿 상자라 고나 할까. 수거미가 더듬이다리로 일을 보는 동안 암거미의 입이 비어 있지 않게 하는 전략이다.

지금까지는 모두 있을 법한 전략들이다. 하지만 진화는 수거 미가 암거미의 소화 상태를 감시하는 것에서 그치지 않았다. 성적 갈등은 많은 수컷에게 훨씬 더 교활한 묘책을 선사했고, 그 결과 거미는 『그레이의 50가지 그림자』의 크리스천 그레이도 혀를 내 두를 성생활의 주인공이 되었다. 육아거미Pisaurina mira는 섹스 중에 수거미가 가벼운 신체 결박을 시도한다고 알려진 30종의 거미 중 하나이다. 수거미는 암거미의 집에 몰래 들어가 특수한 한 쌍의 긴 다리로 암거미를 붙잡아 제 거미줄로 사지를 묶는 동안 독니 의 공격을 피한다. 암거미가 움직이지 못하게 되면 수거미는 안전하게 교미할 수 있다. 더듬이다리를 느긋하게 여러 차례 삽입하여 정자가 수정될 확률을 높인다. 거사를 치른 수컷은 암컷이 비단실 족쇄를 푸는 동안 줄행랑친다.[8]

다윈의나무껍질거미*Caerostris darwini*는 구강성교로 판돈을 올렸다. 수거미는 연인을 먼저 거미줄로 묶고 교미 전후와 교미 도중에 암거미의 생식기에 침을 묻힌다. 이런 성행위는 포유류 외에는 목격된 적이 없다. 거미에서의 기능은 아직 밝혀지지 않았지만 먼저 교미를 마친 다른 구혼자의 정자를 소화해 새끼의 친부가 될 가능성을 높이려는 것으로 추정된다.[9]

점선늑대거미*Rabidosa punctulata* 수놈에게는 스리섬threesome이 가장 안정한 성행위다. 교미 중인 커플을 우연히 마주친 총각이 제 운명을 시험하며 슬쩍 파티에 합류한다. 교미에 성공한 수컷을 이미 암거미가 먹어버린 상태라면 뒤늦게 침입한 수컷이 잡아먹힐 확률이 낮다. 최근 한 연구에서는 두 마리 수거미 사이에서 벌어진 생식기 스파링을 관찰했는데, 전반적으로 예의 바르게 번갈아가며 더듬이다리를 삽입하는 놀라울 정도로 질서정연한 과정이었다고 기록했다.[10]

불가능하다고 할지도 모르지만 '원격 교미remote copulation'라는 현명한 전략이 있다. 수컷이 제 생식기에 영원한 이별을 고한 채 목숨을 걸고 도망치는 습성이다. 말라바거미*Nephilengys malabarensis*는 교미 중에 위협을 느끼면 더듬이다리를 분질러버리고 탈출을 시도하는데, 이때 남은 다리는 몸이 없이도 알아서 계속 정자를 펌프질한다. 덤으로, 절단된 생식기는 암거미의 생식공을 막아서 다른 수컷과 짝짓기하지 못하게 한다.[11] 당연히 치명적인 단점도 있다. 자발적으로 거세한 수컷은 더 이상 씨를 뿌릴 수 없다. 한 번의 기회에 올인한 셈이다.

동족 포식에 맞서는 가장 소름 끼치는 전략상賞은 긴호랑거미 *Argiope bruennichi*에게 돌아간다. 긴호랑거미의 영어식 일반명은 '말벌거미wasp spider'인데 몸통에 말벌과 비슷한 노랑 검정 줄무늬가 있기 때문이다. 어떤 수놈은 일부러 어린 암거미를 찾아 어른이 될 때까지 옆에서 지킨다. 성인이 되기 직전 마지막으로 탈피한 암거미는 아직 외골격이 단단하게 굳지 않아 무력한 상태이므로 수컷을 공격하기는커녕 제대로 움직이지도 못한다. 오랜 세월 이때만 기다린 수거미가 놓칠세라 교미를 시도한다. 이 전략은 대단히 성공률이 높아서 탈피 중인 암거미와 교미한 수거미는 97퍼센트가 살아남지만, 암거미의 몸이 단단해진 후 전통적인 방식으로 교미를 시도한 수거미 중 목숨을 건진 건 고작 20퍼센트에 불과하다.[12]

죽더라도 암거미의 눈에 띄어라

진화는 수거미가 교미도 하기 전에 암거미의 독니에 살해되지 않도록 열심히 보호했다. 그러나 성적 동족 포식이라는 것이 암거미의 압도적인 크기와 절제되지 않은 식욕의 예기치 못한 부작용에 불과할까? 오랫동안 많은 생물학자들이 그렇다고 주장해왔으며, 특히 하버드대학교 진화생물학자 스티븐 제이 굴드가 가장 목소리를 높였다. 이 미국인 '노벨 진화론상 수상자'[13]는 미국 잡지 《내추럴 히스토리Natural History》에서 그의 유명한 '그랬다 카더라just-so stories'의 하나로 성적 동족 포식은 절대 이로울 수 없다고 주장했다. 굴드는 심지어 이 행위가 애써 조사할 만큼 흔한 건지도 모르겠다고 말했다.

"항상 일어나는 일이라면, 아니 가끔 일어나는 일이라고만 해도, 그리고 수컷이 손 놓고 당하는 게 확실하다면, 그때는 나도 이 합리적인 현상이 실재한다는 사실을 받아들일 것이다." 1985년에 굴드가 쓴 말이다.[14]

누가 봐도 비정상적인 이런 행동이 드물기까지 하다는 사실이 굴드에게는 자신의 신념에 대한 증거로 보였다. 자연의 모든 형질이 자연선택에 의해 동물의 생존과 번식의 성공을 증가시키는 방향으로 철저히 조정된 결과물은 아니라는 믿음이다. 단지 다른 적응 과정에 우연히 발생한 부산물도 있다는 말이다. 암컷의 '무차별적인 탐욕'[15]과 크기처럼 말이다.

굴드는 뛰어난 작가이자 혁명적 이론가였지만 짝을 찾으려는 거미의 입장이 되어본 적은 없었다. 하지만 클라크는 다르다. 그가 용감한 구혼자의 입장에서 보기에는 독니에 찔려 목숨을 잃는 것보다도 못한 상황이 한 가지 있었다. 하지만 그 점은 간과되었다.

"지난 몇 년간 거미들의 섹스를 아주 많이 보았습니다만, 최악은 암컷이 아예 반응하지 않는 겁니다. 교배를 위해 수컷을 투입할 때마다 우리는 잔뜩 들떠 있습니다. 음악을 틀고 조명을 낮추어 한껏 분위기를 잡아주지요. 그런데 암컷이 움직이지 않는 겁니다. 눈길 한 번 주지 않아요. 정말 맥 빠지죠. 그런 일이 수도 없어요."

야생에서 수거미는 암거미를 찾아낼 때까지 굶주린 포식자를 피하고 다른 수거미들과 싸우면서 위험천만한 장거리 여행을 감내한다. 그렇게 해서 얻는 기회는 단 한 번뿐, 그마저도 얻지 못할 수 있으므로 암컷의 '눈에 띄는 것'이 아주 중요하다. 그 대가가 죽음일지라도 말이다.

클라크는 특별히 영국의 뗏목거미*Dolomedes plantarius* 한 쌍을 맺어주려고 애썼던 일화를 들려주었다. 다리 길이가 손바닥 너비만한 이 반수생 종은 수면에 머물며 곤충, 올챙이, 심지어 작은 물고기까지 사냥한다. 갈색 벨벳의 커다랗고 아름다운 이 생명체는 영국에서 가장 크고 희귀한 종으로 소수의 습지대에서만 발견된다. ZSL 런던 동물원은 사육 상태에서 거미를 교배하고 새끼를 야생에 방생하여 점점 줄어드는 개체수를 만회하려고 노력 중이다. 여기에서 클라크가 갈고 닦은 유혹의 기술이 빛을 발한다.

멸종위기종의 교배만큼 부담스러운 일도 없다. 클라크는 한 종의 미래를 어깨에 얹은 것은 물론이고, 그의 교배 기술을 면밀히 따지며 안달하는 환경보호론자들까지 청중으로 상대해야 한다.

"우리는 장기간 작은 유전자풀을 유지하고 있어요. 그래서 모든 것이 번식의 저 귀한 순간에 달려 있습니다. 일이 잘못되면 그냥, 망하는 겁니다."

하여 클라크는 최선을 다해 거미의 습지 보금자리를 흉내 냈다.[16] 커다란 수조에 거미가 좋아하는 수초로 작은 섬을 만들었다. 사전에 암컷을 배불리 먹이고 커플에게 큰 방도 내주었다. 야생에서 구애할 때 뗏목거미 수컷은 기회를 노리며 한참 동안 암컷을 따라다닌다. 그래서 클라크는 암컷이 잘못해서 구석에 몰려 자제력을 잃는 일이 없도록 충분한 공간을 확보해주었다. 까딱하면 수컷을 덮칠 수 있기 때문이다.

모든 일은 '순조롭게' 진행되었다. 수컷은 물속에서 나왔다 들어갔다 하면서 다리를 떨고 암거미 주위에 섬세한 호를 그리며 여러 차례 자신 없는 접근을 시도했다. 다행히 암컷은 수컷이 가까이 다가와도 받아줄 것처럼 태연해 보였다. 사정거리에 들어오면 수거미는 애무를 시작하는데 암컷의 공격성을 진정시키는 유혹의 핵심이다.[17] 뗏목거미 구혼자는 암컷의 몸을 가로질러 다리를 떨기 시작했고 조심스럽게 삽입 자세를 잡았다. 그런데 바로 그때였다. 순식간에 암거미가 수거미를 낚아채더니 죽이고 말았다.

"바로 알았죠. 그게 끝이라는 걸. 땅을 치고 후회했어요."

그곳에 모인 사람들은 암거미가 제 종족의 구원자가 될 기회를 거침없이 날리는 장면을 목격하고 공포에 질렸다. 클라크는 이처럼 낙담하는 일이 한두 번이 아니었던지라 다음날을 기약하며 어떤 유감도 없이 암거미를 아껴두었다. 그런데 한 달쯤 지났을까, 암거미 우리에서 거미줄로 만든 커다란 주머니를 발견하고 깜짝 놀랐다. 처음에는 미성숙한 이상체인 줄 알았으나 한 달이 더 지나자 주머니가 갑자기 부풀더니 그 안에서 뗏목거미 새끼 300마리가 쏟아져나오는 게 아닌가. 그 운명의 날, 뗏목거미 수컷이 절체절명의 순간에 기막힌 솜씨로 정자 피스톨을 발사한 것이다.

"암거미에게 붙잡힌 그 찰나의 순간에 더듬이다리를 삽입한 거죠. 정말 기적 같았어요." 클라크가 눈을 크게 뜨고 내게 말했다. "기분이 날아갈 것 같더라고요. 둘이 진짜 짝짓기를 했다는 게 믿을 수 없었어요."

뗏목거미 수컷은 비참하게 목숨을 잃었지만 결국 암거미의 알을 수정하는 데 성공했다. 이승에서의 삶이 길지는 않았으나 소기의 목적은 달성했다. 게다가 연인에게 제 몸을 바쳐 그 양분이 알에도 갔을 테니 새끼 거미에게도 생존의 기회를 높여준 셈이다. 수거미의 희생정신은 새끼 거미와 어미, 그리고 고인이 된 아비 모두에게 이득이 되었고 극단적인 부성애의 발로로 여겨질 것이다.

삶과 죽음을 가르는 진동

사람들은 대부분 거미를 묘사할 때 화려하다는 표현을 잘 쓰지 않는다. 대체로 거미는 징그러운 갈색 벌레일 뿐으로 이런 칙칙한 외모는 사냥을 하거나 포식자의 날카로운 눈을 피할 때 몸을 감추기에 좋다. 공작거미는 마라투스속*Maratus*에 속하는 깡충거미의 일종인데, 마침 그 수놈이 거미계의 불문율을 멋들어지게 무시한다. 거미 왕국의 리버라치*라 불리며 자신에게 이름을 준 조류처럼 짝을 얻기 위해 이색적인 무지갯빛 부채 꼬리를 달고 있는 별난 공연자다.

털이 보송보송한 4밀리미터짜리 이 경이로운 생물은 자생지인 오스트레일리아 관목 숲에서 암컷에게 접근할 때 뜻밖의 정교한 춤 동작을 연출한다. 털 달린 복부를 수직으로 바짝 들어 올리고 잔니 베르사체가 디자인했을 법한 그래픽 블루, 주황, 빨강으로 장식된 윤기 나는 덮개를 펼친다. 그러고는 이 야릇한 엉덩이 부

---

* 화려한 퍼포먼스로 유명한 미국 피아니스트—옮긴이

채를 흔들며 몸을 위아래로 올렸다 내렸다 하고 발을 구르면서 한 쌍의 초대형 다리를 공중에 대고 발랄하게 흔든다. 어찌 보면 프레드 아스테어Fred Astaire 같기도 하고 빌리지 피플Village People 같기도 한 활기찬 춤은 본격적인 작업에 돌입할 만큼 암거미에 가까워질 때까지 한 시간이나 지속된다.

부인할 수 없이 매력적인 이 광경은 공작거미 수컷이 목숨을 걸고 추는 춤이기에 더욱 의미가 깊다. 많게는 구혼자의 4분의 3이 암거미의 마음에 들지 못해 끝내 잡아먹힌다. 연민을 자아내는 위풍당당함이 이 작은 오스트레일리아 거미를 뜻밖의 인터넷 스타로 만들었다. 그룹 비지스의 〈Staying Alive(살아 있어야 해)〉를 배경으로 한 수거미의 만화경 같은 구애 영상이 유튜브에 올라와 수백만 건의 조회수를 달성했다.[18]

"정말 쟤들을 진심으로 사랑해요." UC 버클리 부교수인 데이미언 일라이어스Damian Elias가 흐트러진 머리카락에 테가 두꺼운 안경을 쓰고 내게 말했다. 들어본 적 없는 인디 록밴드 포스터와 함께 실험실을 온통 장식하는 거미 모형의 피규어들로 미루어 그의 애정을 충분히 짐작할 수 있었다. 일라이어스는 그렇게 나이들어 보이지 않았지만 20년 가까이 거미의 유혹을 연구한 베테랑이다. 그는 공작거미 수컷이 춤을 출 뿐 아니라 박자를 쪼갠다는 걸 발견함으로써 거미와 음악을 향한 열정을 완벽하게 결합했다.

과학자들은 오랫동안 공작거미 암컷이 외모로만 구혼자를 판단한다고 믿었다.[19] 인간은 대단히 시각적인 종족이므로 그렇게 가정하는 것도 무리는 아니다. 그러나 거미는 우리와 아주 다른 감각의 세계에 살고 있다. 거미는 눈이 여덟 개나 달렸지만 대부분 앞을 잘 보지 못한다. 사냥은 대개 특수기관을 통해 인간은 인식할 수 없는 표면의 진동을 감지하여 이루어진다. 이 진동은 본질적으로 거미의 감각기관이 확장된 것이나 다름없는 거미집에 의해 증폭된다. 공작거미는 먹잇감을 뒤쫓아 덮치기 위해 시력이 진화했다는 점에서 특별하다.

공작거미의 구슬 같은 한 쌍의 초대형 눈은 망원렌즈이자 색각色覺을 모두 갖춘 고대 무척추동물의 특별한 진화적 성과로서 수거미의 이국적인 부채춤을 감상하기에 아주 적합하다. 그러나 일라이어스는 공작거미 암컷이 우리가 감지할 수 없는 진동 감각을 사용한다는 사실을 발견했다.

"저는 동물이 세상을 지각하는 방식에 굉장히 관심이 있습니다." 일라이어스가 내게 말했다. 그 세계가 낯설수록 매력적이다.

일라이어스는 거미처럼 행동하고 보고 듣는 것을 허락한 고기술과 저기술 장비들을 기발하게 조합하여 거미의 은밀한 감각 세계에 진입했다. 그는 내게 레이저 도플러 진동계를 자랑했다. 레이저 기술을 활용해 표면의 극미한 진동을 측정하는 50만 달러짜리 기계였다. 1960년대에 개발된 장비로 제트 항공기 안전성을 검사하기 위해 산업 기술자들이 흔히 사용한다. 또한 스파이들이 건물 밖에서 실내 대화를 도청할 때도 사용된다. 오사마 빈 라덴의 운명도 CIA가 파키스탄의 한 건물 창문에서 그의 목소리 진동을 감지하면서 결정되었다.

일라이어스는 진동계를 사용해 공작거미 수컷의 맥동하는 춤 동작이 전파하는 진동을 염탐했다. 진동계는 스피커에 연결되어

이 미세한 진동을 '노래', 즉 우리 귀에 들리는 음파로 번역한다.[*]

수거미의 '노래'를 정확하게 녹음하려면 적절한 무대가 필요했다. 야생에서 공작거미는 낙엽 더미나 바위와 모래 사이를 뛰어다닌다. 레이저 기술을 작동시킬 기판도 필요했다. 하지만 그래프 종이나 은박지는 너무 뻣뻣해서 기류와 주변 소음이 뒤섞인 소리 굽쇠처럼 울렸다. 시행착오 끝에 일라이어스는 거미의 댄스 무대에 적합한 이상적인 재료를 찾았다. 나일론 스타킹이었다. 팬티스타킹 한 켤레를 자수틀 위로 팽팽하게 잡아당겨 고정하니 멋진 무대가 완성되었다.

공작거미는 우리 눈이 인지할 수 있는 것보다 훨씬 빨리 움직인다. 그래서 일라이어스는 스타킹으로 제작한 댄스 무대에 고속 매크로 카메라를 연결했다. 수컷의 체조 동작을 웅장한 스케일과 슬로모션으로 포착하고 춤 동작의 시각적 이미지와 박자가 일치하도록 조정했다.

실험의 설정이 완료되려면 제어할 수 있는 암컷 공작거미가 필요했다. 바로 이산화탄소다.

"좋은 결과를 얻기 위해 가끔은 나쁜 짓도 불사합니다." 내가 조작할 암컷 한 마리를 안락사하며 일라이어스가 유감을 담아 말했다. 나는 쌀 한 톨 크기의 이 작은 거미에 뜨거운 왁스를 발라 핀 끝에 고정했다. 현미경 아래에서 배소 인두기로 용접하는 번거

---

[*] 진동을 이용한 의사소통이 인간에게는 새로운 발견일지 모르지만 동물계에서는 놀라울 정도로 널리 퍼져 있다. 코끼리는 발가락을 사용해 멀리 떨어진 동료의 나팔 소리와 발걸음을 감지한다. 황금두더지는 발걸음 소리를 듣고 흰개미를 찾아낸다. 남아메리카의 어느 개구리는 짝과 경쟁자를 맞이할 때 불룩한 공기주머니로 땅을 쾅쾅 두드린다. 대부분 무척추동물에서 기질基質을 통한 진동 소통은 공기로 전달되는 음향보다 더 흔하다.

로운 작업이었다. 이런 일에 적합한 안정적인 손놀림이 나한테는 없었다. 고정 작업이 마무리될 무렵 머리카락 타는 냄새가 진동했고 나의 미끼는 다리 몇 개를 잃었다. 일라이어스는 공작거미에게 중요한 것은 눈이라며 걱정하지 말라고 했다. 두 개의 큰 눈이 온전한 이상 수컷은 공연을 계속할 것이다. 여의찮으면 일라이어스가 '묘지'에서 다시 암컷을 공수해올 것이다. 묘지란 '시체 신부' 대여섯 마리가 꽂혀 있는 바늘꽂이를 말한다.

온통 그을린 내 암거미는 무대 중앙의 다이얼에 부착되었다. 실험이 시작되면 한 손으로 손잡이를 돌려 수컷에게 추파를 던지게 하고, 다른 손으로는 붓을 들고 수컷이 무대에서 달아나지 못하게 차단한다. 깡충거미는 근육이 없는 몸으로도 제 키의 50배나 되는 높이를 뛸 수 있다. 굴착기의 팔이 움직이는 것과 동일한 수력학 원리로 거미는 속이 빈 다리에 펌프질로 액체를 주입하여 확장시킨다. 드디어 실험을 시작하여 수컷들을 차례로 한 마리씩 투입했으나 처음 세 마리는 꽤나 드라마틱한 기술을 선보이다가 순식간에 스타킹에서 사라져버렸다. 일라이어스는 결국 어디선가 나타날 거라고 아무렇지도 않게 말했다(바라건대 런던의 내 짐가방에서 발견되는 일은 없기를). "실험실에는 거미들을 먹여 살릴 죽은 벌레가 많거든요."

암거미를 조종하고 수거미를 무대로 끌어들이는 일은 한 손으로 머리를 때리면서 다른 손으로 배를 문지르는 것만큼 쉬웠다. 문제는 수거미가 내 꼭두각시 암컷을 알아채게 하는 것이었다. 공작거미는 시력이 좋지만 작은 뇌로는 시력을 처리할 때 그림의 일부밖에 보지 못한다. "풍경을 쌍안경으로 보는 것과 같아요." 일라이어스가 설명했다. 서로를 알아보려면 암수의 시선이 마주쳐야 한다.

마침내 4번 참가자가 내 암거미의 유혹에 넘어갔고 갑자기 게임이 시작되었다. 그건 누가 봐도 알아챌 수 있었다. 수거미가 갑자기 긴 세 번째 다리를 공중으로 들어 올리며 극적인 파도를 일으켰고 재즈핸드* 동작이라는 표현이 가장 어울리는 춤사위를 펼쳤다. 몇 초 동안 격렬하게 발을 구르는가 싶더니 진동이 시작되었다. 커다란 벌이 실험실에 들어온 것처럼 귀청이 떨어질 듯한 웅웅 소리가 났다. 수거미는 1초에 200번의 속도로 배를 떨었고 그 '소음'이 진동계와 스피커를 통해 스타킹의 진동에서 음파로 전환되자 그 소리가 말도 못하게 컸다. 이런 존재를 무시할 암컷은 없을 것이다. 게다가 총천연색 엉덩이 깃발을 보란 듯이 흔들고 있으니.

이어서 일라이어스가 '천둥 궁둥이'[20] 같은 그럴듯한 이름으로 부른, 천둥 같은 박자에 딱딱 맞춰 깃발과 다리를 흔들어대는 광란의 동작이 뒤따랐다. 약 30초에 걸친 플라멩코 후에 수컷은 최후의 동작을 시연할 만큼 가까이 왔다. 마침내 그가 상을 받으러 시상대에 오르려는 순간 일라이어스가 붓으로 가로막았다.

"재미는 여기까지!"라는 농담을 던지며 수거미를 야멸차게 붓으로 치웠는데, 동작이 어찌나 빠른지 거미 구혼자는 사실 여자친구가 죽었다는 걸 깨닫지도 못했을 것이다. 혼신을 다한 퍼포먼스에 주어진 야박한 결과였지만 암거미가 살아 있었다면 내 카사노

---

* 공연 시 춤추는 사람이 갑자기 손을 들어 올려 손바닥을 관중으로 향하고 손가락을 펼치는 동작—옮긴이

바는 목숨을 잃었을지도 모른다는 것으로 위안했다.

일라이어스는 수컷의 진동 노래에 약 20가지 요소가 있고 인간의 노래만큼이나 복잡하다는 것을 발견했다.[21] 본질적으로 수거미는 몇 가지 동작을 나름대로 반복하는 프리스타일 재즈 아티스트였다. 두말할 것 없이 감동적인 공연이었지만 이 춤과 노래의 의미는 무엇일까?

공작거미의 화려한 춤사위는 궁극적으로 죽음과의 춤이라는 것이 일라이어스의 신념이다. 그 화려한 특성은 수컷의 생기를 보여주기 위함이지만 동시에 사냥에만 정신이 팔려 성관계에 관심 없는 암컷의 주의를 끌기 위한 목적도 있다.

거미처럼 뇌가 작은 동물은 감각의 세계가 제한적이라 환경 소음을 뚫고 눈에 띄기가 어렵다. 그래서 앞서 2장에서 만났던 청색광 새틴정원사새와 동일한 전략으로 기존의 감각 경로를 자극하여 주목받는다. 그러나 여인을 유혹하기 위해 그녀가 가장 좋아하는 음식을 닮은 물체를 모으는 것에서 한 차원 업그레이드된 거미가 있다. 자기 자신이 직접 점심 도시락으로 가장하는 것이다.

깡충거미 암컷의 작은 눈이 주변 시야에서 먹잇감의 움직임을 탐지하면 포식성 본능이 살아난다. 공작거미 수컷이 구애의 춤을 재즈핸드로 시작하는 것도 곤충의 경련성 움직임을 흉내 내는 전략이다.[22] 시력이 약한 다른 거미에게는 진동도 중요한 요소이다. 많은 수거미가 거미집에 걸려 몸부림치는 곤충을 흉내 낸 듯한 떨림으로 공연을 시작하는 것도 그런 이유다. 이런 동작은 멀리서 암거미가 수거미를 보거나 냄새를 맡기 전부터 사냥 본능을 일깨운다.

시각적 자극과 진동의 조합은 수사자가 스테이크로 분장하고 암사자 우리에 발을 들이며 "날 잡아 잡숴요!"라고 비명을 지르는 수준의 효과가 있다. 분명 눈길을 주지 않을 수 없는 초강수이지만 이런 무모한 전략에는 암컷이 포식 충동을 실행하지 못하게 하는 다른 전략이 바로 뒤를 이어야 한다. 그러지 않으면 구애는 그 자리에서 영원히 끝나고 말 테니까.

"거미는 포식동물이지요. 그래서 관심을 끄는 가장 좋은 방법은 사냥 본능을 자극하여 포식자가 고개를 돌려 음식을 찾게 하는 것입니다. 하지만 일단 시선을 끈 다음에는 재빨리 '나야 나, 파리나 메뚜기 아니고 네 남친이야'라고 오해를 풀어야 해요." 일라이어스의 설명이다.

이 복잡한 구애 방식은 수컷이 진짜 점심거리가 아닌 같은 종의 이성으로서 짝을 찾고 있다는 신호를 준다. 일라이어스는 또한 이런 박력 있는 과시가 구혼자의 건강과 활력을 나타낸다고 믿는다. 암거미로 하여금 당첨 티켓을 줄지, 지옥행 티켓을 줄지 결정하게 하는 조건이다. 암거미는 몸집이 큰 수거미를 좋아한다. 그 몸집은 진동의 세기로 드러난다.

정열적인 부채 흔들기와 번쩍거리는 엉덩이춤에 또 다른 기능이 예상된다. 암거미에게 최면을 걸어 일시적으로 꼼짝 못하게 만드는 것이다. 예를 들어 전율하듯 떨리는 진동은 거미집에 먹이가 있을 때도 암거미의 공격 본능을 지연시킨다고 알려졌다. 그래서 수거미는 엉덩이를 흔드는 행동으로 저런 진동을 활용하여 암거미의 신경을 제어한다.[23]

거미는 공기의 진동에서 오는 신호도 느낄 수 있다. 절지동물 사촌인 파리처럼 거미도 몸에 긴 실 모양의 털이 덮여 있어서 공기의 움직임을 100억 분의 1미터, 대략 원자 하나 너비까지 포착할 수 있다. 파리를 잡는 게 어려운 이유도 그래서다. 쌩하고 손을 내리칠 때 공기 입자의 변동을 감지하여 잽싸게 피하기 때문이다. 그렇다면 공작거미 수컷의 재즈핸드 동작도 단순한 시각적 신호가 아닐 수 있다. 암거미에게 보내는 굴복의 표시인 것이다. 여기에 추가로 다른 거미 종처럼 최음제든 마약이든 화학 자극제를 더하여 감각의 과잉 살상에 일조하게 할 수도 있다.

공작거미 암컷에게 성적 동족 포식은 적응의 측면에서 완전히 일리 있는 행동이다. 약한 구혼자를 일찌감치 솎아내어 원치 않는 구애 행동으로 방해받지 않고 동시에 공짜로 끼니도 때우는, 꿩도 먹고 알도 먹는 효과가 있다.

공작거미 암컷의 안목을 조사한 일라이어스는, 수거미가 진동에 노력을 덜 기울이거나 노래와 춤의 박자가 맞지 않거나 최악의 경우 '자신의' 신호에 집중하지 않을 때 암거미가 공격적으로 돌변한다는 것을 발견했다. 산쑥들꿩과 정원사새에서 보았듯이 공작거미의 구애 역시 양방향 소통 과정이다. 다만 암컷에게 귀를 기울이지 않은 수컷에게 더 가혹한 형벌이 내려지는 차이가 있을 뿐이다. 배를 꿈틀거리는 공작거미 암컷은 짝짓기할 기분이 아니라는 신호를 보내고 있다. 이때 섣불리 움직였다가는 구혼자를 잡아먹을 가능성이 크다.

성적 동족 포식은 빅토리아 시대 남성 생물학자들의 편협한 시야에 혼란을 야기했을지 모르지만, 암컷의 관점에서 보면 교미 중이나 전후에 연인을 잡아먹는 행위에는 분명한 진화적 이점이 있다. 어미는 자식을 위해 최고의 유전자를 원하고 또 새끼를 보살피려면 자신도 크고 건강해야 한다. 구혼자들을 잡아먹을 능력이 되는데 먹지 말아야 할 이유가 있을까?

암거미는 놀라울 정도로 헌신적인 어미다. 많은 암거미가 거미줄을 엮어서 만든 특별한 주머니에 알을 넣고 다니다가 부화하면 새끼를 사납게 보호하고 심지어 제 살까지 먹인다. 모체포식Matriphagy 역시 거미의 일이다. 사막거미라고도 불리는 스테고디푸스 리네아투스*Stegodyphus lineatus*의 부화한 새끼들은 어미의 몸에 의지해 음식과 영양분을 섭취한다. 처음에는 어미가 제 내장을 곤죽으로 만든 다음 토해내어 먹이지만, 마침내 새끼들은 주체할 수 없는 식욕으로 어미의 배에 직접 머리를 처박고 먹기 시작해 두세 시간이면 빈 껍데기만 남긴다.[24]

다윈은 거미 암수의 이례적인 몸집의 차이를 수거미에 성선택이 작용한 결과로 보았다. 몸집이 작은 수거미는 '암거미의 거대한 몸 위로 활공하고 몸 주변에서 숨바꼭질함으로써 암컷의 포악함'[25]에서 쉽게 빠져나올 수 있기 때문이다. 하지만 현대 연구에서는, 적어도 왕거미의 경우 '암컷'에게 '자연선택'이 더 많이 작용하여 훌륭한 어미가 되기 위해 몸집을 키운다고 본다. 빅마마는 어미로서 어깨에 진 과도한 부담을 견뎌내는 데 유리하다.[26]

"거미만큼 진화생물학을 연구하기에 좋은 생물이 없지요." 아일린 헤베츠Eileen Hebets가 내게 한 말이다. "역사적으로 지금까지는 성선택에 대한 아주 일방적인 견해만 있었어요. 대개 수컷의 행동과 그 행위로 짝을 얻는지 아닌지에만 초점을 맞췄지요. 하지만 거미에서는 짝짓기의 성공 여부를 대부분 암컷이 결정합니다.

그래서 훨씬 폭넓은 관점을 적용해야 하죠. 실제로 어떤 일이 일어나는지 이해하려면 쌍방의 대화를 들어봐야 한다는 말이에요."

네브래스카대학교 생명과학과 교수인 헤베츠는 아마 조금 편향되어 있을지도 모르겠다. 헤베츠는 성의 진화적 난제를 해결하는 데 평생을 바쳤다. 그런 사람이 최근 우연히 성적 동족 포식의 한 사례를 발견하고 몹시 난감해했다. 검은낚시거미*Dolomedes tenebrosus* 수컷의 자살 행위이다.

성적 동족 포식의 큰 이점

검은낚시거미는 겉으로 봐서는 특별할 게 없는 평범한 거미다. 북아메리카에 자생하는 전형적인 벌레로 나무에 살면서 다른 벌레들을 사냥한다. 그러나 검은낚시거미의 성생활은 같은 거미가 보아도 해괴하기 짝이 없을 정도다. 두 개의 정자 주사기 중 하나를 암거미에게 삽입하고 나면 몸이 뻣뻣해지면서 몸을 말고 죽기 때문이다. 이 죽음에 암거미는 아무런 상관이 없다. 수거미는 매번 스스로 소멸의 길을 택하고 길게는 15분 동안 암거미의 몸에 생식기를 박고 매달려 있다가 결국 암거미 입속에 들어간다.

"다른 암거미와 다시 짝짓기할 수 없을 뿐 아니라 남은 더듬이다리에 있는 정자는 완전히 낭비하는 셈이죠. 진화가 던진 까다로운 퍼즐이었어요." 헤베츠가 내게 말했다. "도대체 왜 저런 게 진화한 거지? 언제나 교미 후에 죽어야 한다면 이렇게 형편없는 적응 전략이 또 있을까요?"

생물학자들은 이런 행동을 '최종 투자 전략'이라고 부른다. 이름만 들으면 성교 후 자살이라는 충격적인 뉴스보다는 노후 대책 계획에 더 가깝게 들린다. 사실 이런 기막힌 행동은 몇몇 다른 거미에서도 보고된 바 있다. 이를테면 오스트레일리아의 악명 높은 붉은등줄과부거미*Latrodectus hasselti* 역시 수컷이 스스로 목숨을 끊는 거미로, 성관계를 통해 죽음의 소망을 이루기 위해 혼신을 다한다.

붉은등줄과부거미는 사람을 잘 물기도 하거니와 양변기 밑에서 돌아다니는 습성으로 악명 높다. '거미, 오스트레일리아 남성의 음경까지 물어뜯다'[27]와 같은 헤드라인으로 세계적인 샤덴프로이데를 부채질하는 잔인한 혼례를 올린다.

교미 중인 붉은등줄과부거미는 다른 과부거미속 수컷들이 전통적으로 선호하는, 이른바 '게르하르트 3번 자세'[28] 또는 거미의 정상 체위에서 벗어난 것으로 유명하다. '다리를 휘저으며'[29] 물구나무선 다음 180도 공중제비를 돌아 복부를 애인의 송곳니에 정확히 찔러넣는다는 사실이 밝혀지면서 더욱 그 변태적인 명성이 높아졌다. 암컷은 육즙이 넘치는 작은 곡예사의 몸이 도착하면 즉시 소화액을 토해내어 영접한다. 그런 다음 연인의 두부를 먹어치우기 시작하는데, '하얀색 작은 덩어리'[30]를 뱉을 때만 잠깐씩 멈춘다. 그사이 수거미는 머리 쪽에 있는 더듬이다리로 암거미에게 씨를 뿌린다.

이런 동족 포식성 69 체위는 수컷이 더듬이다리의 정액을 다 소비할 때까지 최대 30분 동안 지속된다. 이때쯤 수거미는 적지 않은 상처를 치료하기 위해 한 차례 물러난다. 약 10분 뒤, 잘근잘근 씹히고 일부는 소화까지 된 몸을 끌고 수거미는 다시 현장으로 돌아와 두 번째 더듬이다리를 삽입하고는 힘겨운 공연을 똑같이 반복한다. 이번 섹스가 마지막이다. 수거미가 두 번째 더듬이다리를 뽑아내고 나면 암거미는 연인의 남은 몸을 거미줄로 잘 싸서 보관했다가 나중에 느긋하게 먹는다.

이런 시나리오에서는 누가 봐도 수거미보다 암거미의 이익이 더 커 보인다. 그러나 토론토대학교의 마이디안 안드라데Maydianne Andrade 박사는 적어도 붉은등줄과부거미 수컷의 자폭 행위가 진화적 실수는 아님을 증명했다.

다른 거미들처럼 붉은등줄과부거미 암컷은 난교를 한다. 수컷들의 정자 경쟁에서 짝짓기만으로 수정을 담보할 수 없다는 뜻이다. 이런 상황에서는 교미 후에 죽는 것이나 교미 전에 죽는 것이 다를 바가 없다. 붉은등줄과부거미의 경우 죽기를 자처한 수거미는 친자 논란에서 두 가지 유리한 점이 있다. 첫째, 교미 시간이 길어진다. 따라서 교미 후에도 살아남은 다른 수거미보다 더 많은 알을 수정시킬 수 있다. 둘째, 구혼자를 먹어 치운 암거미는 이미 포만감을 느끼는 상태이므로 다음 구혼자를 거절할 가능성이 크다. 붉은등줄과부거미 수컷의 80퍼센트가 암거미를 찾지 못하고 숫총각으로 죽는다고 할 때, 스스로 암컷에게 목숨을 바치는 행위는 한 번의 슛이 타깃에 명중하고 바라던 대로 유전자를 전달할 보상을 얻을 가능성을 크게 증가시킨다.[31]

그렇다면 이 전형적인 자작극이 아일린 헤베츠가 본 검은낚시거미의 자살도 설명할 수 있을까? 그렇지 않다. 헤베츠는 검은낚시거미 암컷 절반이 다시 짝짓기하는, 그것도 여러 번 하는 것을 보았다. 그렇다면 이 종에서는 자살로도 친부가 될 가능성이 보장되지 않는 것이다.

앞서 살펴본 뗏목거미처럼 검은낚시거미의 죽음은 극단적인 부성애의 발로일지도 모른다. '끼니로서의 수컷'은 성적 동족 포식을 진화적 적응으로 설명할 때 등장하는 인기 있는 이론이지만 뒷받침할 구체적인 증거를 찾기는 어려웠다.[32] 스티븐 제이 굴드는 수컷의 몸집이 암컷의 1~2퍼센트밖에 안 되기 때문에 간에 기별도 가지 않는다고 주장하는 이들 중 하나였다. 배고픈 코끼리가 완두콩 한 알로 어찌 배를 채우겠는가.

하지만 헤베츠와 박사후 연구원인 스티븐 슈워츠Steven Schwartz는 기발한 방식으로 이 가설을 실험했다. 검은낚시거미 암컷이 수거미를 잡아먹으려는 순간 같은 크기의 귀뚜라미로 바꿔치기한 것이다. 연구 결과는 확실했다. 연인을 먹은 암거미는 귀뚜라미를 먹은 거미보다 더 크고 생존력이 큰 새끼를 낳았다. 게다가 동족을 먹은 암거미가 어미 노릇도 더 잘했는데 이는 동족 포식이 단순히 열량 문제가 아니라는 말이다. 동족의 수컷에는 영양학적으로 이점이 있는 게 틀림없다.[33]

"동족의 일원을 섭취할 때 그 안에 들어 있는 영양소는 이미 해당 종에 잘 맞춰진 상태라고 제시하는 데이터가 많이 있습니다. 그래서 동족 포식에는 큰 이점이 있을 수 있지요."라고 헤베츠가 설명했다. 그러나 이런 증거로도 헤베츠는 아직 만족스럽지 않다.

"만약 암컷이 그것으로 충분하지 않아 짝짓기를 다시 한다면, 저는 아직 퍼즐을 다 푼 것 같지 않아요."

내가 이 책을 쓰고 있다고 사람들에게 말할 때 가장 많이 들은 반응은 "사마귀 얘기도 할 거야?"였다.

인간은 뱃사람을 잡아먹은 그리스 신화의 세이렌 혹은 그 이전으로 거슬러가는 여성의 성적 동족 포식에 오랫동안 사로잡혔다. 저들은 궁극의 팜파탈이며 탐욕스러운 성적 욕구와 지배욕을 가진 특별한 여성은 성적 자극을 일으키는 동시에 두려운 존재이다. 남성우월주의와 성적 능력의 '자연적 질서'를 변질시키기 때문이다.

이런 문화적 매혹과 고정관념의 응어리가 과학에 쉽게 스며들었다. 암컷의 동족 포식 현상을 기록한 많은 과학 논문에 사용된 언어를 조사한 한 최근 연구에서는 '성적으로 적극적인 여성에 대한 부정적 고정관념'을 조장하는 '고부하' 언어가 반복적으로 사용되었다고 비난했다.[34]

다윈이 살던 시대 이후로 사마귀를 비롯해 연인을 잡아먹는 거미는 과학자들의 흥미를 불러일으켰다. 대개 진화의 법칙을 보란 듯이 거역한 암컷 킬러에 유혹된 남성들이었다. 성적 동족 포식의 실상은 훨씬 더 복잡하며 그다지 야하지 않다. 성적 동족 포식의 행위 뒤에는 다양한 현상이 감춰져 있으며 그 어느 것도 죄가 되지 않는다. 사자, 랑구르, 바위종다리 암컷이 성품이 음탕해서 다수의 수컷과 교미한 게 아니라 어디까지나 강한 모성으로 새끼를 위해 최선을 다한 것이었던 것처럼, 동족 포식 역시 미래의 자손에게 최선의 이익을 보장하려는 행동일 뿐이다.

이런 수수께끼 같은 행동의 비용과 편익은 포식이 언제 일어나느냐에 따라 다르지만 그럼에도 성적 동족 포식은 한쪽, 심지어 양쪽 모두에게 이익을 주는 것으로 밝혀졌다. 각기 다른 이유로 여러 분류군에서 수차례 독립적으로 진화했으며 다양한 선택의 힘에 의해 유지되어왔을 가능성이 크다. 성적 갈등, 성선택, 자연선택이 한데 모여 거나하게 술을 마시고 지저분한 밤을 보낸 것 같다. 그 결과물은 겉으로 혼란스러워 보일지 모르지만 뒤엉킨 거미줄을 한 올 한 올 풀어내다 보면 서서히 이해가 갈 것이다. 거대한 암거미의 거미줄을 가로질러 죽음을 향해 기어가는 황금무당거미는 여전히 동의하기 어려울지 모르지만 말이다.

5장

청둥오리의 나선형 질은 싫어하는 수컷의 음경을 차단할 수 있다.
수백 년간 외면받던 암컷 생식기에 관한 연구는 암컷이 수동적 피해자가 아니라
진화적 운명을 개척하는 능동적 주체임을 증명하고 있다.

생식기 전쟁

사랑은
전쟁터이다

1952년 주머니쥐에 관한 책에서 동물학자 칼 G. 하트먼Carl G. Hart-man은 이 동물의 번식 양식을 둘러싼 오랜 믿음을 이야기한다. "주머니쥐는 코를 통해 교미한다." 전설에 따르면 그 결과로 콧속에서 수정된 아기들은 주머니쥐의 가느다란 주둥이에서 자라는 대신 재채기를 통해 밖으로 나왔다가 '일정 시간이 지나면…… 태아들이 주머니 속으로 불어넣어진다.'[1]

북아메리카의 이 유일한 유대류有袋類는 정말 신기한 짐승이다. 주머니쥐는 동물의 왕국에서 가장 실력 있는 배우이다. 이 동물이 죽은 척하는 솜씨는 몇 시간이나 돌처럼 뻣뻣하게 누워 있으면서 입에 거품을 무는 것은 예사이고, 항문에서 죽음의 악취를 풍기는 초록색 점액까지 내뿜는 다감각적 공연으로 진화했다. 하지만 실제로 주머니쥐는 그렇게 쉽사리 죽지 않는다. 이 유대류는 살무사 독에 면역이 돼 있어서 남들에게는 치명적인 독사를 잡아먹는다. 또한 보툴리눔독소증이나 광견병에도 걸리지 않는 것 같다. 주머니쥐의 신체적 특징 역시 행동만큼이나 특별하다. 인간의 엄지손가락처럼 마주 보는 큰 발가락이 있고, 입안에는 50개의 이빨이 빼곡히 나 있다. 그리고 암컷의 주머니에는 젖꼭지 13개가 달려 있어서 벌처럼 작은 미성숙한 새끼 13마리가 젖을 빨아 먹는다.

하지만 주머니쥐는 코로 섹스하지 않는다. 초기 박물학자들

은 주머니쥐의 음경을 보고 몹시 곤혹스러워했다. 얕게 두 갈래로
갈라진 생김새 때문이다. 당연히 사람들은 암컷의 몸에서 포크처
럼 생긴 이 도구를 밀어 넣을 구멍을 수색했고 결국 콧구멍을 합
리적인 진입로로 지정했다. 하지만 누구라도 주머니쥐 암컷의 몸
속을 제대로 들여다보았다면 그런 얼토당토않은 결론을 내리지는
않았을 것이다. 기이하기로는 마찬가지인 두 갈래 시스템, 즉 두
개의 난소, 두 개의 자궁, 두 개의 자궁 경부, 두 개의 질을 가진 생
식기관을 발견했을 테니까 말이다. 이런 여유분으로도 모자라 세
번째 질까지 있다.[2] 이 비밀문은 새끼를 낳을 때만 나타났다가 출
산이 끝나자마자 감쪽같이 사라진다.

　　동물계 전반에서 성기의 다양성은 대단히 놀랍고 단순히 정
자를 난자에 전달하는 데 필요한 수준 이상으로 발달했다. 주머
니쥐의 질이 세 개인 것도 특이하지만, 반대로 코끼리땃쥐elephant
shrew는 질이 아예 없고 자궁이 직접 바깥으로 열려 있다. 반면 수
컷 코끼리땃쥐의 음경은 몸길이의 절반이나 되고 배에서부터 알
파벳 Z의 형태로 튀어나온다.

　　이런 변이는 오랫동안 분류학자들에게 유용하게 쓰였다. 근
연 관계인 종들 중에서 전반적인 형태가 너무 유사하여 생식기를
들여다봐야만 구별할 수 있는 사례가 종종 있었기 때문이다. 하지
만 신종을 기재할 때 생식기에 관련된 부분은 한결같이 수컷 중심
이었다. 동물을 분류하는 기준으로 음경의 형태를 광범위하게 사
용하다 보니[3] 많은 (아마도 대부분) 동물 종에 대해 해부학, 행동학,
생리학적 측면보다 수컷의 생식기가 더 많이 알려지게 되었다. 곤
충학자 사이에서 종을 동정同定할 때 생식기를 기준으로 삼는 관행

은 표준이 되었고, 식별을 용이하게 하기 위해 많은 곤충의 학명을 은밀한 부위의 특징으로 짓곤 했다. 예를 들어 파리의 일종인 카콕세누스 파키팔루스*Cacoxenus pachyphallus*는 '굵은 음경'을 가진 파리라는 뜻이다.

이와 같은 생식기 다양성의 법칙은 분류학적으로 널리 적용된다. 뒤영벌, 박쥐, 뱀, 상어, 심지어 영장류의 근연종도 성기만으로 쉽게 구분할 수 있다. 예를 들어 인간과 인간의 가장 가까운 친척인 침팬지의 가장 큰 차이는 전뇌도, 치아의 배열도, 심지어 손가락의 유연성도 아니다. 바로 성기다. 침팬지의 음경은 귀두나 포피가 없으며 음경뼈라고 하는 뼈에 의해 단단하게 유지된다. 그리고 수백 개의 작은 가시가 표면을 장식한다. 그와 비교하면 인간의 음경은 살덩어리로 된 단순한 관으로 두껍고 뭉툭하고 뼈가 없으며 (다행히) 가시도 없다.[4]

생식기만큼 빠르게 진화하는 신체 부위는 없다. 이 기관이 강력한 선택의 힘 아래에 있다는 뜻이다.[5] 그러나 수백 년간 생식기는 적절한 과학적 조사 대상이 되지 못했다. 동물의 아랫도리가 생명체를 기술하는 항목으로서 목록에 포함되는 것은 괜찮지만 애초에 그런 변덕스러운 창조물이 왜 생겨났는지까지 파고들어 설명하려는 이는 없었다.

이건 부분적으로 다윈에게 책임이 있다. 『인간의 유래와 성선택』에서 성선택의 창의적인 생동감이 생식기에만큼은 작용하지 '않는다고' 주장했기 때문이다. 그는 생식기관을 '일차적' 성적 특성으로 여겼다. 즉 생존의 필수 요소로서 자연선택의 실용적인 지도 아래에 있는 형질로 보았다는 뜻이다. 성선택은 생식기관을 제외한 '이차적' 성적 특성에만 적용되었다. 화려한 깃털이나 거추장스러운 뿔처럼 수컷 대 수컷의 경쟁이나 암컷의 선택과 관련된 부차적인 성적 이형 형질을 말한다.

그 결과 성선택에 관한 다윈의 책에서 외음부가 부각될 일은 없었다. 그의 저서를 편집한 딸 헨리에타도 분명 여기에 만족했을 것이다. 남근 모양의 버섯에 대한 의견만 놓고 보아도 헨리에타는 지나치게 선정적이라 판단되는 것에는 바로 빨간펜을 휘두르는 사람이었다. 이 빅토리아 시대의 여장부는 말년에 영국의 시골 지역에서 외설적으로 생긴 말뚝버섯*Phallus impudicus* 박멸 운동을 주도했다고 알려졌다. 버섯을 보는 여성의 정서에 부정적 영향을 미친다는 이유에서였다. 시민 사회가 제일 나중에 알아도 되는 것이 있다면 그게 바로 동물의 생식기였다.

다윈과 그의 추종자들에게 생식기는 진화 연구의 논외 대상이었다. 하지만 동물 세계에서 벌어지는 당혹스러운 성인용품 대잔치에는 진화를 이끄는 '적자생존'의 진부함을 넘어서 『인간의 유래와 성선택』에서 다윈 자신을 그렇게 사로잡은 아찔한 형태를 만들어낸 정교한 힘의 얽힘에 관해 이야깃거리가 풍성했으므로 참 안타까운 일이다.

구원은 한 세기가 지난 후에야 붓 모양의 작디작은 음경의 형태로 찾아왔다. 1979년 브라운대학교 곤충학자 조너선 바게Jonathan Waage는 실잠자리 수컷에서 정자를 전달하는 기술이 아닌, 반대로 정자를 퍼내는 음경의 기술에 관해 조용히 출간했다. 바게는 음경 끝에 뒤쪽을 향해 달린 뻣뻣한 털이 암컷의 생식관 내부를 싹 쓸어내어 제 정자와 겨룰 경쟁자가 남긴 정자를 제거한다는 것

을 보여주었다.*[6]

이 작은 다목적 음경이 혁명에 불씨를 당겼다. 다윈은 수컷이 암컷을 쟁취하면 그걸로 경쟁이 끝난다고 생각했다. 그러나 바게의 발견은 수컷의 정자는 짝을 '얻은' 뒤에도 오랫동안 경쟁이 지속된다는 사실을 드러냈다. 이를 계기로 생식기는 성선택의 최전선에 놓이게 됐고 면밀한 조사가 시급한 기관으로 승격했다. 음경의 다양성을 파헤치는 경주가 '진화생물학의 가장 큰 수수께끼'[8]를 푸는 과업이 되었다.

음경의 끝만큼이나 창의적인 가설이 난무하며 뒤를 이었다. 수컷의 음경은 암컷의 자물쇠를 여는 유일한 열쇠로서 이종교배를 불가능하게 하여 종의 분화를 촉진하도록 진화한 기관이다. 또한 교미 시간을 늘려 정자가 수정의 기회를 더 많이 얻게끔 암컷을 오래 붙드는 기능을 통해 다른 수컷과 겨루는 도구가 되었다. 또한 음경은 소유자의 적합도를 상징하거나 기생충을 얼마나 많이 보유하고 있는지도 나타낸다. 암컷의 배란을 자극하는 육질의 프랑스식 콘돔으로 기능할 수도 있다. 학자들은 정자 경쟁, 암컷의 선택, 성적 갈등 가운데 어떤 선택의 힘이 이 모든 창의적 활동의 주된 원동력인지를 두고 열띤 토론을 벌였다.[9]

* 정자 제거는 인간에서도 음경 모양을 결정하는 요인으로 여겨진다. 귀두의 모양이 삽입 시 앞서 축적된 정자를 자궁경부 밖으로 밀어내는 기능이 있다는 주장이 있다. 인간의 음경을 '타인의 정액을 내다 버리는 장치'로 보는 관점과 일관되게, 대학생을 대상으로 두 차례 조사한 바에 따르면, 남녀가 떨어져 지내다가 다시 만났을 때나 여성의 부정이 의심되는 때에는 남성이 성교 시 '음경을 더 깊고 격렬하게 삽입하는'[7] 것으로 나타났다.

암컷의 생식기는 모두 거기서 거기?

생식기 부활의 황금시대에 빠진 것이 하나 있었다. 과학은 그림까지 상세히 곁들인 설명으로 음경의 변이에 관한 탄탄한 문헌을 쌓아 올렸고 일부는 그 역사가 한 세기를 거슬러 올라가는 것도 있다. 그러나 그에 상응하는 암컷의 기관에 대해서는 알려진 바가 하나도 없었다. 그럼에도 이런 간극은 조금의 염려도 일으키지 못했다. 여성의 생식기는 사정한 정자를 받아서 전달하는 관에 불과하다는 것이 통념이었기 때문이다. 소유주인 암컷 본체처럼 진화에 영향을 미칠 하등의 힘이 없는 수동적이고 불변의 기관으로 여겨진 것이다.

"암컷은 그다지 다양하지 않고 별 흥미로울 것도 없다고 생각했죠." 퍼트리샤 브레넌Patricia Brennan 박사의 말이다.

달리 제시할 증거가 없다는 이유로 암컷 연구 자료의 빈 페이지는 곧 자기실현적 예언이 되었다. 암컷의 생식기는 모두 거기서 거기다. 왜냐? 다르다고 말하는 자료가 없으니까.

브레넌이 생식기 연구 집단에 합류하여 처음으로 질에 관해 묻기 전까지는 그랬다. 브레넌은 다양한 찌르기 도구를 받아들이는 암컷의 수용기를 기록하고 그 자료로 진화의 가장 큰 수수께끼를 푸는 것을 학문적 과제로 삼았다. 저명한 진화조류학자이자 예일대학교에서 브레넌의 박사후 과정 지도교수였던 리처드 O. 프럼Richard O. Prum은 브레넌을 '과학에 있어서는 아무도 못 말리는 사람'[10]으로 묘사했다. 브레넌의 연구 결과는 과학계의 사고를 획기적으로 변화시켰고 암컷을 수동적 피해자에서 자신의 진화적 운명을 개척하는 능동적 주체로 명예를 회복시켰다.

브레넌은 현재 매사추세츠대학교 진화생물학과 조교수이다. 실험실은 미국에서 가장 유서 깊은 여자대학교인 마운트홀리오크대학교 캠퍼스에 있었다. 나는 10월이 끝나가는, 비가 부슬부슬 내리던 어느 날에 브레넌의 실험실을 찾았다. 쉬는 시간이라 젊은 여성들이 제각각 무리 지어 (미국 기준으로) 고풍스러운 붉은 벽돌 건물 사이로 분주하게 이동했다. 브레넌은 내가 젖을까 봐 큰 우산을 들고 주차장까지 나와 환한 미소로 맞아주었다. 음성과 여유 있는 스타일에서 콜롬비아 보고타의 뿌리를 엿볼 수 있었다. 실험실 바깥에 줄지어 있는 핼러윈 호박이 그녀의 개구쟁이 같은 유머 감각을 잘 드러냈다. 브레넌은 학생들에게 다른 학생들이 알아볼 수 있도록 호박을 다양한 동물의 질 모양으로 만들라고 지시했다.

호박에 암컷의 생식기를 그려 넣는 것은 브레넌이 질에 필요한 변신을 제공하는 한 방법에 불과하다. 애써 감춰야 하는 수치의 대상에서 벗어나게 하고 암컷의 몸이 지닌 정당한 과학적 중요성을 되찾아주려는 것이다. 브레넌은 여성의 생식기 이야기를 거침없고 편안하게 꺼내며 성에 대한 보편적 불편함이 바로 여성 생식기 자료가 부족한 원인이라고 말했다. 분명 브레넌 자신은 공유하지 않는 불편함이다.

"과학 하는 사람들도 모두 나름의 성향이 있어요. 나는 여성이고 나한테는 질이 있어요. 어떻게 생겼는지 궁금해하는 게 당연하죠." 브레넌이 특유의 솔직함으로 말했다.

앞서간 다른 많은 사람들처럼 생식기에 대한 브레넌의 호기심도 처음에는 수컷에 의해 자극되었다. 1990년대 초반, 박사 과정 학생이었던 브레넌은 코스타리카 열대우림에서 도요타조를 연구하고 있었다. 도요타조는 회색 닭처럼 생겨서 머리는 작고 몸집이 큰 고대 닭이다. 브레넌은 우연히 이 부끄럼 잘 타기로 유명한 동물의 교미 현장을 목격했는데, 딱 봐도 수컷이 강요한 게 분명한 잔인한 장면에 충격을 받았다. 암수의 몸이 떨어졌을 때 브레넌은 수컷의 아랫도리에 와인 오프너처럼 생긴 것이 달려 있는 걸 보았다. 처음에는 기생충인 줄 알았다. 그러다가 수컷이 그 꼬불꼬불한 벌레를 몸속에 집어넣는 것을 보고 어쩌면 음경일지도 모르겠다는 생각을 했다.

"새한테 음경이 있는 줄도 몰랐어요." 브레넌이 말했다.

그건 싹트는 코넬대학교 조류학자를 시험하기 위해 잘못 배치된 사례가 아니었다. 실제로 새 대부분은 음경이 없다. 3장에서 명금류를 이야기할 때 말했듯이 새들의 섹스는 보통 암수 구분 없는 총배설강이라는 다기능 구멍을 통해 이루어진다. 암수 모두 총배설강을 까뒤집어서 순식간에 맞닿게 하는 '배설강 키스'를 한다. 물론 '총배설강cloaca'이라는 말이 라틴어로 '하수관'이라는 뜻이라는 걸 알게 되는 순간 매력은 사라진다.

나에게 '배설강 키스'는 보다 익숙한 음경 삽입 방식에 비해 원시적인 형태로 각인되었지만 사실 새들 사이에서는 더 최근에 진화된 방식이다. 이런 새로운 추세에 역행하는 조류 형제단은 전체의 3퍼센트밖에 안 된다. 저 소수의 새들은 총배설강 입구에 보관되었다가 교미 중에만 펼쳐지는 비밀 음경을 지녔다. 이런 특별한 조류 음경 클럽에 합류한 새들은 도요타조 말고도 에뮤, 타조, 오리, 거위, 백조 등이 있다. 모두 고대 조류 혈통에서 왔다는 공통

점이 있다. 새들의 조상인 공룡도 음경 삽입 방식으로 교미했다고 추정된다.* 그러다가 6,600만 년에서 7,000만 년 전, 전체 조류의 95퍼센트를 차지하는 신조류Neoaves는 무슨 일인지 음경을 잃었다.

진화가 경솔하게 배설강 키스를 선택했다고 느낄지는 모르겠지만 어떤 형질이 진화하여 살아남은 데는 연유가 있을 것이다. 위생이 그 까닭이라고 제안하는 사람들이 있다. 막말로 하수관에 음경을 삽입하는 것이 성병 예방에 좋을 리가 없다는 것이다.(그러나 실제로 많은 파충류가 나름의 음경-총배설강 결합으로도 문제 없이 살아간다.) 어떤 이들은 음경의 소실로 체중이 감소하면 비행에 유리하다는 이유를 대기도 한다.(몸의 크기에 비해 가장 큰 편에 속하는 거추장스러운 음경을 달고도 잘 날아다니는 박쥐에게 말해보라.)

기존 가설이 모두 마뜩잖았던 브레넌은 직접 나서서 왜 현대 새에서는 음경이 제거되었는지를 알아보기로 했다. 그래서 소심하고 희귀한 야생 도요타조 대신 농장의 오리로 실험 대상을 바꾸고 메스를 들었다.

"수오리를 처음 해부하고 음경을 보았을 때 정말 기겁했어요." 브레넌의 말은 과장이 아니다. 오리의 음경은 몸길이에 비해 척추동물에서 가장 긴 축에 속한다. 기네스 기록의 소유자는 아르헨티나파란부리오리Oxyura vittata로, 발기한 음경의 길이가 무려 42.5센티미터다. 왜소한 몸길이보다 10센티미터나 더 길며 와인

* 2018년 테트주TetZoo 학회에서 고대 조류 화석 전문가인 앨버트 첸Albert Chen에게 공룡의 음경이 어떻게 생겼냐고 물은 적이 있다. 그는 눈을 동그랗게 뜨더니 한마디로 답했다. "무시무시하죠." 호기심 많고 용감한 독자들은 타조 음경의 이미지를 검색해보길 바란다. 아마 첸이 무슨 말을 하는지 단박에 이해할 것이다. 티라노사우루스의 가장 무서운 무기는 이빨이 아닐 수도 있다는 생각이 들 수 있다.

오프너처럼 반시계 방향으로 꼬여 있고[11] 기부는 작은 가시로 덮여 있다.

괴이함은 거기에서 끝나지 않는다. 오리의 음경은 수사슴의 뿔처럼 계절을 타는 기관이다. 대개는 10분의 1 크기로 줄어 있다가 번식 철에만 늘어나는데 어떤 종에서는 그 변화의 규모가 기하급수적이다. 사용하지 않을 때는 총배설강 입구에 양말을 뒤집어놓듯이 조심스럽게 집어넣는다. 교미 준비가 되면 펌프질로 음경에 림프액을 주입하는데, 그러면 마치 파티 나팔처럼 3분의 1초만에 시속 120킬로미터로 총배설강에서 펼쳐진다.[12]

이런 퇴폐적인 부속물이 우연히 진화한 것은 아니다. 이런 사치품은 정자 경쟁의 결과물이라는 일반적인 견해가 있다.[13] 대다수 오리 종에서는 성비가 수컷으로 기울어져 있으므로 암새는 고를 후보가 많으며 상대적으로 수오리 사이의 경쟁은 치열하다. 그 결과 오리의 정사는 지극히 로맨틱하거나 충격적으로 폭력적인 두 가지 형태로 나타난다. 수오리는 암오리의 취향에 맞춰 심미적 극한에 도달한 장식성 깃털과 펑키한 음향을 곁들인 보여주기로 구애를 하고 암컷을 얻는다. 이런 과시는 본격적인 번식 철이 시작하기 몇 달 전부터 시작하여 암오리에게 자식의 아비를 결정할 충분한 시간을 준다. 일단 마음을 정하면 암오리는 꼬리를 들어 올리는 고유한 허락의 몸짓으로 자신이 선택한 수오리를 초대한다.

한편 짝을 얻지 못하고 남은 수오리들은 어둠의 길로 빠져 암오리에게 억지로 교미를 강요한다.* 많은 오리류에서 외로운 수컷들이 무리 지어 다니며 숨어 있다가 무방비 상태의 암오리에게 떼로 달려드는 일이 비일비재하다. 한번은 동네 공원에 갔다가 청둥오리 암컷이 수오리 다섯에게 잔인하게 공격당하는 모습을 보고 기분이 상한 적이 있다. 수오리가 쫓아오자 암컷은 필사적으로 도망쳤지만 결국 붙잡혀 땅에 나동그라졌고 이내 한 마리씩 날아올라 교미를 시도했다. 암오리는 가련한 몸으로 내내 용감하게 맞서며 비명을 지르고 몸부림을 쳤다. 암오리가 이런 폭력적 상황에서 저항하다가 목숨이 위험할 정도로 상처를 입는 일은 끔찍하지만 놀랄 일이 아니다.

청둥오리에서는 전체 교미의 40퍼센트가 강제된 것이다. 이처럼 경쟁이 심한 여건에서는 음경이 길수록 정자를 난자 가까이 보내기 때문에 경쟁에서 유리하다는 가설이 있다. 성의 전쟁에서 암오리는 오직 학대당하는 패자임을 은연중에 암시하는 주장이다. 그렇다면 암오리는 탄도 무기의 공격에 희생된 피해자일 뿐 아니라 더 중요하게는 성적 자율성마저 빼앗겼다. 암오리는 자신의 소중할 알을 누가 수정시킬지 선택할 수 없다. 이는 최악의 진화적 타격이다.

* 1970년대 이후로 생물학자들은 동물에서 성적으로 강압적인 행동을 묘사할 때 '강간'이 아닌 '강제된 교미'라는 말을 사용한다. 이는 인간에서의 강간은 오리나 빈대에게 적용되지 않은 복잡한 심리적, 사회적, 문화적 이유로 발생한다는 인식에서 비롯했다. 이것이 구분하는 것은 대단히 중요하다. 다윈주의에 기반해 인간의 강간은 생물학적으로 결정된다고 제안한[14] 소수의 남성 진화심리학자들은 이 부분을 제대로 이해하지 못했다. 그들의 주장은 광범위하게 비판받아왔다. 성선택 이론에 따라 모든 남성의 내면에는 강간범이 살고 있다는 주장의 위험성 때문에 동물에 관해 말할 때는 인간적인 용어를 철저히 배제하게 되었다.[15]

암오리의 나선형 질

청둥오리 암놈만 강압적인 성관계의 먹잇감이 되는 것은 아니다. 동물계 전반에서 수컷들은 암컷의 동의와 상관없이 새끼의 아비가 되고 그것을 통제할 수많은 방법을 개발해왔다. 소금쟁이류는 교미 중에 도망가지 못하도록 암컷의 몸에 거는 갈고리가 있다. 양서류인 동부영원 *Notophthalmus viridescens*의 수컷은 구애 중인 암컷의 피부에 최음제 기능이 있는 호르몬성 분비물을 몰래 바르고 마사지한다. 빈대는 외상성 사정traumatic insemination이라고 부르는 방식으로 정액을 전달한다. 피하 주사 바늘처럼 생긴 음경으로 암컷의 배를 마구 찔러 직접 강제로 정자를 주입한다.

이런 부럽지 않은 약자 암컷 연합에 청둥오리가 합류한다. 그들에게 진화는 쓸모없는 카드를 다루는 것처럼 보인다. 브레넌이 암오리의 배를 갈라보기 전까지는 그랬다.

"처음 암오리를 해부했을 때 어찌나 놀랐는지 하마터면 의자에서 떨어질 뻔했어요." 브레넌이 내게 한 말이다. 교과서는 오리의 질이 단순한 일자 관에 불과하다고 가르쳤으나 브레넌이 본 암컷의 생식관은 수컷만큼이나 복잡했다. 길이도 길고 곳곳에 주머니가 숨어 있을 뿐 아니라 수컷의 음경과는 반대 방향의 나선을 이루고 있었다.

"도저히 못 믿겠더라고요. 오죽하면 이 암컷에게 문제가 있나 하는 생각까지 했으니까요. 정체 모를 병에 걸려 질이 변형되었다고 말이죠." 그래서 브레넌은 두 번째 오리를 해부했고 여전히 똑같이 생긴 질을 발견했다.

"정말 모를 수가 없는 구조였어요. 주머니와 나선이 아주 큼직했지요." 브레넌은 수오리처럼 암오리의 나선 구조 역시 계절에 따라 일시적으로 나타나는 특징임을 발견했다. 암오리의 질을 설명한 유일한 교과서가 왜 단조로운 관이라고 묘사했는지 이유를 알았다. 번식기가 아닌 암오리를 해부한 것이다.

브레넌이 충격을 받은 것은 그게 다가 아니었다. 브레넌은 과거 다른 이들의 연구를 통해 비록 오리의 교미 중 3분의 1 이상이 강제로 진행되지만 원치 않은 교미에서 수정된 새끼는 2~5퍼센트에 불과하다는 것을 알고 있었다. 브레넌은 수오리의 음경과 반대 방향으로 회전하는 나선형 질과 중간에 막다른 골목이 있는 특이한 생식관이 진화한 것은 음경의 진로를 차단하여 자신이 싫어하는 수오리의 정자가 수정에 쓰이지 못하게 방해하기 위해서라는 예감이 들었다. 수제 음경 차단 장치인 셈이다. 수컷의 음경 역시 이런 장거리 장애물 경주에 대한 진화적 반응으로 길어졌으며, 결국 수만 년에 걸쳐 생식기에서 생식기로 자웅 간의 군비경쟁이 증가한 결과물로 볼 수 있는 것이다.[16]

브레넌은 자신의 가설을 시험해보기로 하고 여름 번식 철에 알래스카로 가서 16종의 물새를 수집해왔다. 음경이 가장 긴 종은 실제로 암컷의 생식 배관도 좀 더 구불구불하고 장애물이 심하며 강제된 교미가 만연했다. 백조나 캐나다기러기처럼 일부일처에 텃세가 심한 종의 음경은 훨씬 수수했고 암컷의 질도 그에 상응하여 단순한 편이었다.[17] 브레넌의 눈에는 수컷과 암컷의 생식기가 피차 적대적으로 공진화한 것이 분명해 보였다.

"나중에는 칼을 대기도 전에 생식기가 어떻게 생겼을지 짐작할 수 있었죠. 정말 재밌었어요."

　못 말리는 과학자 브레넌은 수컷의 음경을 차단하는 암컷 생식관 배열의 역학을 증명할 추가 증거를 원했다. 그래서 지역의 오리 농장을 찾아가 주인을 설득하여 가설을 시험하는 데 성공했다. 브레넌은 농장의 수오리를 훈련하여 작은 병에 사정하게 한 다음, 정자를 수확해 인공수정에 쓸 수 있도록 모아두었다. 연구팀의 기발한 재주로 브레넌은 폭력적인 수컷의 성기 앞에서 암컷의 나선형 질이 실제로 얼마나 방어에 효과적인지 확인할 수 있었다.

　브레넌은 인공으로 만든 오리의 질이 잔뜩 든 가방을 들고 농장에 도착했다. 가짜 오리 질은 단순한 관 형태부터 실제에 가까운 복잡한 나선형의 주조물까지 다양했고, 일부는 실리콘으로, 일부는 유리로 만들었다. 브레넌은 수오리가 암오리와 짝짓기하는 장면을 보고 있다가 삽입하기 직전 암오리를 질 모형으로 바꾸었다. 실리콘 모형은 음경의 폭발력을 견디지 못하고 부서져버렸다. 그러나 유리는 힘을 견뎠고 실제로 브레넌의 주장을 증명했다. 수컷의 음경과 반대 방향으로 회전하는 나선형 질은 직선으로 된 관과 비교해 음경의 확장을 현저히 낮추거나 아예 막아버렸다. 나선형의 질을 사용했을 때 80퍼센트는 끝까지 발기하지도 못했고 심하게 구부러지거나 최악의 경우 질 입구를 향해 반대로 돌아 나와 꽤나 민망한 상태였다.

　브레넌은 암오리가 실제로 자신의 알을 수정시킬 수오리를 선택할 수 있다고 제안했다. 마음에 드는 상대의 음경이 난관으로 더 깊이 들어오게 통로를 허락하는 것이다. 비폭력적 상황에서 수오리는 교미 전에 춤을 춰서 암오리에게 구애한다. 마음이 동한 암컷은 수용의 자세를 취하여 물속에서 엎드린 채 꼬리를 들어 올린다.

"암오리는 배설강 윙크를 해요. 나는 네 것이니 데려가라는 보편적인 신호죠."브레넌이 설명했다. 암오리가 알을 낳을 때는 난관으로 상당한 크기의 물체를 이동시킨다. 즉, 암컷에게 질의 내강을 확장하는 능력이 있다는 뜻이다.

"강제로 교미가 일어날 때는 암오리가 윙크를 하지 않고 질도 이렇게 정신없이 꼬여 있는 비수용 상태를 유지하지요."하지만 암컷이 받아들일 마음이 있을 때는 원치 않는 수컷 때와 달리 질의 내강을 활짝 열어 음경이 생식관을 따라 깊숙이 들어오게 한다. 누구와 짝짓기할지 결정할 수는 없어도 알의 친부를 결정할 수는 있다는 말이다. 그것이야말로 진정한 목표 아니겠는가.

"암오리가 강제로 교미를 당하는 장면은 정말 처참합니다. 너무 무력해 보이지요. 작은 몸으로는 수컷을 당해낼 수가 없거든요. 하지만 이들도 뒤에서 드러나지 않게 싸우고 있다는 사실이 밝혀졌어요. 여기에 대해 수오리가 할 수 있는 것은 없습니다. 수오리는 암오리에게 억지 교미를 시도하지만 결국 아버지가 될 가능성은 작아요. 어미가 선택하는 짝이 아빠가 될 자격을 얻겠지요. 결국 최종 발언권은 암컷에게 있다는 말입니다. 근사하지 않나요?"

브레넌은 이 특별한 자웅의 전쟁사를 개정하여 승자를 암컷으로 수정했다. 브레넌의 연구는 표지만 보고 책의 내용을 판단할 수 없다는 걸 보여주었다. 오리의 숨겨진 생식 해부학은 겉으로 드러난 행동이 제시하는 것과 매우 다른 이야기를 드러냈다. 암오리는 수동적인 희생자가 아니라 수오리와 자신의 진화를 추진하는 능동적인 주체이다.

물론 이런 적대적인 공진화는 심원의 시간을 거쳐 진행된 남녀의 대화, 아니 논쟁을 거쳐 진행되었을 것이다. 이런 쌍방의 소통을 이해하는 유일한 방법은 '양쪽' 모두의 이야기에 귀를 기울이는 것이다.

"과학에는 뜻밖의 재미가 아주 많습니다. 하지만 질문하지 않는다면 답도 찾을 수 없겠지요." 브레넌이 말했다. "올바른 질문을 하려면 이걸 살펴볼 여성이 있어야 했어요."

현대 새에서 음경이 사라진 미스터리에 관하여 브레넌이 암컷의 입장에서 본 관점은 전통적인 남근 중심의 체중 감소나 질병과의 전쟁 가설과는 사뭇 다른 설명을 제안한다. 브레넌은 신조류에서 음경이 소실된 것은 다 암컷의 선택 때문이라고 의심한다. 암새가 음경이 작고 덜 강압적인 수컷을 선택했고 이런 편향이 수백만 년 지속되면서 마침내 음경이 사라졌다는 것이다.[18] 수컷 입장에서 음경이 없는 성교는 말할 것도 없이 어색하다. 상대의 동의가 없이는 수태가 불가능하기 때문이다.[19] 암새 위에 올라탈 수는 있지만 정자를 넣으려면 분투해야 한다. 그래서 암새는 치고받는 싸움을 하지 않고도 알에 대한 통제권을 보유한다.

이처럼 새로 발견된 암새의 힘은 수새의 행동에 심각한 변화를 더했을 수 있다. 많은 신조류 종이 사회적 일부일처인데 이런 체제에서는 수컷이 양육의 의무를 나눠 가진다. 어쩌면 암새의 성적 자율성이 확장되면서 양육에 대해서도 수새와의 갈등이 심해졌을 것이다. 둥지 가까이 있으면서 도움을 주는 수컷을 선택하자 수새는 암새에게 최고의 보살핌을 제공하는 것으로 자기들끼리 경쟁하게 되었을 것이다.[20] 보살핌이 두 배로 늘면 새끼는 더 일찍 부화하고 암새는 더 자주 더 많이 새끼를 낳을 수 있다. 그 덕분에 음경 없는 신조류가 진화의 우위를 점하고 마침내 새들의 계보에서 가장 성공적인 집단이 되었는지도 모른다.

질은 진화한다

암오리에 대한 엄청난 발견 이후 브레넌의 실험실에는 다른 수십 종의 동물에서 간과된 암컷의 생식기를 탐색하려는 학생들이 몰려들었다. 브레넌은 "오리는 시작일 뿐, 해야 할 일은 차고 넘칩니다."라고 말했다.

정말 그렇다. 2014년에 진화생물학자이자 젠더 연구가인 말린 아 킹은 생식기 진화에 관한 학술논문을 25년 전 것까지 뒤져 보았는데, 그중 49퍼센트는 수컷의 생식기만 조사했고 암컷만 집중해서 본 것은 8퍼센트에 불과했다. 양성을 모두 연구하는 것이 옳다고 본 연구는 절반도 채 되지 않았다. 이런 편향은 연구자의 성별과는 무관했다. 여성 연구자도 남성만큼이나 음경에 집중했으며 이런 추세는 2000년 이후에도 사실상 더 심해지는 형편이다.

아 킹은 수컷의 지배성과 암컷의 균일성이라는 오래된 가정이 이 분야에 해묵은 그늘을 드리웠다는 결론을 내렸다. 브레넌의 실험처럼 다른 결과를 제시하는 연구가 있는데도 말이다. 아 킹은 "암컷은 변화 없는 그릇이라는 전제가 너무 흔히 사용되고 있다. 그 그릇 안에서 수컷 혼자서 퍼내고 고리를 걸고 곤두박질친다."

라고 썼다.[21]

작은흰수염집게벌레*Euborellia plebeja*의 예를 보자. 수컷은 대단
히 전문적인 장비로 암컷의 바람기에 맞선다. 이 벌레의 암컷은
생식기 입구가 하나지만 수컷은 음경이 두 개다. 두 번째 음경은
첫 번째 음경이 부러졌을 때를 대비한 여분이다. 준비성이 지나치
다 여길 수도 있지만 음경의 다루기 힘든 특성 때문에 집게벌레에
서 생식기 소실은 꽤 흔히 발생하는 사고다.[22] 2005년에 세계적인
집게벌레 전문가 가미무라 요시타카 박사는 집게벌레 수컷의 성
기virga는 몸길이만큼이나 길고 끝이 붓처럼 생겼다는 것을 발견했
다. 앞에서 본 실잠자리처럼 가미무라는 수컷이 이 긴 성기를 청
소 솔로 사용해 경쟁자의 정자를 꺼내놓은 후에 제 정자를 주입한
다고 가정했다.[23]

하지만 거의 10년 후 가미무라는 암컷의 저정낭(spermatheaca,
많은 곤충에서 정자를 보관하는 용기)을 조사하면서 아주 다른 이야
기를 발견했다. 집게벌레 암컷의 몸에는 정자를 저장하는 기관이
있는데 수컷의 음경보다 더 길었다. 그렇다면 수컷이 다른 수컷의
정자를 아무리 내다 버려도 완전히 제거하지는 못한다는 말이다.
즉, 암컷이 새끼의 친부를 통제한다는 뜻이다. 가미무라는 "아무래
도 암컷이 수컷을 이긴 것 같다."[24]라고 인정했다. 아마 제대로 조
사하기만 하면 실잠자리에서도 같은 이야기가 발견될 것이다.

이런 식으로 뒤에서 비공개적으로 친부를 결정하는 힘은 암
컷의 '은밀한' 선택으로 알려졌고, 세계적인 생식기 마니아인 스미
스소니언 열대연구소의 윌리엄 에버하드가 이를 옹호했다. 윌리
엄 에버하드는 마침 메리 제인 웨스트 에버하드(내가 세라 허디의

농장에서 만난 페미니스트 다윈주의자들 중 한 명)와 결혼한 사람이며, 이 분야의 '분별없는 남성주의'를 비난하며 생식기 연구가 "남성중심적인 관점에 의해 좌우되어왔다."[25]라고 주장했다. 특히 정자 경쟁은 수컷들만의 스포츠로 취급되어 대개 올림픽 선수들처럼 정자가 겨루는 서사적인 '경주'로 묘사된다. 가장 강하고 빠른 수컷이 난자를 쟁취하며, 암컷은 이 대회에서 아무 영향력도 행사하지 못한다.[26] 제 몸속에서 100미터 단거리 대회가 열리는데 결과에 전혀 개입하지 못한 채 지켜만 보는 셈이다.

선구적인 저서 『암컷의 통제Female Control』(1996)에서 에버하드는 질이든 총배설강이든 저정낭이든 암컷의 생식기는 정자를 받기 위한 비활성 배관 이상이라는 사례를 제시했다. 암컷의 생식기는 능동적인 기관으로서 구조와 생리, 화학적 특성을 통해 정자를 보관, 분류, 거부할 수 있다. 매력 없는 구혼자의 정액은 갖다 버리고, 선택된 정자는 난자로 가는 직통 노선에 올려 적극적으로 이동 속도를 높이며, 마음에 들지 않으면 미로 같은 통로 속에서 헤매다 끝나게 할 수도 있다. 에버하드가 보기에 일단 씨뿌리기가 끝나면 그때부터 '게임의 규칙'[27]을 정하는 쪽은 암컷이다.

윌리엄 에버하드의 책은 파격적이었다. 그러나 이처럼 암컷의 성 자율성을 옹호하는 사람도 질은 형태가 균일한 편인 반면, 음경은 다양하고 종별 특이성이 크다고 설명했다.[28] 브레넌도 암컷이 수컷보다 덜 다양하다는 점을 인정한다. 암컷의 생식기관은 알이나 아기를 낳는 다른 현실적인 기능 때문에 제약을 받는다. 그러나 그렇다고 하여 연구의 가치가 떨어지는 것은 아니다. "에버하드의 책을 아주 좋아합니다." 브레넌이 말했다. "하지만 그 책이 암컷의 생식기는 연구할 가치가 없다는 인상을 주는 것도 사실이에요. 모든 주요 사건은 수컷에서 일어나는 것처럼 말이죠."

브레넌은 세계 최초로 동물의 질을 모아놓은 자료실을 만들고 분류학적으로 형태와 기능의 다양성을 목록화하겠다는 야심이 있다. 이미 작업은 진행 중이다. 브레넌의 실험실에는 라마, 뱀, 돔발상어, 오리, 돌고래까지 마치 전문 성인용품점처럼 각종 동물의 생식기를 생생한 빛깔의 실리콘으로 복제한 모형이 담긴 지퍼백 수십 개가 널려 있다.

"연구할 질은 너무 많은데 인생이 짧네요." 책상 위의 무지개 생식기 더미를 뒤적거리며 브레넌이 한숨을 내쉬었다. 브레넌은 이미 죽은 동물로만 연구한다. 따라서 연구 대상이 무작위적이다. 지퍼백을 열더니 병코돌고래의 밝은 보라색 질을 건넸다. 입구에 둥글납작하고 커다란 방이 있는데 얇고 복잡하게 주름지면서 좁아지다가 자궁경부와 합류하는 다른 방들로 이어졌다.

과거에 사람들은 돌고래의 질에 주름이 진화한 이유는 치명적인 소금물로부터 정자를 보호하기 위해서라고 추정했다. 그러나 브레넌은 또 다른 가설을 세웠다. 브레넌이 다른 고래의 질을 건넸다. 쇠돌고래였다. 병코돌고래의 질보다 더 길고 늘어졌지만 주름 대신에 나선형을 이루고 있었다.

"바로 그거예요!" 브레넌이 소리를 질렀다. "오리와의 수렴 진화! 미친 거죠! 눈을 믿을 수가 없었어요. 돌고래의 생식기가 본질적으로 오리와 같았으니까요."

"돌고래도 성적 괴롭힘의 대가들입니다." 브레넌이 내게 말했다. 귀여운 이미지와 달리 돌고래는 섹스에 대한 자유분방한 태도로 '바다의 보노보'[29]라는 별명이 붙었다. 보노보 원숭이는 8장에서 만날 유인원으로 수태를 위해서만이 아니라 다양한 사회적 환경에서 섹스를 활용한다. 돌고래의 성적 행위가 모두 암수의 합의 하에 이루어지는 것은 아니다. 수컷 돌고래도 무리 지어 암컷을 성적으로 괴롭힌다.* 브레넌과 연구팀은 돌고래 질의 나선형이 오리에서처럼 교미가 강요되는 환경에서 암컷이 친부를 결정하게 하는 은밀한 방법을 제공한다고 가정했다.

돌고래로 이 가설을 시험하기는 훨씬 어려웠다. 그러나 브레넌은 워낙 수완이 뛰어난 사람이라 동료 연구원 다라 오바크Dara Orbach와 함께 죽은 고래의 생식기로 실험하는 기발한 방법을 고안했다. 이들의 이른바 '프랑켄슈타인 섹스'는 죽은 고래의 음경을 발기시키는 게 관건이었다. 두 사람은 음경을 가압 맥주통에 연결하고 염분을 펌프질해서 넣은 다음 폼알데하이드로 고정해 충혈된 모양을 잃지 않게 했다. 그러고 나서 뻣뻣해진 음경을 그에 상응하는 질에 삽입하고 함께 꿰맨 다음 아이오딘에 적셔서 CT 촬영을 했다. 이 방법으로 조직을 들여다보고 안에 숨겨진 돌고래 음경-질의 역학을 관찰할 수 있었다.

사람의 질은 성교 중에 모양이 변한다고 알려졌다. 그래서 고정된 모형으로 성교의 역학을 재현하기에는 무리가 있다. 그러나 브레넌은 이 실험으로 병코돌고래와 쇠돌고래의 음경이 아주 특

* 돌고래의 성적 공격성은 같은 돌고래에 한정되지 않는다. 다른 종, 특히 무고한 인간 희생자들이 많이 보고되었다. 프랑스 브레스트만의 한 바닷가 마을에서는 영화 〈죠스〉를 연상시키는 사건들이 일어나 결국 시에서는 8월 성수기에 해변에서 수영하는 행위를 금지했다. 성적인 좌절을 맛본 자파르라는 돌고래가 해변을 찾는 사람들을 성추행했기 때문이다.[30]

별한 각도로 삽입되지 않는 한 암컷의 미로 같은 통로 안에서 어떤 식으로 진입이 차단되는지 충분히 보여준다고 말한다. 돌고래는 물속이라는 삼차원 공간에서 교미하기 때문에 암컷이 몸을 조금만 틀어도 원치 않는 구혼자의 정자를 막다른 길로 보낼 기회가 얼마든지 있다.[31]

오리와 마찬가지로 브레넌의 가설은 암돌고래의 운명을 새로 작성해 희생자에서 자웅 겨루기의 승리자로 바꾸어놓는다. 암컷의 성적 해부학, 생리학, 행동에 대해 발견하면 할수록 수 세기 동안 인정된 수컷 지배의 역사가 저물기 시작할 것이다. 암컷은 수컷들이 훨씬 더 강력하고 수가 많고 강압적인 상황에서도 난자의 수정을 통제할 창의적인 방법을 진화시켜왔다. 최근의 연구는 동부모기고기eastern mosquitofish 수컷에서 교미지느러미gonopodia라고 하는 생식기가 길게 진화하여 암컷을 괴롭히자 이에 맞서 암컷의 뇌가 더 커진 것을 보여주었다.[32]

"암컷은 해부학적, 행동적, 심지어 화학적으로도 통제권을 유지할 수 있습니다. 때로는 겉으로 드러나고 때로는 그렇지 않지요. 그리고 이런 전략들은 축적됩니다. 패러다임 이동이라고까지 말할 수 있을지는 모르겠지만 분명 복잡다단한 상호작용이라는 번식의 생물학적 현실이 드러나고 있는 건 사실입니다. 암오리의 질이 복잡하다고 해서 정자를 차단할 화학적 전략이 없다는 뜻은 아니지요. 아마 그쪽으로도 뭔가 있을 겁니다." 브레넌이 내게 말했다.

브레넌은 병코돌고래 섹스에 대해 더 긍정적인 소식을 들었다. 병코돌고래 암컷도 섹스에서 쾌감을 느낀다는 것이다.

"돌고래 음핵을 보여드릴까요?" 브레넌이 들뜬 표정으로 물었다. 그러더니 내가 대답하기도 전에 먼지 덮인 실험대 밑으로 들어가서 내가 지금까지 본 중 가장 큰 플라스틱 박스를 열었다. 그 안에는 잔뜩 절인 동물의 외음부가 가장자리까지 들어차 있었다. 브레넌의 팔이 포르말린 수프 속을 헤집으며 한 쌍의 초대형 햄버거 빵 모양에, 중앙에 홈이 있는 고정된 커다란 살덩어리를 꺼냈다. 알코올의 역겨운 단내가 코를 스쳤다. 고래의 생식기 덩어리는 크고 미끄러웠다. 브레넌이 '빵'을 열어 안에 감춰진 돌고래의 음핵을 드러내려고 했지만 고무장갑 낀 손에서 자꾸 미끄러져 나갔다. 브레넌이 마침내 성공했을 때 나는 충격을 받았다. 돌고래의 음핵은 불안할 정도로 친숙한 두건 모양이었다. 크기만 적당했으면 사람의 것이라고 해도 믿었을 것이다.

3장에서 보았듯이, 음핵은 성적 쾌락을 위해서 진화했고 포유류 사이에서도 변이가 매우 큰 것으로 미루어 진화의 힘이 강하게 작용하고 있음을 알 수 있다. 그러나 음경과 비교하여 음핵의 형태나 조직에 대해서는 밝혀진 바가 별로 없다. 브레넌이 그 대세를 바꾸고 있다. 브레넌은 실험실에서 정육점 고기 절단기로 잘라낸 음핵의 단면을 보여주었다.[33] 돌고래 음핵의 내부 조직이 드러났다. "발기성 조직이 이렇게나 많은걸요. 분명 기능이 있을 겁니다."

음핵과 오르가슴, 그리고 친부 결정권

음핵이 수행하는 기능은 산더미처럼 쌓인 잘못된 정보와 문화적 부담으로 인해 제대로 평가받지 못했다. 음핵은 질보다 덜 연구된 유일한 기관일 것이다. 이탈리아 가톨릭 사제인 가브리엘레 팔로피오(Gabriele Falloppio, 1523~1562)라는 의외의 인물이 '발견하면서' 16세기 중반에 처음 해부학 지도에 등장했다.[*] 그러나 팔로피오의 발견이 현대 인간 해부학의 창시자이자 위대한 의학자인 안드레아스 베살리우스에게 공유되었을 때, 그 사실은 곧바로 묵살되었다. 베살리우스는 '새로 발견된 이 쓸모없는 부위'[37]는 '건강한' 암컷에서는 존재하지 않고 오직 암수한몸인 생물에서만 발견된다고 주장했다.[38]

이런 불명예스러운 오해가 이후 450년 동안 과학의 토대가 되었다. 그동안 음핵은 가부장적 의학계에 의해 주기적으로 사라졌다가 다시 발견되었다가 또다시 버려졌다. 19세기 중반에 독일 해부학자 게오르크 루트비히 코벨트Georg Ludwig Kobelt가 이 기관 전체와 내부를 상세히 그린 적이 있지만, 20세기가 지나갈 때까지 음핵은 현대 해부학 교과서에서 '찾아보기 어려웠다.' 많은 설명서에서 음핵은 1900년대 초기에 존재했다가 중반에는 삭제되었는데 그건 다분히 의도된 조치였다는 뜻이다. 아마도 여성의 성적 쾌락을 부인하는 무의식의 표출이었을 것이다. 해부학 바이블인 『그

---

[*] 팔로피오는 당대의 가장 위대한 해부학자 중 한 명으로, 평생 여성의 생식기 구조를 들여다볼 기회가 없어 보이는 사람이었다.[34] 하지만 그는 난소에서 자궁으로 이어지는 나팔관을 '자궁의 나팔'[35]이라고 처음으로 정확하게 기술한 사람이다. 비록 기능을 알아내지는 못했지만 팔로피오를 기념하여 나팔관을 '팔로피언 튜브Fallopian tube'라고 부른다. 팔로피오는 질vagina이라는 용어를 처음 사용했고, 성교를 통해 음경이 자궁까지 들어간다는 당시 통념이 잘못되었다는 것을 증명했다. 가장 아이러니한 것은 가톨릭 성직자로서 그는 매독을 방지하기 위해 세계 최초로 질병 예방용 싸개를 개발했다는 점이다. 리넨으로 만든 작은 덮개에 소금과 약초즙 또는 우유를 적셔서 음경의 귀두를 덮는 데 사용했다. 이 축축한 장비를 분홍색 끈으로 고정하여 '여성에게 매력을 호소'[36]했다.

레이 해부학Gray's Anatomy』은 여성 생식기 그림에서 음핵의 표기를 삭제한 많은 교과서의 하나에 불과했다.[39] 다른 교과서들은 음핵의 크기나 신경 배선을 축소하여 그리거나, 또는 생색내듯 외부의 귀두를 언급하면서 '작은 크기의 음경'[40]이라는 모호한 설명만 적어놓고 말았다.

1998년이 되어서야 오스트레일리아의 선구적인 비뇨기과 의사 헬렌 오코넬Helen O'Connell이 처음으로 인간 음핵의 상세한 해부 구조를 출간했고, 의학 문헌의 정확성을 요구하며 떠들썩한 캠페인을 벌였다.[41] 아메리카흑곰의 음핵뼈나 호랑꼬리여우원숭이의 가시처럼 음핵의 놀라운 다양성에도 불구하고 인간을 제외한 나머지 동물계의 조사는 한참 더 미뤄졌다. 음핵의 조직 구조나 기능은 거의 알려지지 않았다. "인간과 집쥐, 생쥐를 제외하면 다른 동물의 음핵이 어떻게 생겼는지 전혀 알지 못해요. 하지만 모든 척추동물에 음핵이 있습니다." 브레넌이 내게 말했다.

음핵의 형태는 물론이고 위치도 변이의 대상이다. 8장에서 보겠지만 인간의 가장 가까운 유인원 친척인 보노보 암컷의 음핵은 다른 암컷과 함께 서로 자극할 수 있는 위치에 있다. 인간의 음핵은 질의 바깥에 있기 때문에 다소 불편한 면이 있다. 대부분의 포유류에서는 음핵이 질의 입구 안쪽에 있기 때문에 성교 중에 음경에 의해 쉽게 자극될 수 있다.

병코돌고래가 그런 경우다. 질에서 돌고래 음핵의 위치와 확대된 크기를 조합하면 그 결과는 곧 브레넌에게 병코돌고래 암컷의 성적 쾌락을 암시한다. 암컷에서 오랫동안 성적 욕망의 존재와 역할에 대한 논란이 있었으나 논리적인 결론은 하나다. 섹스는 먹는 것처럼 삶에 필수적인 행위다. 그렇다면 당연히 기분이 좋아야 하지 않겠는가?

암컷 생식기를 세포 차원에서 조사한 결과 드디어 암컷의 성적 쾌감을 둘러싼 논쟁에 마침표가 찍혔다. 심지어 암컷의 쾌감이 어떻게 수컷의 행동과 생리학을 진화시켜왔는지까지 밝혀졌다. 사실 곤충의 암컷도 섹스를 즐긴다. 방식만 옳다면 말이다. 뢰셀꼬마여치*Metrioptera roeselii*의 수컷은 생식기 입구를 향해서 굽은 한 쌍의 봉이 있다. 어떻게 보면 외투걸이 같기도 한 이 기관의 기능을 오랫동안 누구도 알지 못했다. 그런데 밝혀진바, 이 장비는 교미 중에 암컷을 자극하는 용도가 있었다. 따라서 자극봉titillator이라는 아주 진지한 명칭이 붙었다. CT 촬영을 해보니 수컷은 교미 중에 자극봉을 암컷의 몸에 리듬감 있게 삽입한 다음 민감해진 암컷의 내부에 대고 북 치듯 친다. 그것은 수컷에게 교미를 허락하는 그들만의 전희다. 실험적으로 자극봉 전희 시간을 줄이거나[42] 암컷의 감각기관을 화학적으로 차단하면 성에 차지 않은 암컷은 수컷이 다가오지 못하게 저항했다.

브레넌은 성교 중 수컷과 암컷 생식기의 '감각적 적합성'에 관심이 있다. 안타깝게도 돌고래 사체가 너무 훼손되어 세포 연구는 더 이상 수행할 수 없는 상황이지만 포유류에서 암컷의 생식기를 자극하는 행위는 배란을 유도하거나 정자의 운반을 돕기 위해 구애의 한 형태로 작용할 가능성이 있다. 그렇다면 쾌감의 정도는 어떤 수컷이 자신의 알을 수정하게 할지 결정하는, 암컷의 또 다른 무의식적인 제어 방식이 될 것이다.[43]

브레넌은 "섹스는 기분 좋은 것이지요, 그렇지 않나요? 그리고 어떤 섹스는 유난히 더 좋을 수 있지요. 저는 그 즐거움이 바로 암컷의 선택을 나타내는 지표라고 봐요."라고 설명했다.

덴마크의 돼지 사육장에서는 이것이 공공연한 사실이다. 인공수정 시 암퇘지의 음핵과 자궁경부, 옆구리를 수동으로 자극했더니 효과가 더 좋았다. 그래서 연구팀은 실용적으로 접근하여 암퇘지를 자극하는 5단계를 설정하고 이해를 돕기 위한 이미지를 첨부했다. 유혹은 사육자가 암퇘지를 주먹으로 자극하는 것으로 시작해 엉덩이를 마사지한 다음, 등에 앉아 위에서 짝짓기하는 수컷의 무게를 느끼게 하는 것으로 끝이 난다.[44] 이 암퇘지 꼬시기 공식은 처음부터 차가운 주사를 놓을 때보다 새끼를 6퍼센트 더 많이 낳는 결과를 낳지만 누군가는 이 일로 돼지 농장을 그만둘지도 모른다.

질주하는 올림픽 주자의 이미지에도 불구하고 실제로 정자는 자신의 동력만으로 수정의 장소로까지 이동하기에는 에너지도 충분하지 않고 방향을 조정하는 기술도 변변치 않다. 정자는 반드시 도움이 필요하다.[45] 어떤 영장류에서는 정자의 흡수 정도가 오르가슴 시 암컷의 수축과 관련이 있다. 절정에 올랐을 때 분비되는 옥시토신이 자궁과 난관을 수축시키는데 그 힘으로 정자가 '위쪽으로 밀려 올라가' 난자까지 가는 길에 속력이 가속된다.[46] 사육 상태에서 일본마카크원숭이*Macaca fuscata*를 연구했더니[47] 암컷은 사회적 지위가 높고 지배력이 있는 수컷과 짝짓기할 때 오르가슴과 유사한 반응에 도달할 가능성이 더 컸다. 그 수컷의 정자를 더 좋아한다는 뜻이다.

최근 여성의 오르가슴에 대한 한 조사에서는 여성이 절정에 오르는 것이 수태를 촉진한다는 데에 동의했다. 연구팀은 여성의 오르가슴이 데스몬드 모리스의 주장처럼 남성의 오르가슴이나 배우자와의 유대를 강화하는 도구가 아니라는 결론을 내렸다. 오히려 증거는 인간의 오르가슴이 여성의 난자가 양질의 아비를 선택하는 은밀한 도구였을 가능성을 제시한다.[48] 연구자들은 3장에서 나온 사회적 일부일처인 동부요정굴뚝새와 두건솔새 암컷처럼 인류의 조상도 뒤섞인 번식 전략을 추구했을지도 모른다고 제안한다. 상대의 투자 잠재력을 보고 사회적 배우자를 선택한 다음, 실제로 배란기에는 몰래 양질의 남성과 오르가슴을 느끼는 섹스를 한다는 것이다. 교미와 관련된 은밀한 배우자 선택의 메커니즘은 암컷에게 최소한의 친부 결정권을 쥐어줄 것이다. 비록 성적 선택은 가족의 영향이나 성적 강압에 억제된다고 하더라도 말이다.

암컷의 생식기를 조사하면 할수록 암컷에게 난자의 수정 권한이 더 많이 주어지고 원래 중요했던 '정자 경주'는 어이없는 발상으로 전락하게 된다.

포유류의 정자는 암컷의 개입 없이는 생물학적 기능을 수행하는 것조차 힘들다는 것이 밝혀졌다. 실제로 정자는 수정능획득capacitation이라는 활성화 기간을 거치지 않으면 난자와 융합할 수 없다. 이 기간에 정자는 화학적으로 변형되는데 그 과정에 자궁의 분비물이 개입하고 있어 결국 여성의 통제하에 있는 셈이다. 그러나 아직 실제로 연구되지 않았으므로 더 자세한 사항을 알지 못한다. 안타깝게도 "50년 이상 인식된 과정임에도 수정능획득은 정의조차 제대로 되지 않았다."[49]

수정능획득은 암컷의 생식관이 아비의 정자를 결정하는 데 영향을 줄 또 다른 기회다. 그러나 암컷이 자신을 기쁘게 하는 수컷의 정자를 환호하든 그렇지 않은 정자를 방해하든, 결국 최종 결정권은 난자 자체에 있다는 최신 연구 결과가 있다.

난자는 오랫동안 암컷의 수동성을 나타내는 전형적인 상징이었다. 3장에서 논의한 것처럼 작고 이동성 있는 정자와 비교했을 때 커다란 크기와 정주성 성격은 성적 불평등의 근원이 되었다. 교과서에서 설명하는 수정은 동화 속 장면처럼 전개된다. 난자 공주가 오매불망 기다리고 있으면, 그녀의 영웅인 정자 왕자가 역경을 헤치고 달려와 잠에서 깨운다는 이야기 말이다.[50]

그러나 실제로 난자가 경주에서 누가 '이기는'지에 상관없이 어떤 정자를 받아들일지를 결정한다는 증거가 늘고 있다. 수정되지 않은 알은 화학 유인제를 방출한다고 알려졌다. 정자를 올바른 방향으로 안내하기 위한 생물학적 빵부스러기를 남긴다는 말이다. 또한 모든 정자가 같은 방식으로 반응하는 것은 아니다. 다시 말해 먼저 도착했더라도 유전적으로 화합할 수 없는 정자라면 거부되어 결국 난자가 최적의 후보자를 선택할 여지가 생긴다는 뜻이다. 그러나 난자가 무조건 로맨틱한 파트너를 환호하는 건 아니다. 인간의 난자를 연구했더니 절반 이상이 자신의 배우자가 아닌 무작위적인 남성의 정자를 선호했다.[51]

이런 발견도 헌신적인 남편 없이는 잘 받아들여지지 않을 수도 있지만, 여성의 난자에 관한 한 사랑과 생식기 전쟁에서는 모든 것이 공평하다.

6장

BIT

개코원숭이 사회에서 계급이 높은 암컷은 더 자주 번식하고 새끼의 생존 확률도 훨씬 높다.
이들 어미에게 모성이란 양육과 생존 사이에서 벌이는 위태로운 줄타기다.

성모마리아는 없다

상상을 초월하는
어미들

여성은 남성과 정신적 성향이 다른 것 같다.[1] 특히 여성은 더 다정하고 덜 이기적이다……. 여성은 본능적인 모성 때문에 자기 아이에게 이런 자질을 무한히 보여주며, 이를 다른 이들에게까지 확대할 가능성이 크다.

―찰스 다윈, 『인간의 유래와 성선택』

내가 모성애에 가장 가까운 감정을 경험한 건 페루에서 24시간 동안 야생 올빼미원숭이를 돌보면서였다. 잠을 빼앗기고 불안에 떨며 온몸에 똥칠까지 하는 경험이었으나 다들 원래 그런 거라고 했다.

내 엄마되기 모험은 페루 아마존 깊은 곳에 있는 마누 국립공원 외진 가장자리의 야외생물 연구기지에서 한 달간 일하는 동안 벌어졌다. 문명에서 벗어나 강의 상류로 꼬박 하루를 올라가야 나오는 이 광대한 야생은 단언컨대 지구에서 가장 생물다양성이 높은 곳이다. 이곳에는 과학에 알려지지 않은 생물들 천지이고, 추가로 수십 명의 괴짜 동물학자들이 자연의 다양성을 기록하고 그 섭리를 밝히기 위해 사탕 가게에 들어온 아이처럼 신나서 돌아다닌다.

이곳 로스 아미고 기지의 제1정책은 자연에서 관찰하기만 하고 개입하지 않는다는 것이다. 멸종위기종이라고 하더라도 위험에 빠진 동물을 구하는 일이 금기라는 뜻이다. 그러나 페루인 보조 에메테리오는 심하게 다친 새끼 올빼미원숭이의 절망적인 울음소리를 듣고 달려가 몇 미터 옆에서 반쯤 뜯어먹힌 어미의 처참한 사체를 보았을 때 야박한 규칙 따위는 까맣게 잊고 말았다.

열대우림의 소란스러운 구역에 서식하는 10여 종의 영장류 중에서도 검은머리올빼미원숭이*Aotus nigriceps*는 가장 신비한 동물이다. 작은 청설모 크기의 이 작은 영장류는 높은 나무 상층부에서 숨어 지내며 제 이름처럼 세계에서 유일한 야행성 원숭이가 되어 비밀을 유지한다. 가족이 무리를 지어 살고 영장류로는 이례적으로 일부일처성이다. 암수 한 쌍이 1년에 새끼를 한 마리씩만 낳는다. 손바닥 안에 쏙 들어오는 둥근 솜털 덩어리는 일본 캐릭터 공장에서 찍혀 나온 듯 참을 수 없이 귀엽다.

부모 잃은 우리의 올빼미원숭이 새끼는 천적인 매에게 낚아채였다가 떨어진 것 같았다. 탈수가 심하여 사지는 늘어지고 옆구리의 큰 상처에는 이때다 하여 몰려든 탐욕스러운 구더기들이 꿈틀거리고 있어 절반은 숨이 넘어간 상태였다. 응급조치를 취했으나 솔직히 우리 중 누구도 저 어리고 연약한 원숭이가 그날 밤을 넘길 것이라 생각하지는 못했다. 영장류 팀이 수액을 놓는 모습을 보며 주삿바늘 앞에서 축 늘어진 몸이 더 작아 보였던 기억이 난다.

천만다행으로 새끼는 역경을 딛고 살아남았고 야외 연구팀은 의지할 데 없는 이 낯선 아기 영장류에게 임시 부모가 되어주었다. 우리는 페루식 스페인어로 올빼미원숭이라는 뜻의 무스무키*musmuqui*에서 무키*Muqui*를 따와 그에게 이름을 붙여주었다. 무키에게 무엇을 해줘야 할지 알 수 없었으나 끝없는 울음은 그에게 필요한 것을 알려주는 지침이 되었고, 무키는 우리들 머리 위에서 살기로 했다.

무키는 털에 달라붙어 있을 때 가장 안정을 느꼈다. 그러다 보니 특히 배변 훈련이 어려웠다. 무키는 낮이면 누군가의 머리

꼭대기에서 평화롭게 잠을 청했다. 머리를 숙이거나 머리 위에 (잠이 깨면 비명도 지르고 오줌도 쌀) 새끼 원숭이가 있다는 사실을 일부러 의식하지 않는 한 존재를 잊어버리기 일쑤였다. 하지만 밤이면 무키는 전혀 다른 짐승이 되었다. 우리는 번갈아 가면서 이 기운 넘치는 올빼미원숭이를 돌보았다. 그가 기지에 살기 시작한 지 2주쯤 되었을 때 드디어 내 차례가 왔다. 아래는 내가 다음 날 쓴 일기다.

나는 내 (긴) 머리카락 아래의 목덜미에 무키를 걸쳐놓은 채 엎드려서 자야 했다. 그는 밤중에 네댓 번씩 잠이 깨어 내 얼굴로 기어 올라와서 우유를 달라고 귀를 문질렀다. 밥을 먹고 나면 쉬를 하고 변을 보았지만 내 침대 울타리를 벗어나려고 하지 않았다. 무키는 (갈수록) 새 둥지처럼 되어가는 내 머리카락으로 계속해서 돌아왔는데 전혀 반갑지 않았다. 그는 점점 더 대담해져서 밤새 내 몸을 뛰어다니면서 탐험하고 정신없이 모기장 안을 기어올랐다. 새벽 4시쯤, 광적인 귀 비비기와 머리카락 탐색이 절정에 올랐다. 오늘 아침 나는 록밴드 더 큐어의 보컬 로버트 스미스처럼 보인다.

다윈의 말에 따르면 나는 제2의 천성을 유감없이 발휘해야 했다. 모성애가 차올라 현명하고 이타적인 보호자로 변신했을 테니까. 그러나 그 경험으로 내가 트라우마를 느꼈다는 것이 진실이다. 내 능력을 넘어서는 일에 조바심이 나고 지쳤으며, 똥이 묻어 더러워진 머리만으로도 나는 이 시련을 다시 반복할 마음이 없었다. 당시 서른아홉이었던 나는 마침 내 아이를 가져야 하는지 고민하던 참이었다. 무키와의 밤은 내가 모성애가 끔찍하게 깊은 여성은 아니라는 평소의 의심을 굳힐 뿐이었다. 모성의 본능이라는 것이 있다면 나한테는 없는 게 분명했다.

모성애라는 미신

동물의 암컷은 오랫동안 마치 다른 역할은 존재하지 않는 것처럼 어머니와 동일시되어왔다. 엄마가 된다는 것, 또는 모성은 감정적인 주제다. 양육과 희생의 동의어이며, 따라서 모든 여성은 '타고난' 어머니이고, 자식에게 필요한 것을 본능적으로 직감하는 신비에 가까운 모성 본능으로 채워진 근원적인 존재라는 오해가 만연하다.

이런 발상의 가장 자명한 문제는 새끼를 돌보는 것이 전적으로 암컷의 책임이라고 가정하는 데 있다. 그러나 무키만 보더라도 그의 어미가 몇 시간마다 젖을 먹이긴 했겠지만 그러고 나면 바로 꼬리나 발을 물어 꽤나 무정하게 쫓아냈을 것이다.[2] 그리고 90퍼센트 정도는 주 양육자인 아비가 무키를 데리고 다녔을 테고 말이다.

올빼미원숭이 아비가 새끼에게 바치는 헌신은 포유류 사이에서도 일반적인 것은 아니다.(포유류 10종 중에서 한 종꼴로 수컷이 직접 새끼를 돌본다.)[3] 이는 신체적 특징상 태반을 가진 암컷이 새끼를 품고 먹이는 일을 둘 다 해야 하므로 아무래도 육아의 책임을 피하기가 어렵다는 사실로 설명된다. 포유류 수컷도 젖꼭지가 있지만 과일박쥐 두 종, 근친교배 한 양, 소수의 제2차 세계대전 포로 생존자*처럼 주목할 만한 몇몇 예외가 아니고서는 오직 암컷만 젖을 생산할 수 있다고 알려졌다. 많은 경우 포유기는 임신기보다 더 길고 몇 년까지는 아니더라도 몇 달씩 부모의 의무를 지게 된다.(일례로 오랑우탄은 모유 수유를 8~9년씩 한다고 알려졌다.) 이런 책임감이 오랫동안 여성에게 제약이 되었고 비용이 많이 드는 불리한 에너지로서 삶의 전략을 제한한다고 여겨졌다. 반면 포유류 수컷은 일단 수정이 이루어지면 언제든 단칼에 인연을 끊고 자유를 찾은 뒤 다수의 암컷과 번식하고 다른 수컷과 싸우는 데 에너지를 사용할 수 있다.

암컷이 임신과 수유의 책임에서 풀려나게 되면 동물의 세계 나머지에서 그러하듯 아빠들이 자식에게 훨씬 더 헌신적으로 된다. 특히 조류에서는 부모가 함께 자식을 돌보는 경우가 압도적으

---

* 위대한 진화생물학자 존 메이너드 스미스John Maynard Smith는 '수컷 수유의 사례가 하나도 진화하지 않은 것이 이상하다'[4]라고 생각한 적이 있다. 젖을 생산하는 수컷이라는 절충적 집단이 지구상에서 가장 고도로 진화한 '새로운 남성'이 될 수는 없을까? 1992년에 토머스 쿤츠Thomas Kunz와 찰스 프랜시스Charles Francis는 말레이시아 열대우림에서 박쥐 개체수를 조사하던 중에 처음으로 수컷이 젖을 생산하는 다약과일박쥐*Dyacopterus spadecius*를 발견했다. 프랜시스가 처음에 포획 그물에서 박쥐의 상체를 보았을 때 눈에 띄게 큰 젖꼭지를 보고 암컷인 줄 알았다. 그러나 아랫도리를 보니 확실히 수놈이었다. 포획한 열 마리 모두 젖꼭지를 누르자 소량의 젖이 나왔다. 다약과일박쥐의 경우 수컷에도 유선이 발달하여 생리학적으로 수유가 가능하다. 하지만 젖의 양은 암컷에 비해 10분의 1밖에 되지 않는다. 수컷이 새끼에게 젖을 먹이는 장면이 목격된 적은 없고 젖꼭지 모양이 '암컷보다 작고 뿔 모양이 덜한' 것으로 미루어 실제로 젖을 빨리지는 않은 것으로 보인다. 이어서 비슷한 현상이 비스마르크가면날여우박쥐*Pteropus capistratus*에서도 관찰되었다. 수컷이 젖을 생산하는 이유는 아직 정확히 알 수 없지만 어떤 진화적 이점이 있다기보다는 식단의 문제로 보인다. 많은 식물에 식물성 에스트로겐이 들어 있는데 그런 식물을 먹으면 수컷이라도 유선 조직이 발달할 수 있다.[5] 이는 근친교배 한 양의 이야기와도 일치한다.[6] 또한 식단은 제2차 세계대전 당시 전쟁 포로의 경우에도 원인으로 꼽힌다. 감금에서 풀려나 적절한 영양을 공급받자 그로 인한 호르몬 불균형으로 젖이 나온 것이다. 간경화증도 비슷한 증상을 야기할 수 있다.

로 많아서 조류 커플의 90퍼센트가 그 일을 나눠 가진다. 진화의 단계를 거슬러가다 보면 아비의 돌봄이 흔한 것은 말할 것도 없고 거의 관례 수준이다. 물고기의 경우 전체 종의 3분의 2가 양육의 모든 책임을 아비 혼자서 지는 싱글대디이고, 어미는 알을 기여하는 것 이상은 하지 않고 사라져버린다. 심지어 해마 수컷처럼 일부는 출산까지 한다.*

양서류에서도 이야기는 비슷하게 흘러간다. 특히 양서류는 싱글대디, 싱글맘에서부터 공동 육아에 이르기까지 다양한 부모의 돌봄 전략을 보여준다. 내가 페루의 열대우림 바닥에서 뛰어다니는 것을 종종 보았던 화려한 작은 독개구리를 예로 들어보자. 독개구리과의 이 작은 맹독성 양서류는 놀라울 정도로 헌신적인 부모이다. 가끔 숲 바닥에서 폴짝폴짝 뛰어다니는 놈들을 잡아보면 꿈틀대는 수많은 올챙이를 배낭처럼 등에 붙이고 있는 걸 볼수 있다.

이런 초현실적인 행동이 상당히 별나 보이지만 사실 이 개구리는 갓 부화한 올챙이를 업고서 물이 있는 안전한 장소로 데려가는 중이다. 독개구리는 낙엽 더미에 알을 낳는다. 그러나 올챙이는 수생동물이므로 일단 부화하면 물속에 살면서 탈바꿈해야 한다. 나무 구멍에 고인 빗물이나 파인애플과 식물의 잎이 만든 물웅덩

* 구애가 끝난 후 해마 암컷이 관 형태의 산란관으로 수컷의 알주머니에 알을 주입하면 수컷이 즉시 그 위에 정자를 뿌린다. 최근 연구에 따르면 이 육질의 주머니는 놀라울 정도로 자궁을 닮았다.7 풍부한 혈관이 산소와 양분을 제공하고 노폐물과 가스를 제거할 뿐 아니라 주머니 속의 염도까지 조절한다. 이는 해마 수컷과 포유류 암컷이 임신과 관련된 유전자 도구를 공통으로 사용한다고 제시한다. 24일이 지나면 알주머니의 근육이 수축하면서 약 2,000마리의 새끼 해마가 탄생한다. 몇 시간이 지나면 수컷은 다시 임신할 준비를 마치고 모든 과정을 반복한다.

이 따위의 개인용 임시 수영장은 포식자가 없는 안전한 장소로서 올챙이들이 잡아먹히지 않고 자랄 수 있다. 개구리는 자식을 위한 완벽한 물웅덩이를 찾아 며칠까지는 아니어도 몇 시간씩 애들을 업고 숲을 돌아다니며 건물 몇 층 높이의 현기증 나는 나무를 기어 올라간다. 고작 2~3센티미터짜리 동물의 부모로서는 대단히 헌신적인 행동이다.

야생에서 이런 마라톤 같은 힘든 임무는 대개 수컷의 몫이지만 몇몇 독개구리 종은 암컷 혼자서 또는 부모가 함께 일을 맡는다. 스탠퍼드대학교 생물학과 조교수인 로렌 오코넬Lauren O'Connell은 근연종 사이에서 나타나는 이런 변이를 아주 특별한 기회로 보았다. 종마다 새끼 돌보기를 조절하는 신경 회로를 조사하여 암수 간에 어떤 차이가 있는지 확인할 수 있기 때문이다.

"사람들은 개구리가 우리와는 전혀 다른 뇌를 가졌다고 믿거나 아예 뇌가 없을 거라고 생각합니다." 오코넬이 스카이프 통화에서 내게 말했다. "하지만 당연히 개구리한테도 뇌가 있죠. 사실 개구리의 뇌는 굉장히 오래된 것이라 모든 동물이 그 일부를 공유합니다. 더 크냐 작냐에 따라 복잡성이 달라질 뿐 모두 다 같은 조각이에요."

야생에서 염색독화살개구리Dendrobates tinctorius 암컷은 생전 올챙이를 업는 일이 없다. 그건 언제나 수개구리의 몫이다. 그러나 실험실에서 오코넬이 수개구리를 없앴을 때 종종(늘 그런 것은 아니더라도) 암컷이 나서서 그 역할을 대신하는 것을 보았다. 하여 개구리들의 뇌를 살펴봤더니 이런 행동은 성과 무관하게 시상하부에서 갈라닌galanin이라는 신경펩타이드를 발현하는 특별한 뉴런의 활성화와 연관되어 있었다.

"새끼 돌보기 행동을 촉진하는 회로는 암수가 모두 똑같아요." 오코넬이 내게 말했다.

다시 말하면, 한 성만 새끼를 돌보도록 프로그래밍된 것이 아니라 둘 다 양육의 본능을 자극하는 뇌 구조를 장착하고 있으나 실제로는 한 성만 실행에 옮기는 것이다.[8] '모성' 본능이 암컷에게만 있다는 발상이 적어도 개구리에게는 적용되지 않는 것이다. 그렇다면 포유류는 어떨까? 암사자가 대부분 양육을 전담하고 수사자는 새끼를 키우는 일에 시큰둥한 짐승 말이다.

예를 들어 설치류에서 숫총각은 공격적이고 영아 살해의 본능 때문에 갓 태어난 새끼를 일상적으로 해하거나 죽인다. 하버드 대학교 분자생물학 및 세포생물학과 교수인 캐서린 딜락Catherine Dulac은 이런 살인적인 생쥐 수컷도 시상하부의 갈라닌 뉴런을 자극하면 세상에 둘도 없이 다정한 아빠로 변신한다는 것을 보였다.[9]

"마치 부모되기 버튼 같아요." 딜락이 줌으로 나눈 대화에서 내게 말했다.

최첨단 광유전학 기술을 사용하여 딜락은 새끼를 죽이기 직전의 숫총각에서 갈라닌 세포를 활성화했다. 변화는 즉각적이었다. 수컷은 부지런히 둥지를 짓더니 그 안에 새끼를 조심스럽게 갖다 놓고는 털을 쓰다듬어주고 제 몸을 움츠려 보호했다.

"그 수컷 생쥐는 마치 '어미' 같았어요. 젖을 물리지 못하는 것만 빼면 엄마와 똑같은 방식으로 새끼를 돌보았죠. 정말 굉장하죠."

딜락은 두 종류의 뉴런을 발견했다. 하나는 새끼 돌보기 행동을 하게 하는 갈라닌 뉴런이고, 다른 하나는 영아 살해 충동을 일으키는 우로코르틴urocortin 뉴런이다. 두 뉴런은 서로에게 직접 작용하여 하나를 자극하면 다른 하나가 억제된다. 따라서 두 행동은 상호배타적이다. 새끼를 돌보면서 새끼를 죽이지 못한다는 말이다.

이 신경 회로는 암수의 뇌에 똑같이 배선 되었다. 뒬락이 같은 기법으로 암쥐의 우로코르틴 뉴런을 자극했더니 새끼를 돌보는 대신 공격했다. "정말 놀라워요. 한 버튼을 누르면 새끼를 돌보고 다른 버튼을 누르면 새끼를 죽이려고 하니까요."

뒬락은 '부모되기'의 본능을 일으키는 가장 근본적인 신경 조절 장치를 발견한 것이다. 애들을 잡아먹지 않고 돌보게 하는 장치 말이다.

인간처럼 인지 능력이 있는 종은 자기 새끼를 잡아먹는 것이 부모되기의 첫 번째 행동으로 적합하지 않다는 것을 잘 알고 있다. 하지만 개구리는 그렇지 않다. 개구리 앞에 알을 갖다 놓으면 생각 없이 꿀꺽 삼킨다. 알은 맛도 좋고 단백질도 풍부한 식품이니까. 그래서 새끼 돌보기 스위치가 달린 신경 회로가 식탐이라는 기본적인 본능의 스위치를 끄는 것은 당연한 이치다. 이런 자극은 '새끼가 입에서 부화하는' 동물에게 특히 유용하다. 새끼를 입속에 품고 보호하는 개구리나 물고기가 이에 해당한다. 분명 '삼키지 않고 보살피기'를 자극하는 것은 이들에게 꽤나 도움이 될 것이다. 알사탕을 입에 넣고 몇 주 동안 빨아 먹기만 하고 깨물지 않으려고 애쓰는 행동의 육아 버전이라고나 할까.*

* 소수의 어류(암수 모두), 그리고 내가 가장 좋아하는 무미류인 다윈코개구리*Rhinoderma darwinii*가 이 전략을 채택한다. 특히 다윈코개구리는 최고의 아빠상 후보에 오를 자격이

딜락에 따르면 영아 살해는 포유류에서도 흔한 현상으로 전체 종의 약 60퍼센트에서 보고되었다. 숫쥐가 어린 쥐를 죽이는 일은 일상적이지만 제 새끼는 죽이지 않는다. 반대로 암쥐는 포식자 때문이든 굶주림 때문이든 과도하게 스트레스를 받으면 제 새끼를 죽인다.

딜락은 부모되기의 집착도 영아 살해와 마찬가지로 타고나는 것으로 생각한다. 동물은 근본적으로 자신의 생존에 관심이 있고 당연히 그럴 수밖에 없다. 모두 사느냐 죽느냐의 세상을 살고 있으며, 그 안에서 먹고 먹히지 않으려는 투쟁은 매일의 치명적 현실이다. "왜 암컷은 어느 날 갑자기 나타나 크게 울어재끼고 요구사항도 많은 분홍색 작은 짐승을 돌볼까요? 그걸 돌보고 희생하는 것은 자기에게 극도로 위험한 일인데요." 딜락이 말했다. "이 시점에 양육의 본능이 발휘되기 때문이에요. '무조건 돌봐야 해. 그거 말고 다른 방법은 없어'라고 명령하는 거죠."

딜락이 본 것처럼 두 전략 모두 종의 생존에 필수적이다. "지금 저와 당신이 살아 있는 것도 우리 조상님들이 자신의 갈라닌 세포로 제 자식을 돌보았기 때문이에요. 하지만 동시에 엄마로 하여금 과연 지금이 아기를 가지기에 좋은 때인지 판단하고 실행하

충분하다. 다윈코개구리 수컷은 10여 개의 알이 든 꾸러미를 부화 직전에 삼킨다. 새끼들은 아비의 목구멍에 있는 울음주머니에서 꼬박 8주를 머물다가 때가 되어 아비가 토해내면 그제야 밖으로 나온다. 이 '임신' 기간 내내 수개구리는 먹지 않고 묵언수행을 한다. 한번은 이 헌신적인 아버지를 보고 싶어 파타고니아 오지의 건조한 숲에 간 적이 있다. 한참을 찾아 헤매다가 멀리 떨어진 국립공원의 남자 화장실 밖에서 뛰어다니는 놈을 발견했다. 놀랍게도 임신 중이었다. 이 개구리의 울음주머니에는 살아 있는 올챙이들이 들어 있었는데, 영화 〈에일리언〉에서 존 허트의 배가 폭발하기 직전의 모습과 아주 흡사했다.

게 하는 우로코르틴 덕분에도 우리가 존재하지요. 그러지 않았으면 어미 자신이 죽었을 테니까요." 됨락의 말이다. "이 사실을 염두에 둬야 해요."

'무엇이 양육 모드로 전환하는 스위치를 누르는가'가 다음 질문이다. 됨락은 아직 찾아내지 못했지만 그녀의 예감으로는 내부 및 외부의 연쇄적 자극으로 촉발되는 다수의 근본적인 신경 회로 변화가 관련이 있다. 갈라닌 뉴런은 양육과 관련된 일종의 명령 중추로서 뇌 전체에서 입력과 출력을 조정하고 미리 준비된 기본적인 반응을 넘어서는 다양한 돌봄의 행동을 만들어낸다.

"사람들은 단순하게 만사를 남성 특화된, 또는 여성 특화된 것으로 나눠 생각합니다." 됨락이 스카이프로 내게 지적했다. "하지만 주위를 보면 인간이든 동물이든 모든 개체가 다 똑같이 행동하지는 않아요. 수컷이라고 해서 다 공격적인 것도 아니고, 암컷이라고 해서 한결같이 모성이 지극한 것도 아니지요. 아주 제각각이에요."

됨락은 이 신경 회로가 비단 생쥐의 암수에서만 똑같은 게 아니라 인간을 포함한 모든 척추동물이 공유하는 특성이라고 추정한다. 시상하부는 뇌 안에서도 아주 오래된 영역으로 잠자고 밥 먹고 성관계를 하는 것처럼 여러 본능적 행동의 중심이다. 이 각각의 행동을 조절하는 뉴런이 동물에서 발견될 때마다 그에 해당하는 뉴런이 인간에게서도 발견된다. 만약 부모되기의 명령 중추가 개구리와 생쥐에 존재한다면 유사한 회로가 인간 남자와 여자의 뇌에 존재하지 않을 이유가 없는 것이다.

됨락은 "제가 남성 동료들에게 동물의 육아 행동에 관해 이야기할 때, 그들이 수컷의 뇌도 부모가 되는 데 필요한 모든 것을 갖추고 있다는 생각을 반기는 것은 정말 가슴 따뜻해지는 일이에요. 뿌듯하기도 하고요."라고 말했다.

부모되기의 신경 회로를 전반적으로 더 잘 이해한다면 모성애와 관련된 정신 질환 치료에 큰 보탬이 될 것이다. "산후우울증을 겪는 여성들의 증언이 정말 충격적이었어요. 자기 아이를 해치고 싶다는 강박에 시달렸거든요. 여성 자신에게도 굉장히 불안한 일입니다. 대부분은 그러지 않지만 때로 정신 질환이 있는 사람들은 실제 행동으로 옮기기도 합니다."

영아 살해는 인간 사회에서 엄격하게 병으로 취급되는 행위다. 우리는 그처럼 둔감한 생존 도구의 필요성을 제거하고 다른 전략으로 대체한 40퍼센트의 포유류에 속한다. 하지만 인간의 시상하부에도 똑같은 우로코르틴 뉴런이 존재한다. 현재는 사용되지 않지만 진화의 역사에서 대단히 중요한 역할을 했기에 보존된 것이라고 될락은 믿고 있다. 될락은 자신의 추정대로 우로코르틴 뉴런과 산후우울증이 연관되어 있다면 자신의 연구가 해당 장애를 치료하는 차단제를 찾아낼 수 있길 바라고 있다.

"실제 자신의 아이를 살해한 여성들의 증언을 들어보면 그들은 무엇이 자신을 부추겼는지 알 수 없지만 엄청난 본능을 느꼈다고 했어요. 하지만 그게 뭔지는 설명하지 못했죠. 위험한 상황에 부딪혔을 때 본능적으로 새끼를 없앤 쥐의 뇌에서 일어난 일과 아주 유사할지도 모릅니다."

될락의 연구는 최초로 포유류의 뇌에서 복잡한 사회적 행동을 지도화했다. 그만큼 의미 있는 발견이기에 될락은 이 연구로 권위 있는 ('과학계의 오스카상'이라고 자칭하는) 2021 혁신상을 받았다. 지난 50년 동안 모성애 연구에 대한 학계의 태도가 어떻게 변했는지를 단적으로 보여주는 예다. 모성 행동이 개체마다 다양하다는 발상이 이제는 자명한 것으로 받아들여지지만 늘 그랬던 것은 아니다. 세라 블래퍼 허디가 하버드에 다니던 1970년대에 "어머니는 아기를 생산하고 기르는 기능을 갖춘 일차원적 자동장치였다."[10] 구애와 짝짓기에서 암컷이 수동적이고 동질적으로 보였던 것처럼 모성애도 마찬가지였다.

당시의 표준 교과서에는 "대부분의 동물 개체군에서 다 자란 암컷은 대체로 새끼를 낳고 기르는 능력을 갖추었거나 그에 가까운 상태로 번식할 가능성이 크다."[11]라고 적혀 있다. 한 명의 엄마를 보고 모든 엄마를 본 것처럼 뭉뚱그려 판단한 것이다. 하지만 자연선택이 기능하려면 변이가 필요하다. 따라서 어머니들은 너무 단조롭다는 이유로 사실상 진화의 장에서 배척되었다.

개코원숭이의 계급과 부모되기

이런 터무니없는 편견은 진 앨트먼Jeanne Altmann의 사나운 분석력에 의해 가차없이 내쳐졌다. 그녀는 현재 프린스턴대학교 동물행동학과 명예교수이며, 동물의 어미가 진화에 미치는 영향을 정량화하고 그 중요성을 되찾은 최초의 과학자다.

나는 캘리포니아 북부에 있는 허디의 호두 농장에서 앨트먼을 만났다. 성격은 전혀 달라 보이지만 두 영장류 학자는 함께 장기적으로 공모해온 사이다. 눈길을 끄는 텍사스 집주인에 비해 앨트먼은 이제 팔십 대가 된 진지한 뉴요커로 키가 작고 조용하며 내성적이다. 하지만 사상만큼은 허디보다 덜 급진적이라 말할 수 없다. 앨트먼의 비밀 병기는 공정한 데이터라는 절대 신에 대한 헌신이다. 맞다. 앨트먼은 철저한 통계분석을 통해 혁명에 불을 붙였다. 별로 매력적인 방식은 아니지만 호전적인 수컷 영장류의 유혹으로부터 관심을 빼앗아올 유일한 방법이었다.

앨트먼은 〈스타트렉〉의 스팍 대령에게도 논리를 가르칠 수 있는 사람이다. 그녀는 UCLA에서 수학과 학생으로 공부를 시작했지만, 동기 내에서 세 명밖에 안 되는 여성 중 하나였고 지도를 맡아줄 교수를 찾지 못해 끝내 그만두고 말았다. 하지만 수학이 인재를 잃은 덕분에 동물학이 덕을 보았다. 앨트먼은 영장류학의 남성우월주의적 부담이 방해되지 않는 야외생물학에 발을 들였다. 과학을 괴롭히던 관찰 편향의 함정을 해결할 수 있는 독보적인 자격을 갖추고서 말이다.

앨트먼은 표본을 무작위적으로 추출하는 방법을 개발했고, 각 개체를 동일한 시간 동안 관찰하는 것을 중요시했다. 왜냐하면 통계학적으로 모든 행동은 아무리 '따분해' 보이더라도 중요도는 동일하기 때문이다. 그 결과 앨트먼이 자신의 실험법을 개괄하여 쓴 논문 「행동의 관찰 연구: 표본 추출 방식」[12]은 혁신 그 자체였고, 개코원숭이만이 아니라 동물계 전반에서 이루어지는 야외 연구 방식을 영원히 바꾸었다. 이 논문은 지금까지 1만 6,000번 이상 인용되었으며, 한 인류학 교수가 나에게 '의도하지 않은 역사상 최고의 페미니스트 논문'[13]이라고 설명할 정도의 영향력을 발휘했다. 왜냐하면 이 논문을 계기로 마침내 암컷이 수컷과 동일한 시간을 할애받을 수 있었기 때문이다.

두 번째로 앨트먼의 계획적인 천재성은 진화의 시간에서 동물의 행동이 미치는 영향을 계산하려면 수 세대에 걸쳐 동일한 동물 집단을 대상으로 장기적인 데이터를 수집할 필요를 강조했다. 앨트먼은 그 대상으로 개코원숭이를 선택했다.

1960년대로 돌아가 젊은 앨트먼과 남편 스튜어트는 엠보셀리 국립공원 가장자리에 서식하는 노랑개코원숭이 *Papio cynocephalus* 의 생태와 사회적 행동을 연구하기 위해 케냐의 킬리만자로 산기슭으로 떠났다. 대개는 땅에서 생활하고 대단히 지능이 높은 이 원숭이는 최대 150마리가 무리 지어 살기 때문에 인간 사회와의 유사성을 찾는 영장류학자들의 관심을 받아왔다. 현재도 진행 중인 앨트먼의 기념비적 연구는 주류 과학을 한자리에 못박은 수컷들의 호화로운 경쟁 장면을 뒤로하고 어미와 새끼의 관계에 집중함으로써 새로운 토대를 마련했다. 참으로 용기 있는 전환이었다. 어머니라는 존재는 수컷 위주의 기존 동물학계에서 이론적 중요성을 거의 인정받지 못했을 뿐 아니라 신생 페미니스트 운동에 동참하는 여성 과학자들에게도 인기가 없었다. 모성애 연구를 퇴보적인 움직임으로 여겼기 때문이다. 즉, 모성애 연구는 세라 블래퍼 허디가 자신의 책 『어머니의 탄생』에서 말한 "동물 행동의 '가정 경제학'"이다.[14]

오래전에 전권을 다른 사람에게 넘겼지만 앨트먼은 자신이 시작한 개코원숭이 프로젝트의 진행을 살피러 여전히 엠보셀리로 향한다. 50년이 넘는 이 프로젝트는 현존하는 최장기 영장류 연구

이다. 거의 일곱 세대에 걸쳐 1,800마리가 넘는 개코원숭이의 삶
에서 축적된 편견 없는 관찰 데이터는 개코원숭이에 대한 이해뿐
아니라 전반적인 어미와 새끼의 관계에 대한 이해를 크게 바꾸어
놓았다. 앨트먼은 영장류에게 모성이란 양육에 대한 무릎반사 같
은 보편적 반응이 아니라 위험천만한 줄타기를 하면서 끊임없이
중요한 거래를 협상해야 하는 사느냐 죽느냐의 다채로운 직무임
을 처음으로 증명했다.

　　앨트먼의 연구는 모든 개코원숭이 어미가 '이중 업무'[15]를 조
율하며 살아간다는 사실을 밝혔다. 어미 개코원숭이는 하루의 70
퍼센트는 먹이를 찾아 돌아다니며 포식자를 피하고 '생계를 유지
하는 데' 사용하고 동시에 나머지는 새끼 돌보는 일을 해내야 한
다. 개코원숭이는 작은 열매나 씨앗을 찾아 매일 수 킬로미터씩
이동한다. 어미는 새끼를 낳아도 여유 있게 회복할 시간이 없다.
한 손에 새끼를 안고 남은 세 발로 걸으며 지친 몸으로 무리를 따
라가야 한다. 이때 새끼를 안는 자세가 바르지 못하면 새끼가 젖
을 먹지 못해 금방 탈수되고 죽는다.

　　이런 기술을 익히는 것이 초산인 산모들에게는 특히 쉽지 않
은 도전이다. 이들은 보통 새끼가 왜 힘들어하는지 몰라 '어리둥절
해' 한다고 했다. 양육의 본능 자체는 타고났을지 모르지만 어미
로서의 행동은 천천히 발동된다. 앨트먼은 젖을 먹으려고 애쓰던
한 젊은 개코원숭이 어미가 맞이한 비운의 결말을 기억한다. "비
가 처음으로 낳은 새끼인 비키는 태어난 첫날 어미의 젖을 제대로
물지 못했어요. 어미가 새끼를 거꾸로 안았거든요. 심지어 그 상태
로 거의 온종일 땅에 질질 끌려다니면서 여기저기 부딪히기까지

했어요."[16] 다른 신참 엄마들처럼 비도 며칠 만에 요령을 터득했지만 이미 너무 늦었다. 상처가 깊었던지라 비키는 한 달 만에 죽고 말았다. 그런 죽음이 드물지 않다. 영장류에서 첫째의 사망률은 그 뒤로 태어난 형제자매보다 최대 60퍼센트까지 높다.[17]

노련한 어미들 사이에서도 영아 사망률은 상당히 현실적인 위협이다. 앨트먼은 새끼의 30~50퍼센트가 첫해에 사망한다는 것을 발견했다. 주된 원인은 영양 부족이다. 엠보셀리의 먼지투성이 평원과 힘겹고 예측하기 어려운 환경에서 당연히 음식은 부족하다. 젖먹이가 있는 어미는 두 사람 몫의 열량을 찾아야 하는데, 새끼가 6~8개월쯤 되면 옆에 데리고 다니면서 먹이를 찾는 게 물리적으로 불가능하다. 새끼는 식욕이 지나치게 왕성하고 몸은 거추장스러운 존재다. 여기에서 어미와 자식 간에 이해가 충돌한다. 어미가 살아남으려면 이제 새끼는 혼자서 걷고 먹이를 찾아다녀야 하지만 새끼는 계속해서 무임승차를 원한다. 심지어 '심리적 무기'[18]를 사용해 어미를 조종하려고 든다. 이 무기는 아주 광범위한 짜증의 형태를 취하는데, 인간 아기의 미운 두 살은 저리 가라 할 정도다. 정서적 폭발은 새끼가 완전히 독립할 때까지 계속되며 그 시기는 한 살에서 두 살 사이다.

어미가 새끼의 젖을 떼는 시기는 가용한 자원을 두고 본능적으로 계산기를 두드린 결과다. 타이밍을 놓치면 어미나 새끼, 혹은 둘 다 죽을 수 있다. 개코원숭이는 평생 새끼를 여러 마리 낳는 다른 모든 어미처럼 현재 자식에 대한 투자를 자신의 생존과 미래의 번식 능력에 대한 투자와 균형 있게 조율해야 한다. 보통 개코원숭이는 평생 총 일곱 마리 정도의 새끼를 낳고 일생의 75퍼센트를 새끼와 함께하지만, 그중에서 끝까지 살아남아 어른이 되는 건 고작 두 마리뿐이다.[19] 이런 초라한 결과는 새끼 하나하나가 얼마나 큰 도박인지를 암시한다. 앨트먼은 개코원숭이 어미들이 생존의 한계까지 내몰린다는 걸 알게 되었다. 자주 번식할수록 어미는 고갈과 죽음의 위험을 감수해야 한다.

그러나 모든 어미가 똑같은 수저를 물고 태어나는 것은 아니다. 암컷 개코원숭이의 팔자는 사회적 지위에 따라 달라진다. 수컷은 알파 자리를 두고 죽어라 서열 싸움을 하는데, 암컷들도 나름의 계층 사회를 이룬다. 상위 계층은 영국 귀부인 저리 가라 할 만큼 견고한 집단이다. 사회적 지위는 바꿀 수 없고 모계를 통해 대물림되며 높은 서열은 특권을 부여받는다. 운 좋게 상위 계급이 된 암컷들은 먹이와 물에 대한 우선권이 있고 하위 계층의 원숭이를 시켜 털 손질을 받으며, 무리 내에서 원하는 곳은 어디든 가고 하고 싶은 것은 뭐든지 할 수 있는 자유를 누린다. 다른 암컷이 낳은 새끼를 강탈하거나 납치하는 일까지 포함해서 말이다.

앨트먼은 개코원숭이들이 남의 새끼를 빼앗는 이유를 정확히는 알지 못한다. 아기에 대한 본능적 끌림의 비정상적 부작용일 수도 있다. 이런 본능은 영장류에서 보편적이다. 인간도 그렇듯이 갓 태어난 새끼는 강한 자석 같아서 만인의 관심을 받고 그중에서도 젊은 개코원숭이 암컷들이 새끼를 한번 안아보고 싶어서 안달이다. 그런데 새끼를 낳아본 적 없는 어린 암컷은 아기를 잘 다루지도 못하고 쉽게 관심을 잃기 때문에 처참한 결과로 이어질 때가 있다.

"영장류 대부분이 온종일 젖을 빨지요." 앨트먼이 내게 말했다. "하지만 납치자의 가슴에서는 젖이 나오질 않아요. 그래서 특히 엠보셀리처럼 건조한 서식지에서는 새끼가 금세 탈수되고 영양도 부족해집니다."

특히 계급이 낮은 어미가 유린의 대상이다. 이들은 적극적으로 나설 사회적 처지가 못 되기 때문에 마님의 딸들이 제 아기를 데려가도 아무 소리 못하고 그들이 새로운 장난감을 갖고 놀다가 버리는 걸 찢어지는 마음으로 지켜봐야 한다. "더 무지한 암컷들도 있어요." 앨트먼의 말이다. "한번은 하위 계급의 햇병아리 엄마가 스스로 불구덩이로 들어가는 모습을 봤어요. 다른 원숭이들이 제 새끼를 들여다보는 중에 새끼를 노출하고 계속 먹였거든요. 그럼 정말 이렇게 소리치고 싶죠. '안 돼, 빨리 도망가! 저들이 네 아기를 납치할 거야!'라고요."

귀족의 딸로 태어난 개코원숭이는 엄마의 사회적 관계 덕을 크게 본다. 엄마의 높은 지위가 자식에게는 세상에서 가장 좋은 선물인 것으로 드러났다. 어미의 폭넓은 인맥이 다른 개코원숭이의 경쟁적 공격은 물론이고, 납치를 시도하는 암컷이나 영아를 살해하는 수컷의 위험으로부터 보호하기 때문이다. 상류층의 훌륭한 사회적 네트워크에 속한 새끼는 다른 어른 근처에서 먹이를 먹어도 용인될 가능성이 크다. 이처럼 든든한 지원 구조 안에서는 어미가 자식에게 유일한 전부가 되지 않아도 된다. 이는 특히 처음으로 새끼를 낳아 혹독하게 학습 중인 초보 엄마에게 도움이 된다. 앨트먼은 높은 계급의 친척들로 둘러싸인 딸들은 어린 나이에 새끼를 낳고 새끼가 생존할 가능성도 더 높다는 걸 발견했다. 그래서 이들은 낮은 지위의 어미를 가진 딸들보다 평생 생식 면에서 유리하다.

이렇듯 사회적 특권의 여부는 개코원숭이 암컷이 엄마가 되는 방식에 지대한 영향을 미친다. 귀족 출신의 어미는 앨트먼이 '자유방임주의식'이라고 부르는 육아를 한다. 새끼가 멀리 돌아다녀도 내버려두고, 젖을 뗄 시기에도 일찌감치 엄한 태도를 보여준다. 이와 같은 불간섭 방식은 자립적이고 사회적으로 통합된 청소년으로 자라는 데 기여하며[20] 어른이 되었을 때 살아남을 가능성도 더 크다.

"성공적인 육아의 목표는 독립적인 아이를 키워내는 거예요." 앨트먼이 내게 말했다. "과하게 보호하지 않는 어미에게서 자란 새끼는 자신의 사회적 세계를 안전하게, 그러나 독립적으로 탐험하고 발전시킵니다."

낮은 계급의 암컷들은 거의 모든 구성원으로부터 학대받는다. 자신과 새끼를 보호할 사회적 입지가 없으므로 이런 어미는 앨트먼이 '구속적' 육아라고 부르는 방식으로 새끼를 제 손이 닿는 곳에만 두려고 한다. 이처럼 품에 끼고 있는 방식이 '아마도' 초기 생존율은 더 높을 것이다. 처음 몇 주 동안 새끼가 포식이나 질병에서 좀 더 안전하기 때문이다. 그러나 독립이 느리고 어미의 자원을 더 많이 요구하기 때문에 결국 어미를 에너지 절벽으로 떠미는 결과를 낳는다.

지위가 낮은 어미들은 잠재적 위협으로부터 끊임없이 스트레스를 받다 보니 항상 초긴장 상태로 생활한다. 자식이 위험한 이들의 손에 넘어가도 지켜만 볼 뿐 해줄 수 있는 것이 없다. 내재한 경계 시스템이 알람을 울릴 때 사회적 불평등 앞에서 불안감은 기하급수적으로 증가한다. 대변으로 배출된 호르몬으로 감지되는 이 스트레스는 면역계를 약화시켜 어미는 질병에 걸리기 더 쉽다.[21] 또한 우울장애나 심지어 아동학대로 나타날 수 있다. 사람만 산후우울증을 겪는 것은 아니다. 올리브개코원숭이에서 서열이 낮은 어미는 산후 기간에 새끼를 학대하는 행동을 더 많이 보인다는 연구 결과가 있다.[22] 야생 마카크원숭이 집단에서도 어미의 5~10퍼센트가 새끼를 물거나 땅에 던지거나 짓누르는 것이 관찰되었다.[23] 일부는 죽기도 했다. 살아남은 새끼도 심리적 상처를 입어 나중에 제 새끼를 학대할 가능성이 컸다.[24] 학대 행위가 세대를 통해 대물림되는 것이다.

계급이 낮은 개코원숭이 암컷은 포커에서 가장 낮은 패를 뽑은 것처럼 비참한 어미로서의 비운을 타고난 듯 보이지만 이들이 시스템을 속이고 자식에게 더 나은 생존의 기회를 줄 방법이 아주 없지는 않다. 앨트먼 연구팀은 이들이 암수 상관없이 다른 개코원숭이들과 전략적 우정을 맺을 수만 있으면 다윈의 잔혹한 도전 앞에서도 필요한 도움을 얻는다는 것을 발견했다.[25]

앨트먼은 "친구가 있는 암컷이 더 오래 살고 새끼도 더 잘 살아남을 수 있었어요."라고 통화 중에 말했다.

개코원숭이 우정의 매개체는 털 고르기다. 털 고르기는 엔도르핀을 방출하고 신체적 스트레스 수치를 낮추는 역할을 한다. 개코원숭이가 친구를 사귀고 우정을 유지할 시간, 에너지, 동기가 있는 한 이들은 가족만큼이나 가치 있는 지원 네트워크를 제공한다. 그러나 이것도 적을수록 좋은 법이다. 중요한 것은 유대 강도이지 친구 수가 아니다. 강하고 지속적으로 사회적 유대를 형성하는 능력은[26] 심지어 높은 계급에 있는 것보다 더 큰 번식 상의 이점을 줄 수 있다.

"친구는 공격의 차이를 만듭니다. 골칫거리를 감시하는 눈과 귀가 되고 근처에서 먹이를 먹일 수 있고 먹이원을 찾으면 기꺼이 공유합니다. 인간이 친구에게서 기대하는 모든 것이 개코원숭이에서도 똑같다는 말이에요."

어미의 다양한 통제권

개코원숭이 어미에게는 운명을 속이는 또 다른 전술이 있다. 무의식적으로 자식의 성별을 조작하는 것이다. 앨트먼이 자신의 엠보셀리 연구지에서 지켜보니 희한하게도 서열이 낮은 암컷은 딸보다 아들을 더 많이 낳았다.[27] 분명 이런 성비는 그들에게 유리하다. 암컷의 지위는 모계를 따라 대물림되어 고정되기 때문에 낮은 계급의 딸들은 어미의 비루한 처지가 주는 족쇄를 그대로 유지한다. 반면 아들은 직접 싸워서 서열을 결정하므로 지위가 바뀔 가능성이 있다. 추가로 야망을 품고 상류층 딸까지 얻는다면 자손에게 금수저를 보장할 수 있다. 그러므로 그의 유전자는 하위 계급이라는 지옥에서 탈출하는 데 성공한다. 그래서 서열 낮은 암컷이라면 족벌적 모계 체제의 한계에 평생 갇혀 있을 딸을 낳는 것보다 거기에서 벗어날 일말의 가능성이라도 있는 아들을 낳으려는 게 당연하다.

반대로 서열 높은 개코원숭이 암컷은 아들보다 딸을 많이 낳는다. 특권을 물려줄 수 있으므로 딸은 위험성이 낮은 도박이며 앨트먼이 관찰한바, 이들의 아들 역시 살아남아 높은 서열에 오를 가능성이 더 크다.

앨트먼이 개코원숭이 암컷의 성비 조작을 밝혔을 때 많은 이들은 어미가 그렇게 계산적으로 움직인다는 것을 믿을 수가 없었다. 하지만 동물의 왕국 전체를 놓고 보았을 때 어미는 사람들의 상상보다 훨씬 많은 통제를 가하고 있다. 성별 조작은 무화과말벌에서 카카포*까지 동물의 어미가 활용하는 술책의 하나에 불과하다. 무의식적이라고는 하나 이처럼 생물학적으로 계산기를 두드려서 결정된 편애는 출산을 했다고 해서 끝나는 게 아니다. 새들의 어미는 알마다 호르몬과 영양소를 미세하게 조절하여 한 자식이 다른 자식보다 더 유리하게 조작할 수 있다. 포유류 어미는 자식별로 필요에 따라 젖을 맞춤 제조한다. 예를 들어 마카크원숭이

---

* 주어진 환경에 따라 새끼의 성비를 조작하는 어미의 본능 때문에 카카포 보전 사업이 수포가 될 뻔했다. 이 날지 못하는 기이한 뉴질랜드 앵무는 오랫동안 염려의 대상이었다. 1995년에 고작 51마리밖에 남지 않았기 때문이다. 과학자들은 걱정스러운 나머지 남아 있는 카카포를 모두 한데 모아 포유류 포식자가 없는 가까운 섬에 몰아넣고 마음껏 번식하게 했다.(외래종 설치류나 야생 고양이가 가장 큰 천적이다.) 그러나 안전하고 과학자들이 먹이도 풍성하게 제공한 환경에서도 수는 크게 늘지 않아 2001년에도 86마리밖에 되지 않았다. 어찌 된 일일까?

카카포 개체군을 들여다보니 수컷의 성비가 훨씬 높은 게 아닌가. 새끼를 낳는 것은 암컷이므로 개체군이 생장하려면 암컷의 수가 적은 것이 불리하다. 알고 보니 카카포는 생활 여건이 여의찮을 때 딸을 낳았다. 딸은 크기가 작아서 자원을 덜 사용하고 짝짓기할 기회도 계속 주어지기 때문이다. 반대로 자원이 풍부하면 어미는 아들을 낳는데, 비록 키우는 비용은 더 들지만 크고 건강한 수컷은 다른 수컷과 경쟁하여 손주를 더 많이 낳기 때문이다. 종의 미래를 염려한 과학자들이 카카포 무리에게 먹이를 아주 넉넉히 준 탓에 대부분의 암컷이 이때다 하고 아들을 낳은 것이다. 2001년에 호세 텔라José Tella가 이 사실을 밝혀낸 이후[28] 이제 카카포 보전 사업은 먹이량을 계산하여 개체군의 성비가 50:50이 되도록 조절하고 있다.

는 아들에게는 짧은 기간 영양이 풍부한 고밀도의 젖을 먹이고[29] 딸에게는 영양이 덜한 모유를 주지만 대신 더 오래 젖을 먹인다. 영양이 풍부한 젖을 먹은 아들은 더 빨리 몸집을 키워서 어른이 되었을 때 그들에게 더 필요한 경쟁력을 갖춘다.

지위고하를 막론하고 개코원숭이 어미가 어떻게 유전자 카드 더미를 자신이 선호하는 '올바른 성'에 고정할 수 있는지는 알려지지 않았다. 그러나 뉴트리아나 말사슴처럼 성을 조작하는 다른 포유류에서는 어미가 전략적 유산을 한다.[30]

암컷이 자신의 생식적 운명을 이처럼 잔인하게 통제한다는 것이 낙태 합법화에 반대하는 단체에게는 반갑지 않게 들릴 수도 있다. 그러나 자연은 확실히 낙태를 찬성하는 입장이라는 게 진실이다. 유산은 자신이나 새끼가 위험해지는 불리한 상황에서 많은 동물의 어미가 임신의 어느 단계에서든 무의식적으로 사용하는 적응성 전략이다. 심지어 판다도 그렇게 한다.

나는 에든버러 동물원에서 많은 사랑을 받는 대왕판다 티엔티엔의 출산 장면을 영상에 담기 위해 여름 내내 기다린 적이 있다. 하지만 마지막 순간에 동물원 측으로부터 티엔티엔이 무모하게도 '태아를 흡수해'버렸다는 통보를 받았다. 전 세계의 관심 어린 눈과 잠재적 TV 시청률을 알지 못한 채 말이다. 이는 스트레스가 심한 상황에서 불행한 어미가 되길 피하려는 흔하고도 신중한 곰의 해결책이었다.(또한 제 자식을 평생 철창 안에서 살아야 하는 종신형으로부터 구했기도 했고.)

야생에서 임신 중인 겔라다개코원숭이는 새로운 수컷이 집단을 장악할 때면 유산한다. 무리에 유입된 수컷은 거의 언제나 제

씨가 아닌 새끼를 죽인다. 그러므로 임신을 종결하는 것은 영아 살해라는 피할 수 없는 결말에 괜한 힘을 낭비하지 않으려는 어미의 보험이나 마찬가지다. 약 반세기 전에 생쥐에서 이 현상을 처음 발견한 힐다 브루스Hilda Bruce의 이름을 따서 '브루스 효과'라고 부르는 이 특별한 유산은[31] 그 이후로 사자에서 랑구르까지 다양한 야생 포유류에서 기록되었다.

모성애의 목표는 무작정 새끼를 양육하는 것이 아니라 스스로 번식할 때까지 오래 살아남는 자손의 수를 최대로 늘리는 곳에 자신의 제한된 에너지를 투자하는 것이다. 이 일에 진정한 이타적 헌신은 없다. 오히려 철저히 이기적이다. '좋은 엄마'는 본능적으로 자식을 위해 모든 것을 희생해야 할 때와 포기할 때를 알고 있으며 그건 심지어 새끼가 태어난 후에도 그러하다.

오스트레일리아 오지의 황량한 땅에 사는 캥거루 암컷은 그 지역의 변덕스러운 환경 속에서 기발한 분산 투자법을 발달시켰다. 동시에 세 단계의 자식을 저글링 하는 생식 조립라인이다. 첫째는 아직 젖먹이지만 독립이 가까운 상태라 거의 주머니 밖에 나와 어미 옆에서 뛰어다니는 새끼이고, 둘째는 주머니 속 젖꼭지에 들러붙어 있는 분홍색 젤리빈 같은 새끼이며, 셋째는 수정은 되었으나 자궁에 가사 상태로 멈춰 있는 배반포 상태의 휴면 중인 세포 덩어리다. 포식자에게 쫓길 때면 어미는 주머니에서 더 큰 캥거루를 꺼내어 몸을 가볍게 하고 도망간다. 어미를 쫓아가지 못하면 홀로 남은 새끼는 젖을 먹지 못하고 어미의 보호도 받지 못해 죽을 것이다. 인간에게는 가슴 미어지는 일이지만 캥거루에게는 고통 없는 의식적 결정이 필요하다. 자연선택은 이미 어미에게 기능적인 차선책을 제공했다. 젖먹이가 사라지면 배아 상태로 대기 중이던 새끼가 휴면에서 깨어나 잃어버린 새끼를 빠르게 대체한다.[32]

모성은 진화적으로 의미가 없는 형질이기는커녕 어미가 얼마나 노련하게 투자하느냐에 따라 얻는 것이 클 수도 있고 반대로 치명적인 손실을 볼 수 있는, 판돈이 큰 도박으로 드러났다. 진화적 관점에서 수컷의 지배는 주먹다짐으로 결정된다. 분명 이 싸움은 한 수컷이 얼마나 많은 암컷에게 씨를 뿌릴 수 있을지를 두고 독식하는 승자와 그렇지 못한 패자를 결정한다. 그러나 포유류 어미의 영향력은 여러 세대에 걸쳐 유효하고 유전자의 50퍼센트를 기여하는 것 이상의 일을 한다.

앨트먼과 연구팀은 어미의 사회적 지위가 어떻게 새끼의 사회적 발달과 함께 유전자의 실질적인 표현에 영향을 주었는지 증명해 보였다. 이는 그 영향력이 매우 크다. 엄마가 된다는 것은 에너지 면에서 요구되는 바가 많지만, 다른 관점에서 보면 값비싼 만큼 자신의 소중한 유전적 투자에 대해 수컷보다 많은 통제권을 준다. 이런 대안적 관점에서 보면 어미는 무관하기는커녕 실제로 아비보다 더 큰 진화적 영향력을 행사한다. 그리고 앨트먼이 보았듯이 더 큰 권력을 가진다.

"포유류의 경우 암컷은 늘 아기 옆에 붙어 있고 아기도 늘 어미 옆에 붙어 있기 때문에 지금까지는 암컷에게 커다란 제약이라고만 여겨졌습니다." 앨트먼이 설명했다. "하지만 이렇게 제약에만 초점을 맞추는 것은 이 이야기의 한 조각에 불과해요. 그것은 누가 다음 세대에 영향을 미치는가의 측면에서 힘을 비대칭으로 만들죠. 저는 그 점이 여전히 덜 주목받고 있다고 생각해요."

영장류 엄마들은 세대를 거듭하면서 수컷들이 요란하게 싸워서 얻는 한 번의 교미보다 훨씬 오래 지속되는 지분을 두고 조용히 경쟁하고 있다. 모성의 통제는 심지어 수컷의 성적 겨루기와 정복의 결과를 전에는 보이지 않았던 방식에까지 연장하는 경지에 이른다. 최근 연구에 따르면 높은 계급의 보노보 어미가 아들의 중매쟁이로 나서[33] 그들의 지위와 함께 성적 진로를 중개하고 아버지가 될 가능성을 세 배나 높였다.

앨트먼과 허디의 연구는 이와 같은 폭로의 토대를 닦았다. 진화의 게임에서 영장류 어미를 수컷과 동등한 선수로 만들기 위해 '느린 상수(그들의 꾸준한 번식적 산물은 따분한 불가피성에 불과)'에서 승격시킨 것이다.[34] 두 사람이 내놓은 '좋은 엄마'의 관점은 타고난 성모마리아의 본능에 도전했고, 엄마를 야심 차고 계산적이며 자기 추구적이고 성적으로 적극적인, 보다 진정하고 복잡한 여성상으로 바꾸었다.

양육하고 보호하려는 강렬한 욕구는 여전히 혼합된 모성의 핵심 부분으로 남아 있다. 모성애에는 이기적으로 태어난 두 이방인을 깊고 근본적인 관계로 연결하는 변혁의 힘이 있음을 부인할 수 없다. 엄마와 아기의 신비로운 결합은 진짜이다. 다윈이 우리에게 준 믿음과 달리 누구에게나 있거나 즉시 발휘되는 것은 아닐지라도 말이다. 나는 이런 상징적인 관계를 뒷받침하는 강력하면서도 위태로운 호르몬의 발판을 알아보기 위해 스코틀랜드 동쪽 해안에서 떨어진 바위투성이 무인도로 떠났다.

엄마답게 만드는 호르몬, 옥시토신

동트는 메이섬. 좀비 영화 안에 들어와 있는 기분이 들었다. 떠오르는 해는 하늘을 붉게도 색칠했지만 아직 차가운 주변을 밝히지는 못했다. 그럼에도 이곳에 혼자가 아닌 것은 알 수 있었다. 살을 에는 바람이 악의에 찬 통곡, 불길한 꾸르륵 소리, 지저분한 콧소리의 불협화음과 함께 끝없이 불어왔다. 음울한 새벽빛 속에 주위에서 느릿느릿한 커다란 그림자가 보였다. 2미터는 족히 되었다. 나는 떨어져 있으라는 경고를 받았다. 저 육중한 짐승은 적의가 충만하고 무장을 했으며 대단히 공격적이다. 가까이 접근하면 비린내 나는 가래 덩어리를 뱉어 첫 번째 경고를 날린다.(발밑의 바위 땅에서 번쩍이는 것이 그 증거였다. 그 미끄러운 성질도 위험에 한몫했다.) 두 번째 경고는 치명적이다. 팔이 떨어져나가도록 물어뜯을 테니까.

태양이 하늘에 차오르자 괴물이 모습을 드러냈다. 벨벳 가죽을 뒤집어쓴 수백 마리의 회색 바다표범 어미가 감정이 그득한 검은 눈으로 미칠 듯이 귀여운 새하얀 솜털 덩어리들을 바라보고 있었다. 매년 11월 메이섬은 전의가 가득 찬 3주 동안 약 4,000마리의 회색물범(*Halichoerus grypus*, 로마인 특유의 옆모습을 닮았다고 하여 붙은 이름으로 '갈고리코 바다 돼지'라는 뜻)들로 바글거리는 산후병동이 된다. 공격성 강한 모성애의 폭동이 일어나는 곳이다.

회색물범은 대체로 물속에서 고독한 사냥꾼으로 생활한다. 그러나 이 반사회적인 짐승도 1년에 한 번씩 무거운 몸을 물 밖으로 끌어내어 새끼를 한 마리 낳고 낯선 이들 사이에서 키운다. 폭풍이 강타한 이 바위 지대는 스코틀랜드에서 가장 큰 회색물범의 번식지인데 고작 길이 1.5킬로미터, 너비 0.5킬로미터의 땅 안에서 혼잡스럽고 사나운 출산 파티가 열린다.

"사람들은 회색물범이 귀엽다고 생각하죠." 켈리 로빈슨Kelly Robinson이 내게 말했다. "하지만 연구자들은 가까이 가면 물린다는 것부터 배웁니다."

2017년 처음 만났을 때, 로빈슨 박사는 세인트앤드루스대학교 해양 포유류 연구소의 젊은 연구원으로서 메이섬에 이끌린 20여 명의 동물학자 중 하나였다. 이 장기 연구팀은 수십 년 동안 물범의 번식 철이면 이 소란스러운 광경을 기록해왔다. 아주 가까운 곳에서 대형 포유류의 모성 행동을 연구할 독특한 기회였다.[35]

이 연구에 위험이 없는 것은 아니다. 바다표범은 다리를 버리고 지느러미를 취한 동물치고 엄청나게 빠르다. 최상위 포식자 자리에 어울리는 이빨과 강력한 턱을 갖췄으며 입에는 해로운 세균이 우글거린다. 섬 안에 있는 연구기지에서 보낸 첫날 저녁 자리에서 로빈슨과 다른 팀원들은 물범의 맹독성 체액과 접촉했을 때 발생하는 치명적인 감염에 대한 끔찍한 이야기들로 나를 맞아주었다. 그 감염병은 '물범 손가락seal finger'이라는 불길한 이름으로 불린다.

로빈슨은 "물범 손가락에 걸리느니 손을 잘라버리는 게 낫다고들 할 정도예요."라고 경고했다. 전설에 따르면, 물범에게 물리거나 상처 부위가 감염되면 세균이 혈관을 타고 순식간에 퍼져서 절단하는 게 유일한 합리적 선택이라고 한다. 과거 물범 사냥꾼들의 재앙이 이제는 물범 연구자들의 가장 큰 공포가 되었다. 물론

관광객들도 조심해야 한다. 로빈슨은 남극행 유람선을 타고 디셉션섬에 간 한 노인이 화가 난 물범에게 오른쪽 뺨을 물어뜯긴 후 얻은 특이한 '물범 보톡스'의 사례를 보고한 최근 의학 논문에 대해 말해주었다.[36] "물범은 크고 화가 나 있어요. 관광객들을 위한 장난감이 아닙니다." 로빈슨의 결론이다.

로빈슨은 회색물범에게 '물리는 신세'가 되지 않기 위해 유난히 더 신경 써야 한다. 그녀의 연구는 어미와 새끼의 유대 관계와 연관된 호르몬을 조사하는 일이라 혈액 표본을 채취해야 하기 때문이다. 모성의 시작은 호르몬의 교향곡으로 촉진되는데 그중에서도 모성 경험의 강력한 원동력으로 눈에 띄는 한 가지가 있으니, 바로 옥시토신이다.

다들 옥시토신에 대해 들어서 알고 있을 것이다. 기분을 좋게 만드는 것으로 유명한 이 뉴로펩타이드는 애착을 촉진하는 자석 같은 힘 때문에 '포옹 호르몬' 또는 '애정 호르몬'으로 잘 알려졌다. 옥시토신은 기분을 바꾸는 도파민 보상 체계와 연결되어 엄마와 아기만이 아니라 다양한 관계에서 중독성 있는 따뜻하고 포근한 기분을 전달한다. 섹스의 여운이라는 것도 옥시토신이 섹스 파트너와의 유대감을 격려한 결과물이다. 옥시토신은 이례적인 일부일처성 프레리밭쥐가 평생 한 배우자에게 충성하게 하는 접착제이다. 또한 침팬지들이 서로의 털을 손질할 때도 옥시토신이 분비되어 우정과 동맹이 강화된다.[37] 심지어 내가 우리 집 개를 바라볼 때도 옥시토신이 방출된다.[38] 옥시토신은 호르몬계의 MD-MA(마약의 일종)이다. 하지만 그 편안한 이미지에 속으면 안 된다. 이 복잡한 뉴로펩타이드는 만족감을 주는 영약 이상이다.

"옥시토신은 근본적으로 엄마가 되는 실질적인 생리 과정과 연관되어 있어요." 로빈슨이 내게 설명했다. 이 호르몬은 부드러운 근육 수축제로 작용하여 포유류에서 자궁이 아기를 밀어내도록 자극한다. 옥시토신Oxytocin이라는 명칭도 그리스어로 '신속한 출산'이라는 뜻에서 왔다. 또한 옥시토신은 유두에서 젖이 나오는 것도 촉진한다. 분만의 물리적 과정은 혈류에 있는 옥시토신에 의해 자극된다. 그러나 출산 중에 자궁경부가 확장되고 질이 늘어나면 그때부터 뇌에서는 전능한 옥시토신이 물밀듯이 쇄도한다. 그 결과 이 천연 아편제는 초보 엄마가 세상에 갓 나온 아기와 유대감을 형성하도록 단단히 준비시킨다. 아기가 젖을 빨기 시작하면 엄마의 뇌는 옥시토신에 흠뻑 적셔져서 아기를 돌보는 일에 중독이 된다.

"옥시토신은 행동에 영향을 미치지만 다른 생리 작용에도 영향을 줍니다. 등식의 양쪽 항 중에 하나라도 없으면 엄마가 될 수 없어요." 로빈슨의 설명이다. "그래서 옥시토신이라는 핵심적인 연결고리가 있는 거예요. 자연에서는 그 어느 것도 혼자 진화할 수 없다는 사실을 강조하기 때문에 저에게는 정말 흥미롭습니다."

홍수처럼 밀려온 옥시토신이 엄마의 뇌를 재배선하면 엄마는 아기의 울음소리를 듣고 냄새를 맡고 모습을 지켜보는 데 집중하게 된다. 뇌에서 사회적 정보(얼굴이든 소리든 냄새든)를 처리하는 영역과 도파민 보상 체계의 영역을 연결함으로써 사회적 정보를 좀 더 부각시키는 것으로 보인다.[39] 그래서 아기가 백 번을 울어도 엄마에게는 많은 천연 아편제가 전달되어 아기에 반응하도록 부추길 것이다.

"우리는 엄마의 옥시토신이 양의 피드백으로 증폭되는 몇 안 되는 호르몬의 하나라고 생각합니다. 예를 들어 엄마가 젖을 물려 옥시토신이 더 분비되면 그로 인한 자극으로 더 많은 옥시토신이 분비하게 되는 것이지요." 로빈슨이 말했다.

모유 수유를 하는 엄마들은 확실히 이 물질에 취해 있다. 어머니의 영웅적 자기희생이 이것으로 설명될 수 있다. 잘 알려진 것처럼 엄마는 아기를 보호하기 위해서라면 세상에 무서운 것이 없다. 어미곰과 아기곰 사이에는 절대로 가지 말라는 옛 속담이 있을 정도니. 이처럼 강한 흉포함은 젖먹이가 있는 어미의 특징이며 이른바 '포옹 호르몬'이 지킬과 하이드 사이의 변신을 주도한다. 옥시토신은 불안감과 공포감을 희석시켜 엄마가 된다는 스트레스를 완화하고 잠재적 위협으로부터 씩씩하게 자식을 지켜내게 준비시킨다.[40]

엄마와 자식 간의 강한 유대는 회색물범에게 필수적이다. 새끼가 전적으로 어미에게 양분을 의존하기 때문이다. 물범과 동물은 포유류 중에서 수유기가 가장 짧고 지방이 가장 풍부한 젖을 분비한다. 물범 새끼는 지방이 60퍼센트인 젖을 먹고 고작 18일이면 젖을 뗀다. 이 기간에 어미는 식사하러 바다로 갈 수 없기 때문에 몸무게가 최대 40퍼센트나 감소한다.[41] 그사이에 새끼는 크기가 세 배로 커진다.

"작고 조그맣던 강아지가 이렇게 거대한 지방질 공 덩어리가 되지요." 로빈슨이 내게 말했다. "갓 젖을 뗀 새끼들이 언덕을 데굴데굴 굴러가는 걸 봤어요. 지느러미가 땅에 닿지 않아서 혼자서는 멈출 수 없었죠."

이 '젖을 뗀 새끼들'은 최대 한 달을 섬에서 더 머물다 마침내 바다에서의 삶을 마주한다. 그게 놀랄 일은 아니다. 이 시기는 그들의 인생에서 가장 위험한 때이고 대부분 일찌감치 죽음을 맞이한다. 어린 물범은 이제 혼자서 사냥하고 먹이를 찾는 법을 배워야 한다. 수많은 시행착오를 거쳐야 하는 어려운 과제이다. 새끼는 살이 찔수록 생존 확률이 크기 때문에 이 짧은 수유기에 어미가 새끼 옆에 붙어서 잘 먹이는 것이 중요하다.

모든 새끼가 굴러다니는 지방 덩어리가 되는 것은 아니다. 내가 섬에 있는 동안 적어도 한 마리의 죽은 새끼를 보았는데 늘어진 흰 양말 같았다. 아마 어미가 유기했을 것이다. 메이섬에는 부주의한 엄마들이 아주 많다. 장기적으로 어미와 떨어져 있는 바람에 굶어 죽는 일이 전체 사망률의 50퍼센트나 된다.

"새끼를 낳자마자 말 그대로 1초 만에 버리는 어미를 봤어요. 새끼는 어떻게 해서든 엄마와 접촉하려고 애쓰지만 본체만체하고 가버리지요." 로빈슨이 내게 말했다. "회색물범 어미가 자식에게 할 수 있는 모든 일이 짧은 18일에 압축되어 있어요. 그래서 그 기간에 엄마로서 최고의 보살핌을 주어야 하는 강도 높은 선택압이 가해져야 합니다. 그렇다면 저렇게 새끼를 두고 가는 어미들은 왜 그럴까요?"

로빈슨은 옥시토신 수치가 야생 회색물범 어미의 행동을 예측하는 믿을 만한 지표라는 걸 알게 되었다. 옥시토신 수치가 높은 어미는 강한 애착이 발달하여 새끼 옆에 더 오래 붙어 있다. 옥시토신 수치가 낮으면 확실히 유대감이 깊지 못하여 실제로 로빈슨 연구에서 가장 수치가 낮은 한 암컷은 4일째 되는 날 새끼를 버렸다. 이 어미의 옥시토신 수치는 비번식기의 암컷과 비슷한 정도로 낮았다.[42] 그런데 같은 어미가 다른 해에는 새끼를 제대로 길러 내 젖을 뗄 때까지 잘 돌보았다. 그렇다면 어떤 연유로 어미의 행동이 바뀌었을까?

냄새로 새끼를 인지하는 포유류에게는 결정적인 시간대가 있는 것 같다. 그 시간대는 출산 직후부터 몇 시간인데 이때 뇌 후각 망울의 민감도가 높아져서 어미와 새끼의 유대가 끈끈해진다. 만약 이 시기에 예컨대 신선한 태반을 훔쳐 먹으려고 달려드는 갈매기를 쫓아내느라 어미가 주의를 집중하지 못하면[43] 옥시토신 수치는 비번식기 암컷과 비슷해질 수 있다.

로빈슨은 "어떤 이유로든 어미가 유대를 형성하는 결정적인 시기를 놓치면 다시 출산하거나 뇌에 인위적으로 옥시토신을 주입하는 것 말고는 방법이 없습니다. 이런 암컷은 새끼를 거부하기 시작하지요."라고 설명했다.

로빈슨의 실험은 어미는 물론이고 새끼의 옥시토신 수치까지 확인한 최초의 연구로서 서로 연결된 두 개체 모두에서 이중 피드백 고리의 증거를 발견했다. 어미가 새끼를 돌보면서 옥시토신 수치가 높아지면 그 보살핌을 받은 새끼의 옥시토신 수치도 함께 증가한다. 친밀한 관계일수록 서로의 수치를 높여서 결과적으로 옥시토신 수치가 높은 물범 어미의 새끼는 마찬가지로 옥시토신 수치가 높게 된다. 이 호르몬 수치는 새끼의 건강이나 생존에 커다란 영향을 준다. 옥시토신 수치가 높은 어미와 새끼의 관계에서 가장 살찐 새끼가 나오지만[44] 그렇다고 새끼가 어미에게서 추가로 열량을 빼앗지는 않았다.(따라서 단지 젖을 더 많이 먹었기 때문에 그렇게 된 것이 아니라는 뜻이다.)

"옥시토신 수치가 높은 새끼는 어미를 찾아 그 옆에 붙어 있으려고 하는데, 그렇게 되면 쓸데없이 군락을 돌아다니느라 에너지를 소비하고 괜한 일에 휘말리는 일이 덜하다는 뜻입니다. 또한 이처럼 추운 군락에서는 새끼가 어미 옆에 바싹 붙어 있어야 미기후 측면에서도 혜택을 받을 수 있어요."

로빈슨은 옥시토신이 새끼의 행동을 조절할 뿐 아니라 실제로 지방조직의 발달에 영향을 주고 식욕 및 에너지 균형을 조절하는 데에도 관여한다고 본다. 체중 증가를 촉진하는 방식이 무엇이든 간에 옥시토신 수치가 높은 새끼일수록 생존 가능성이 더 높은 것은 분명하다.

옥시토신은 심지어 더 좋은 엄마를 만들 가능성이 있다. 옥시토신이 어미의 뇌를 재구성하여 아기를 더 잘 받아들이게 한 것처럼, 새끼의 유전자 발현이나 신경 발달에도 관여한다는 연구 결과가 있다. 집쥐의 경우 새끼에게 젖을 먹여 촉진된 옥시토신 수치는 새끼가 자라서 어른이 되었을 때 어떤 엄마가 될지에도 영향을 준다는 증거가 있다. 자상한 어미를 둔 새끼가 자상한 엄마가 된다는 말이다.[45] 수유 방식의 차이는 나중에 다른 사회적 유대 관계에도 영향을 미칠 수 있다. 프레리밭쥐의 새끼가 어린 시절 제대로 보살핌을 받지 못하면 뇌에서 옥시토신 수용기의 밀도나 발현에 타격을 주어 나중에 커서 사회적 행동이 제대로 발달하지 못하게 된다. 프레리밭쥐는 일반적으로 일부일처이지만 새끼 때 방치되었던 개체는 어른이 되었을 때 지속적인 성적 관계를 형성하지 못하는 것은 물론이고[46] 불안이 증가하여 제대로 된 육아 기술을 발휘하지 못한다.

로빈슨의 연구는 어미와 새끼의 강한 유대가 장기간의 생존과 적합도에 미치는 영향을 강조한다. 그러나 그것은 불안정한 성질도 있다. 로빈슨 자신이 최근에 모든 과정을 처음으로 직접 겪으며 체감한 것이다.

"제 아이는 예정일보다 일찍 태어났어요. 유도분만을 해야 했거든요. 그래서 전 실제로 옥시토신을 투여받았습니다. 제 남편이나 친구들은 옥시토신을 연구하는 제가 직접 그 대상이 된다는 사실을 아주 즐거워했어요." 로빈슨이 말했다.

로빈슨은 자신이 회색물범 어미와 새끼에서 발견한 옥시토신 이중 피드백 고리가 인간에도 있다고 확신한다. 출산 후 산모는 시각, 청각, 후각적으로 아기에서 나오는 여러 감각적 신호를 인지하는 특별한 능력이 있다고 보여주는 증거가 있다.[47] 한 실험에서 아기에 대한 애착이 불안정한 엄마를 측정했더니 옥시토신 수치가 낮았다. 아기가 울고 있는 사진을 보여주었을 때 그들의 도파민 보상 체계는 아기와의 유대가 깊은 여성과 다르게 점화되었다. 그들의 뇌에서는 불공평, 고통, 혐오와 관련된 부분에서 활성화가 증가했다.[48]

"인간은 자신의 아기를 돌봐야 한다는 사실을 인식하고 있습니다. 하지만 호르몬이 올바로 분비되지 않으면 그 행위가 어려워집니다."라고 로빈슨이 인정했다. "제 아기는 체중이 늘지 않아서 고생했어요. 압박과 안타까움, 긴장을 겪는 동안 기저의 생물학적 과정을 이해하는 게 저에게는 정말 큰 도움이 되었습니다. 모성애에 대한 많은 오해가 있어요. 모성에는 한 가지 길만 있고 그 길로 가지 않으면 옳지 않다고 생각하지요. 하지만 실제로 삶은 뒤죽박죽이고 최선의 길로 가는 이상적인 시나리오가 늘 손에 주어지는 것은 아니에요."

호르몬만으로는 작동하지 않는 애착

옥시토신은 최근에 많은 영예를 얻었다. 하지만 로빈슨은 이 호르몬이 사회적 애착의 절대적인 해답인 양 그 역할을 과장하지 않기를 바란다. 하나의 분자에 그런 전능한 능력을 부여하는 것은 위험한 일이다. 특히 인간처럼 복잡한 인지 동물에게는 말이다. 다행히 모성의 유대감 형성은 출산과 수유에 따른 불안정한 옥시토신의 쇄도에만 달려 있지 않다. 진화는 애착으로 가는 다른 더 길고 확실한 길을 보장했다. 그러면서 아기를 돌보는 일이 좀 더 평등하게 되었다.

캐서린 뒬락은 옥시토신이 갈라닌 신경 중추에 미치는 영향을 조사하고 있다. 갈라닌 뉴런은 이 장의 시작부에서 나온 새끼 돌보기 스위치로 암수 모두에게 있다. 뒬락은 이 양육 명령 센터에 실제로 옥시토신 수용기가 있다는 걸 발견했다. 그러나 오직 엄마에게만 수용기가 있었다. 이는 생물학적 엄마에게서 고유하게 나타나는 배가된 양육 반응을 설명한다. 엄마는 어미로서 행동하게 하는 갈라닌과 옥시토신 뉴런을 둘 다 갖고 있다. 그러나 그 명성에도 불구하고 이 포옹 호르몬은 새끼 돌보기 스위치의 찾기 힘든 방아쇠가 아니라 어디까지나 보완하는 장치에 불과하다.

될락은 출산이나 수유와 관련된 호르몬의 홍수와는 무관하고 또한 옥시토신만으로 작동하지 않는 다른 장기적인 애착 단계가 있다고 믿는다. 이 두 번째 단계는 엄마, 아빠, 다른 먼 친척, 심지어 양부모와의 관계에서 높은 수준의 애착을 끌어낼 수 있다. 실험 결과 성 경험이 없는 집쥐 암컷에서도 이런 애착이 관찰되었다. 암쥐 처녀들은 일반적으로 새끼 쥐에게 극도로 적대적이라 무시하거나 마주치면 잡아먹기까지 했으나 반복적으로 새끼에 노출되고, 특히 주변에 보고 배울 엄마가 있으면 이 미숙한 베이비시터는 살해를 멈추고 생모처럼 어린 쥐를 자상하게 돌보기 시작한다.[49]

"양부모 역시 심지어 출산의 경험이 없어도 생물학적 부모만큼이나 훌륭한 부모가 될 수 있습니다. 옥시토신은 물론이고 다른 신경펩타이드 때문일 거예요." 캐서린 될락이 내게 말했다.

근연 관계가 아닌 새끼를 돌보는 종이 인간과 집쥐만 있는 것은 아니다. 입양은 코끼리에서부터 뾰족뒤쥐까지 최소한 120종의 포유류에서 기록되었다.[50] 로빈슨의 연구에서도 버려진 회색물범 새끼는 군락의 다른 암컷이 구하여 키웠다. 경험이 있는 어미는 이미 새끼를 돌볼 준비가 되어 있는데 그 덕분에 그 새끼 물범의 생존이 보장된다.

엄마가 된다는 것은 실로 엄청난 진화적 영향력을 가진 대단히 까다로운 일이다. 이처럼 어미가 아닌 다른 개체와의 사이에서 형성되는 유연한 애착 관계는 엄마로 하여금 유일한 부모상이 되어야 한다는 책임을 덜어주고 훨씬 넓은 범위의 돌봄을 가능하게 한다. 이는 버려진 새끼를 입양한 회색물범의 경우처럼 우연히 일어나기도 하지만, 애초에 공동 양육이 진화한 종도 있다. 이는 '이중 업무', 소위 투잡을 뛰어야 하는 동물의 어미에게 엄청난 이점이다.

예를 들어 박쥐는 아기를 데리고 날거나 먹이를 찾아다닐 수 없다. 그래서 지정된 어린이집을 운영하고 심지어 그곳에서 서로 다른 새끼에게 젖을 빨리기까지 한다. 기린도 새끼를 공동으로 돌본다. 먹이를 찾아다니는 어른은 눈에 잘 띄며 또한 머리를 나무 속에 집어넣고 있기 때문에 먹는 동안에는 새끼를 지켜볼 수 없다. 그래서 새끼를 어른들이 모여 있는 집단에서 조금 떨어진 어린이집에 맡긴다. 그곳에는 지정된 보초가 있어서 사자나 하이에나 등 위험이 닥치면 새끼 기린들을 안전한 곳으로 호송한다. 사냥하는 동물도 집단 육아를 한다. 늑대나 들개 같은 갯과 동물에서는 대개 무리의 알파 수컷과 암컷만 새끼를 낳지만 집단의 어린 일원들이 어미와 함께 사냥하고 돌아와서는 반쯤 소화된 고기를 게워내 새끼의 입에 넣어준다.

남의 새끼를 돌보고 부양하는 것은 얼핏 진화의 논리를 거스르는 것처럼 보이지만 협동 번식은 다양한 분류군에서 여러 차례 진화했다. 1만 종의 조류 중 약 9퍼센트와 전체의 3퍼센트에 달하는 포유류 어미들이 알로마더allomother, 즉 '다른 엄마'들로부터 절실한 도움을 받는다.

나는 무리의 어린이집을 확립한 영장류 엄마들을 만나러 마다가스카르의 먼 구석으로 갔다. 흑백목도리여우원숭이*Varecia varie-gate*이다. 이 고대 영장류는 최대 세 마리의 새끼를 낳는다는 점에서 특별하다. 원숭이든 유인원이든 대부분의 영장류는 보통 한 번에 새끼를 한 마리만 낳는다. 그건 새끼가 커서 독립하기까지 오래 걸리고 많은 시간 집중적인 돌봄을 받아야 하기 때문이다. 따라서 한 번에 한 마리 이상 낳기는 버겁다. 흑백목도리여우원숭이 암컷은 이 문제를 창의적으로 해결했다. 먼저 이들은 새처럼 나무 높은 곳에 집을 짓는다. 그곳은 새끼를 두세 마리씩 낳는 어미들을 위한 공동의 탁아소로서 육아의 짐을 나누는 공간이다.

함께 돌보다

생물인류학자 안드레아 보든Andrea Baden 박사는 지난 15년 동안 영장류의 이런 실용적인 해결책을 연구해왔다. 그녀가 마다가스카르 라노마파나 국립공원에 있는 자신의 연구지로 합류를 권했을 때, 나는 여우원숭이 어린이집의 비밀을 해독하는 게 얼마나 힘든 일인지 깨닫지 못한 채 덥석 수락했다. 흑백목도리여우원숭이는 절멸위급종이며 아직 커다란 나무들이 목재용으로 잘려나가지 않은 일차 열대우림 구역에서만 발견된다. 이 원시 밀림은 길에서 멀리 떨어지고 험난한 지형 때문에 미처 벌목꾼들이 들어오지 못한 극소수 지역에만 남아 있다. 나는 맹렬한 아프리카 태양 아래에서 끝도 없이 펼쳐진 논을 헤치며 26킬로미터를 걸었고, 그런 다음 어둠을 뚫고 산림지대 숲으로 들어가 가파르고 미끄러운 길을 한없이 올라갔다. 동틀 때부터 해질 때까지 온종일 걸어서 마침내 임시 야영지에 도착할 무렵 나는 혼이 반쯤 나가 있었고, 밥과 거의 산패한 수준의 질긴 제부zebu 육포(전기가 없는 지역에서 귀중한 단백질을 저장하는 유일한 방법인 건조 방식)로나마 식사를 할 수 있다는 것이 무작정 감사했다.

때는 보든의 연구 철이 시작될 무렵이었고 여우원숭이들은 아직 번식기에 들어서지 않았다. 이 젊은 미국인 조교수의 목표는 되도록 많은 개체에 태그를 달아 높은 수관에서 이루어지는 여우원숭이의 부모되기 여행을 뒤쫓는 것이었다. 그러려면 몇 시간씩 여우원숭이를 찾고 뒤쫓아야 했다. 수십 미터 위에서 뛰어다니는 짐승이라 쫓아가서는 마취총을 쏘고 받는 일이 여간 힘든 게 아니었다. 특히 나무 꼭대기까지 올라가 마취총을 맞고 잠이 든 사냥감을 회수하는 마다가스카르 청년에게는 아주 고된 일이었다.

내가 받은 보상은 생각지도 못했던 친밀한 만남이었다. 나는 인간의 이 먼 영장류 사촌을 품에 안고 캠프로 데려가는 일을 했는데, 커다란 집고양이 크기의 암놈은 몸이 따뜻했고 두꺼운 단색 털은 더없이 부드러웠으며 메이플 시럽 냄새가 났다. 과일을 먹고 사는 생활의 달콤한 부작용이었다.

보든이 높은 곳에 사는 여우원숭이를 추적할 유일한 방법이 개체에 태그를 붙이는 것이었다. 암수는 외형이 동일하여 특히나 멀리서 보면 개체를 구분하기가 불가능하기 때문이다. 그럼에도 여러 해에 걸쳐 몇 달씩 힘겨운 무선 추적을 한 끝에 보든은 이 영장류가 실제로 '기이함의 결정판'이라는 사실을 알아냈다. 이들은 진 앨트먼의 개코원숭이나 실제로 다른 대부분의 영장류처럼 고정된 집단을 이루고 사는 대신 25~30마리의 성체가 영역을 공유하며 적당히 느슨한 공동체를 이루고 있었다. "무리의 모든 구성원이 한날한시에 모여 있는 모습은 절대 보지 못할 거예요. 뭐랄

까, 서로 가까워지면 튕겨나가는 원자 같다고나 할까요." 보든의
설명이다.

이런 유동적인 사회생활에도 불구하고 암컷들은 모두 동시에
출산하는데 열매가 풍성하게 수확되는 시기에 맞춰 촉발되는 것
으로 보인다. 이와 같은 풍년이 매년 찾아오는 것은 아니며 여우
원숭이는 6년이나 새끼를 낳지 않을 수도 있다. 대신 한 번에 여러
마리를 낳는다. 여우원숭이 새끼는 영장류치고 드물게 무력한 상
태로 태어난다. 눈이 보이지 않고 심지어 어미의 몸을 제대로 붙
들고 있지도 못한다. 따라서 첫 한 달 정도는 태어난 보금자리에
서 어미하고만 지낸다. 그런 다음 적당히 몸집이 커지면 새끼들은
커다란 과실수 가까이 있는 공동 주택에 맡겨진다.

보든은 "공유 주택에 두세 마리를 데려다놓으면 어떨 때는 이
엄마가 또 어떨 때는 저 엄마가 새끼와 남아 있고 다른 엄마들은
먹이를 찾아 떠납니다. 하지만 실제로는 두 엄마 모두 떠나고 전혀
다른 이가 남아 새끼를 지켜보는 일이 더 흔해요."라고 말했다.

이 보초들은 고층에 있는 어린이집에서 아기들을 위험으로부
터 안전하게 지킨다. 장난기 많은 영장류는 둥지에서 떨어지기 십
상이라 잘 지켜봐야 한다. 베이비시터는 떨어지는 애들을 구하는
것은 물론이고 아이들과 놀아주고 털도 골라주고 심지어 젖도 물
려야 한다. 때때로 이 경비의 임무는 이모나 자매처럼 피가 섞인
이들이 맡지만, 보든은 친척만큼은 아닐지라도 암수를 가리지 않
고 친구 역시 똑같이 중요하다는 것을 발견했다.[51] 이런 관계에서
는 신뢰가 핵심이라 최근에 보든은 암컷들이 믿을 만한 둥지 메이
트를 만나기 위해 먼 거리를 이동하는 것을 보았다. 이는 아기를

탁아소에 맡겨놓고 어미가 시간을 보내는 방식으로 입증된다. 보든은 여우원숭이 어미가 자유 시간이면 근처 과일나무에서 게걸스럽게 배를 채울 뿐 아니라 상당한 시간을 다른 암컷과의 사교 활동에 쓰는 걸 보고 깜짝 놀랐다.

보든은 인간과의 유사점을 끌어내면서 "아이 하나를 키우려면 온 마을이 필요하다는 옛말이 이 영장류를 두고 한 말"이라고 설명했다. "타인에게 의지하여 아기를 돌보는 부담을 나누는 건 중요합니다. 저희 엄마는 싱글맘이었는데 저는 정말 감사해요. 저는 공동체의 가치를 높게 보고 함께 힘을 합쳐 아이를 키우는 것이 중요하다고 생각합니다."

세라 블래퍼 허디는 이런 공동의 보살핌이 인류의 이례적인 진화에 핵심적인 역할을 했다고 확신한다. 인간의 아기는 성숙하기까지의 속도와 비용 면에서 최악이다. 남아메리카 수렵채집 부족들을 대상으로 한 어느 조사 결과 한 사람을 출산부터 영양 면에서 독립할 때까지 키우는 데 약 1,000만~1,300만 칼로리가 필요하다는 계산이 나왔다.[52] 이는 크고 육즙이 풍부한 덩이줄기를 아무리 잘 찾는다고 해도 엄마 혼자서 제공할 수 있는 것보다 훨씬 많은 양이다.

다윈은 남성 사냥꾼의 기술이 늘면서 아기의 느긋한 발달을 지원한 덕분에 '더 많은 지적 활력과 인간의 발명의 힘'[53]이 진화했다고 제안했다. 하지만 허디는 흑백목도리여우원숭이에서처럼 성별에 상관없이 많은 보조자들이 주변에서 육아의 짐을 나눈다고 믿는다. 그리고 이런 엄마되기의 보탬은 인류의 특별한 지적 발전에 진정한 열쇠였다.

2009년 책 『어머니, 그리고 다른 사람들: 상호 이해의 진화적 기원』에서 허디는 살아남은 전통문화에서 찾은 증거들을 인용하며 과거 홍적세에 우리 조상이 자신이 친부라고 짐작하는 남성, 실제 아버지, 폐경기가 지난 할머니, 번식하지 않는 이모, 큰 아이들로부터 상당한 수준의 도움을 받으며 살았다고 제안했다. 이 알로마더들이 제공한 도움의 손길이 곧 인류가 큰 뇌를 감당하면서도 여전히 수를 늘릴 수 있었던 이유다.

허디는 "인간의 신생아는 다른 어떤 유인원보다 크고 무력하게 태어나지만 현대 수렵채집인들의 출산 주기를 다른 대형 유인원과 비교해보면, 아기가 젖을 더 빨리 떼는 편이고 어미는 다른 대형 유인원보다 훨씬 빨리 번식한다는 것을 알 수 있습니다."라고 말했다.[54]

일례로 오랑우탄 어미는 달리 육아에 도움을 받지 못하기에 7~8년에 한 번씩밖에 아기를 가질 수 없다. 대조적으로 인간 수렵채집인들의 출산 간격은 2~3년에 불과하다.

계속해서 허디는 이처럼 보호자의 역할을 공유하는 시스템이 돌봄을 간청하는 일에 능숙한 자손을 선호했고, 그래서 공감, 협력, 그리고 타인의 마음을 헤아리는 유일무이한 능력이 진화되었다고 주장한다. 허디 버전의 인류 진화에서는 현대 인류의 협력적 힘과 지혜를 형성한 것은 사냥이나 전쟁이 아니라 돌봄의 무게를 함께 나눈 것이었다.

다윈의 모성 본능은 우리 모두 안에 잠재되어 있다. 그것은 여성에게만 제한된 것도 아니고, 저 위대한 인물이 믿게 한 것처럼 즉각적이지도 않으며 모두가 아는 것도 아니다. 우리가 요령을 배울 때는 깨어나는 데 시간이 걸리고 아기 걸음처럼 나아간다. 이는 우리 모두에게 자신의 동료 생물을 '다정함과 덜 이기적인 마음'으로 돌보는 기회를 준다.[55]

7장

영양이나 유인원 암컷은 수컷과의 짝짓기를 위해 죽음을 불사하며 싸운다.
암컷의 강한 승부욕은 그들이 경쟁심이 없다는 가정 아래 예외 취급을 당했지만
실상은 우리가 주의 깊게 보지 않은 것뿐이다.

계집 대 계집

풀이 무성한 마사이 라마 평원의 늦은 오후. 주황빛 태양이 슬슬 수평선을 향해 내려오는 가운데 토피영양*Damaliscus lunatus jimela* 한 쌍이 아카시아 긴 그늘에서 대결이 한창이다. 발정기를 맞아 두 마리의 중간 크기 영양—과장하면 업그레이드된 염소—이 섹스를 위해 겨루는 다른 수백 마리 토피영양에 합류했다.

뿔 달린 한 쌍이 대결을 시작하여 상대를 향해 돌진한 다음 무릎을 꿇더니 수금 모양의 뿔을 마주 걸고 머리를 바닥까지 내린 채 사납게 대치한다. 긴장된 몇 초가 지나자 몸집이 좀 더 큰 놈이 힘을 발휘하여 상대를 밀어붙인다. 씨름판에서 쫓겨난 패자는 치욕스럽게 머리를 흔들며 허둥지둥 무리로 돌아가고 승자는 남아서 상을 받는다. 포상은 최고의 수컷과 나누는 정사이다. 잔뜩 무장하고 공격에 나선 이 경쟁자들은 암컷을 두고 싸우는 수컷이 아니다. 토피영양의 제일 좋은 정자를 두고 겨루는 암컷들이다.

다윈이 동물 사이의 '전투의 법칙'[1]을 개괄할 때, 이성을 두고 전투력을 발휘하는 토피영양 암놈은 등장하지 않았다. 동물의 왕국을 묘사한 다윈의 글에서 암컷은 섹스를 두고 싸울 필요가 없는 존재였다. 다윈의 성선택 이론은 예외 없이 암컷과 혼인할 권리를 두고 충돌하는 수컷에 관한 것이었다. "거의 모든 동물이 암컷의 소유권을 두고 수컷 간에 다툼을 벌이는 것이 확실하다."[2] 이어서 다윈은 자신의 트레이드마크인 성실함으로 수십 쪽에 걸쳐 별의별 마초들의 싸움에 관해 심도 있는 목격담을 풀어놓는다. 두더지처럼 '소심한 동물'에서부터 '질투하는' 향유고래까지 모두 '사랑의 계절 내내 필사적으로 싸운다.'[3]

암컷을 쟁취하기 위한 이 전투는 생존을 위해 분투하는 와중에 쓸데없이 정교하게 진화한 형질을 설명한다. 뿔처럼 비용이 많이 드는 무기나 공작새 꼬리 같은 장식품은 틀림없이 로맨틱한 경쟁과 성의 쟁취를 위해 진화한 것이다. 그러므로 '소극적인' 암컷에서 발달한 이런 '이차적 성적 특성'은 다윈에게 이해가 가지 않는 수수께끼 같은 것이었다. 수컷이든 암컷이든 뿔을 기르는 데 비용이 드는 것은 마찬가지다. 그렇다면 왜 어떤 종은 암컷에도 뿔이 있는 걸까?

암컷들의 피 튀기는 결투

다윈의 사려 깊은 추측이 수 페이지에 걸쳐 이어지는 동안 암컷이 다른 암컷과 싸우기 위해 뿔을 사용한다는 생각은 단 한 번도 등장하지 않는다. 대신 그는 비록 그런 무기가 '생명력의 낭비'임에도 암컷에서 존재하는 이유는 '모종의 특별한 사용처가 있어서가 아니라 그저 물려받은 것'이라는 결론을 내린다.[4] 따라서 암컷의 뿔은 수컷들이 부리는 허세의 유령과 같은 것이며, 언젠가 자연선택이 제거할 때까지 군더더기 형질로서 거추장스럽게 붙어 있을 것이다.

리버풀대학교의 진화생태학자인 야코브 브로 예르겐센Jakob Bro-Jørgensen에 따르면 그런 해묵은 선입견은 여간해서 없어지지 않는다. "생물학자들이 '자웅의 전투'를 논할 때 모두 짝짓기를 원하는 집요한 수컷과 그렇지 않은 암컷 사이의 싸움이라고 암묵적으로 가정합니다."[5]

브로 예르겐센은 토피영양의 성적 정치학 분야에서 세계 최고의 전문가이다(유일한 전문가는 아니지만). 그는 지난 10년간 매년 토피영양의 발정기를 관찰하면서 계집들의 싸움, 사기꾼, 수줍은 황소 등 다윈은 꿈도 꾸지 못한 복잡한 문화를 밝혀왔다.

3월에 짧은 우기가 지나면 토피영양 암컷은 짝을 찾아 레크로 크게 무리 지어 이동한다. 레크는 앞서 산쑥들꿩 이야기에서 등장한 수컷들의 짝짓기 경기장이다. 토피영양의 경우 최대 100마리의 수컷이 한 지역에 흩어져 지내며 인접한 영역을 표시하는데, 그 수단은 똥이다. 똥은 경쟁자 사이에서 독특한 냄새 경계선을 창조할 수 있는 의외로 쓸모 있는 재료이다.

암컷은 1년 중 단 하루만 발정하기 때문에 번식기는 치열하다. 이처럼 짧은 생식 기간 때문에 24시간짜리 광란의 성적 활동이 일어난다. 브로 예르겐센이 계산해보니 보통 한 암놈이 평균 네 마리 수컷과 짝짓기를 했고, 개중에는 이 제한된 시간에 무려 12마리의 파트너와 짝짓기하는 암놈도 있었다.

암컷이 섹스를 쇼핑할 때 일부 거절당한 수컷은 암컷의 주의를 끌기 위해 부정직한 전략을 동원한다. 암놈이 와서 기웃대다 결국 자신과 짝짓기하지 않고 제 영역을 떠날라치면 괄시받은 수놈은 뜬금없이 경계음을 낸다. 원래는 하이에나나 사자가 근처에 있을 때 보내는 신호이다. 이 가짜 경계주의보가 막 그곳을 벗어나려는 암놈의 발목을 붙잡아 사기꾼의 영역에 어쩔 수 없이 좀 더 머물게 된다. 협잡꾼에게 낚인 암놈은 허비할 시간이 없으므로 대개 기다리는 동안 수놈이 올라타게 내버려두고 만다.[6]

브로 예르겐센은 전체의 10퍼센트가 이 가짜 울음소리로만 짝짓기에 성공한다고 계산했다. 이렇듯 어떤 수놈은 섹스 한 번 하려고 구차한 거짓말까지 해야 하지만, 반대로 암컷을 떼어내려고 실랑이하다가 지쳐버리는 수놈도 있다. 최고의 수놈은 중심에 자리 잡고 레크를 장악한다. 제한된 자원을 두고 암놈들이 싸우는 것도 모두 이 매력적인 수컷 때문이다. "암컷들의 요구가 너무 과해서 수컷이 지쳐 나자빠지는 일이 드물지 않아요."[7] 브로 예르겐센의 말이다.

이 최고의 수컷은 기운만 소진될 뿐 아니라 정자도 고갈된다. 3장에서 본 것처럼 베테랑 진화생물학자들의 소망과 달리 정자 공급은 값싸고 무한한 것이 아니다.[8] 브로 예르겐센은 토피영양 암놈이 누구나 탐내는 이성의 얼마 되지 않는 정액을 두고 피 터지게 싸운다는 걸 발견했다. 어떤 뱃심 좋은 암놈은 최고의 섹시남을 만나면 다른 암컷 등에 올라타는 걸 보고도 무작정 돌진한다.[9] 이런 뻔뻔한 전술이 늘 먹히는 것은 아니다. 방해받은 수놈은 대개 이 호전적인 암놈에게 반격하여 거칠게 퇴짜를 놓는다. 특히 막 교미를 끝낸 참이라면 말이다.

브로 예르겐센은 소위 잘나가는 수컷 토피영양이 다윈의 예측과 달리 아무하고나 짝짓기하지 않는다는 것을 발견했다. 소중한 정자를 보전하기 위해 수컷도 전통적으로 암컷이 취하는 까다로운 태도를 취한다. 되도록 많은 개체와 짝짓기한다는 목적은 변함없지만 정자 경쟁에서 자신의 기회를 최대로 높일 암컷을 의도적으로 찾아 선택하는 것이다.[10]

제한된 정자를 두고 경쟁하는 포유류 암컷이 토피영양만은 아닐 거라는 게 브로 예르겐센의 생각이다. 적대적인 암컷과 까다로운 수컷이라는 역할의 역전은 특히 다수의 암컷이 소수의 수컷을 두고 경쟁하는 난교성 종 사이에서 널리 퍼진 것으로 밝혀졌다. "수컷의 반대편에서 일어나는 동성 간의 성적 갈등이 생각보다 좀 더 흔하다는 사실이 밝혀질 겁니다."[11] 브로 예르겐센의 말이다.

서부저지고릴라Gorilla gorilla gorilla에 대한 최근 연구가 이런 예감을 뒷받침한다. 야생 개체군과 사육 상태의 개체군을 모두 조사한 결과 실버백 하렘의 고릴라 암놈들이 정자 전쟁에서 성 자체를 무기로 서로 경쟁한다는 사실을 발견했다. 앞서 보았듯이 실버백은 몸집에 비해 고환의 크기가 작기로 소문이 자자하다. 다시 말해 정자의 공급이 제한된다는 말이다. 서열이 높은 암놈이 발정기가 아닌 기간에 수놈과 섹스하는 장면이 사육 상태에서 관찰되었다. 본인이 임신할 확률이 없는데도 실버백의 정자를 빼돌려서 그가 서열이 낮은 라이벌에게 빈 총을 쏘게 하려는 심산이다. 콩고의 야생 개체군에서는 높은 서열의 암고릴라들이 훨씬 대담무쌍한 행보를 보였다. 교미 중인 낮은 서열의 암컷을 방해하고 괴롭히거나 심지어 바꿔치기하는 것이다. 연구자들은 수태를 전제하지 않은 전략적 섹스는 실버백의 정자와 자원을 독점하려는[12] 암컷의 효과적인 '악의적 전략'[13]이라는 결론을 내렸다.

다윈의 성선택에 문제 제기하는 암컷들

영양과 유인원 암컷이 섹스를 두고 리얼리티쇼 〈조디 쇼어 Geordie Shore〉의 토요일 밤에서처럼 치고받고 싸운다는 것은 고작 10년 전에 밝혀진 사실이다. 다윈은 '원래는 남성에게 속해야 마땅한' 성역할이 '전환된' 것처럼 보이는 승부욕 강한 암컷들의 '비정상적인 소수의 사례'[14]가 존재한다는 것을 인지했지만 무시해도 좋은 예외로 내쳐버렸다.

편협하지만 대단히 영향력 있는 다윈의 태도로 인해 이후 150년 동안 동성 경쟁의 연구는 짝을 두고 벌이는 수컷의 경쟁에만 초점을 맞췄고, 암컷의 전투적 잠재력은 대개 무시되었다.[15] 그 결과로 암컷의 데이터가 들어가야 할 텅 빈 자리는 허위 정보로 메워졌다. 암컷은 경쟁심이 없다는 가정하에 엉터리 이론이 세워진 것이다. 실상은 그저 우리가 주의 깊게 보지 않은 것뿐인데 말이다.

새의 노래가 대표적인 예다. 명금류의 아름다운 노랫소리는 오랫동안 성선택의 고전적 본보기로 여겨졌다. 라이벌과 성공적으로 경쟁하여 이성의 애정을 얻기 위해 한없이 정교해진 수컷들의 장식품이라고 말이다. 새가 노래하는 데는 비용이 들지 않을 것 같지만 저 모든 노래를 암기하려면 더 큰 뇌가 필요하다. 자그마한 날짐승에게는 에너지 면이나 신체적으로 값비싼 형질이 아닐 수 없다. 실제로 명금류 수컷의 뇌는 노래할 필요가 없는 겨울철에 수축한다고 알려졌다.

다윈은 『종의 기원』에서 "암새는 수천 세대를 거치며 나름의 미적 기준에 따라 가장 듣기 좋은 노래를 부르거나 모습이 아름다운 수컷을 선택함으로써 눈에 띄는 결과물을 낳았을지도 모른다."라고 썼다.

저녁 파티에 참석한 빅토리아 시대 부인들처럼 암새에게도 서로 물어뜯을 이유가 없었다. 다윈의 이론으로 입막음을 당한 채 암새들의 일차적인 역할은 단지 수새들의 요란한 쇼맨십을 감상하고 자신이 선택한 최고의 새에게 보상으로 억지 섹스를 제공하는 일에 그치게 되었다. 노래하는 장면이 목격된 암새도 있으나 그저 유난히 시끄러운 별종으로 취급되고 말았다. 암새의 울음소리는 귀가 들리지 않는 과학자들의 귀에 울려 퍼졌고 너무나 익숙한 변명들로 무시되었다. 암새의 소리는 그저 '호르몬 불균형'의 결과이거나 영양의 뿔처럼 수컷과 유전자 설계도를 공유한 덕분에 얻은 비적응성 부산물이라고 말이다.[16]

"뻔히 암새의 노래를 듣고도 특별한 기능이 없는 예외적 행동이라 여기는 것이 통념이었습니다. 몸에서 테스토스테론이 좀 과하게 분비된 나이 많은 암컷의 돌발 행동쯤으로 본 것이지요." 오스트레일리아 국립대학교 진화생태학 교수 나오미 랭모어Naomi Langmore가 내게 말했다. "교과서에서는 새소리를 '번식 철에 수새들이 내는 복잡한 발성'이라고 정의하고 있어요. 애초에 남성의 소리라고 못 박은 셈이죠."[17]

이런 집요한 수컷 중심적 분류가 랭모어의 심기를 몹시 불편하게 했다. 지난 30년 동안 랭모어는 명금류 암컷의 복잡한 발성을 연구하고 이들의 음성을 세상이 듣게 하려고 분투하고 있다. 새소리에 대한 독단적이고 남성중심적 정의에 지친 나머지 직접 나서서 각종 과학 데이터를 수집하고 조사하여 명금류 암컷 71퍼센트가 노래한다는 사실을 증명한, 선구적인 과학자 집단의 일원이다.[18]

랭모어에 따르면, 150년 동안 암컷의 노래가 잊힌 이유가 단지 구식 성차별주의적 편견의 결과만은 아니다. 사실은 지리적 편향에 더 큰 원인이 있었다. 명금류, 즉 참새목의 노래하는 새는 지금까지 알려진 전체 새의 60퍼센트를 차지하는 가장 큰 조류 분류군이다.[19] 6,000종 이상의 이 집단을 정의하는 특징은 나뭇가지를 붙잡고 앉아 있게 하는 고도로 발달한 발가락과, 후두와 유사한 근육질 구조로서 다양한 음성 기술을 부여하는 울대이다. 그 외에도 이 분류군은 앙증맞은 박새류, 활공하는 칼새류, 까불고 노는 극락조처럼 다양한 형태의 새들을 자유롭게 창조해냈다. 명금류는 최근 지질 시대에 폭발적으로 방사하여 전 지구를 장악했으며, 총 140개 과가 지구상에서 가장 다양한 이 척추동물 목을 대표한다. 새들의 노랫소리를 들을 수 없는 유일한 대륙은 남극대륙뿐이다.

전 세계를 아우르는 분류군임에도 명금류 연구는 전통적으로 유럽과 북아메리카에서 주로 이뤄졌다. 저 지역의 명금류는 대부분 철새이고 최근에 진화한 참새아목에 속해 있으며 실제로 암컷의 노래가 억제된 편이다. 유럽울새처럼 진짜로 노래하는 암새들은 암수의 형태가 크게 차이 나지 않아 시끄러운 수새로 오해받기 쉽다.[20]

랭모어의 고향인 오스트레일리아와 그 밖의 열대지방에서는 전혀 다른 이야기가 펼쳐진다. 다윈이 저 남반구에 살았더라면 전기톱 소리를 흉내 내는 금조에서부터 섬세한 동부요정굴뚝새까지

덤불과 뒷마당에서 사는 수십 종의 암새들이 수새만큼이나 시끄럽다는 사실을 알게 되었을 것이다.

랭모어는 말했다. "새소리를 연구하는 오스트레일리아 사람이라면 문헌 자료에 만연한 이런 오해와 오류들을 바로 알아챌 겁니다. 저 역시 수컷이 내는 노랫소리에 관한 논문을 많이 읽었지만 막상 야외조사를 나가보니 사방이 노래하는 암새 천지였어요. 변칙이자 괴짜라는 것들이 어딜 가나 보이더란 말이죠."[21]

명금류는 4,700만 년 전에 오스트레일리아에서 진화했다고 알려졌다.[22] 발상지에서 암새의 노래가 만연하다는 사실로 미루어 랭모어와 동료들은 원래 명금류 암새는 늘 노래하지 않았을까 의심하게 되었다. 그래서 랭모어는 새들의 옛 상태를 재구성하는 조류 가계도를 그렸고, 그 결과 최초의 명금류 암컷이 사실은 요란한 디바의 무리였다고 추론하게 되었다.[23]

"완전히 뒤집어엎었지요." 랭모어가 내게 말했다. "암컷이 노래하는 이 오래된 오스트레일리아 명금류 집단은 오랫동안 별종으로 취급되었어요. 그런데 이제 알고 보니 별종은 되려 북반구 명금류들이었던 것이지요."

랭모어의 연구 결과는 실로 뜻깊은 반전이었다. 암컷의 노래가 열대지방에서만 발견되는 최근 진화의 변덕이 아니라는 걸 증명했기 때문이다. 명금류 암컷은 언제나 노래를 해왔다. 그랬던 것이 좀 더 최근에 파생된 일부 북부 온대지방에서는 어떤 이유로 암컷이 노래를 멈춘 것이다. 이는 다윈이 제시한 틀과는 근본적으로 다른 진화의 시나리오였다.

"진짜 물어야 할 것은 왜 수새가 노래를 하느냐가 아니라, 왜 어떤 암새는 노래하지 않게 되었느냐는 겁니다." 랭모어가 내게 말했다.

수새의 노래와 달리 암새 노래의 연구는 이제 시작 단계이다. 그러나 명금류 암새도 자신의 발성 능력을 주로 다른 암컷과의 경쟁에 사용하는 것으로 보인다. 영역과 번식지, 짝을 방어하거나 또는 다른 암컷의 수컷을 꼬여내기 위해 노래한다는 말이다. 이는 오스트레일리아처럼 새들의 번식기가 길고 암수 커플이 1년 내내 제 영역에 남아 있는 더운 지방에서는 더 이치에 닿는다.

랭모어는 "암새가 자신의 영역을 방어하는 데는 피치 못할 사정이 있습니다. 수새가 죽을 수도 있고 이혼할 수도 있고 옆집 암새와 몰래 교미할 수도 있기 때문이지요. 어떤 상황이 닥치더라도 암새는 침입자로부터 자신의 영역을 방어해야 하고, 어쩌면 새로운 짝을 유혹하기 위해 노래를 불러야 할지도 모릅니다. 그러므로 열대지방에서는 암새가 노래를 부르는 능력이 대단히 긴요하지요."라고 말했다.

유럽이나 북아메리카의 정원에서는 형편이 다르다. 그곳에서는 겨울이 되면 명금류 대부분이 남쪽으로 이주한다. 그러다가 봄이 되면 대개 수컷이 먼저 돌아와 제 영역을 확보한 다음 노래를 불러서 암컷을 유혹한다. 암새는 결정을 내리기 전에 이 남자 저 남자 둘러보는데, 덕분에 성선택을 통한 수컷의 복잡한 노래가 탄생하는 것이다. 그러나 번식기는 짧다. 암새는 서둘러 수컷을 골라 새끼를 낳고 다시 짐을 싸서 남쪽으로 이동해야 한다. 그 결과 암컷은 다른 암컷과 싸움할 여유가 없고 노래해야 하는 선택압도 약해졌을 것이다.

새의 노래는 수새에게만큼이나 암새에게도 적응과 관련이 있다. 어느 기발한 실험에 따르면, 황금솔새American yellow warbler처럼 거의 노래를 하지 않는 철새의 암컷도 다른 암컷이(비록 가짜 인형이라도) 제 영역에 침범하면 목청을 돋우도록 유도할 수 있었다.[24]

둥지 터나 활동 영역을 두고 목청 높여 싸우는 암새들은 다윈의 성선택 이론에 의문을 남긴다. 이런 난감한 상황이 진화생물학자들에게 풀지 못할 숙제가 되었다.

"다윈이 틀렸다는 게 아닙니다. 이주성 새들에서 수컷이 부르는 노래의 정교함은 어느 정도까지 분명 성선택을 통해서 진화했어요. 하지만 그건 전체 그림의 작은 일부에 불과합니다. 모든 새의 노래가 다 그런 건 아니라고요." 랭모어가 내게 말했다. "우리는 지금 새들의 노래에 훨씬 많은 기능이 있다는 사실을 깨닫고 있어요. 따라서 노래가 성선택만으로 진화했다고 보는 대신 사회적 선택을 통해 진화했다고 생각하는 거지요."

사회적 선택social selection이라는 개념은 1979년에 이론생물학자 메리 제인 웨스트 에버하드Mary Jane West-Eberhard가 주창한 것이다.[25] 웨스트 에버하드는 다윈의 성선택 이론이 번식 철 바깥에서 성과 무관하게 영역이나 자원을 두고 벌어진 경쟁에 의해 정교하게 진화한 형질까지 설명할 수는 없다는 것을 깨달았다.

웨스트 에버하드는 다윈을 폄하하는 대신 그의 원칙을 확장하여 성선택을 사회적 선택이라는 더 넓은 배경의 일부분으로 제안했다. 웨스트 에버하드는 종의 야단스러운 형질이나 성적 이형을 성선택만으로는 설명할 수 없다고 보아 계절이나 상황에 따라 서로 다른 사회적 기능을 보이는 방대한 생물의 예시를 들어 자신의 주장을 옹호했다. 웨스트 에버하드는 쇠똥구리의 뿔, 꿩의 꼬리, 큰부리새의 부리, 새들의 노래, 벌과 말벌의 우점 행동이 어떻게 성선택이 아닌 사회적 선택이라는 더 큰 범주 안에서 설명되는지를 포괄적으로 보여주었다.[26]

그럼에도 이 개념에는 아직 논란이 많다. 많은 동물학자들은 진화의 파벌에 또 다른 선택의 갈래를 추가할 필요가 없다고 본다.[27] 그러나 수컷의 화려한 보여주기 쇼를 넘어서는 사회적 경쟁을 다룬 연구가 늘어나면서 다윈의 성선택에 대한 정의가 새들의 노래, 또는 암새의 밝은 깃털이나 장식과 같은 정교한 형질까지 포용할 만큼 확장되지 않았다는 인식도 증가하고 있다.[28] 게다가 다윈의 편협한 시각은 여태껏 '우리의 시야를 가려왔고'[29] 그런 복잡한 형질이나 성적 이형이 모두 짝짓기 성공에만 관련되었다고 가정하는 과학적 편견을 조장했다. 분명 다른 형태의 사회적 경쟁과 관련된 사례가 많은데도 말이다.

이 토론으로 당분간 학계는 시끄러울 것 같다. 이처럼 놀라운 형질을 야기하는 힘에 어떤 이름표를 붙이든지 간에 암컷이 수컷만큼이나 치열하게 경쟁한다는 점은 확실시되고 있다. 단지 쟁취하려는 몫이 다를 뿐이다. 수컷은 주로 암컷에게 접근하기 위해 겨루지만, 암컷은 생식능력과 육아와 관련된 자원을 두고 싸울 가능성이 더 크다.[30] 암컷들의 경쟁은 뒤에서 좀 더 은밀하게 이루어질지 몰라도 수컷의 싸움만큼이나 진화의 경로를 설정하는 영향력을 행사한다. 그 힘이 더 클지도 모르고.

알파 암탉 나가신다 길을 비켜라

사회적 종에서 서열은 먹이, 주거지, 최고 품질의 정자처럼 번식에 필요한 자원에 접근하는 열쇠다. 그래서 우두머리 암캐가 되는 것은 확실한 이득이다. 수컷은 피비린내 나는 전투를 통해 패권을 잡고 관심을 한 몸에 받지만, 집단생활을 하는 암컷은 수컷의 서열과는 무관하게 자체적인 위계질서를 이루고 생활한다. 자연계에 존재하는 서열 중에서 맨 처음 문서화된 것도 사실 여성의 것이었다. 톨레이프 슈옐데루프 에베Thorleif Schjelderup-Ebbe라는 젊은 노르웨이 과학자가 과학계에 최초의 알파 동물을 소개했는데 그 동물이 바로 암탉이다.

슈옐데루프 에베는 여섯 살 때부터 닭에 강박에 가까운 관심을 보였다. 때는 젊은이들이 틱톡과 포켓몬에 정신을 빼앗기기 한참 전인 20세기 전환기였고, 어린 슈옐데루프 에베는 여름이면 아버지를 따라 별장에 가서 그곳의 암탉들을 열심히 기록했다. 급기야 겨울에도 일부러 찾아가 닭들의 사회생활을 꾸준히 관찰했다.

슈옐데루프 에베는 무리 내 암탉들이 일상적인 다툼을 하는 가운데 하나가 다른 하나를 쫀다는 걸 알게 되었다. 쪼는 쪽은 보통 둘 중에 더 나이 든 놈이었고 패자와 달리 최고의 횟대와 음식에 먼저 접근할 수 있었다. 쪼기 대결의 모든 라운드가 끝나고 최종 챔피언이 탄생하면 집단 공격은 중단되었는데, 마치 새들이 결과에 승복하고 제 서열을 순순히 받아들인 것 같았다. 그러나 최고의 위치에 오른 암탉은—슈옐데루프 에베는 '폭군'이라고 불렀다—상대적 지위를 망각하고 감히 자신보다 먼저 먹으려는 낮은 서열의 닭을 아프게 쪼아대어 수시로 제 위치를 상기시켰다.

어린 슈엘데루프 에베는 최초로 쪼는 서열을 발견한 것이다.

1921년에 출판된 혁신적인 논문 「일상생활 속 갈루스 도메스티쿠스*Gallus domesticus*」에서 그는 "암탉의 방어와 공격은 부리로 이루어진다."라고 썼다.[31]

슈엘데루프 에베는 실로 대단한 것을 생각해냈다. 단순히 등을 쪼는 암탉 무리보다 한 차원 높은 것이었다. 어린 과학자는 이런 식의 폭정이 동물과 조류 사회의 기본 원칙의 하나라는 아주 올바른 가설을 세웠다. 하지만 안타깝게도 더 힘 있는 여성 학자와의 논쟁으로 그가 받아 마땅한 영광을 누리지 못하게 되었다.[32] 슈엘데루프 에베는 동물 사회의 서열을 발견하는 솜씨는 뛰어났지만 현실에서 서열을 다루는 능력은 그보다 못했던 것 같다.

슈엘데루프 에베는 암컷의 서열이 결코 사소하지 않다는 사실을 인식했다. "닭들의 싸움은 대개는 악의가 없다고 여겨지지만 전혀 그렇지 아니하며 일시적인 변덕에서 비롯한 것도 아니다." 슈엘데루프 에베가 쓴 말이다. "그들은 이기기 위해 많은 것을 건다. 목숨까지도."[33]

이는 새에서부터 벌까지 동물 사회 전체에 해당하는 진리다. 알파 암컷의 자리로 향하는 사다리 끝에 올랐을 때 받을 상은 상당한 번식 상의 이점이며 싸울 가치가 충분하다. 수컷에서 패권을 차지하기 위한 전투는 피비린내가 나고 워낙 요란하기 때문에 도저히 그냥 지나칠 수 없다. 하지만 암컷의 권력 다툼은 결코 덜 파괴적이라고 할 수 없음에도 대단히 은밀하게 일어난다. 그래서 아마도 많은 암컷의 위계가 수십 년 동안 무시되었을 것이다.

"암컷은 천성적으로 위계질서를 조직하려는 성향이 없다……
반면 영장류 수컷은 전형적인 '정치적 동물'인 것처럼 보인다."[34]
최초로 암컷의 지배 관계를 다룬 교과서 『암컷의 위계질서Female
Hierarchies』의 통탄할 만한 결론이다.

이보다 더 틀릴 수는 없다. 암컷들 간의 전략적 경쟁은 영장
류 조직의 핵심이다. 영장류 암컷의 사회는 대부분 상속 가능한
안정적인 모계를 특징으로 한다. 통제권을 쟁취하려는 무자비한
싸움을 벌이며 심리적 위협, 전술적 동맹, 잔인한 처벌을 통해 서
로 경쟁한다.

앞 장에서 보았던 노랑개코원숭이를 떠올려보자. 높은 지위
의 암컷이 먹이원에 대한 최초의 몫을 챙기는 것은 물론이고 자신
과 새끼들을 위한 고차원적 갈취 행위 등 모든 것을 다 누린다. 지
위가 낮은 어미와 그 자식은 위의 것들로부터 지속적인 괴롭힘을
당하기 일쑤다. 그로 인한 스트레스가 생식능력에도 영향을 미쳐
서열이 낮은 암컷은 지속적인 테러의 결과로 더 늦게 번식하고 배
란의 빈도가 낮으며 자발적으로 유산할 수 있다.

세라 블래퍼 허디가 언급했듯이 전반적인 영장류에서 "상위
계급은 지배적인 암컷에 의한 괴롭힘이나 착취에서 자유로울 뿐
아니라 다른 암컷의 번식을 방해하는 사악한 특권까지 지닌다."[35]

다른 암컷의 생식력에 가하는 이런 비열한 행위는 중대한 결
과를 불러오며 수컷 사이에서 벌어지는 야만적인 개싸움보다 훨
씬 타격이 크다. 유전적 유산이라는 가장 아픈 곳을 때리기 때문
이다. 번식하지 못하는 것만큼 무서운 벌은 없다. 24시간 주먹이
날아다니지 않는다 하여 영장류 암컷이 수컷보다 경쟁심이 부족

하다고 가정하는 것은 순진하기 짝이 없는 생각이다. 이들은 더 교활하고 더 치졸하게 싸운다.

지위가 낮은 개코원숭이 암컷이 살아남을 최고의 기회는 능숙한 정치 게임으로 전략적 연합을 형성해 사다리 위로 올라가 자신과 자녀를 보호하는 것이다. 영장류 암컷은 '서열 차이나 무시의 신호에 집착한다'라고 묘사되어 왔다.[36] 수컷들만큼 요란하게 드러내지 않을 뿐이다.

무심히 보면 오후의 그늘 아내 한가로이 돌아다니며 간식으로 씨앗을 먹고 서로 털에서 진드기를 잡아주는 암컷 개코원숭이 무리의 모습이 여성의 화합을 상징하는 아름다운 그림처럼 보일지도 모른다. 그러나 이 어머니들의 천국을 형성하는 복잡한 관계를 조금만 더 깊이 들어가면 털 고르기, 먹이 공유, 새끼 돌봐주기를 통한 치밀한 계산과 협상이 보인다. 암컷은 합심하여 공격적인 수컷을 떼로 공격하거나 서로의 아기를 보살필 수도 있지만 어디까지나 자신의 번식적 잠재력을 보호하기 위한 이기적인 동기에서 비롯한 행위이다. 그런 외교적 수완에는 상당한 인지력이 필요하며, 인간을 포함해 모든 사회적 영장류에서 뇌의 크기와 지능이 향상하는 하나의 원동력이 될 가능성이 크다.[37]

무자비한 번식 경쟁과 독재자

동물의 모계 사회는 페미니스트의 에덴동산이 아니다. 생식과 관련된 폭정의 불쾌한 저류가 팀워크와 착취 사이를 모호하게 오간다. 사랑스러운 TV 스타 미어캣Suricata suricatta의 집단생활만큼 삭막하고 냉혹한 것도 없다. 폭력이 난무하는 전체주의 미어캣 사회는 훈훈한 화면 속 이미지와는 어울리지 않는다.

단언하건대 미어캣의 매력에 감히 저항할 사람은 없다. 원래 나란 사람은 다른 세계에 사는 이상하고 끈적한 생물에 더 매력을 느껴왔기에 통상적인 귀여움에는 면역이 되어 있는 편이다. 그러나 몇 년 전 남아프리카 칼라하리 미어캣 프로젝트에 방문했을 때이 작은 사회성 몽구스를 처음 보고 홀딱 넘어가버리고 말았다. 미어캣은 정말 배꼽 잡게 재밌는 캐릭터다. 특히 뒷다리로 서 있는 모습을 보고 있으면 의인화의 범죄를 저지르지 않을 수 없다. 미어캣의 기본 설정은 땅을 파는 것으로, 이동을 멈추는 순간 광분한 듯 흙을 파헤친다. 물론 대체로는 소득이 없다. 괴물 같은 전갈과 결투를 벌이거나 태양 아래에서 졸다가 쓰러지는 모습은 미어캣 몸개그의 또 다른 주요 레퍼토리다. 그러나 이런 익살스러운 모습 뒤에 있는 미어캣 사회의 실상은 채플린보다는 스탈린에 더 가깝다.

미어캣은 3~15마리가 씨족사회를 이루고 번식의 80퍼센트를 우두머리 암컷 한 마리가 독점한다.[38] 알파 암컷의 친척, 후손, 몇몇 떠돌이 수컷으로 이루어진 무리의 나머지는 영역 방어와 보초, 땅굴 관리, 아기 돌보기는 물론이고 심지어 우두머리의 새끼에게 젖까지 먹인다. 이런 식의 분업은 과학적으로 '협동 번식'[39]이라고 알려졌으나 내게는 아주 완곡한 표현으로 들린다. 미어캣의 동지애는 마음에서 우러나오는 협조가 아닌 노골적인 압력으로 형성되기 때문이다.

미어캣 사회는 임신하는 즉시 다른 암컷의 새끼를 죽이고 잡아먹는 근친관계 암컷들 사이에서 벌어지는 무자비한 번식 경쟁에 기반을 둔다. 새끼를 잡아먹는 일은 임신한 아랫사람에 대한 일말의 관용도 베풀지 않는 알파 암컷의 전지전능함에 의해 통제된다.[40] 이 여인의 목표는 자신이 통치 기간에 그 어떤 암컷도 번식하는 꼴을 보지 않는 것이다. 대신 자신의 새끼를 돌보게 한다. 그래야 자기 자식들이 원치 않는 경쟁에 휘말리거나 잡아먹히는 일이 없기 때문이다. 또한 육아에 쓰일 에너지를 아껴서 더 많은 새끼를 키우는 데 투자할 수 있다. 하여 이 자리는 무슨 수를 쓰든 차지할 가치가 있다. 무리 중에서 가장 크고 거친 미어캣으로서 알파 암컷은 목적을 이루기 위해 갈취, 학대, 감금, 그리고 살해를 불사한다.

지배권을 차지할 기회는 자주 오지 않는다. 대개는 매의 공격을 받거나 다른 미어캣 패거리에 죽임을 당해 족장의 자리가 공석이 되었을 때만 가능하다. 대체로 그 자리는 가장 나이가 많고 몸이 무거운 암컷, 아마도 족장의 딸들 중 하나에게 돌아갈 것이다.

절대권력을 물려받는 순간 미어캣 암놈은 몸집이 커지고 테스토스테론 수치가 올라가고 다른 암컷에 대한 적대감이 사정없이 상승한다. 특히 나이와 몸집이 자신과 가장 가까운, 즉 가장 위협적인 경쟁자를 유난히 적대적으로 대할 것이다. 대부분 자기 자매다.

케임브리지대학교 행동생태학자이자 칼라하리 미어캣 프로젝트 설립자인 팀 클러튼 브록Tim Clutton-Brock과의 통화에서 그는 영국 상류층 억양과 특유의 친근한 아저씨 같은 말투로 "만약 당신이 미어캣 암컷이라면, 가장 확실한 방책이자 평생의 소망은 누군가 당신의 엄마를 잡아먹는 일일 겁니다."라고 말했다. "하지만 타이밍이 중요하죠. 당신이 저 무리 중에서 엄마 다음으로 가장 나이 많은 사람일 때여야 해요. 그렇지 않으면 당신의 지랄맞은 언니가 그 자리를 차지하고 당신을 쫓아낼 테니까."

클러튼 브록은 미어캣 가정사의 잔혹한 막장 드라마를 25년간 기록해왔다. 그의 설명에 따르면 쫓겨나는 건 여족장의 자매들만이 아니다. 지배자의 재위 기간에 성적으로 성숙하여 모성을 느낄 수 있는 모든 암컷이 번식의 '번' 자도 시도하기 전에 무리에서 배척된다.

"미어캣 우두머리는 나이 먹은 딸들을 정기적으로 쫓아냅니다. 아주 잔혹해요. 빨리 나가지 않으면 죽이죠. 미어캣 집단을 보면 기본적으로 네 살 이상의 암컷이 없습니다. 2~4세가 되면 알파 암컷이 축출하기 때문이죠. 모두 사라집니다."

퇴거는 강도가 서서히 높아지는 학대 프로그램을 따라 순차적으로 진행된다. 처음은 축출 대상의 입에서 과자를 훔치는 것으로 시작한다. TV에서는 웃기는 짧은 영상으로 보이지만 이면의 진실은 아주 어둡다. 척박한 칼라하리 사막에서 먹을 수 있는 생물은 많지 않다. 미어캣이 먹을 수 있는 대부분의 생물은 자기 방어를 위해 지독한 장치들이 진화했다. 전갈은 치명적인 신경독을 주입하고 딱정벌레류는 항문에서 끓어오르는 산을 뿜어낸다. 따라서 먼저 무장해제를 시켜야만 먹을 수 있다. 하지만 그보다 일단 먹잇감을 찾는 일이 급선무다. 태양에 구워진 사막의 흙은 콘크리트만큼이나 단단하다. 한번은 사막에서 전갈의 굴을 발견하고 시험 삼아 곡괭이로 파는 데 꼬박 10분이 걸렸다. 미어캣은 부드러운 모래만 팔 수 있고 그나마도 산더미처럼 휘젓고 다녀야만 겨우 입에 넣을 만한 걸 찾을 수 있다. 그렇게 어렵게 얻은 음식을 도둑맞는다는 것은 그냥 좀 거슬리는 일 정도가 아니다. 값비싼 에너지의 치명적 손실이다.

다음 단계는 신체적 학대다. 엉덩이를 때리거나 꼬리, 목, 생식기를 무는 것은 모두 자신의 권력을 과시하려는 알파 암컷이 즐겨 써먹는 가학행위다. 신체적 괴롭힘은 권위를 부여하고 추가로 희생자에게 스트레스를 주어 생식력을 억제할 수 있다. 그러나 가장 큰 목적은 사는 게 곧 지옥이다 느끼게 하여 제 발로 떠나게 만드는 것이다.

"퇴거는 괴롭힘으로 시작해요. 꼬리 기부를 무는 것은 흔한 일입니다. 꼬리 쪽 엉덩이 피부가 벗겨진 미어캣을 보면 다음에 무슨 일이 일어날지 알 수 있지요." 클러튼 브록의 설명이다.

수시로 간식을 빼앗기고 생식기가 물리는 것에 비하면 추방은 차라리 공원 산책처럼 들릴지도 모른다. 그러나 세상에 미어캣 알파 암컷보다 더 무서운 것이 딱 하나 있다면 그건 칼라하리 사막 그 자체다. 이 광활한 반건조 사바나보다 가혹한 환경은 없다. 비는 언제 내렸는지 기억에도 없고 기온은 매일 45도의 일교차를 오르락내리락한다. 한여름 낮의 최고 기온은 섭씨 60도에 이르지만 겨울밤은 매섭게 춥다. 함께 쓰는 굴에서 따뜻한 온기를 서로 나누지 않는다면 혼자 남은 미어캣은 잠자리에 들었다가 다시는 깨어나지 못할 것이다.

더 치명적인 것은 잘못해서 이웃 미어캣 무리의 영역에 발을 들였을 때 처하게 될 위험이다. 미어캣은 무리마다 2~5제곱킬로미터의 활동 영역을 확보하여 열심히 순찰하고 방어한다. 좋은 굴과 먹이가 부족하기 때문에 미어캣은 이웃끼리 치열한 경쟁을 벌이며 종종 격렬하게 싸운다. 클러튼 브록에 따르면, 그가 연구하는 지역은 서로 대치 중인 집단이 연속해서 붙어 있어 추방된 미어캣이 라이벌의 영역을 들어가는 것을 피할 수 없다. 그곳에 상주하는 무리에게 들키기라도 하는 날이면 그대로 쫓겨나거나 잡히면 죽는다.

경쟁 관계의 미어캣이 아니더라도 혼자 버려진 미어캣 암컷을 호시탐탐 노리는 포식자들은 사방에 널렸다. 미어캣이 먹이를 찾아다니는 부드러운 모래는 주로 말라버린 강바닥, 초원, 사구 등 몸을 숨길 만한 식물이 하나도 없는 곳에 있다. 따라서 사방이 뚫린 땅에서 머리를 숙이고 모래를 파고 있는 배고픈 미어캣은 쉽게 노출될 수밖에 없다. 포식자를 감시하고 경보를 울리는 보초 없이 홀로 돌아다니는 미어캣은 공중의 포식자나 야생 고양이, 자칼 등에 금세 잡힐 것이다.

번식력 있는 독재자에게 전체주의적 체제를 운영하는 데 필요한 권력을 주는 것이 바로 이 칼라하리의 잔인한 환경이다. 솔로 서바이벌은 전문가들의 스포츠일 뿐, 많은 동물은 협동하지 않으면 죽는다. 여기에 칼라하리가 6,000만 년 된 고대 사막이라는 사실을 더하면 미어캣의 뒤틀린 강제적 '협력' 관계가 진화할 완벽한 조건이 갖춰진 것이다. 미어캣뿐 아니라 개미, 흰개미, 얼룩무늬꼬리치레pied babbler처럼 집단생활을 하는 새, 그리고 다마랄랜드두더지쥐Damaraland mole rat의 방대한 굴 파기 사회도 그러하다.

모두 생존하기 위한 생식적 전체주의와 그와 연관된 강제적 '협력'으로 사회가 수렴했다.

여행작가 A. A. 길A. A. Gill이 말한 것처럼, "이곳에 로맨스는 없다. 칼라하리는 비도덕적이고 규제되지 않은 시장 원리이며, 전문가들이 운영하는 악랄한 자본주의 그 자체다."[41]

한창 자라는 한 암컷이 호르몬을 주체하지 못해 시스템을 무시하고 어느 방랑 중인 수컷과 관계하여 임신이라도 했다가는 가차없이 보복당한다. 임신한 아랫것은 사정 볼 것 없이 쫓겨난다. 이로 인한 스트레스로 대개는 유산하지만, 용케 들키지 않고 굴에서 새끼를 낳더라도 들키는 순간 여족장은 자기 손주임에도 가차없이 죽여서 먹어버리고 어미는 집단에서 추방한다.

이게 끝이 아니다. 최근 새끼를 잃은 딸들이 추방을 피할 수 있는 마지막 반전의 '협력'이 있다. 이들은 한 가지 조건으로 무리에 다시 조용히 들어올 수 있는데, 그건 제 새끼를 살해한 자기 엄마가 낳은 자식들의 젖을 먹이는 것이다.[42]

젖을 먹인다는 건 암컷의 몸이 크게 축나는 일이지만 노예가 된 암컷은 추방과 고독사가 대안인 상황에서 다른 선택의 여지가 없다. 이런 협박이 저들의 희한한 자발적 이타주의를 설명한다. 권력자의 새끼를 돌보는 것은 일종의 형벌이자, 자신의 괘씸한 행동의 대가로 치러야 하는 '임대료'이다.[43] 하지만 무리 내 암컷이 모두 근친관계라는 점을 감안하면 이들은 엄마의 자식, 즉 자신의 형제자매와도 게놈을 상당히 공유한다. 이런 유전적 밀접성이 암컷들로 하여금 자신을 희생시키는 동기를 강화하고 협력에 유전적 이점을 제공한다. 지배권자의 요구에 응하여 어떻게든 버티고 있다 보면 언젠가 그 자리를 물려받아 스스로 번식할 가능성도 기대할 수 있다.

"당신이 한창 성장 중인 암컷이라면 제일 두려운 일이 엄마가 무리에서 자신을 내쫓는 것입니다. 그래서 당신은 어떤 의미로 엄마의 게임을 해야 합니다. 엄마는 당신보다 크고 힘이 세니까요. 바로 그런 이유로 다른 누군가가 대신 엄마를 잡아먹길 바라야 하는 겁니다." 클러튼 브록이 내게 말했다.

미어캣 무리에서 절대 볼 수 없는 한 가지는 알파 암컷을 제외한 암컷들이 작당하여 대장 암캐를 축출하는 것이다. "그건 영장류들이나 하는 일이에요. 그들은 약자끼리 동맹을 맺고 지배권자에 맞서지요." 클러튼 브록이 설명했다. "미어캣은 동맹을 맺지 않아요. 이들은 머리가 좋지 않거든요. 보험*을 결정할 때 의논할 상대는 못 됩니다."

반란은 지배권이 모호할 때만 일어난다. 예를 들어 몸집이 크지 않은 한 암컷이 나이가 가장 많다는 이유로 최고 권력의 자리를 물려받았다고 해보자. 또는 알파 암컷이 병이 들었거나 크게 다친 시나리오도 가능하다. 그런 상황에서는 시스템이 무너지고 고만고만한 암컷들이 최고의 자리를 두고 필사적으로 경기에 임하면서 무리는 피비린내 나는 혼돈의 도가니가 된다. 서로를 향한 공격성이 고조되는 것은 물론이고 종종 모두 한꺼번에 임신하는데, 그 결과는 처참한 살육 현장이다. 처음 태어난 새끼는 임신한 다른 암컷에게 먹히고, 그다음에 태어난 새끼도 마찬가지다. 학살

* 미어캣이 나오는 유명한 보험사 광고가 있다. —옮긴이

은 맨 마지막 새끼가 태어날 때까지 계속되는데 막둥이는 엄마가 누구든 상관없이 살아남는 유일한 생존자가 될 것이다. 한 연구에 서는 248마리 새끼 중에서 106마리가 굴에서 나오지 못했다. 모두 죽었다는 뜻이다.[44]

미어캣 문화는 항상 긴장된 상태에 있고 또 살인적이다. 1,000종 이상의 포유류를 대상으로 집단 내에서 벌어지는 치명적인 폭력 을 조사한 결과, 미어캣이 지구상에서 가장 살인적인 포유류로 밝 혀졌다. 심지어 인간을 제치고 잔인하기로 으뜸가는 짐승이 된 것 이다. 세상에 태어난 미어캣 다섯 마리 중에 한 마리꼴로 다른 미 어캣에게 살해당한다.[45] 가해자는 대부분 암컷, 그것도 새끼의 할 미일 가능성이 크다.

이 모든 사실이 미어캣을 건전한 가족 오락물이나 믿을 만한 자동차 보험사의 상징으로 선택하는 것을 어색하게 만든다. 미어 캣은 귀여울 수도 있고 코믹할 수도 있으며 그들의 사회를 '협력 적'이라고 규정할 수도 있지만, 그럼에도 모든 개체는 각자 자신만 을 생각한다. 어떤 신도 이처럼 결점투성이에 피로 물든 시스템을 일부러 만들지는 않을 것이다. 그러나 진화는 그리했고 이 시스템 은 그냥그냥 돌아가는 수준이 아니라 저 척박한 환경에서도 대단 히 성공적으로 유지되었다. 권력을 움켜쥔 암컷은 1년에 3~4마리 를 길러낸다. 원래 이 정도 몸집의 동물에서는 한 마리가 최선이 다. 전설의 미어캣 우두머리 마빌리는 10년을 통치하면서 총 81마 리를 낳는 데 성공했다.

미어캣 예닐곱 마리 중에 실질적으로 한 마리만 번식할 수 있 다는 점을 고려하면[46] 미어캣 암컷에서 번식 성공의 개체 간 차이는 일반적인 알파 수컷보다 훨씬 크다. 클러튼 브록에 따르면, 그가 기록한 가장 성공적인 말사슴 수컷은 엄청난 뿔을 기르고 모든 경쟁자를 물리치고 큰 하렘에 필요한 에너지 조달을 위한 온갖 노력에도 불구하고 평생 25마리의 아비가 되었을 뿐이다.

여왕님 만수무강하시옵소서!

머릿수만 따졌을 때 흰개미, 개미, 일부 말벌과 벌 등 협동 번식하는 암컷들을 따라올 것은 없다. 이 사회성 곤충의 사회는 생식적 전체주의의 경이로움 그 자체다. 수만 명 중 단 한 명에게만 엄마가 될 기회가 주어지기 때문이다. 당첨된 암컷은 유일한 임무가 알을 낳는 것이기에 생산성이 무한에 가깝다. 이들은 생식력이 아예 없는 노동자와 병사로 이루어진 지원 계급의 도움을 받으며 안전한 궁실에서 이 일을 해낸다.

이런 시스템은 1억 5,000만 년 전 공룡이 지구를 돌아다닌 쥐라기 초기부터 협력을 실천해온 흰개미에서 고도로 발전했다. 서아프리카 사바나에서 서식하는 흰개미 마크로테르메스 벨리코수스*Macrotermes bellicosus*는 곰팡이를 재배할 뿐 아니라 높이가 9미터나 되는 흙무덤을 만들고 습기와 온도를 조절한다. 그 중심에 여왕의 거처가 있다.

개미나 벌과 달리 흰개미는 여왕과 왕이 둘 다 있다. 왕은 평생 여왕과 짝짓기한다. 많은 종에서 여왕은 길이가 10센티미터나 되며, 밀랍으로 된 거대한 젖빛 소시지처럼 복부가 수천 배로 부풀어 올라 실로 알 낳는 괴물이 된다. 원래 크기를 유지한 머리와 흉부, 다리는 그로테스크하게 고동치는 복부에 치여 애처롭게 움직인다. 여왕은 수많은 일꾼이 대신 먹여주고 씻겨주어 모든 에너지를 오로지 알을 낳는 데만 소모한다. 여왕은 최대 20년 동안 하루도 거르지 않고 온종일 3초마다 한 번씩 신선한 알을 짜낸다. 하루에 2만 개 이상 낳는 셈이니 이론상 평생 1억 4,600만 마리의 흰개미를 낳는, 실로 지구상에서 번식 면에서 가장 성공적인 육상동물이라 하지 않을 수 없다.[47]

번식자와 생식력이 없는 노동자 계급 간의 노동 분할이 명확한 이런 극단적인 협동 번식은 진사회성eusociality이라고 알려졌다. 그리스어로 'eu'는 '좋다'라는 뜻이다. 물론 이 용어도 또 하나의 대단히 주관적인 단어다. 엄밀히 말해 여왕 한 사람에게만 '좋은' 시스템이기 때문이다. 왕을 제외한 군락의 나머지 수백만 마리는 왕족의 항문에서 분비하는 페로몬을 먹고 불임이 된 채 평생 하위계급에 머문다.[48] 갑자기 영국의 군주제가 대단히 합리적으로 느껴진다.

진사회성은 개체라는 철학적 개념에 도전하는 외계적인 생활방식이며 수많은 과학 소설에서 반이상향의 영감을 제공해왔다. 올더스 헉슬리는 『멋진 신세계』에서 사회성 곤충처럼 다섯 개의 계급이 있는 독재국가를 배경으로 삼았다. 이 공상과학 속 사회가 인간과는 아주 먼 관계인 무척추동물에서 진화했다는 사실은 더할 나위 없는 안심을 준다. 그러나 놀랍게도 진사회성으로 분류되는 포유류 사회가 실재한다.[49] 괴이하기로 으뜸가는 벌거숭이두더지쥐naked mole rat이다.

벌거숭이두더지쥐를 한 번 보는 것이 내 평생의 동물 버킷 리스트 일순위였다. 하지만 세계에서 유일한 진사회성 포유류를 찾는 일이 그리 쉽지는 않았다. 먼저 이들은 평생 땅속에서 생활한다. 흰개미처럼 최대 300마리가 군체를 이루어 에티오피아, 소말리아, 케냐의 건조한 초원 아래에서 수 킬로미터나 되는 방대한 터널을 파고 지낸다. 폐소공포증을 일으키는 비좁고 어두운 환경은 시력이나 털처럼 불필요한 사치품을 모두 제거해버렸다. 땅을 파서 식물의 괴경을 찾는 당장의 과제에 짐이 될 뿐이기 때문이다. 양분이 많은 덩이뿌리는 동아프리카 사막에서 찾기 힘든 식량이라 이 설치류 집단에 협동이 필요한 이유이자 원동력이 된다. 실제 벌거숭이두더지쥐 군체는 필사적인 먹이 수색으로 1년에 4.4톤의 흙을 옮긴다.

벌거숭이두더지쥐는 땅 위로 올라오는 괜한 모험은 하지 않는데 그건 대단히 현명한 생각이다. 사하라 이남의 남아프리카 땅은 칼라하리 사막 못지않게 살기 어려운 환경이다. 사나운 적도의 태양이 몇 분이면 이 벌거벗은 생물을 구이로 만들어버릴 것이다. 또한 이곳은 강도와 테러가 판치는 분쟁 지대인데, 그건 벌거숭이두더지쥐보다 연구자들에게 문제가 되는 조건이다. 이 동물을 연구하던 최소 한 명의 과학자가 야외에서 '실종된 뒤' 발견되지 않았다는 얘기를 들었다.[50]

나는 케냐를 방문할 때마다 노출된 붉은 흙 사이에서 화산 같은 두더지 흙무더기—벌거숭이두더지쥐가 사는 은밀한 미로의 유일한 지상 증거—를 찾아다녔지만 늘 허탕을 쳤다. 하지만 결국은 찾아내고야 말았다. 아프리카 황무지가 아니라 런던 동부의 아주

뜨거운 벽장에서. 크리스 포크스Chris Faulkes 박사는 세계적인 벌거
숭이두더지쥐 권위자로 런던대학교 퀸 메리 칼리지에서 오랫동안
연구 집단을 유지하고 있다. 우리 집에서 팔을 뻗으면 닿을 거리
인 런던대학교 동물학과 꼭대기 층에 지금까지 거의 30년을 살고
있었다는 말이다.

기다리고 고대하던 끝에 만난 벌거숭이두더지쥐는 지금까지
내가 본 중 가장 초현실적인 동물로 손꼽힌다. 코로나19가 기승
을 부리는 시기에 포크스는 입에 벌거숭이두더지쥐 그림이 그려
진 마스크를 쓰고 나를 만났다. 그는 일곱 계단을 껑충껑충 뛰어
올라가 달콤한 효모 냄새가 나는 작고 답답한 방으로 나를 안내했
다. 그곳에서 포크스는 6단짜리 넓은 선반에 타파웨어 상자와 강
력테이프로 연결한 수많은 투명 플라스틱 관을 배열하여 벌거숭
이두더지쥐의 땅속 사막 생활을 재현해놓았다. 만화가 히스 로빈
슨Heath Robinson의 창작물 같은 장치들로 포크스와 그의 연구팀은
비밀에 묻혀 있던 벌거숭이두더지쥐의 은밀한 사회생활을 해독할
수 있었다.

공장의 생산 라인처럼 투명한 관을 따라 종종거리고 달리는
것은 네 발 달린 익지 않은 소시지들이었다. 벌거숭이두더지쥐는
아주 별난 외모로 언제나 못생긴 동물 최상위권에 들어간다. 라틴
학명인 헤테로케팔루스 글라베르*Heterocephalus glaber*는 '늘어진 피부'
그리고 '이상한 모양의 머리'라는 뜻으로, 이 짐승의 별난 생김새
에 힌트를 준다. "이빨 달린 음경처럼 생겼죠." 포크스가 똑같이 생
긴 이미지가 그려진 마스크를 쓰고 아주 솔직하게 말했다. 그러더
니 "정말 귀여워요."라고 덧붙였다.

벌거숭이두더지쥐의 얼굴은 솔직히 말해 제 어미만 사랑할 수 있을 듯하다. 그 엄마라는 자가 누구도 사랑하지 않는 호전적인 독재자가 아니라면 말이다. 주름진 분홍색 몸은 실제로 놀랄 정도로 남근을 닮았고 헬멧을 쓴 것 같은 머리끝에는 소름 끼치게 긴 두 쌍의 노란 이빨이 튀어나왔다. 영원히 자라는 이 이빨의 구조가 특별히 중요한 이유는 입술이 이빨 뒤로 닫혀서 땅을 파는 동안 흙이 입에 들어가 질식하는 것을 막아주기 때문이다. 얼굴에 달린 두 개의 검은 점은 쓸모없는 눈이며, 외부로 드러난 귀도 없어 전반적으로 지옥에서 온 사자의 이미지인데, 이는 그처럼 암컷이 우세한 종으로서는 다소 아이러니한 모습이다.

포크스는 도시락통 하나에 손을 넣더니 꼬리가 뭉툭하고 검치 송곳니가 있는 소시지 한 마리를 꺼내서 나에게 건넸다. 벌거숭이두더지쥐의 털이 없는 피부는 신축성이 있었고 깜짝 놀랄 정도로 부드러웠다. 포크스는 이런 특징이 거친 터널 속 생활에서 상처를 입지 않게 막아준다고 설명했다. 벌거숭이두더지쥐는 전혀 새로운 타입의 히알루론산을 생산한다. 히알루론산은 영원한 젊음을 약속하는 값비싼 화장용 크림에 들어 있는 결합조직 물질로 피부를 특별히 탄력 있게 만들고, 덤으로 이들이 암에 걸리지 않는 이유일 수도 있다.[51]

벌거숭이두더지쥐 여왕의 폭압

벌거숭이두더지쥐는 과학이 진정한 경이를 느끼는 대상이다.

세계에서 포유류로는 유일한 이 변온동물은 분명 암에 면역이 되어 있고, 산소가 없는 상태에서도 18분이나 버틸 수 있으며, 통증도 느끼지 않는다. 이 천하무적 설치류는 30년 이상을 사는데, 이 정도 몸집의 동물에서 예상되는 수명보다 8배는 더 긴 것이다. 이런 특징들이 실리콘 밸리에서 젊음의 샘을 찾는 생명 해킹 실험실의 특별한 관심을 끌었지만,[52] 실제로는 전혀 부러울 것 없는 극한의 지하 생활에 적응하기 위한 자구책이다.

포크스는 지난 30년 동안 벌거숭이두더지쥐의 진사회적 사회를 조사해왔다. 군체는 한 마리의 여왕이 지배하며 1~3마리의 선택된 수컷과 짝짓기하여 모든 번식을 독차지한다. 1년에 4~5번씩 10여 마리의 새끼를 낳는데 한 배에서 최고 27마리나 기록된 것으로 보아 더 많이 낳을 수 있는 것으로 보인다.[53] 새끼는 비록 태아 상태로 태어나지만—투명한 '젤라틴성'[54] 피부를 가진 밝은 빨간색의 젤리빈 같다—아주 놀라운 산물이다. 이렇게 많은 새끼를 낳으려면 여왕의 몸은 흰개미 여왕처럼 크게 팽창한다. 다른 사회성 곤충의 여왕처럼 무리의 일꾼보다 10배는 더 오래 살지만 번식력 자체는 나이가 들어도 퇴화하지 않기 때문에 비정상적으로 오랫동안 번식력을 유지하면서 놀라운 유전적 유산을 남긴다. 전설 속 어느 벌거숭이두더지쥐 여왕은 24년을 살면서 900마리를 키웠다고 기록되었다.[55]

여왕이 선택한 짝 외에 군체의 나머지는 일꾼이나 병사가 된다. 사회성 곤충과 달리 이들의 역할은 날 때부터 정해졌다기보다 유동적으로 결정된다는 게 포크스의 말이다. 몸집이 더 큰 개체는 다른 벌거숭이두더지쥐 무리나 뱀 따위의 포식자로부터 제 무리를 방어하는 병사가 되고, 작은 개체는 일꾼이 되어 온종일 땅을 파서 괴경을 찾거나 뻣뻣한 털이 달린 작은 뒷다리로 굴 바닥을 쓸고 닦고 새끼를 돌보거나 화장실을 청소한다. 벌거숭이두더지 쥐는 유난히 깔끔하게 배설물을 처리한다고 한다. 포크스에 따르면 개체마다 성격이 있어서 각자 더 선호하는 임무가 있다. 이것도 다행인데 어차피 여왕이나 여왕에게 선택된 종마가 되지 않는 한 이들은 제 인생을 통째로 희생하여 오로지 군체를 위해 살아갈 운명이기 때문이다.

포크스는 "군체의 99.99퍼센트는 절대 번식하지 않습니다."라고 내게 말했다. 미어캣과 달리 여왕을 제외한 나머지가 은밀히 교미하여 번식 금지의 규칙을 무시하는 일이 없다. 아니, 애초에 불가능하다. 여왕이 이들의 성 발달을 억눌러 부모되기의 개념 자체가 입력된 적 없기 때문이다. 수컷이든 암컷이든 여왕 아래에 있는 모든 구성원은 사춘기 이전의 발달 상태이다. 심지어 어른의 생식기도 발달하지 않는다. 그래서 이 진사회성 시스템에서는 여왕에 종속된 모든 개체에서 성이 배제된다. 그 결과 포크스에 따르면 비非번식 개체는 성별을 구분하는 것조차 불가능하다. 여왕의 명령을 따르는 유니섹스 스무디가 되어 무리 안을 이리저리 뛰어다닐 뿐이다.

포크스는 평생 어떻게 벌거숭이두더지쥐 여왕이 다른 구성원의 성 발달을 정지시키는지를 연구했다. 처음에는 사회성 곤충처럼 페로몬이 답이라고 생각했다. 군인이 마시는 차에 넣는 브롬화물처럼 여왕이 소변을 군체에 뿌리고 다닌다고 본 것이다. 그러나 포크스는 그건 아니라고 증명했다. 이어서 다른 연구자들은 여왕이 화학적으로 조제한 대변을 통해 무리가 조종된다고 제안했다.[56] 벌거숭이두더지쥐 똥을 아주 좋아하는 식분 동물로 벌거숭이두더지쥐 새끼가 어른에게 똥을 달라고 조르는 일이 일상이다. 어쨌든 배설물을 먹으면 귀중한 장내세균, 영양소, 물을 보충할 수 있다. 그러나 여왕이 그처럼 커다란 군체를 대변만으로 통제하려면 똥을 '기관총처럼 발사하고' 다녀야 하는데 아직까지 포크스는 그런 장면을 목격한 적이 없다.

포크스는 여왕이 낮은 수준의 신체적 괴롭힘을 통해 제 아랫사람을 무성無性 상태로 유지시킨다고 믿는다. 여왕은 자신이 강하고 능력 있는 리더임을 보여주기 위해 종종 일꾼들을 '거칠게 미는' 모습을 보였다. 공격을 피하려면 일꾼이든 병사든 복종해야 한다. 터널 안에서 우연히 여왕과 맞닥뜨리기라도 하면 여왕은 그대로 거침없이 밀고 나가고 상대는 밑에 깔려서 밟힌다.[57]

이렇게 생리적으로 억제하는 정확한 메커니즘은 앞으로 더 밝혀져야 하지만, 포크스는 가장 기초적인 수준에서 여왕이 보내는 이런 적대적 신호들이 '스트레스' 상태로 번역되어 구성원들의 뇌를 화학적으로 변화시키고 번식을 통제하는 시상하부에 나쁜 영향을 준다고 생각한다. 포크스가 생각하는 핵심 호르몬은 프로락틴이다.

"비번식 수컷과 암컷을 조사해보니 프로락틴 수치가 정말 높았습니다. 인간에서는 즉시 불임을 일으키는 수준이에요." 포크스가 내게 말했다. 프로락틴은 임신부나 산모에게서 특히 많이 분비되는데 유방에서 젖의 생산을 자극하고 아기가 젖을 뗄 때까지 생식력을 낮춘다. 또한 프로락틴은 부모되기와도 연관되어 있다. 따라서 벌거숭이두더지쥐에서는 프로락틴이 동시에 두 가지 역할을 하는 것이 가능하다. 번식하지 못하게 방해하면서 군체의 다른 어린 아기들을 잘 보살피게 만드는 것이다.

한편 벌거숭이두더지쥐 여왕은 군체 전체를 지배하려면 몸을 많이 써야 한다. "여왕이 군체를 순찰하는 데 엄청난 에너지를 소비한다는 걸 알게 되었습니다. 군체 내에서 여왕 다음으로 활발한 동물보다 두 배 이상 활동적이에요. 18개월 동안 세 배의 공간을 더 돌아다녔습니다." 포크스가 내게 설명했다.

포크스는 이런 거침없는 왕실 순행이 군체의 성적 억압을 유지하는 데 필수적이라고 본다.[58] "여왕은 제 방에서 빈둥대며 다른 이들이 주는 음식이나 받아먹는 게으른 군주가 아닙니다." 포크스의 말이다. "이들에게 군주의 위치는 정말로 힘겨운 자리입니다. 내내 애써서 지배권을 유지해야 하기 때문이에요."

여왕이 강한 지배력을 유지하며 굴속을 돌아다니는 한, 군체는 평화로운 상태로 최소 몇 년까지도 잘 기능한다. 그러나 여왕의 권력이 약해지거나 어떤 이유로든 여왕이 무리에서 제거되는 날이면 지옥문이 열린다. 여왕이 부재하면 다음으로 서열 높은 암컷이 일주일 만에 성적으로 성숙해지고, 그다음에는 재빨리 모든 상황이 '왕좌의 게임'으로 바뀐다.

"'왕좌의 게임에서는 이기지 않으면 죽는다'라는 유명한 인용구가 실제로 벌거숭이두더지쥐에게 적용됩니다. 우두머리의 자리를 두고 경쟁하는 과정에 죽고 죽이는 일이 비일비재하거든요. 정말 말도 못하게 잔인합니다." 포크스가 말했다.

이 전문 굴 파기 선수들은 애초에 사납게 물도록 진화했다.

몸 근육 전체의 4분의 1이 햇볕에 구워진 흙을 긁어낼 수 있도록 턱에 몰려 있다. 게다가 저 투창 같은 이빨이라니. 굴착 장비로 쓰던 이빨을 무기로 용도 변환하는 순간 상황이 무섭게 돌변한다. 포크스는 무리가 사는 플라스틱 튜브가 온통 피범벅이 되기 때문에 연구팀이 개입해서 싸움 중인 암컷들을 떨어뜨려놓아야 한다고 했다. "단, 죽음의 이빨을 극도로 조심해야 해요. 손가락을 끊어버릴 수도 있거든요."

주름진 분홍색 음경 한 쌍이 길고 노란 이빨로 서로를 죽을 때까지 물어뜯는 장면은 눈 뜨고 볼 수 없을 정도다. "쟤들이 싸울 때는 정말 끔찍해요. 게다가 우리가 할 수 있는 게 없어요. 특히 토요일 아침에 주말 담당자한테 전화가 오면 아주 난감하죠. '어떡해요, 쟤들 싸우기 시작했어요. 뭘 해야 할지 모르겠어요.'"

이처럼 극단적 폭력이 일어나는 이유는 여왕의 빈자리가 일생에 한 번뿐인 번식의 기회를 제공하기 때문이다. 이 지하 세계에서는 혼자서 튀는 것은 선택사항이 아니다. 벌거숭이두더지쥐는 다수의 자기 희생자가 모인 집단으로만 존재할 수 있다. 이들은 상상할 수 있는 가장 열악한 환경에서 하나로 뭉쳐서 생존이라는 까다로운 생업을 분담하고 짐을 나눔으로써 번성하도록 진화했다. 벌거숭이두더지쥐는 협력의 힘에 대한 놀라운 홍보물이지만 번식의 전제주의를 상징하기도 한다.

조용히 성공적인 문화 안에서 일어나는 이런 극한의 폭력은 번식에 대한 암컷의 강렬한 욕구, 진사회eusocial socletiy를 뒷받침하고 동물의 왕국에서 가장 탄압적인 리더십을 필요로 하는 끓어오르는 번식 경쟁을 상기시킨다.

"벌거숭이두더지쥐는 공산주의 사회에 가까운 유토피아의 훌륭한 본보기입니다. 하지만 그 뒤에서는 온갖 흉악한 일들이 일어나고 있지요." 포크스의 말이다.

마다가스카르의 여우원숭이 사회 90퍼센트는 암컷이 명령을 내리고 지배한다.

그곳은 권력 맛 좀 아는 계집들의 천국인 것이다.

이 영장류 사촌이 인간 권력의 기원과 역학에 대한 새로운 해석이 될 수 있을까?

영장류 정치학

자매애의 힘

영화 〈마다가스카르〉에서 아프리카의 이 커다란 섬은 줄리언 대왕이라 불리는 알락꼬리여우원숭이*Lemur catta*가 지배한다. 블록버스터 애니메이션들이 사실주의적 묘사로 유명한 건 아니지만 줄리언 대왕이 실제 마다가스카르 출신이라는 점에서 독자는 그를 신뢰할 만한 인물로 판단해도 할 말이 없다. 하지만 영화 속 줄리언 대왕의 설정은 잘못돼도 한참 잘못되었다. 실제로도 마다가스카르에는 알락꼬리여우원숭이가 많이 살지만 그들의 리더는 왕이 아니라 여왕이다. 영화 제작진은 자신들이 만든 영화에 남성을 지배자로 내세우는 것이 당연하다고 느꼈을지 몰라도 알락꼬리여우원숭이 사회를 지배하는 성은 단연 암컷이다.

여우원숭이 사회가 대부분 그렇다. 마다가스카르섬에서만 발견되는 이 특이한 영장류 집단은 대개 암컷이 우세하다. 인드리여우원숭이*Indri indrii*처럼 일부일처성이든 6장에서 언급한 흑백목도리여우원숭이처럼 다부다처성이든, 전체 111종의 90퍼센트에서 성적, 사회적, 정치적으로 명령을 내리는 쪽은 암컷이다. 마다가스카르는 권력 맛 좀 아는 계집들의 천국이다. 영장류 암컷이 지배하는 땅이다.

여성에게 권력이 부여되는 이 이야기가 영장류에 만연한 일반적인 가부장적 서사와는 뚜렷하게 대조된다. 가장 유명한 영장류 모델에는 가슴을 두드리며 잔혹한 권력으로 사회를 공포에 몰아넣는 독재자 침팬지 수컷이 등장하며, 같은 사회 모델이 인간의 조상에도 흔히 적용된다. 그런 수컷 지배 체제야말로 다윈의 성선택 이론이 가장 기본적으로 예측하는 결과물이다. 암컷을 두고 수컷이 경쟁한 결과로 얻어진 부산물이라는 것이다. 암컷이 계속해서 크고 공격적이고 무기를 갖춘 수컷을 짝으로 선택하다 보니 점차 수컷이 신체적으로 암컷보다 앞서게 되고 그 힘의 차이를 역이용해 수컷이 작고 수동적인 암컷을 정복한다는 시나리오다.

그 결과 오랫동안 암컷의 지배는 포유류에서 드문 것으로 알려져왔다. 앞서 보았던 점박이하이에나와 벌거숭이두더지쥐의 모계 사회는 반대로 암컷의 몸집이 수컷보다 크게 진화하여 다윈의 '자연스러운 질서'를 뒤엎고 수컷을 제압하게 된 사례이다. 그런데 여우원숭이는 암수의 크기에 큰 차이가 없다. 그렇다면 어떻게 이집단에서는 암컷이라는 약체가 사회를 지배하게 되었을까? 그리고 여우원숭이는 인간을 포함한 영장류에서 권력의 기원과 역학에 관해 무엇을 가르쳐줄 수 있을까? 그걸 알아내기 위해 나는 마다가스카르 남부의 뜨거운 내륙으로 순례를 떠났다.

원더우먼 여우원숭이

마다가스카르는 지구에서 두 번째로 큰 섬나라이고 천연자원이 매우 풍부함에도 전체 인구의 4분의 3이 하루에 2달러 미만으로 살아가는, 세계에서 가장 빈곤한 국가에 속한다. 기반 시설이 발달하지 않아 까딱 잘못하면 여행자들이 낭패를 보기 십상이다. 지도로만 보면 모론다바의 바닷가 마을에서 출발해 남서쪽 건조한 오지에 있는 키린디 미테아 국립공원의 안코아트시파카 연구 기지까지는 40킬로미터가 조금 넘는 정도였다. 아프리카 여행에 제법 일가견 있는 내가 보기에는 한두 시간 정도면 충분한 거리였다. 하지만 그건 엄청난 착각이었으니. 생기 없는 해안가 마을을 떠나자마자 TV 자동차 버라이어티 프로그램 〈탑 기어Top Gear〉 중에서도 극한의 에피소드를 방불케 하는 상황에 처하고 말았다.

운전을 맡은 현지인 란드지는 길이 아닌 끝없는 고운 흰 모래 강바닥을 따라 달리며 이리저리 차가 미끄러져도 아주 침착하게 운전했다. 달리면서 본 교통수단이라고는 다 부서져가는 나무 수레가 전부였는데 몹시 지친 상태에서도 성질이 있어 보이는 제부 zebu* 한 쌍이 수레를 끌고 있었다. 가뜩이나 기어를 2단 이상 올리지 못해 기어가듯 달리는 와중에 중간중간 수없이 '통행료'를 내야 했기 때문에 시간이 더 지체되었다. 현지의 베조Vezo 부족 사람들이 엉성하게 바리케이드를 세워놓고 길을 막았다. 맹렬한 태양으로부터 피부를 보호하기 위해 누런 나무껍질 펄프로 얼굴을 가린 여성이 그곳을 통과하려면 약간의 돈을 내야 한다고 요구했다.

거북처럼 느린 이동이긴 했지만 나름 신나는 모험이었다. 길을 잃고 잠시 정신이 혼미해지기 전까지는 말이다. 밤에는 이곳에서 운전하지 말라는 경고를 들었는데 그건 '도로'가 위험해서가 아니라 강도 때문이었다. 소몰이는 이 지역 사람들이 살아가는 방식

* 뿔이 길고 등에 혹이 있는 소—옮긴이

이다. 이처럼 인적이 드문 반사막 지역에서는 도적질이 몇 안 되는 유망한 직업의 하나다. 휴대전화 신호도 뜨지 않고 지도도 없고 물어볼 사람도 없으며 갈 길은 멀고 란드지와는 말이 통하지 않아 나는 그가 목적지를 제대로 알고는 있는지도 확신할 수 없었다.

때마침 마실 물까지 떨어져 눈물이라도 모아야 할 지경에 이르렀을 무렵, 말라 죽은 듯 보이는 먼지투성이 숲으로 둘러싸인 길고 붉은 모랫길 끝에서 드디어 야외 연구기지를 발견했다. 부엌으로 쓰이는 작은 판잣집과 그 외의 나머지 용도로 쓰이는 별채가 전부였지만 사람의 흔적을 본 게 얼마 만인지도 몰랐다. 그중에서도 가장 눈물나게 반가운 건 "나는 야외 생물학자예요." 하고 말하는 실용적인 옷을 걸친 매력적인 사십 대 여성이었다. 나를 맞아준 이분이 바로 내가 찾아온 리베카 루이스Rebecca Lewis 박사로 텍사스대학교 오스틴의 생물인류학과 부교수이자 여우원숭이 암컷 지배 체제를 누구보다 잘 아는 전문가였다.

작은 공터에 텐트를 친 후 루이스는 잠자리에 들기 전 서둘러 나를 깊은 숲속으로 데려가 자신의 연구 대상을 보여주었다. 길에 널린 바싹 마른 낙엽을 밟고 가다 보니 점점 흥분되고 심장이 두근거렸다. 루이스는 베록스시파카Propithecus verreauxi 여우원숭이를 연구한다. 예전부터 꼭 보고 싶은 동물 10위 안에 드는 종이었다. 암컷이 지배하는 동물이라는 걸 알기 한참 전부터 나는 퉁방울눈이 매력인 이 새하얀 원원류가 꼭 한번 보고 싶었다. 평소 이들이 이동하는 모습 때문이다. 시파카는 걷지 않는다. 춤을 춘다.

시파카의 보금자리인 이곳 활엽수림은 우림의 엄청난 생식력과는 거리가 먼 척박한 세상으로, 지구상에서 가장 끈질긴 식물들이 살고 있어 비가 오지 않아도 몇 달을 버틴다. 이곳에는 꼬챙이 같은 회색 나무들이 정신없이 자라는데 가지의 힘이 약해서 고작 고양이만 한 여우원숭이의 무게도 견디지 못한다. 그래서 이들은 다른 원숭이 사촌들처럼 가지를 따라 네발로 이동하거나 나무에서 나무로 그네를 타듯 옮겨가는 일이 불가능하다.

대신 시파카는 초대형으로 진화한 손과 발로 나무줄기를 바싹 감싸 안고 긴 다리로 도약하여 이 문제를 훌륭하게 극복했다. 길고 튼튼한 허벅지의 힘으로 이 나무줄기에서 저 나무줄기로 최대 9미터씩 통통 옮겨 다니는 걸 보면 핀볼 기계에서 튕겨 다니는 공이 생각난다. 하지만 이런 놀라운 이동 방식도 땅에 내려오면 허점이 드러난다. 땅에서는 긴 다리와 짧은 팔, 우스꽝스러울 정도로 거대한 발 때문에 네발로 걷는 것이 불가능하다. 그래서 시파카는 균형을 잡기 위해 양팔을 뻗고 옆으로 점프하듯 다닌다. 실로 진화가 진실임을 알리는 좋은 예다. 신이라면 장난기가 발동하지 않는 한 저렇게 말도 안 되는 걸음걸이를 설계했을 리가 없기 때문이다. 루이스는 "제 눈에는 원더우먼이 따로 없지요. 아주 놀라운 점프 선수들이고 그럴 만한 힘도 갖추고 있어요."라고 말했다.

마침내 숲에서 시파카를 찾았을 때 무리는 하루의 도약과 춤을 마무리하고 휴식을 취하려는 참이었다. 그 와중에도 암컷의 권위가 생생히 느껴졌다. 시파카는 보통 우두머리 암컷과 그 자손, 그리고 성체 수컷 한두 마리로 구성된 2~12마리의 작은 가족 집단을 이루고 산다. 내가 만난 무리의 우두머리는 루이스가 에밀리라고 부르는 암컷으로 밤공기가 쌀쌀해 나무 꼭대기에서 어린 새끼들을 품에 안고 있었다. 반면 성체 수컷인 마피아는 서열에 따라 그들 아래에 앉아 있었고, 달리 안아주는 이가 없었다. 밤에는 기온이 섭씨 10도까지 떨어지는데 이런 추위에도 수컷들은 종종 혼자 밤을 보낸다고 했다.

이등 시민인 시파카 수놈은 아늑하고 햇빛이 잘 드는 잠자리나 제일 좋은 음식을 알파 암컷에게 내어줘야 한다. 섣불리 대들었다가는 매운맛을 보기 십상이다. 마침 내가 도착한 때가 1년 중 암컷이 이런 식으로 권위를 행사하는 모습을 가장 잘 볼 수 있는 시기라고 루이스가 말했다. 이런 건조한 겨울에는 대부분 나무가 낙엽이 지고 키린디는 앙상한 뼈대만 남은 척박한 사막이 된다. 이처럼 생명이 느껴지지 않는 열대림을 겪어본 적이 없어서 그런가 고요한 주위가 오싹하게 느껴졌다. 벌레 소리도 새 소리도 정적을 깨는 낙엽 밟는 소리 하나 들리지 않았다. 잎을 먹고 사는 여우원숭이에게는, 아니 사실상 어떤 동물도 먹을 것을 찾기 어려운 시기였다. 루이스는 "시파카는 겨울이면 체중의 15~20퍼센트가 줄어요. 정말 힘든 시간을 버텨야 합니다."라고 말했다.

바오밥나무는 시파카에게 생명의 오아시스를 제공한다. 땅에 뿌리를 박고 서 있는 골리앗은 퉁퉁한 몸통에 물을 잔뜩 저장하고 있다가 숲이 죽어갈 때 비로소 열매를 맺는다. 짤막한 가지에 크리스마스 장식처럼 매달린 열매는 오렌지 크기에 벨벳 질감이 나는 초록색이고 지방과 열량이 풍부한 씨앗이 들어 있다. 바오밥나무 열매는 다 좋은데 껍데기가 너무 단단하다는 게 흠이다. 시파카의 이빨은 앞니가 융합되어 털을 고르는 데 적합한 가는 빗으로 진화했으므로 열매의 껍데기를 까는 일이 여간 어렵지 않다.

"기름기 있는 씨앗을 얻으려면 목질의 껍데기를 아주 한참이나 이빨로 긁어야 해요." 루이스가 내게 말했다. "수놈이 제 연약한 이빨을 다쳐가면서 겨우 씨앗을 꺼내게 되었을 때 암놈이 와서는 머리를 툭 치고는 이렇게 말합니다. '고마워, 잘 먹을게!'"

이튿날 아침 나는 그런 상황을 직접 목격했다. 우리는 아직 무리가 잠자리 나무에서 떠나지 않은 때를 맞춰 오전 9시에 숲으로 향했다. 하루의 시작이 굉장히 늦은 편이다. 내가 다른 영장류를 조사하면서 보았던 새벽 순찰 같은 것은 없었다. 시파카는 숲에서 차가운 밤을 보내고 나서 천천히 운신을 시작한다. 잠시 일광욕을 즐긴 후에야 에밀리의 인솔하에 아침거리를 찾아 관목 숲으로 떠났다. 시파카는 복잡한 숲을 아주 빨리 이동하기 때문에 따라잡는 데 시간이 걸렸다. 마침내 무리를 발견했을 때 높은 가지가 떠들썩했는데 그중에는 수놈이 복종하는 음성이 확실히 들렸다. 다음에 내가 본 장면은 마피아가 땅으로 내려와 이리저리 낙엽을 뒤적이며 아직 씨앗이 붙어 있는 밝은 오렌지색 열매 과육을 찾는 모습이었다. 위에서 벌어진 잔치에서 다른 시파카가 먹다가 버린 것이다. 루이스에 따르면 꽤 흔한 일이다. 머리가 있는 수컷은 바오밥나무 열매를 빼앗긴 채 흠씬 두들겨 맞고 나면 먹다 남은 것을 찾아 조용히 땅으로 내려올 것이다.

"솔직히 말해서 왜 수컷이 이렇게 여기 붙어 있는지 모르겠어요." 루이스가 말했다. "늘상 얻어맞고 밥도 제대로 먹지 못하는데 말이죠. 정말 사는 게 쉽지 않습니다."

암컷 지배

1960년대에 젊은 미국인 과학자 앨리슨 졸리Alison Jolly가 처음 발견한 이후로 여우원숭이 암놈의 공격적인 지배성은 과학자들에게 골칫거리가 되었다. 2014년에 영국에서 76세를 일기로 세상을 떠난 졸리는 영장류학에서 덜 알려진 여성 선지자의 한 사람이다. 졸리는 마다가스카르의 독특한 야생동물을 보호하는 운동을 최초로 주도하고 영장류의 높은 지능이 단지 도구 사용 때문이 아니라 복잡한 사회관계를 꾸려나가는 과정에 진화했다는 개념을 정립했다. 당시에는 시류와 어긋나는 발상이었지만 오늘날에는 당연하게 받아들여지고 있다.

졸리는 100편이 넘는 논문을 썼지만 그런 대단한 학문적 성과에도 다이앤 포시Dian Fossey나 제인 구달 같은 동시대 여성 과학자에 가려 잘 알려지지 않았고 과학에 대한 기여도 역시 크게 인정받지 못했다. 아마도 그것은 졸리의 연구가 지닌 이단적 성격 때문이었을 것이다. 포시와 구달은 아프리카 본토에서 실버백 고릴라와 침팬지 수컷처럼 권력을 잡은 수컷의 서열을 묘사했다. 하지만 졸리는 마다가스카르에서 조용히 전혀 다른 현상을 기록했다. 적대적인 알파 암컷 말이다.

졸리는 1962년 스물다섯의 나이에 따끈따끈한 예일대학교 박사 학위증과 '스푸트니크 시대의 자존심을 높이는 빵빵한 연구비'를 들고 마다가스카르에 도착했다.[1] 졸리는 동떨어진 남쪽 지방의 베렌티에 자리를 잡고 이 섬의 알 수 없는 기이한 영장류의 삶을 기록하기 시작했다. 졸리가 집착하게 된 대상은 카리스마가 말도 못하게 넘치고 이제는 유명 인사로 정당한 대접을 받는 알락꼬리여우원숭이였다. 졸리는 이 줄무늬 슈퍼스타의 암컷에게서 과거 수컷의 특권으로 독점되어온 행동을 발견했다.

우선 알락꼬리여우원숭이 사회에서는 영역 방어를 대부분 암놈이 담당한다. 여우원숭이 암컷은 냄새 분비샘이 잘 발달했고 수컷보다 화학 신호를 많이 생산하는데, 이는 일반적인 기대치와 반대되는 것이다. 여우원숭이 암놈들은 수놈보다도 동종의 냄새, 특히 번식기 암컷의 냄새에 더 관심을 보였다. 건강한 암컷일수록 지방산 에스터를 많이 생산하는데 이는 강하고 섹시하다는 증거이다. 다시 말하지만 냄새 신호를 풍기는 것은 보통 수컷들의 속성이라 알려진 것으로, 알락꼬리여우원숭이의 경우 다른 암컷과의 경쟁에 관계된 것이며 수컷은 별다른 위협이 되지 않으므로 자연스럽게 무시된다고 제시되었다.[2]

여우원숭이 암놈은 특히 다른 무리와의 '대치 지역'이나 전투가 일어나는 지역에 더 많은 흔적을 남겼다. 인접한 다른 집단의 영역에서 돌아다닐 때는 이웃이 남긴 냄새의 흔적을 수시로 확인하지만 제 냄새를 남기지는 않았다.[3]

이는 평소 수컷 침팬지가 '순찰'을 돌 때와 비슷한 행동이라는 점에서 흥미롭다. 침팬지 수놈은 대체로 언제나 흥분 상태이지만 제 영역을 떠나 이웃의 땅에 들어갈 때면 갑자기 숨죽인 듯 조용해진다. 걸리고 싶지 않기 때문이다. 하지만 그러다가 낯선 이와 마주치면 소리를 지르고 나무를 두드리며 크게 난동을 피운다. 여우원숭이 암컷도 아주 비슷한 행동을 보이지만, 단 소리가 아닌 냄새가 도구이다. 옆집에 몰래 들어가 이웃하는 암컷의 냄새를 확인하여 상대의 전력을 판단하지만 괜한 문제를 일으키지 않기 위해 자신의 냄새는 남기지 않고 은밀히 정찰을 마친다. 그러다가 우연히 적을 만나게 되면 갑자기 정신없이 냄새를 풍겨 상대에게 겁을 준다. 고함이나 나무를 치는 것보다 훨씬 조용하지만 본질적으로는 같은 행동이다.

하지만 알락꼬리여우원숭이 암놈은 실제로 폭력을 쓰기도 한다. 암수 가리지 않고 상대에게 '이례적인 공격성'[4]을 드러낸다고 묘사된다. 아래 계급의 암컷에게 으름장을 놓거나 심지어 쫓아내기도 하는데 집단생활을 하는 종에게 추방은 사형선고나 다름없다. 새끼를 데리고 있는 어미라고 해서 봐주는 것은 없다. 이들이 협공으로 인해 죽는 일도 허다하다.

서열에 따른 암컷의 적대감이 영장류 사이에서도 드물지 않다. 이미 앞에서 노랑개코원숭이 모계 사회에서 벌어지는 집단 괴롭힘을 보았으니 잘 알 것이다. 그러나 개코원숭이 암컷의 경우 수컷을 공격하는 일은 드물었으나, 알락꼬리여우원숭이의 공격성을 조사한 한 연구 결과 수컷이 공격을 받아 심각하게 다칠 가능성이 암컷보다 세 배나 더 높았다. 어떤 수컷은 암컷의 폭행으로 목숨을 잃었다.[5]

나 역시 마다가스카르에서 알락꼬리여우원숭이 수컷이 일상적으로 신체적 괴롭힘을 당하는 것을 본 적이 있다. 암놈이 물고 밀고 때리는 바람에 수놈은 맛있는 음식과 편안한 잠자리, 일광욕하기 좋은 장소를 억지로 넘겨야 했다. 시파카처럼 이 줄무늬 여우원숭이들도 일광욕을 아주 진지하게 생각한다. 이들은 아침마다 다리를 쩍 벌리고 팔을 내뻗은 채 햇빛에 흠뻑 젖어 눈동자를 뒤로 굴리고 황홀경에 빠진다. 이 아침 식사 전 일광욕 시간에 해가 가장 잘 드는 명당을 함부로 차지하는 수컷은 그길로 쫓겨난다.

졸리는 알락꼬리여우원숭이 암놈들의 '무서운' 태도를 수놈이 '얼마나 두려워하는지'에 주목했다. 암컷은 보통 제 이익을 위해 권력을 사용하지만 때로는 무리 내 질서를 유지하는 데도 힘을 발휘한다. 졸리는 어린 새끼가 어른 수컷에게 괴롭힘을 당하는 것을 보고 한 암컷이 나서더니 수컷을 저지하며 '그가 있어야 할 자리를 알려주는' 것을 보고 알락꼬리여우원숭이는 '모든 암컷이 모든 수컷의 우위에 있는' 유일한 야생 영장류라는 결론을 내렸다.[6]

졸리가 관찰한 급진적 행동은 1966년에 『여우원숭이 행동: 마다가스카르 야외 연구Lemur Behaviour: A Madagascar Field Study』라는 제목 그대로인 책에 기록되었다. 암컷 우위에 대한 꼼꼼한 관찰과 목록에 더하여 졸리는 이 거친 여우원숭이 암컷이 '인류 역사의 특별히 흥미로운 이해'[7]를 제공할지도 모른다고 대담하게 제안했다.

마다가스카르의 여우원숭이는 원원류, 즉 인류의 가장 근간이 되는 영장류 사촌이다. 원원류는 영장류 진화의 굵직한 경로에서 일찌감치 갈라져 나왔고 이후에 나머지가 신세계원숭이(아메리카 대륙에 사는 진원류)와 구세계원숭이(아프리카와 아시아에 사는 진원류로 인간을 포함한 모든 대형 유인원이 여기에서 진화했다)로 갈라졌다. 원원류 중에서도 현생 여우원숭이의 조상은 약 5,000~6,000만 년 전에 마다가스카르섬에 고립되어 진화했다. 어쩌다 그리되었는지는 아무도 확실히 알지 못하지만 나무 같은 식물을 타고 섬까지 흘러들어왔다는 것이 가장 인기 있는 가설이다. 이 고대 영장류 개척자들은 광활하고 북적이지 않는 섬에 들어와 동떨어져 진화하면서 클립 30개 무게밖에 안 되는 베르트부인쥐여우원숭이 *Microcebus bertha*(세계에서 가장 작은 영장류)에서부터 실버백 고릴라에 버금가는 아르카이오인드리스 폰토이논티이*Archaeoindris fontoynon-tii*(안타깝게도 멸종한 종)까지 놀라운 다양성을 보이며 퍼져나갔다.

졸리는 여우원숭이, 신세계원숭이, 구세계원숭이로 갈라진 세 계통이 수렴되는 지점이 우리의 공통 조상, 즉 "동종의 다른 개체와 처음으로 사회적 유대를 형성한 '원숭이 아닌' 동물"[8]에 대한 지식을 줄 것이라 믿는다. 졸리가 오래전에 진화한 이 사납고 무서운 암컷 계통을 발견한 것은 공격적인 수컷으로 이루어진 가부장제가 모든 영장류의 자연스러운 상태라는 기존의 생각을 서서히 무너트렸다. 아니, 그래야 한다.

졸리의 획기적인 발명은 완전히 무시되었다. 이처럼 학술적인 발견조차 "대부분의 영장류 집단에서 질서는 위계에 의해 유지되며 궁극적으로 수컷의 권력에 달려 있다."[9]라는 만연한 개념을 무너뜨리지 못했다.

1960년대와 1970년대에 영장류학은 수컷 지배에 제대로 최면이 걸려 있었다. 이런 강박은 1920년대 처음 이 과학이 시작할 무렵부터 시작되었다. 동물학자 솔리 저커먼Solly Zuckerman이 선구적으로 수행한 개코원숭이(구세계원숭이 계통) 연구가 그러한 풍조에 일조했다. 1932년, 저커먼은 "개코원숭이 암컷은 언제나 수컷에 지배된다. 그리고 많은 경우 암컷의 태도는 극도로 수동적이다."라고 썼다.[10] 저커먼의 개코원숭이 군집은 사육 상태에다 지나치게 북적거려 야생의 상태를 대표할 수 없었음에도 그의 관찰은 이론이 되고 영장류를 대표하는 특징이 되었다. 수컷이 지배하는 사회적 위계는 영장류를 정의하는 원칙이다. 서열은 자원(음식과 저 '수동적인' 암컷들)을 관리하며 싸움 능력에 따라 결정된다.

제2차 세계대전이 끝나고 학자들이 전쟁의 기원에 심취하면서 영장류학이라는 신생 과학을 재빨리 흡수했다. 개코원숭이속 *Pipio*은 인간의 조상이 살았다고 여겨지는 사바나 환경에서 절반은 땅에 내려와 생활하며 커다란 사회적 무리를 이루고 산다는 이유로 대표적인 모델이 되었다. 개코원숭이의 잔인한 문화는 인류 조상에서 인지된 남성 지배와 공격성의 중요성을 설명하는 데 적합했다. 개코원숭이 수컷은 확실히 위협적이다. 암컷보다 최대 두 배는 몸집이 크고 하렘의 주도권을 경쟁하기 위해 표범만큼이나 길고 무시무시한 송곳니가 발달했다.

이후 1970년대가 되면서 침팬지가 인간 조상의 모델 자리를 넘겨받았다. 제인 구달이 이들의 호전적 본성을 폭로하면서 인간의 수컷 역시 폭력적인 패권 쟁취 본능이 프로그래밍되어 있다는 생각이 유행하기 시작했다. 이는 하버드대학교 생물인류학 교수이자 인간의 영장류 조상을 가부장적이고 수컷끼리 연대하고 대단히 적대적인 침팬지의 거울 이미지로서 홍보한 리처드 랭엄Richard Wrangham 같은 영향력 있는 남성 과학자에 의해 대중에게 전파되었다.

랭엄은 두말할 것 없는 대표작 『악마 같은 남성』에서 "인류 가계에 대한 탐구는 마침내 우리가 알고 있는 현생의 짐승에서 지독하게 친숙하고 당혹스러울 정도로 비슷한 이미지를 찾아냈다. 그건 바로 살아 숨 쉬는 현생 침팬지다."라고 적었다.[11]

땅에서 생활하는 소수의 구대륙 종에 사로잡혀 그들을 인간 진화의 모델로 삼은 결과는 인류학자 캐런 스트라이어Karen Strier가 "'전형적인' 영장류 신화"[12]라고 명명한바, 특별난 마초 원숭이 사회가 '모든' 영장류의 청사진으로 인식된 것이다. 그러나 이어지는 계통발생학 연구는 구세계원숭이가 영장류의 원형으로 보기에는 턱없이 부족하다는 것을 밝혔다. 이들의 행동은 특수한 환경적 어려움을 극복하는 과정에서 특별하게 맞춤되었고 또 대단히 파생적이다.[13] 영장류 사회는 개코원숭이와 침팬지에게 익숙한 가부장적 모델보다 훨씬 다양하다. 그러나 이런 자연의 다양성은 간과되었다. 여우원숭이는 물론이고 신세계원숭이들까지도.[*]

신세계원숭이는 약 4,000만 년 전에 구세계원숭이로부터 갈라졌다. 중앙아메리카와 남아메리카에 서식하고 여우원숭이와 마찬가지로 적대적 수컷 지배는 드물다. 대부분 종이 우리가 앞에서 본 올빼미원숭이처럼 평화롭고 평등하다. 올빼미원숭이는 암수의 크기가 비슷하고 육아의 임무도 사이좋게 나눠 가진다. 아주 작은 (그리고 너무 귀여운) 다람쥐원숭이, 마모셋, 타마린처럼 암수 간에 우열이 나타날 때는 대개 암컷이 우위를 점한다고 보인다.

루이스가 어느 날 야영지에서 저녁 식사 후 부르짖은 것처럼 말이다. "사람들은 여우원숭이가 특이하다고 생각하죠. 글쎄요, 그렇게 따지면 신세계원숭이들도 특이하긴 마찬가지죠!"

1960년대 당시 졸리의 혈기 왕성한 여우원숭이 암컷들은 테

---

[*] C. H. 사우스윅C. H. Southwick과 R. B. 스미스R. B. Smith가 1986년에 발표된 한 조사에서는 1931년에서 1981년까지 50년 동안 야외 연구에 기반한 영장류 논문에서 불과 10개의 영장류속이 전체의 60퍼센트를 차지했다고 보고했다. 그나마도 한 속을 제외하면 모두 구대륙에서 온 것이었다.[14]

스토스테론이 불러온 인기 있는 구세계 영장류 행동 모델과는 맞지 않았다. 수컷을 지배하는 여우원숭이 암컷은 영장류 선조의 사회성 진화에 대해 선견을 제공하기보다 무시되거나 의미론적 논쟁에 휩쓸려 헤어 나오지 못했다. 암컷의 지배성을 인정하지 않으려다 보니 수컷의 전략적 '기사도 정신'이라는 평계를 생각해내거나 암컷의 힘이 닿는 범위를 고작 '먹이 우선권' 수준으로 격하했다.

루이스에 따르면 암컷의 지배성 연구는 '지적으로 고립'[15]되었고 본질적으로 테스트할 수 없는 가설이라 하여 여우원숭이는 종종 '마다가스카르의 유별난 괴짜'로 무시되고 말았다. 그러나 여우원숭이의 10퍼센트는 암컷 지배가 아니라는 점에서 이런 비과학적 주장은 어불성설이다. 또한 육식동물에서부터 설치류와 바위너구리까지 전 세계적으로 암컷이 지배한다고 기재된 포유류를 무시하고 있다. 이는 암컷 지배가 마다가스카르만의 현상이 아니라는 암시다.

지배의 이유

암컷 여우원숭이의 흥미로운 점은 암컷이 결코 수컷보다 신체적으로 우위가 아닌데도 지배한다는 점이다. 암컷이 아주 조금 더 큰 몇몇 종을 제외하고 여우원숭이 종 대부분이 암컷과 수컷의 크기가 비슷한데 이는 일반적으로 남녀가 평등한 사회의 특징이다. 그렇다면 어떻게 여우원숭이 암컷은 수컷을 위협할 신체적 이점이 없이 우위를 점하게 되었을까?

　　루이스에게 이 힘의 원천은 자명하다. 암컷은 수컷이 원하는 것을 가졌기 때문이다. 수정되지 않은 난자 말이다. "암컷은 난자를 가졌고, 그래서 이렇게 말합니다. '내 난자를 수정시키고 싶어? 그럼 내가 먼저 먹을게.'라고요."

　　여우원숭이는 번식기가 유난히 짧다. 베록스시파카의 경우 1년을 통틀어 고작 30분에서 96시간이고, 알락꼬리원숭이는 4~24시간에 불과하다. "경제적 관점에서 설명하면, 발정기의 암컷이 한 마리밖에 없을 때 암컷은 엄청난 힘을 손에 쥐게 됩니다. 공급의 부족은 곧 높은 수요라는 뜻이니까요." 루이스의 설명이다.

　　하지만 진화에는 다른 가능성이 있다. 발정기에 들어선 암컷이 한두 마리뿐일 때 수컷은 이 귀중한 자원을 손에 넣기 위해 경쟁을 시작한다. 사랑의 라이벌과 싸우다 보니 수컷들은 결국 더 큰 몸집과 훌륭한 무기가 진화하게 된다. 그 효과로 수컷은 신체적으로 암컷을 지배할 수 있는 요건을 갖추게 되어 암컷이 지닌 난자의 영향력을 감소시킨다. 다시 말해 처음에 암컷의 지배를 허락한 힘이 수컷의 성적 이형을 촉발하여 신체적으로 암컷의 힘을 약화시킨 결과를 낳는다는 말이다.

　　이는 다윈의 성선택 이론 중에서도 기초에 해당하는 내용으로, 말사슴Cervus elaphus이 그 교과서적인 예시다. 암사슴은 모두 매년 짧은 기간에만 발정 상태를 유지하며 이어서 수컷의 발정기를 자극한다. 암컷을 두고 다른 수컷과 경쟁하는 과정에 수사슴은 거창한 뿔이 진화하고 몸집이 커진다. 그러면서 자연스럽게 신체적으로 암컷의 우위에 서게 된다. 베록스시파카의 경우도 수놈이 암컷을 두고 실제로 신체적인 힘을 겨루는 일이 있고 그 전쟁은 피비린내가 진동하는 수준까지 심각해지기도 한다. 그런데도 다윈의 예측과 달리 수컷이 신체적으로 암컷을 지배하는 결과로 이어지지는 않는다. 루이스는 이것이 마다가스카르의 특별한 환경과 시파카 특유의 이동 방식 때문이라고 본다. 한 최신 연구에 따르면 나무가 꼬챙이처럼 가늘고 길게 자라는 숲에서는 민첩성이 육체적 힘을 이긴다. 몸집이 크면 움직임이 굼떠지므로 쫓아오는 경쟁자에게 쉽게 잡힌다. 반면 몸이 너무 작으면 경쟁자와 맞붙었을 때 제대로 싸우지 못한다. 그래서 중간 크기의 몸집과 강력한 긴 다리가 선택되며,[16] 수놈이 더 큰 크기로 진화하지 않기 때문에 암놈이 권력과 사회 지배력을 유지할 수 있는 것이다.

여기에 한 가지 진화의 힘이 더 작용한다. 앞서 오리의 생식기에서 살펴본 성적 갈등이 그것이다. 여우원숭이 암컷은 다수의 수컷과 짝짓기를 하지만 수컷은 신체적 우위가 발달하거나 자기들끼리 다투지 않고도 난자를 독점할 교묘한 속임수를 진화시켰다. 여우원숭이 수컷의 정액은 암컷의 몸에 들어가면 고무처럼 단단해져서 '교미 마개copulatory plug'를 형성한다. 엉겨 붙는 정액으로 질을 막아버려 일시적으로 정절을 강제하는 것이다. 이 마개의 크기가 꽤 커서 알락꼬리여우원숭이의 경우에는 부피가 5세제곱센티미터도 넘는다.[17]* 마개로 막혀 있다고 하여 다른 수컷과의 짝짓기가 불가능한 것은 아니지만 먼저 마개를 제거해야 하므로 분명

* 샌디에이고 동물원의 앨런 딕슨Alan Dixson과 매튜 앤더슨Matthew Anderson은 1(응고되지 않음)에서 4(고체성 정액 마개)까지 정액의 응고 단계를 설정한 공식적인 영장류 교미 마개의 목록을 만들었다. 그 과정에서 이들은 흥미로운 패턴을 발견했다. 암컷이 성적으로 자유분방할수록 마개가 더 단단해지는 것이다. 궁금할 것 같아 말해주면 인간은 2단계다. "정액은 젤라틴처럼 변하고 반유체로 남아 있지만 눈에 띄게 엉겨 붙지는 않는다."[18]

번거로운 장애물이라 할 수 있다. 암컷이 채 하루도 되지 않는 짧은 기간에만 수태할 수 있다면 이건 꽤 큰 효과를 줄 수 있다.

라이스대학교 생태 및 진화생물학 부교수인 에이미 던햄Amy Dunham는 최근 연구에서 교미 마개가 여우원숭이처럼 번식 가능한 기간이 짧고 암수의 몸집이 크게 차이 나지 않는 종에서 더 흔하다는 것을 발견했다.[19] 던햄은 이런 대안적 형태의 짝 지키기가 여우원숭이 수컷이 몸집을 키우고 무기를 강화하여 신체적으로 암컷보다 우세하게 진화하지 않은 이유를 추가적으로 설명한다고 믿는다.

던햄에 따르면, 이런 암수 유사성이 암컷 지배를 이해하는 열쇠이자 이른바 여우원숭이 연구의 '성배'이다.[20] 게임이론에서는 비등한 대결의 경우, 승리에 더 절실한 자가 이긴다고 예측한다. 암컷은 수컷보다 영양 면에서 필요한 것도 많고 굶주렸을 때 더 위험해지는 등 번식 비용이 더 많이 든다. 영양 상태가 나쁜 암컷은 양질의 난자를 생산하거나 임신과 수유를 잘 버티지 못할 가능성이 크다. 하지만 수컷은 뼈만 앙상한 상태로도 얼마든지 씨를 뿌려 제 유전자를 다음 세대에 넘길 수 있다. 결과적으로 번식 적합도의 이해관계에서 잃을 것이 많은 쪽은 암컷이고, 그래서 자원을 두고 더 치열하게 싸움에 임한다고 예상할 수 있다. 더구나 물리적 싸움에는 비용이 많이 들기 때문에 수컷은 이길 확률이 낮고 피해가 클 것으로 예상되는 장기적인 싸움을 시작하느니, 차라리 암컷에게 굴복하고 다른 곳에서 음식을 찾는 일에 에너지를 투자하게 된다. 여우원숭이 대부분이 암수 크기가 엇비슷하고 계절 차이가 심하여 먹이가 아주 부족한 섬에서 산다. 그렇다면 같은 맥락에서 왜 시파카 수컷이 머리를 몇 대 맞고 그냥 소중한 바오밥 열매를 포기하는지 이해할 수 있다.

또한 여우원숭이 암컷은 경쟁심을 타고났다. 1장에서 소개한 듀크대학교 크리스틴 드레아 교수는 점박이하이에나처럼 여우원숭이도 '남성화된' 생식기를 공유한다고 언급했다.[21]

점박이하이에나는 지구상에서 군림하려는 성향이 가장 강한 포유류 암컷 중 하나다. 이들은 대부분의 상황에서 수컷을 공격적으로 제압하고 모양이나 위치가 수컷의 음경과 거의 동일한 20센티미터짜리 음핵을 달고 있다. 또한 가짜 음낭이 있으며 따로 질 입구가 없이 저 '유사 음경'으로 교미를 하고 새끼도 낳는다.

여우원숭이 암컷 역시 정도는 약해도 여전히 파격적인 성기를 갖고 있다. 시파카와 난쟁이여우원숭이의 질은 짧은 번식기에 하루 정도만 업무를 위해 개방되고 1년의 나머지는 닫혀서 봉해져 있다. 어떤 여우원숭이 종은 '피부의 조성이 수컷의 음낭과 동일한'[22] 유사 음낭을 지니고 있다. 그리고 많은 종이 겉으로 보았을 때 음경을 닮은 음핵이 있다. 이 음핵은 길게 매달려 있으며 발기성 조직과 내부의 뼈에 의해 단단해진다. 알락꼬리여우원숭이의 음핵은 음경만큼 두껍고 길며 그 안에 요도가 있어 수컷처럼 그 끝에서 소변이 나온다.

스카이프로 얘기를 나누던 중 드레아가 알락꼬리여우원숭이 암컷은 "눈 위에 오줌으로 제 이름을 쓸 수 있다."라고 농담했다. 하지만 이것은 그저 한번 웃고 마는 재주가 아니라 특정한 호르몬의 활성을 나타내는 결정적 증거이다. "아주 이례적이에요. 안드로겐에 노출되었을 때 나타나는 대표적인 형질입니다."

역시나 점박이하이에나와 마찬가지로 임신한 상태에서 알
락꼬리여우원숭이 암컷은 안드로스테네디온(A4)이라는 덜 알려
진 안드로겐과 함께 테스토스테론의 수치가 높았다. 드레아 연구
팀은 임신 중에 알락꼬리여우원숭이의 A4 수치로 이 암컷이 낳은
딸의 지배 성향까지 추정할 수 있었다. 최근까지 진행된 장기적인
연구에서 연구팀은 임신한 암컷의 A4 농도를 측정한 다음, 새끼가
태어났을 때 얼마나 거칠게 노는지 관찰했다.[23] "A4 수치가 높은
어미에서 나온 딸은 그다지 공격을 많이 받지 않을 겁니다." 드레
아가 내게 말했다. "공격하는 건 이쪽일 테니까요."

태아 상태에서 안드로겐에 흠뻑 노출되는 것이 딸인 경우 태
아일 때부터 공격성을 장착시켜 어른이 되었을 때 경쟁적 우위를
준다. 그러나 유전자를 물려줄 후손을 최대한 많이 확보하는 것이
진화의 최종 목적이라면, 이런 적대적 이점은 양날의 검이 되어
돌아온다. 호르몬 노출로 인한 공격성 증가는 여럿이 먹이를 나
눠 먹어야 하는 경쟁적인 상황에서 자신과 새끼의 라이벌을 물리
치는 데 도움이 될 수 있다. 그러나 그 대가로 점박이하이에나 암
컷은 음핵으로 새끼를 낳아야 하는 처지가 되었다. 이는 상상조차
어려운 힘겨운 일이다. 특히 초산인 산모에게는 고무호스에서 멜
론을 빼내야 하는 수준의 산고이며, 그런 이유로 출산 시 60퍼센
트가 사산을 하고, 초산인 경우 10퍼센트가 사망한다.[24]

"안드로겐에 지나치게 노출되는 것이 암컷에게 좋지 않은 이
유는 얼마든지 댈 수 있습니다." 드레아는 남성화된 암컷은 어른이
되었을 때 새끼를 낳고 기르는 데 어려움을 겪는다고 설명한다. "그
래서 이런 식으로 암컷이 우세한 종에서는 안드로겐 노출의 해로

운 결과를 최소화하면서 이로운 결과를 얻는 방법을 찾아야 해요."

섬세한 균형이 관건이다. 안드로겐에 많이 노출되는 바람에 잃어야 하는 것은 드레아가 연구하는 암컷 지배종들에서 명백하게 드러난다. 점박이하이에나처럼 알락꼬리여우원숭이 암컷과 그들의 자손도 마다가스카르의 척박하고 메마른 숲에서 소중한 먹이원을 힘으로 빼앗아 이익을 얻을 수 있다. 그러나 공격 수준이 지나치게 높아지면,[25] 어미가 다른 암컷과 빈번하게 싸움에 휘말리고 자식이 그 폭력의 희생자가 되는 바람직하지 않은 결말을 맞이하게 된다.

미어캣에서 두더지까지 다양한 포유류 암컷이 일정 수준의 '남성화된' 생식기를 보인다. 드레아에게 가장 흥미로운 것은 이런 형질이 원원류에서 전반적으로 존재한다는 사실이다. 원원류는 마다가스카르 여우원숭이와 함께 아시아의 로리스원숭이와 아프리카의 갈라고를 포함하는 영장류 집단이다. 모두 7,400만 년 전에 신세계원숭이와 구세계원숭이에서 갈라진 가장 원시적인 계통이다.[26] 이 사실로 미루어 드레아는 안드로겐을 매개로 한 암컷 지배가 비단 여우원숭이뿐 아니라 인간을 포함한 모든 영장류의 원시 상태라고 추정한다.

루이스 박사도 같은 결론에 도달했다. 아직 출판되지 않은 논문에서 루이스는 현생 종과 멸종한 종의 생리학적 가계도를 그려 여우원숭이 전 종, 그리고 사실상 모든 영장류의 공통 조상은 암수의 크기가 동일했다고 추정했다. 수컷 지배는 수컷의 몸집이 더 큰 경우에만 일어났는데, 이는 영장류 공통 조상이 원래는 암수가 함께 힘을 나눠 가졌거나 전적으로 암컷이 지배하는 상태였다고 암시한다.

이런 혁명적 발상은 공격적인 가부장제가 모든 영장류의 보편적 성향이라는 가정을 무너뜨린다. 권력을 쥔 암컷이라는 '퍼즐'을 그간 잘못된 렌즈로 들여다보고 있었다고 주장하는 드레아에게는 전적으로 이치에 맞는 말이다.

"다들 항상 '어떻게 암컷이 지배하겠어?'라고 묻습니다만, 왜 그러면 안 되는 거죠?" 스카이프로 얘기하던 중에 드레아가 자주 있는 일인 듯 분통을 터트렸다. "우리는 번식의 비용을 암컷이 부담하는 태반성 포유류예요. 그렇다면 왜 암컷에게 수컷보다 유리한 상황이 없을 거라고 생각하느냐는 말이죠." 만약 안드로겐에 노출되어 공격성이 증가하는 경우에만 암컷의 지배가 가능하다면 이는 값비싼 부작용이 동반하기 때문에 오직 소수의 종에서만 가까스로 번식적 적합성을 유지하며 진화했을 거라는 게 드레아의 생각이다. 그러나 지금부터 소개할 동물처럼 음핵을 통해 새끼를 낳지 않고도 권력을 휘두르는 방법을 발견한 암컷들이 실제로 존재한다.

자매여 단결하라!

"사람들은 권력을 곧 투쟁과 동일시합니다." 리베카 루이스가 마다가스카르에서의 어느 날 밤 야영지에서 밥과 말린 생선을 먹으면서 설명했다. "하지만 모든 권력이 싸움으로 얻어지는 건 아니에요." 동물 사회에서 권력은 전통적으로 신체적 위협을 통한 지배라는 관점에서 정의되어왔다. 이는 대단히 남성적인 관점이다. 루이스는 우리가 작지만 강력한 암컷의 지배력을 밝히려면 권력 구조를 새롭게 분류해야 한다고 믿는다.

"저는 미국 남부의 미시시피에서 자랐어요. 그곳에서 여성의 지위는 결코 높다고 볼 수 없어요. 하지만 당신이 누군가의 엄마나 자매나 아내, 딸을 섣불리 건드리면 큰일 납니다. 이들에게 엄청난 힘이 있다는 것이지요. 저는 자라면서 세상에 다양한 종류의 권력이 있다는 걸 알게 됐어요." 루이스가 본 것처럼 권력은 신체적 우위 또는 루이스 자신이 '경제적 레버리지'라고 부르는 것에서 올 수 있다. 가장 맛있는 열매가 열리는 나무의 위치를 아는 전문 지식, 수정되지 않은 난자에 대한 접근 통제, 전략적 동맹 등이 여기에 해당한다.

유명한 네덜란드 영장류학자이자 조지아주 애틀랜타 에모리 대학교 동물행동학 교수인 프란스 드 발Frans de Waal은 암컷의 권력이 과소평가 되었다는 점에 동의한다. 런던에 머물고 있던 드 발을 찾아갔을 때, 그는 자신이 네덜란드 아른험에서 연구한 사육 상태 침팬지 군락의 알파 암컷 마마의 지대한 영향력에 관해 말해 주었다.

"마마는 킹메이커였어요." 드 발이 내게 말했다.

침팬지에서 알파 수컷은 공식적으로 모든 권력을 거머쥔 정치적 인물이다. 그러나 어떤 알파 수컷도 마마가 뒤를 밀어주지 않으면 세력을 키우고 무리를 지배할 수 없었다. 그러므로 마마의 힘은 엄청났다. 수놈들은 고함과 싸움으로 관심을 끌었을지 모르지만 마마는 명실상부한 최종 '보스'였다.[27]

드 발은 1970년대에 연구를 시작하면서 아주 오래전에 마마를 만났다. 당시 한창 성장 중인 이 영장류학자는 이제 막 형성된 실험용 침팬지 군집의 사회 계층을 기록하기 위해 아른험으로 징집되었다. 그는 이내 무리가 한 암컷 침팬지를 중심으로 돌아간다는 걸 알았다. 마마에게는 모든 것을 지켜보고 어떤 허튼짓에도 흔들리지 않는 노할머니의 기운이 풍겼다. "마마의 시선에는 강력한 힘이 있었다."[28] 드 발이 첫 저서 『침팬지 폴리틱스』에서 쓴 말이다.

마마는 드 발을 포함해서 자신의 반경에 있는 모든 유인원에게 존경받았다. 맨 처음 마마와 시선을 마주쳤을 때, 키가 180센티미터도 넘는 이 장신의 영장류학자는 '작아지는 기분'[29]을 느꼈다. 마마는 체구가 크고 위협적인 인상을 주었지만 유머 감각도 남달랐다. 암컷이든 수컷이든 모든 침팬지를 쉽게 이어주었고 군집의 누구도 흉내 낼 수 없는 특별한 지원 네트워크를 발달시켰다.

마마는 무리의 최상위 계급인 알파 암컷이었고 죽을 때까지 40년이 넘게 그 자리를 유지했다. 드 발은 마마의 지위가 그녀만의 고유한 카리스마와 사회적 기술에서 왔다고 믿는다. 침팬지 무리에서 암컷의 계급은 나이와 성격에 따라 좌우된다. 여러 암컷을 동물원에 모아놓으면 대개 별다른 소란 없이 재빨리 서열이 결정된다. 한 암컷이 다른 암컷에게 복종의 자세를 취하면 그걸로 끝이다. 암컷의 서열은 안정적이고 웬만해서는 누구도 이의를 제기하지 않는다. 드 발에 따르면 저들은 '위로부터의 위협이나 힘보다 아래로부터의 존중'[30]에 의해 서열이 유지되며 아마 '복종 서열

subordination hierarchy[*]이라는 표현으로 더 잘 묘사될 것이다.

그러나 침팬지 수컷들의 이야기는 전혀 다르다. 계급은 부분적으로 신체적 힘으로 결정되지만 더 중요한 것은 다른 수컷들과의 전술적 연합이다. 알파 수컷의 자리는 늘상 도전을 받고 대단히 불안정하다. 권력 투쟁은 드 발이 인간의 정치 공작에 비유할 정도의 복잡하고 변화무쌍한 동맹이 수반된다.

아른험 군집 내에서 긴장이 최고조에 달했을 때 싸움의 참가자들은 드 발이 '타고난 외교관'[33]이라고 부른 마마를 찾았다. 마마는 전쟁 중인 수컷들의 싸움터에 들어가면서도 눈 하나 깜짝하지 않았다. 그곳에서 마마가 약자의 털을 쓰다듬으며 골라주는 순간 긴장은 사라졌다.

마마의 힘은 자매들을 지휘하는 역할에서 나왔다. 아른험 군집의 모든 침팬지 수컷은 마마를 자기편으로 만들어야 한다는 걸 알았다. 마마는 무리의 모든 암컷을 대표하는 침팬지였기 때문이다. 그래서 마마는 강력한 동맹의 상대였지만 절대 모두를 공평하게 대하지는 않았다. 마마는 수컷들의 권력 싸움에서 한쪽을 골라

---

* 이 용어는 원래 1970년대의 뛰어난 영장류학자 델마 로얼Thelma Rowell이 처음 만든 것이다. 로얼은 영장류 무리 내 관계에서 '지배'만 강조되고 '복종'의 중요한 역할에는 관심이 덜 주어진다고 생각했다. 로얼은 그것이 남성 동료들의 영장류에 대한 '무의식적인 의인화'[31]에 의한 선입견이라고 보았다. 앨리슨 졸리처럼 로얼 역시 전통적 사고에 도발적으로 도전한 또 한 명의 칭송받지 못한 여성 영장류학자였다. 로얼은 자신의 논문을 출판하면서 T. E. 로얼이라고 서명하여 성별을 감췄다. 그러나 이 간단한 위장술이 문제를 일으켰다. 1961년에 로얼이 런던 동물학회지에 투고한 논문에 감명받은 학회는 T. E. 로얼에게 케임브리지로 와서 동료들에게 강연을 부탁했다. 그러나 T. E. 로얼이 여자라는 사실이 밝혀지자 참석자들은 당황했다. 로얼은 강연은 할 수 있었지만 동료들과 한 자리에서 저녁을 먹지는 못했다. 학회 측은 로얼에게 커튼 뒤에 앉아 보이지 않게 식사하기를 요청했고 당연히 로얼은 거절했다.[32]

편을 들고 지지했다. 만약 무리 중에 감히 마마의 의중과 다른 수컷을 지지하는 암컷이 있다면, 충성의 대상을 바꾸지 않는 한 보스와의 관계가 편치 않을 거라는 걸 곧 알게 되었다.

"인간의 정치로 따지면 원내대표 같은 침팬지였죠. 모든 사람을 줄 세웠어요." 드 발의 설명이다.

수컷들은 마마의 비위를 맞춰야 한다는 걸 잘 알았다. 그래서 마마의 털을 다듬어주고 마마의 아기와 놀아주었다. 마마가 손에서 음식을 낚아채 가도 다시 뺏어오거나 불평하지 않았다. 오로지 그녀를 자기편에 서게 하기 위해 마마가 무슨 짓을 하든 다 참았다.

"우리는 지배를 어떤 특별한 것이 되는 것으로 보는 관점에서 벗어나야 합니다." 드 발이 내게 말했다. "명확히 구별해야 해요. 첫째, 신체적 지배가 있습니다. 그건 확실히 많은 종에서 수컷에 속한 것이지요. 둘째, 계급이라는 것이 있습니다. 그건 암수 간의 관계라기보다는 암컷 내에서 또는 수컷 내에서 결정되는 관계를 말합니다."

계급은 누가 누구에게 복종하느냐, 어떤 침팬지가 고개를 숙이고 헐떡거리는 소리를 내느냐로 결정된다. 이런 지위를 나타내는 표면적 신호는 드 발이 '공식적 위계질서'[34]라고 부른 것을 반영하며 유니폼에 달린 계급장의 역할을 한다.

"마지막으로 권력이 있습니다." 드 발이 설명했다. "그건 무리에서 일어나는 사회적 과정에 미치는 영향력을 말합니다. 훨씬 정의하기가 어렵지요." 드 발은 권력이 공식적인 질서 뒤에 숨어 있다고 믿는다. 침팬지 무리에서 사회적 결과물은 가족 관계와 동맹의 네트워크에서 누가 중심에 있느냐에 따라 달라진다. 마마는 월등한 사회적 네트워크와 중재 기술을 갖춘 특별한 존재로서 영향력을 발휘했다. 모든 성체 수컷은 공식적으로 마마보다 높은 위치에 있지만 하나같이 마마를 필요로 했고 마마를 존중했다. "마마가 원하는 것이 곧 무리가 바라는 것이었습니다."[35]

킹메이커로서 알파 암컷의 힘은 '수컷이 지배하는' 다른 전통적인 영장류에서도 목격되었다. 미시간대학교 인류학과 석좌교수인 바버라 스머츠Barbara Smuts는 히말라야원숭이와 버빗원숭이에서 한 수컷이 지배권을 획득하고 유지하는 일이 어떻게 상위 계급 암컷들의 지지에 영향을 받는지 기록했다.[36]

버빗원숭이 암컷은 자신이 태어난 집단에 머물면서 친척들과 평생 강한 유대를 형성한다. 반면에 수컷은 출생 집단에서 나와 혈연관계가 아닌 집단에 합류한다. 이런 시스템이 암컷에게 엄청난 권력을 부여한다. 피를 나눈 암컷들의 모계 집단은 안정적인 중심을 형성하고 협력하여 수컷의 지배에 대항한다. 암컷들은 특정 수컷이 무리에 합류하지 못하게 막거나 쫓아내며[37] 그 과정에서 수컷에게 상처를 가하거나 죽이는 일까지 있다.

"본질적으로 암컷 중심의 집단입니다. 수컷은 들락날락하지만 알파 암컷은 무리의 중심에서 대단한 권력을 손에 쥐고 있지요." 드 발이 내게 말했다.

한 집단의 안정된 핵심으로서 암컷은 종종 집단의 브레인 역할을 한다. 생계를 유지하고 안전하게 잘 수 있는 최고의 장소를 물색하는 데 필수적인 지식을 소유했기 때문이다. 포유류 암컷은 대개 수컷보다 오래 살기 때문에 전문성이 더욱 강화된다. 그런 지혜가 암컷에게 무리를 이끌 권위를 준다.[38] 일례로 꼬리감는원숭이에서 먹이를 찾거나 무리가 이동할 때 리더십을 더 자주 발휘하는 것은 알파 수컷이 아닌 작은 암컷들이다. 이런 현상은 지배와 리더십을 동일시하는 오랜 가정에 도전한다.[39]

이처럼 모계로 이루어진 암컷들의 사회적 영향력은 연구자들이 알파 수컷의 드라마틱한 정치 싸움과 시끄러운 지배 서열의 속임수에 집중하면서 수십 년 동안 간과되었다. 영장류 암컷은 어미 역할에 몰입한 나머지 스스로 어떤 권력 구조도 조직할 수 없다고 본 것이다. 1970년대에 '남성 연대male-bonding'라는 용어를 만든 것으로 유명한 캐나다 인류학자 라이어널 타이거Lionel Tiger는 "영장류 암컷은 애초에 생물학적으로 정치 체제를 지배하게 프로그래밍 되지 않은 것으로 보인다."[40]라고 썼다.

이런 고정관념은 서서히 달라지고 있다. 암컷의 모계 집단이 더 많이 연구될수록 이들에게 무리의 지휘권이 있고, 신체적 지배라는 프리즘을 통해 보았을 때 간과된 특별한 방식으로 사회적 결과물에 영향을 주고 있다는 사실이 밝혀지고 있다. 이런 연구 결과는 알파 수컷의 자율성을 조금씩 깎아내리고 있다.[41]

마마의 이야기에서 흥미로운 것은 마마가 '혈연관계가 아닌' 여성들로 구성된 사회적 네트워크에서 힘을 끌어냈다는 점이다. 아른험 군집은 되도록 야생을 그대로 재현하려고 애썼지만 피를 나눈 적이 없는 낯선 여성들을 한데 모아놨다는 점에서 대단히 인위적이었다. 또한 이들은 평소 먹이를 넉넉하게 받았기 때문에 자원을 두고 서로 경쟁할 필요가 없었으므로 암컷의 결속을 방해할 요소도 없었다.

이런 실험적 상황은 침팬지 사회에서 개체의 역할이 얼마나 유동적이며 다양한 상황에 얼마나 쉽게 적응하는지를 보여주었다. 야생에서 침팬지 암컷은 그런 관계 지향적 권위를 누리지 못한다. 버빗원숭이 암컷과 달리 침팬지 암컷은 일단 사춘기가 되면 태어난 무리를 떠나 떠돌아다니며 혼자 숲속에서 먹이를 찾으며 지낸다. 길에서 만나는 암컷은 모두 경쟁자로 간주하기 때문에 서로 연대하지 않는다. 그러다가 다른 무리에 합류하면 달리 관계를 형성할 가족이 없기 때문에 자기가 낳은 새끼가 유일하게 중요한 관계이다.

이와 대조적으로 수컷은 무리를 떠나지 않고 평생 가족에 둘러싸여 지낸다. 따라서 수컷 침팬지가 무리의 중심이 되어 평생 복잡한 관계와 최고의 사회적 근육을 키운다.

그렇다면 확산의 패턴이 사회적 영장류에서 권력의 역학을 예측하는 단서가 될 수 있다. 영향력 있는 하버드대학교 인류학자 리처드 랭엄은 이러한 관찰을 공식화하여 암수 중 계속해서 출생 집단에서 머무는 성이 항상 강력한 상호유대를 발달시킨다고 예상하는 이론을 주창했으며,[42] 그 이론은 지금까지 많이 인용되었다. 랭엄은 어디까지나 수컷이 아닌 암컷이 이런 식으로 무리를 떠나는 소수의 영장류를 바탕으로 이 중대한 논문을 썼다. 측은하고 무력한 삶을 선고받은 사고무친 암컷은 모든 페미니스트의 악몽이다. 랭엄은 그들이 모두 신체적으로 월등한 수컷에게 종속되고, '하찮고 차별화되지 않은' 관계로 고통받고 있으며 연합하거나 동맹한다는 증거가 없고 뚜렷한 지배 계급도 없다고 언급했다.

침팬지 외에도 암컷끼리 연대하지 않는 영장류에 고릴라, 콜로부스원숭이, 망토개코원숭이*Papio hamadryas*가 있다. 이 영장류들의 암컷은 무리에서 가장 덜 해방된 존재로 인류학자 세라 블래퍼 허디가 '가장 비참하고 독립적이지 못한 비인간 영장류'[43]라고 칭하면서 명예 아닌 명예를 얻었다.

아마 독자는 다시 태어나도 망토개코원숭이 암컷으로는 절대 환생하고 싶지 않을 것이다. 이 사회적 구대륙원숭이는 소말리아, 수단, 에티오피아의 반사막 황무지에서 크게 무리 짓고 지내면서 씨앗과 새싹을 찾아다니는 변변찮은 삶을 산다. 이 종의 성적 이형은 극단적이다. 건장한 수컷은 몸집이 암컷의 두 배이고 무시무시한 송곳니와 찬란한 흰 갈기를 자랑한다. 반대로 암컷은 긴장되어 보이는 평범한 작은 갈색 동물이다.

남성미 넘치는 수컷들이 모여서 약 10~20마리의 암컷으로 된 하렘을 유지하는데 수컷은 사춘기도 되지 않은 어린 암컷을 가족으로부터 납치하는 혐오스러운 행위를 자행한다. 붙잡혀온 어린 암컷은 첫날부터 상습적인 가정 폭력을 당하며 포획자에게 무조건 복종하게 적응한다. 물을 마시려고 생각 없이 몇 미터라도 벗어날라치면 영락없이 괴롭힘을 당하는데, 땅에서 몸이 완전히 들릴 정도의 공격을 받는다. 그러나 이런 '과도한 가부장적'[44] 수컷도 인질에게 심각한 상처를 주지는 않는다. 이들의 적대감은 귀중한 생식적 투자 대상에 돌이킬 수 없는 해를 가하지 않는 선에서 위협하고 통제하기 위해 신중하게 조절된다.

여기에 인간 사회와의 명백한 유사성이 있다. 여성이 스스로 삶을 제어하지 못하고 남성이 폭력을 가할 위험성이 큰 사회는 암컷이 어린 나이에 가족으로부터 분리되어 지원과 보살핌을 거의 받지 못하는 경우가 많다. 랭엄이 말한 결속하지 않는 암컷은 인간의 가장 가까운 야생의 사촌들에서 공격적인 수컷 지배의 본보기를 찾으려는 인류학자에게 요긴하다. 수컷이 남고 암컷이 떠나는 시집살이가 아마도 선행인류의 패턴이며 그로 미루어 인류의 암컷 조상들도 이와 비슷하게 고립되고 취약하고 억압받았을 것이라는 랭엄의 주장은 더욱 좌절을 준다.

보노보가 충돌을 피하는 법

그러나 랭엄의 법칙을 짓밟고 여성에게 좀 더 힘이 실리는 과거와 미래의 비전에 희망을 주는 영장류가 하나 있으니 바로 보노보다. 프란스 드 발은 보노보를 '페미니스트 운동에 내려진 선물'[45]이라고 불렀다. 침팬지는 부계 중심에 호전적이지만 보노보는 모계 중심에 평화롭다. 인간은 양쪽에 똑같이 피를 나누었다. 잘 알려지지 않은 이 대형 유인원의 비정통적 삶이야말로 영장류에서 수컷 지배가 정해진 것이라 주장하는 개념에 최후의 치명타를 날린다.

보노보는 대형 유인원 다섯 종 중에서 가장 희귀하다. 콩고민주공화국의 콩고강 남쪽 유역에 펼쳐진 무성한 열대우림에서만 발견되며, 수도 많지 않아 50만 제곱킬로미터가 채 되지 않는 땅에 5만 마리가 살고 있다.

보노보 개체군은 크기가 작을뿐더러 보노보의 고향은 오지에다 정치적으로 불안하여 이들은 20세기까지도 세상에 알려지지 않았다. 사실 보노보는 정식으로 기재된 마지막 대형 포유류의 하나다. 보노보는 벨기에 식민지 박물관의 먼지 쌓인 문서 보관소에서 분류학자들이 처음 발견했다. 1929년 에른스트 슈바르츠Ernst Schwartz라는 독일 해부학자가 크기가 작아 침팬지 새끼로 기재된 두개골 하나를 조사하고 있었다. 하지만 어딘가 이 해부학자의 기분을 찜찜하게 만드는 구석이 있었다. 그 두개골이 성체의 것이라고 확신한 슈바르츠는 세상에 자신이 새로운 침팬지 아종을 발견했다고 선언했다.

처음에 피그미침팬지로 분류된 보노보*Pan paniscus*는 이제 별개의 종으로 인정되고 있다. 보노보는 몸집이 좀 더 작고 호리호리하고 털이 적을 뿐 실제로 사촌인 침팬지와 아주 유사하게 생겼다. 침팬지처럼 암컷의 몸집은 수컷의 약 3분의 2 정도이고 출생 집단에서 나와 이주한다. 그러나 보노보 암컷의 사회생활은 침팬지와는 완전히 다르다. 뒤를 봐줄 사람 하나 없는 외로운 디아스포라로 성인의 삶을 사는 대신 보노보 암컷은 낯선 집단에 합류해서도 피를 나누지 않은 암컷들과 동맹을 형성한다. 이처럼 인위적으로 구성된 자매 관계의 힘으로 보노보 암컷은 자신들보다 큰 수컷을 지배하게 되었다. 이들의 동맹은 싸움이나 신체적 겁박에 의해 형성되거나 유지되는 것이 아니다. 이들의 연합을 유지하는 가장 큰 요인은 과학자들이 'G-G 문지르기'라고 묘사한 행위로 서로 생식기를 비비는 행동이다. 한마디로 보노보 암컷은 상호적인 프로타주*의 예술을 완성함으로써 가부장제를 전복할 힘을 얻은

---

* 옷을 입은 채 몸을 남의 몸, 물건에 문질러 성적 쾌감을 얻는 행위—옮긴이

것이다.

　어린 보노보 암컷이 제집을 떠나 새로운 공동체에 도착하면 관심을 끌기 위해 나이 든 주민 한두 마리를 골라 빈번한 G-G 문지르기와 털 고르기를 통해 관계를 형성한다. 이 터줏대감들이 호응하여 친밀한 관계가 형성되면 외지에서 온 어린 암컷은 서서히 집단에 받아들여진다. 이어서 짝을 찾아 첫째를 낳고 나면 공동체 내에서 이 암컷의 위치는 좀 더 안정되고 주류에 가까워진다.[46]

　이런 형태의 섹스가 다른 야생 영장류에서 기록된 적은 없다. 그러나 보노보 암컷은 다른 어떤 성적 활동보다도 G-G에 더 탐닉한다. 이 행위는 신뢰를 촉진하는 사회적 윤활유이며 무리 내에서 지위를 높이고 협력을 장려하며, 특히 먹이를 먹을 때 서로 피가 섞이지 않은 암컷들 사이의 경쟁적 긴장감을 완화하는 역할을 한다. 이들은 확실히 이 행위를 즐기는 것 같다. G-G 문지르기 중인 암컷들은 진짜 즐거운 시간을 보내고 있다는 표시로 미소를 띠고 끼익 끼익 소리를 지른다.

　"오르가슴을 느끼는 게 확실합니다." 에이미 패리시Amy Parish 가 내게 말했다. "그들의 음핵은 실제로 이런 종류의 성행위에서 최고의 자극을 얻을 수 있는 위치에 있거든요."

　패리시 박사는 보노보 암컷의 특별한 유대의 숨은 비결을 처음으로 밝힌 과학자다. 나는 패리시를 어느 뜨거운 여름날 샌디에이고 동물원에서 만났다. 그곳은 패리시에게 이런 발견을 선사한 보노보 집단의 보금자리다. 이 자칭 페미니스트 다윈주의자는 현존하는 가장 위대한 영장류학자들에게 줄줄이 지도를 받은 뛰어난 이력의 소유자다. 무시무시하게 똑똑한 사람이지만 하트 모양의 분홍색 선글라스를 흔들며 나타나는 순간 나를 자기편으로 만들었다.

패리시는 박사학위 주제로 보노보를 연구하기로 마음먹은 순간부터 30년간 이들의 사회생활을 기록해왔다. 당시 이 자그마한 대형 유인원에 대해 알려진 것은 거의 없었다. 패리시는 샌디에이고 야생동물 공원에 자리를 잡고 그들의 행동을 관찰하기 시작했는데, 이내 암컷들의 우정에서 드러난 독특한 성격을 눈치챘다. 그건 랭엄의 법칙을 위배하는 것이었다.

"암컷들이 신기할 정도로 서로 가까워 보였죠. 서로 함께 어울리고 상대의 아기에게도 친절했거든요." 패리시의 말이다. "보통 혈연관계에 있는 암컷들끼리는 잘 지내는 편입니다. 하지만 피를 나누지 않은 암컷 포유류들은 사이가 좋을 일이 별로 없어요. 피차 외면하거나 아예 공격적으로 대해요."

먹이를 먹는 시간이 특히 문제다. 하지만 보노보는 달랐다. 나와 함께 샌디에이고 동물원의 관찰 장소에서 저들이 저녁 먹는 시간을 관찰하면서 패리시는 이 집단의 알파 암컷인 로레타가 먹이를 통제하는 방식을 언급했다. 먹이에 대한 접근은 흔히 성을 주고받는 대가로 제공된다. 암수 모두 먹이를 얻기 위해 섹스를 거래하고 그 결과 모두 행복하게 앉아서 먹이를 먹는다. 이는 수컷이 먼저 먹고 암컷은 멀찍이 떨어져 그들이 완전히 배를 채울 때까지 기다리는 침팬지와는 사뭇 다른 광경이었다.

패리시는 "저는 섹스가 긴장을 해소하는 기반을 마련한다고 생각합니다. 긴장은 장기적인 유대감을 형성하는 데 방해가 되는 요소죠."라고 말했다. 혈연관계가 아닌 암컷들은 실제로 털 고르기와 섹스의 힘을 빌려 장기적으로 안정된 관계를 형성한다. 또한 패리시는 보노보 암컷들이 서로 뒤를 봐주면서 연합한다고 언급했다. 수컷 침팬지와 달리 자기들끼리 싸우기 위한 동맹이 아니라 공격적인 수컷을 제압하기 위함이다.

패리시는 암컷들이 수컷에게 심각한 상처를 입힌다는 사실을 알게 되었다. 깊게 할퀸 상처나 손가락과 발가락이 물리는 것은 말할 것도 없고 고환에 구멍이 뚫리는 일까지 목격했다. 패리시의 지도교수인 프란스 드 발은 자신이 샌디에이고에서 보노보를 연구하는 동안 기록한 25건의 상해 사건 목록을 보냈는데, 대부분 암컷이 수컷에게 가한 공격이었다. 패리시는 그물을 좀 더 넓게 던져 전 세계 동물원에서 이야기를 수집했는데 충격적인 사건들이 굉장히 많았다. 독일 슈투트가르트의 빌헬마 동물원에서는 암놈 둘이 수놈 한 마리를 공격해 음경을 절반이나 물어뜯은 적도 있다.(이후 미세수술로 상처를 잘 봉합했고 수컷은 다시 번식할 수 있게 되었다.)

동물원마다 수컷이 겪은 '희한한 사고'를 소재로 한 나름의 전설이 있었다. 이런 공격 패턴은 사람들이 생각하는 '자연적인' 것이 아니었기에 눈에 띄었다. 그러나 패리시는 이 데이터를 다른 눈으로 보았고 중대한 깨달음에 도달했다. 이 종은 암컷이 지배하는 종이라고. "전에는 보노보에서 기술된 바가 없는 내용이에요."

나 역시 샌디에이고의 보노보들에게서 그 사실을 엿볼 수 있었다. 리더십에 대한 열망이 충만한 암컷 리사는 서열이 낮은 수컷 마카시를 괴롭힘으로써 제 권위를 증명하고 있었다. 여러 차례 손가락이 물리고 피가 나는 폭행 사건 이후로 리사와 마카시는 서로 격리되었다.

"암컷이 그저 빈둥대고 있는 게 아니라는 건 확실합니다. 수컷들에게는 심각하고 위험한 일이에요. 암컷을 많이 두려워하죠." 패리시가 내게 말했다.

그 결과 수컷 보노보는 수컷 침팬지보다 공격성이 훨씬 덜 발달했다. "아마 수년에 걸쳐 교훈을 얻었을 겁니다." 드 발의 말이다.

보노보 수컷은 어미와 아주 친밀한 관계에 있다. 어미의 계급과 권력이 아들을 다른 암컷의 괴롭힘으로부터 보호한다. 마카시의 엄마는 샌디에이고 동물원에 있지 않았기 때문에 그는 쉬운 공격 대상이 되었다. 야생에서 수컷은 집단 내 가까운 곳에 어미가 있을 가능성이 크다. 그래서 암컷의 공격이 실제적 위협이기는 해도 야생 보노보는 침팬지 사촌보다 훨씬 평화롭게 살아간다.

침팬지는 텃세를 부리는 것으로 유명하다. 이웃하는 집단이 마주치기라도 하면 그 자리는 적의가 충만하다. 수컷은 머리털을 곤두세운 채 날뛰고 몸짓이 거칠어지기 시작한다. 비명을 지르고 나무를 두드리며 서로 죽이기까지 한다. 이와는 정반대로 보노보 집단이 만나면 다툼의 기미는 없다.

"처음에는 언성이 조금 높아질 수도 있습니다. 하지만 어느새 전쟁 아닌 야유회 자리가 되지요." 프란스 드 발이 내게 말했다. 단, 서로서로 섹스하는 야유회다. "섹스는 보노보가 충돌을 피하는 자구책입니다." 드 발이 덧붙였다. 이 특이한 유인원에게 '전쟁 대신 사랑을 하는' 히피 유인원이라는 별명이 붙은 이유이다.*

* 'make love not war'는 1960년대 미국의 반전 운동 슬로건이다.─옮긴이

구속이 없는 만큼 보노보의 성생활은 무척 창의적이다. 예를 들어 수컷은 '음경 펜싱'⁴⁷을 통해 벗과 즐겁게 지낸다. 나뭇가지에 매달린 상태로 서로 '검'을 비비는 것이다.(실로 대단한 재주다.) 암컷 사이에서 가장 빈번하고 또 선호되는 성행위는 앞에서 언급한 G-G 문지르기로, 만약 둘 중 하나를 고르라고 하면 수컷과의 섹스보다 G-G를 선택할 것이다.

"보노보 세계에는 100퍼센트 이성애도, 100퍼센트 동성애도 없습니다. 모두 양성애자예요." 패리시의 말이다.

인간처럼 보노보는 섹스와 번식이 부분적으로 분리되어 있으며, 암컷은 번식기가 아닐 때도 섹스하는 일이 빈번하다. 그러나 보노보의 교미는 평균 13초 만에 끝나는 빠른 작업으로 인간의 악수에 해당하는 일상적인 행위에 가깝다.

또한 보노보의 성행위는 놀라울 정도로 우리에게 익숙하다. 보노보는 서로의 눈을 그윽하게 쳐다보고 혀를 이용해 열정적으로 키스하며 구강성교를 하고, 심지어 자위 기구까지 만든다. 오리건 대학교 생물인류학자 프랜시스 화이트Frances White는 한 보노보 암컷이 울퉁불퉁한 막대기를 사용하여 즐거움을 얻는 것을 보았다.

그러나 가장 큰 파문을 일으킨 것은 보노보 성 레퍼토리의 극보수적인 결말이다. 보노보는 이성과 섹스를 할 때 종종 정상 체위를 시도한다. 이는 다른 영장류에서는 전혀 관찰된 바가 없는 사실이다. 침팬지는 암수가 얼굴을 마주 보는 섹스를 하지 않지만, 야생에서 보노보는 세 번 중 한 번꼴로 정상 체위를 시도한다.⁴⁸

보노보의 성행위가 일면 인간을 닮았다는 최초의 제안은 1950년대로 거슬러가지만 이 논문을 쓴 과학자들은 해당 부분을 라틴어로 보고하여 최대한 드러나지 않게 했다. 에두아르트 트라 츠Eduard Tratz와 하인츠 헤크Heinz Heck가 1954년에 보고하기를, 헬 라부룬 동물원 침팬지들은 '개처럼' 짝짓기하고 보노보는 '인간처 럼' 짝짓기한다고 적었다. 당시 얼굴을 마주 보고 하는 성교는 인 간의 전유물로서 문자를 모르는 사람들에게 가르쳐야 하는 문화 적 혁신이었다.(그래서 '선교사 체위'라는 용어가 나왔다.) 이런 초기 연구는 과학계에서 의도적으로 신중하게 무시되었다. 보노보 성 생활의 완전한 영광이 대중에게 알려지기 시작한 것은 1970년대 성 해방 시대가 도래한 후이다.

조화와 서열에 대한 보노보의 신선한 접근은 동물원에서의 인위적 사회 상황만이 아니라 야생에서도 관찰되었다. 콩코 루이 코탈레 숲에 사는 암컷 보노보들은 자신이 G-G를 하고 싶다는 뜻 을 전달하기 위해 전용 몸짓과 팬터마임까지 사용한다고 기록되 었다. 간청하는 쪽은 한 발을 뒤로 접어 자신의 부푼 음부를 가리 킨 다음 문지르는 흉내를 내면서 엉덩이춤을 추고, 그걸 본 다른 보노보가 가서 소원을 풀어준다.[49] 이런 행위를 관찰한 연구자들 은 언어의 진화에서 몸짓의 중요성을 언급했다. 또한 사물을 가리 키는 능력은 인류에서 협력과 행동 조정을 촉진하는 것과도 관련 이 있다.

보노보 사회가 보여준 새로운 가능성

침팬지처럼 보노보는 인간과 유전자의 99퍼센트를 공유한다.

둘 다 우리의 가장 가까운 사촌이라는 지위를 주장할 권리가 있다. 침팬지와 보노보의 조상은 고작 800만 년 전에 인류의 조상으로부터 갈라졌다. 이 두 침팬지속 종은 훨씬 나중에야 서로 갈라졌기 때문에 서로 훨씬 더 비슷해 보이는 것이다.

프란스 드 발은 만약 이런 생태적 연속성의 진화적 시나리오가 사실이라면 보노보는 인간이나 침팬지보다 변화를 덜 겪었을 것이라고 주장한다. 즉 보노보가 현생하는 세 종 모두의 공통 조상에 가장 가깝다는 뜻이다. 실제로 1930년대에 보노보에게 분류학적 지위를 선사한 미국 해부학자 해럴드 J. 쿨리지Harold J. Coolidge는 이 동물이 우리가 공유하는 조상, 즉 시조에 가장 비슷할지도 모른다고 제안했다. 해부 구조상 침팬지는 진화를 통해 좀 더 분화되었다는 증거를 보였기 때문이다.

보노보의 신체 비율은 인간 이전의 형태인 오스트랄로피테쿠스와 비교되어왔다. 샌디에이고 동물원에서 보노보를 지켜보면서 나 역시 그들이 두 발로 서거나 걷는 것을 볼 때 초기 호미니드를 그린 예술 작품에서 바로 걸어 나온 것 같은 모습에 놀랐다. 특히 우두머리인 로레타는 현자의 풍모가 물씬 풍기고 놀랄 정도로 몸에 털이 없었으며 남다른 권위가 느껴졌다.

근처 우리에 사는 다른 알파 수컷 영장류, 이를테면 흩날리는 긴 생강색 머리와 거대한 안면 테두리를 가진 오랑우탄이나 실버백 고릴라의 무시무시한 근육질과 비교하여 로레타는 신체적으로 크게 인상적인 부분이 없었다. 사실 패리시의 말을 빌리면 튀어나온 귀와 사실상 대머리에 가까운 상태 때문에 그녀는 슈렉을 닮았다. 하지만 내 눈에는 안타까운 탈모 현상으로 보인 것이 알고 보니 암컷 집단에서 높은 지위의 표시였다. 다들 하도 달려들어 털 고르기를 해대다 보니 털이 자꾸 빠지는 것이다. 그래서 계급이 높을수록 몸에 털이 덜 남게 된다. 그 결과 피부에 털의 거의 남지 않은 로레타는 그 어떤 털북숭이 침팬지보다도 더 인간을 닮아 보였다.

무엇보다 보노보와 인간의 유전자 간극을 좁히고 내 등골을 오싹하게 만든 것은 패리시 박사에 대한 로레타의 반응이었다. 빙 둘러 먹이를 먹는 시간이 끝나고 각자 자리를 잡은 보노보들은 그제야 유리창 반대편에서 자신을 넋 놓고 쳐다보는 인간을 알아챘다. 저 보노보 사육사는 로레타가 자신에게 고개를 끄덕일 때마다 특별한 기분이 든다고 했다. 나는 연로한 대장 암컷이 패리시 박사의 존재를 어떻게 생각하는지 궁금했다.

두 여성은 1989년 패리시가 햇병아리 박사과정 학생이고 로레타는 젊은 여족장이던 시절에 처음 만났고, 그 이후로 패리시는 아주 긴 세월 하루도 빠지지 않고 낮이면 종일 로레타와 그녀의 집단을 기록하면서 보냈다. 연구가 끝난 후에도 패리시는 정기적으로 그들을 방문했다. 영장류와 영장류학자는 각자 엄마가 되고 연장자가 되어 성숙해가는 모든 과정을 서로 지켜보았다. 그래서 나는 로레타가 패리시를 알아볼 거라는 건 알았지만 실제로 두 여성의 만남을 보고 깜짝 놀랐다.

로레타는 패리시 박사를 보더니 대번에 달려갔다. 보노보는 유리창 맞은편에 서 있었고 영혼이 담긴 호박색 눈으로 패리시의 눈을 깊이 응시했다. 그리고 보일 듯 말 듯 고개를 계속해서 끄덕였다. 패리시 역시 둘만이 공유하는 언어로 화답하듯 고개를 끄덕였다. 이윽고 로레타는 창에 몸을 기울여 머리를 댔다. 패리시도 똑같이 창에 몸을 기댔고 둘은 20분 남짓한 시간 동안 유리창을 사이에 두고 서로 털을 골라주는 시늉을 했다. 어느 시점에 로레타가 자신의 손을 올려서 창에 대었고 과학자도 자기 손을 보노보 손과 마주 댔다. 마치 유리가 없는 것처럼.

깊은 울림이 있는 장면이었다. 나는 가슴이 울컥했다. 감동한 건 나만이 아니었다. 주위에 있던 방문객들도 두 오랜 벗이 서로를 향해 우정을 표현하는 장면을 꼼짝하지 않고 지켜보았다. 모두 경외의 침묵을 지켰고 나는 전율을 느꼈다. 패리시와 로레타는 서로 한 달 넘게 만나지 못했다고 했다. 보통은 그렇게 감정을 강하게 드러내며 오래 인사하지 않는다고 했다.

나는 보노보와 이런 교감을 경험하는 패리시의 특별한 능력에 경이를 느꼈다. 그리고 인간과 아주 가깝지만 인간이 아닌 동물과 그토록 오랜 역사를 공유하는 것이 참으로 대단한 특권이라는 생각이 들었다. 둘은 정말로 특별한 관계였다. 이 현명한 늙은 암컷은 패리시가 그들의 평화로운 모계 사회의 비밀을 해독하게 도왔고, 가부장제와 폭력이 인간의 DNA에 처음부터 새겨진 것이 아님을 이해하게 했다.

근본적으로 다르면서 또 가장 가까운 인류의 친척은 우리로 하여금 인류 조상의 모델을 재고하게 했다. 혈연관계가 아닌 여성 사이에 실재하는 유의미한 관계를 인정하고, 확산 패턴이 여성의 결속에 대한 잠재력을 지시하는 유일한 요인이 아닌 좀 더 유동적인 사회 시스템을 수용하며, 또한 비록 수컷이 '신체적으로'는 우위에 있을지라도 수컷보다 체계적인 암컷의 권위가 가능하다는 사실을 받아들이게 했다.

보노보는 인류학을 개방하여 가부장제를 인류 조상의 보편적 상태로 전제하지 않는 신선한 모델을 탐색하게 했다. 사실 영장류 사촌 전반에서 가부장제가 희귀하다는 사실은 어떻게, 그리고 왜 가부장제가 많은 인간 사회에서 진화하고 장악했는지를 묻게 한다.

패리시의 과거 지도교수였던 바버라 스머츠는 새로운 논문에서 인류의 진화 과정에 전례 없는 수준의 성적 불평등이 나타난 이유에 대한 새로운 가설을 설명하면서 보노보를 추가했다. 스머츠는 인간 사회가 수렵채집에서 집약적 농업과 가축 기르기로 전환된 것을 원인으로 지적했다. 과거 협동 사냥이 남성에게 식량 자원을 통제하게 한 것은 사실이지만 여성 역시 채집 활동에 참여하면서 어느 정도 독립성을 유지할 수 있었다. 그러나 집약적 농업과 목축업이 시작되면서 여성의 이동이 제한되었고, 남성에게는 자원에 대한 통제는 물론이고 경쟁자와 싸우고 여성을 통제하기 위해 다른 수컷과 정치적 동맹을 맺는 기회가 되었다.

채집 생활 방식에서는 남성이 여성의 이동과 자원에의 접근을 오롯이 통제하기가 어려웠다. 왜냐하면 여성도 독자적으로 먹이를 찾을 수 있었기 때문이다. 그러나 여성의 활동이 제한되고 남성이 고기를 비롯한 양질의 식량을 장악하면서 여성은 주체성을 잃고 성적 재산이 되었다. 이어서 재산이 자식에게 상속됨과 동시에 부계 중심의 가부장제가 사회를 장악했다. 여기에 추가로 언어 능력의 진화는 남성이 여성에 대한 통제를 확장하고 강화할 수 있게 했는데, 언어를 통해 남성 지배와 여성 종속, 남성 우월과 여성 열등의 이데올로기를 창조하고 전파하는 것이 가능해졌기

때문이다.[50]

스머츠는 "가부장제의 뿌리는 인류 이전의 과거에 있습니다."[51]라고 말한다. "그러나 가부장제의 많은 형태는 오직 인간 고유의 행동을 반영합니다."

모든 인류학자가 보노보를 인정하고 인류 역사를 기꺼이 다시 들여다보려는 건 아니다. "침팬지를 연구하는 일부 동료는 보노보 연구 결과를 별로 달가워하지 않았어요." 패리시가 내게 말했다. "그들은 무려 40년이나 '인간의 가장 가까운 살아 있는 친척'이라는 타이틀을 손에 쥐고 있었지요. 지금까지 제시된 인류 진화의 모든 모델은 공격적이고 수컷이 연합하고 수컷이 지배하는 침팬지 사회에 기반을 두고 있었습니다."

학계는 자신의 동물과 연구가 가장 의미 있다고 주장하는 연구자들로 이루어진 경쟁과 에고의 온상이다. 만약 당신이 평생 인류의 가부장적 뿌리가 침팬지 문화를 거쳐왔다고 증명하며 살아왔다면 그 모든 데이터를 지우고 새로 시작하는 것이 쉽지 않을 것이다.

"정말 충격이 컸을 거라고 생각해요. 우리가 지금까지 '자연스러운' 세상이라고 생각한 것과는 정반대니까요." 패리시가 내게 말했다. "사람들 반응에는 성차별적 태도가 많았어요. 일부 남성 동료는 아예 보노보 사회를 암컷 지배 사회로 인정하고 싶어 하지 않았죠."

프란스 드 발도 패리시에 동의한다. 보노보를 소외시키려는 영장류학자들이 여성일 리는 없었다. "모두 남성들이죠." 그가 내게 말했다. 그러더니 한 보노보 강연에서 어느 저명한 남성 생물학자가 보인 격분한 일화를 들려주었다.

"나이 지긋한 한 독일 교수가 벌떡 일어나더니 말했어요." 드 발이 격양된 어조로 말했다. "'저 수컷들한테 무슨 문제가 있는 것 아닙니까?'라고 묻더군요. 저는 그들한테 아무 문제가 없다고 설 명했어요. 섹스도 많이 하고 아주 잘 살고 있다고요. 어떤 문제도 발견하지 못했다고 말했습니다. 하지만 그는 '진심으로' 보노보 수 컷들을 걱정했어요."

여우원숭이에 대한 앨리슨 졸리의 폭로가 무시되었던 것처럼 보노보 사회의 암컷 지배 역시 비슷하게 폄하되었고, 많은 영장류 학자는 수컷이 '기사도 정신'을 발휘한 결과라거나 '남성의 사회적 지배에 딸려온 여성의 먹이 선취권'[52]으로 재정의했다.

서던 캘리포니아대학교의 유명한 침팬지 출세주의자 크레이 그 스탠퍼드Craig Stanford가 특별히 목소리를 높였다. "스탠퍼드는 암 컷 지배가 아니라고 우겼어요. 수컷의 전략적 '경의' 표시라더군요. 더 많은 섹스를 하기 위한 작전이라는 것이죠." 패리시가 내게 말했 다. "그는 저 주장을 접을 생각이 없었고 여전히 그가 쓴 교과서에 나옵니다. 저런 말 같지도 않은 소리 때문에 정말 짜증이 났죠."

일부 학자는 호미니드 진화의 전통적인 가부장적 모델에서 암컷의 영향을 깡그리 무시하는 지경까지 갔다. '페미니즘에 의해 정치적으로 오도된 착각'[53]이라는 게 이유다.

아직도 비방을 멈추지 않는 사람은 소수에 불과하다. 대부분 은 사육 상태에서 암컷 보노보가 항상 수컷보다 우세하다는 것을 인정한다. 드 발에 따르면, 야생에서는 서열이 좀 더 섞여 있지만 최고의 자리는 대개 한두 마리의 암컷이 차지하고 그다음이 수컷이다. 수컷은 대부분 거의 모든 암컷에게 종속된다.

"애초에 침팬지나 개코원숭이에 대해서는 들어본 적이 없고 보노보를 제일 먼저 알았다고 상상해봅시다."[54] 프란스 드 발이 냉소적으로 말했다. "그럼 보노보 사회에 기초하여 초기 호미니드는 여성 중심의 사회였고, 그 사회에서는 성이 중요한 사회적 기능을 수행했고 전쟁은 드물거나 없었을 거라고, 그렇게 믿지 않았겠습니까?"

결국 인류 과거에 대한 가장 적절한 재구성은 침팬지와 보노보의 특징을 섞은 형태일 것이다. 그것이 침팬지에 더 가까웠는지 보노보에 더 가까웠는지는 영원한 논쟁거리가 될 수 있고 아마도 그럴 것이다. 하지만 내가 제일 중요하게 생각하는 건 그게 아니다. 과거는 이미 지나간 것이기에 바꿀 수 없다. 그러나 미래는 다르다. 보노보 사회가 영감을 준다고 생각하는 이유도 거기에 있다. 보노보 이야기는 우리에게 남성이 공격적으로 여성을 지배하는 것은 유전적으로 프로그래밍된 것이 아니라고 말한다. 그런 행위와 능력은 환경적, 사회적 요인에 따라 크게 달라진다. 여성에게 힘을 부여한 핵심적인 요소는 압제적인 가부장제를 무너뜨리고 좀 더 평등한 사회를 꾸려나가는 데 필요한 자매결연의 힘이다. 여기에서 자매란 가족은 물론이고 친구까지 모두 아우른다.

패리시도 동의한다. "보노보 암컷한테서 배울 게 많아요. 페미니스트 운동은 여성에게 혈연관계 아닌 여성과 자매처럼 행동하면 힘을 얻을 수 있다고 주장합니다. 보노보는 그 훌륭한 본보기가 되었죠. 우리에게 많은 희망을 줍니다."

아멘.

5,000여 종 포유류 가운데 자연적으로 완경에 이르는 종은 이빨고래류 4종과 인간 뿐.
폐경 이후의 범고래 암컷은 무리에 앞장서서 최고의 먹이터로
가족을 이끄는 노련한 리더다.

범고래 여족장과 완경

고래가 품은
진화의 비밀

대

시애틀 도심의 미래 도시 같은 스카이라인은 지구상에서 가장 강력한 포식자를 처음 만나는 자리로는 적합하지 않은 것 같았다. 그러나 간헐적으로 나타나는 뿌연 물보라 뒤로 길이 180센티미터쯤 되는 길고 날씬한 검은 등지느러미가 미국 에메랄드시티의 수중 뒷마당인 퓨젓사운드만의 은빛 바다를 가로지르고 있다.

범고래 무리가 도시를 찾아왔다. 대단한 록스타 공연을 보고 있는 것 같았다. 시애틀 항구는 미국에서 세 번째로 분주한 산업 항구로 카페리와 경적을 울리는 괴물 같은 화물선들이 갈지자의 불협화음을 일으킨다. 그러나 이 혼잡한 수상 교통 상황에도 고래들은 6톤짜리 킬러들만 누릴 수 있는 태평함으로 유유히 헤엄쳤다.

새끼 고래를 포함한 25마리가 분주한 만을 돌아다니는 모습을 보면서 영화 〈저수지의 개들〉 영화음악이 머릿속을 맴돌았다. 대형 화물선이 바짝 옆을 지나도 물속으로 몸을 피하는 대신 뱃머리의 파도를 타고 올라 대단한 카리스마를 몸소 증명했다.

정말 볼만한 장면이었다. 영어로는 오르카orca라고도 하는 범고래는 물 위로 크게 점프하면서 공중회전을 즐기고 있었다. 몸에 소름이 돋았다. 나만이 아니었다. 보트 갑판은 눈을 크게 뜬 채 고래를 관찰하는 사람들로 가득 찼다. 다들 카메라를 들이대며 고래가 물 위로 뛰어오를 때마다 탄성을 질렀다. 고래 관광업계에서는 오르카가슴orca-gasm이라 불리는 즐거움의 표현이다.

"오늘 계 타셨네요." 현지 베테랑 범고래 관찰자 아리엘 이세스Ariel Yseth가 말했다. "남부 상주군이 이렇게 모여 있는 모습이 몇 달만인지 모르겠어요."

나는 오르카 파티라는 특별한 행사를 공유하고 있었다. 범고래Orcinus orca는 돌고랫과 동물 중에서도 가장 활기가 넘치는 종이고, 몸집이 더 작은 다른 사촌들처럼 사회생활에 적합한 두뇌를 겸비한 사회적 동물이다. 이들의 7킬로그램짜리 초대형 두뇌는 지구상의 그 어떤 동물보다 언어, 사회 인지, 감각 지각 같은 복잡한 사고를 처리하는 표면적이 넓다.[1]

범고래는 5~30마리가 대가족을 이루고 살며 서로 안면이 있는 집단이 만나면 '인사 의례'를 나눈다고 알려졌다. 수면에서 두 줄로 마주 보고 서서 몇 분 동안 맴돌다가 콘서트 무대 앞자리처럼 흥을 폭발시킨다.

남부 상주군은 J, K, L로 불리는 범고래 씨족 집단 셋이 어울리는 무리로 유난히 장난기가 심하다. 내가 목격한 것은 J팀과 K팀 전원이 11개월 만에 처음으로 상봉한 가운데 옆돌기와 수상 점프를 선보인 자리였다.

방송국 헬리콥터가 위에서 맴돌았다. "요새 고래가 큰 뉴스거리예요." 아리엘이 내게 말했다.

지난 몇 년간 남부 상주군이 멸종 위기 목록에 올랐다. 이들의 유일한 먹이인 야생 연어의 급격한 감소가 주된 이유다. 추가로 해양 오염, 범고래 지방에 저장된 독성 물질, 시끄러운 해양 교통으로 인한 방향 감각 상실 등이 요인으로 손꼽힌다.

가끔 나타나서 일시적으로 머물렀다가 가는 다른 범고래 무리와 달리, 이른바 '상주군'은 여름철이면 샬리시해에서 매일 볼 수 있었는데 그들의 움직임이 점차 예측할 수 없어지고 있다.

"그래니가 죽고 나서 모든 것이 달라졌어요." 아리엘이 내게 말했다.

공식 명칭 J-2로 불리는 그래니는 J팀의 나이 든 '노할머니'였다. 이 노부인은 남부 상주군의 리더이기도 했다. 70여 마리의 범고래 무리를 이 노할머니가 지휘한다는 사실은 풋내기 선원도 아는 사실이었다. 그래니가 몸을 일으켜 2미터짜리 꼬리로 수면을 찰싹 때리면 무리가 그 뒤를 따르거나 방향을 바꾸곤 했다. "그게 그래니가 '가자, 얘들아!'라고 말하는 방식이었어요." 아리엘이 내게 말했다.

2016년 10월 세상을 떠났을 당시 그래니의 나이는 75~105세로 추정되었고, 가장 나이 많은 범고래로 기록되었다. 그러나 이 연로한 여가장의 놀라운 점은 나이가 아니었다. 40세 무렵부터 더 이상 새끼를 낳지 않으면서도 몇십 년을 더 살면서 생식연령보다 더 길지는 않더라도 아주 긴 세월을 즐겼다는 사실이다.

폐경은 동물의 왕국에서 극도로 귀한 현상이다. 사실 이론상 존재할 수 없는 단계이다. 자연선택은 생식력 소실에 가차없다. 그건 당연한 이치다. 살아 있는 목적이 번식이라면, 더 이상 신선한 유전자를 다음 세대에 전달할 수 없는 동물은 목숨을 부지할 이유가 없기 때문이다. 갈라파고스땅거북, 금강앵무, 아프리카코끼리 같은 유명한 장수 동물도 말년까지 계속 번식한다.

따라서 오랫동안 우리 인간은 폐경하는 괴짜로 여겨졌다. 생식연령 이후에도 생명을 유지한다고 알려진 유일한 포유류는 지금까지 모두 사육 상태였다. 진정한 완경完經은 생식기관의 노화와 신체의 노화가 분리될 때 일어난다. 다시 말해 일반적으로 생식기관은 몸의 다른 부분보다 더 빨리 늙는다는 뜻이다. 예를 들어 동물원에서 폐경을 경험한 고릴라는 공짜 식사와 건강 관리로 수명이 인위적으로 연장되었다. 야생에서 고릴라 암컷은 35~40년을 살지만 사육 상태에서는 60년까지도 살 수 있다. 몸과 뇌가 난소의 나이를 넘기는 것이다. 5,000종의 포유류 중에서 야생에서 자연적으로 완경에 이른다고 알려진 종은 이빨고래류 4종과 인간뿐이다.*

폐경의 수수께끼

범고래에게서 동류의식을 느낀다는 게 이상한 일이다.

생식력 감소와 관련해 보이지 않는 무의미한 위협과 씨름해야 하는 특정 연령대의 여성으로서 폐경 이후의 힘에 대한 그래니의 이야기는 결코 무시할 수 없이 내게 다가왔다. 나는 완경한 범고래를 서둘러 만나 이처럼 희한한 동시성을 준 것이 무엇인지 알아봐야겠다는 생각이 들었다.

겉으로만 보면 범고래와 인간은 공통점이 거의 없다. 우리는 마지막으로 9,500만 년 전에 공통 조상을 공유했다.(여기에서 작은

---

* 폐경하는 4종의 이빨고래는 범고래, 들쇠고래*Globicephala macrorhynchus*, 외뿔고래 *Monodon monoceros*, 흰돌고래*Delphinapterus leucas*이다.[2]

뾰족뒤쥐부터 고래, 인간, 박쥐, 말을 포함한 다양한 포유류가 유래했다.)
어떻게 이 범고래 할머니는 대놓고 자연선택을 거역하고 남부 상
주군의 리더가 되었을까? 그리고 아마 더 긴급한 문제일 텐데, 오
늘날 생태 종말의 위협 앞에서 무리가 대모를 잃는다는 것이 무슨
의미일까?

　우리가 범고래의 삶에 관해 알고 있는 대부분이 저 남부 상
주군에서 온 것이다. 이 집단은 40년 동안이나 연구되었다. 그러
나 처음 저들을 연구한 남성들이 범고래 사회가 모계 사회임을 깨
닫기까지는 시간이 걸렸다. 고래연구센터Center for Whale Research 설
립자이자 남부 상주군을 처음 연구한 과학자의 하나인 켄 발콤Ken
Balcolm이 내게 말하길, "암컷은 하렘에 속해야 하는 존재였어요."

　1970년대에 처음 남부 상주군에 대한 연구가 시작되었을 때
연구자들은 종종 소수의 성체 수컷으로 이루어진 범고래 집단을
발견했다. 그들은 인상적인 몸집(수컷은 최대 길이 9미터까지 자란
다)과 높이 솟은 등지느러미로 명확히 구분할 수 있었다. 이 수컷
들이 호위하는 소수의 작은 개체는 몸길이도 1~2미터 짧고 상대
적으로 등지느러미가 납작했으며 암컷이라고 여겨졌다.

　오르카 네트워크의 하워드 개릿Howard Garrett은 1980년대 초
반 고래연구센터에서도 일한 적이 있는데, 그에 따르면 바다사자
처럼 무리를 짓고 사는 다른 해양 포유류 연구 결과를 토대로, 범
고래 사회 역시 몸집이 큰 수컷이 공격적으로 암컷을 모아 하렘을
형성하고 커다란 수놈들이 지배권을 두고 싸우거나 암컷과 강압
적으로 교미하려고 할 것이라고 가정되었다.

　이런 전제로 몇 년 동안 관찰을 이어갔지만 실제로 그런 적대

적인 행동을 관찰할 수 없었을뿐더러 전혀 예상치 못한 일이 벌어
졌다. 암컷으로 추정된 고래 일부의 등지느러미가 크게 솟으며 아
주 확실히 수컷으로 '변신한' 것이다.* 더 나아가 이들은 무리를 떠
나지 않고 다른 수컷이나 암컷과 함께 헤엄쳐 다녔다.

개릿은 "저 '암컷'의 대다수가 사실은 어린 수컷이고 이들은
성체가 되어도 어미 옆에 가까이 머문다는 사실이 서서히 밝혀졌
습니다."라고 말했다.[3] 개릿에 따르면 이와 같은 사회적 설정을 받
아들이기까지 많은 반발이 있었다. 과학에 알려진 포유류 중에서
아들과 딸이 모두 평생 어미와 접촉을 유지하는 종은 없었다. 암
수 중 하나는 반드시 출생 집단을 떠나 흩어진다는 편견이 있었
고, 사회적 포유류에서 떠나는 쪽은 보통 아들이었다. 한데 이 범
고래 모계 사회의 일부는 무려 4세대를 아우르는 암수 개체로 구
성된 게 아닌가. 범고래 암놈의 폐경 이후까지 연장된 예외적인
수명이 이런 독특한 사회 구조와 관련이 있을까?

엑서터대학교 동물행동학 교수인 대런 크로프트Darren Croft
는 그렇다고 생각한다. 크로프트는 지난 10년간 폐경의 수수께끼
와 그 이면의 사회체제에 대해 파고들었다. "분명 진화적 관점에
서 폐경은 부적응입니다." 크로프트의 말이다. "그래서 더 빠져들
었죠."

---

* 범고래는 성에 대해 자유분방하다. "기본적으로 모두 서로 성적으로 관계합니다." 와일드
  오르카Wild Orca의 가일스 박사가 내게 말했다. 사춘기 아들이 첫 성 경험을 어미나 나이
  든 우두머리 암컷과 하는 것이 드물지 않다. 그리고 수컷은 다른 수컷과 '칼싸움'을 한다
  고 알려졌다. 그것이 1.8미터짜리 생식기를 휘두르며 유동적인 4차원의 섹스 기법을 익
  히는 방식인지, 또는 단순히 쾌감을 느끼려는 행위인지는 확실치 않다. 하지만 대부분 암
  컷이 아니라는 점은 확실하다.

인간의 폐경을 둘러싸고 수십 가지 이론과 수십 년의 논쟁이 거듭되었다. 한 인기 있는 가설에 따르면 인간의 여성 역시 동물원 고릴라처럼 단지 현대 의학의 힘으로 제 난소의 나이보다 오래 살아왔다. 원래는 폐경이 자연적인 현상이 아니며 여성은 50줄이 되어 생식력이 바닥나면 우아하게 세상을 하직해야 한다는 암시다.

다행히 현대 의학 이전의 수렵채집인 사회에도 폐경은 존재한다. 크로프트는 "폐경은 늘어난 수명의 인위적 산물이 아니라 진화적 과거에 깊숙이 뿌리 박혀 있는 적응의 소산이라는 증거가 차고 넘쳐요."라고 내게 말했다.

폐경을 설명하는 진화적 가설에는 다양한 사고의 스펙트럼이 적용된다. 그 한쪽 끝에 내가 '휴 헤프너 가설Hugh Hefner Hypothesis' 이라고 부르고 싶은 것이 있다. 실제로 《플레이보이》 창간자이자 유명한 난봉꾼인 휴 헤프너가 제시한 가설은 아니지만, 나는 저 늙은 토끼 사냥꾼이 분명 적극 찬성했을 거라고 믿는다.

휴 헤프너 가설은 여성의 폐경이 어린 여성에 대한 남성의 기호가 반영된 진화적 결론이라고 주장한다.[4] 2013년 이 대단히 맥빠지는 가설을 제안한 온타리오 맥매스터대학교 남성 과학자 삼총사는 어린 여자를 좋아하는 남성의 성향이 결과적으로 해로운 돌연변이를 축적해 여성이 나이가 들면 난소가 쪼그라들어 먼저 죽는다는 것을 세련된 수학 모델로 보여주었다.

스펙트럼의 다른 한쪽에는 좀 더 지속적이고 대단히 페미니스트 친화적인 '할머니 가설grandmother hypothesis'이 있다. 1998년에 제안된 이 가설은 여성이 번식 경쟁이 극심하던 중년을 벗어난 후 아이를 더 낳는 대신 자식과 손주를 키우는 데 에너지를 쏟으면

자손의 생존 기회가 크게 높아지고 결과적으로 자신의 유전적 유산을 많이 물려주게 된다고 가정한다.[5]

인류학자 크리스틴 호크스Kristen Hawkes는 추상적인 수학 모델이 아니라 현존하는 수렵채집인 사회를 관찰한 내용을 바탕으로 이 가설을 주창했다. 호크스는 탄자니아 하드자족의 여성들이 녹말이 풍부한 덩이줄기를 찾아다니는 일과 갓 태어난 아기를 돌보는 일의 균형을 찾아야 한다는 사실을 알게 되었다. 그러나 만약 할머니가 땅 파는 일을 도와 아기 엄마에게 덩이줄기와 열매를 나누어준다면 할머니 자신도 더 어린 나이에 젖을 뗀 건강한 손주를 보상으로 받았다.

남부 상주군의 생활과 가족관계에 관해 고래연구센터가 지난 수십 년간 축적한 문서는 크로프트에게 폐경을 설명하는 대안적인 모델 동물과 더 중요하게는 그녀가 다양한 가설을 시험해볼 수 있는 데이터를 제공했다.

내가 휴 헤프너 가설에 관해 묻자 호크스는 범고래 수놈이 어린 암놈과의 섹스를 선호한다는 증거는 없다고 말했다. "저 가설이 범고래 수놈에게 진화적으로 적응상의 어떤 이점을 줄 수 있을지 시나리오가 전혀 떠오르지 않네요." 오히려 나는 그 반대가 사실이라는 말을 들었다. 완경 이후 범고래 암컷은 퓨마 같은 성생활을 즐기며 젊은 수컷에게 섹스를 간청하는 모습이 종종 목격되었다고 했다.

크로프트 연구팀은 40년간의 수중 영상, 야외 노트, 등지느러미 사진 ID를 샅샅이 훑은 끝에 폐경 이후의 범고래 암컷은 대개 무리에 앞장서서 헤엄치며, 특히 식량이 부족할 때 최고의 먹이터로 가족을 이끈다는 사실을 발견했다.

인간을 제외하고 범고래는 지구상에서 가장 넓게 분포한 포식동물이다. 고도로 전문화된 사냥 기술로 이 범지구적 킬러들은 북극에서 남극까지 특정한 먹이를 활용하게 되었다. 예를 들어 뉴질랜드 해안의 범고래는 땅을 파서 가오리를 잡아먹는 선수이고, 아르헨티나에서는 파도를 타고 해변까지 올라와 바다사자 새끼를 낚아챈다. 알래스카 범고래 집단은 매해 5월이면 유니맥 패스Unimak Pass를 따라 모여서 매복했다가 어린 귀신고래를 습격한다. 남극에서는 일사불란한 움직임으로 큰 파도를 일으켜 부빙에 안전하게 피신 중인 물범을 입속으로 쓸어 넣는다. 이처럼 먹이로 특화된 범고래 종족을 생태학자들은 생태종이라고 부른다. 동일한 종이지만 특정 지리 구역에 분리되어 살면서 서로 교배하지 않기 때문이다. 그뿐 아니라 고유의 방언을 '말한다'고 하고, 각 종족의 사냥 기술이 세대를 거쳐 전수되어 인간의 문화에 버금간다고 알려졌다.

남부 상주군은 태평양 연어, 그중에서도 왕연어라고도 알려진 치누크연어를 가장 선호하며, 범고래 성체 한 마리가 건강하게 생활하려면 하루에 20~30마리씩 먹어야 한다. 미국-캐나다 서부 국경에 걸친 살리시해는 전통적으로 고래들이 이 크고 지방이 많은 생선으로 잔치를 벌이는 먹이터다. 많은 연어가 이곳으로 몰려와서 미국 북서부 지방의 하천 지류를 따라 올라가며 알을 낳는다.

이런 일시적인 연어 서식지는 해와 철마다, 또 조류에 따라 계속 변하기 때문에 연어 무리를 뒤쫓는 사냥꾼은 현명하고 약삭빨라야 한다. 범고래는 연어를 쫓아 강 쪽으로 올라가야 할지 신선한 재고를 찾아 심해 연어 식당을 배회할지 결정한다. 이 복합적 인지 활동이 과거보다 훨씬 난해해졌는데, 이제는 연어가 산란지로 가는 길을 거대한 콘크리트 수력발전 댐이라는 장애물이 가로막고 있기 때문이다. 연어의 수가 줄어드는 상황에서는 수년의 경험이 있는 노련한 범고래들만 연어를 찾을 장소를 안다. 바로 나이가 가장 많은 여족장들이다.

"마치 도심 속에서 한 달에 딱 하룻밤만 열리는 식당 같아요. 몇 월 며칠 어디에서 열리는지 알아야만 갈 수 있죠." 대런 크로프트가 스카이프로 설명했다.

사육 상태의 범고래는 경이로운 직관 기억을 보인다.[6] 25년 뒤에도 테스트 패턴을 기억한다. 이들 지혜로운 노부인들은 생태와 문화 지식의 살아 있는 도서관일 뿐 아니라 놀라울 정도로 자애롭다. "60세 된 암컷이 연어를 잡아서 둘로 나눈 다음 반을 서른 살짜리 아들에게 나눠주는 모습을 볼 수 있어요. 정말 믿어지지 않는 광경이죠." 크로프트가 내게 말했다.

암살자 고래killer whale라는 살벌한 이름에도 불구하고 고래 전문가들은 범고래 수컷을 '덩치만 큰 마마보이'라고 부른다. 평생 엄마의 몇 미터 반경을 벗어나지 않으며, 엄마가 나눠주는 먹잇감으로 목숨을 부지한다. 크로프트 팀은 만약 범고래 수컷의 어미가 아들의 30번째 생일 이전에 죽으면 어미가 살아 있는 범고래에 비해 아들 범고래가 다음해에 죽을 가능성이 3배가 높아진다. 어미가 아들이 30세가 된 이후에 죽으면 아들이 다음해에 죽을 확률은 8배로 늘어난다. 어미가 폐경 이후에 죽으면 아들이 다음해에 죽을 가능성은 14배나 된다. 이 데이터는 반박할 수 없다. 엄마가 출산 후 오랫동안 살아 있는 아들은 엄마가 일찍 죽은 아들보다 생존이 훨씬 유리하다. 이는 어미와 아들이 둘 다 나이가 들어가면서 더 심해진다. 따라서 이 완경한 범고래들은 호크스가 주장한 할머니 가설을 뒷받침한다.

크로프트에 따르면 이 이론에는 아직 문제가 남아 있다. 왜 암컷이 인생의 절반에 다다랐을 때 번식을 멈추는지 설명하지 않기 때문이다. "코끼리를 보세요." 크로프트가 외쳤다. "코끼리 사회에서도 나이 든 암컷이 생태학적, 사회적 지식의 저장고 역할을 하지만 이들에게는 폐경이 없거든요."

코끼리 우두머리 암컷은 지구상에서 가장 무시무시한 암컷이다. 가족 집단의 수장이며, 사자를 한 수 앞서는 지혜가 있고, 다른 암놈들과 정치적으로 연합하며 가뭄에는 오래된 수원을 기억한다. 이처럼 카리스마 넘치는 거인은 범고래(그리고 실제로 인간)와 공통점이 많다. 수명이 길고 뇌가 크며 의사소통 기술이 복잡하고 유동적인 사회 네트워크를 형성한다.

캐런 매콤Karen McComb은 서식스대학교의 동물행동 및 인지학 교수인데, 이 위대한 노마님의 사회적 지식과 의사 결정 기술을 측정할 방법을 개발했다. 매콤은 케냐의 엠보셀리 코끼리 연구기지로 향했다. 그곳에서는 1972년부터 코끼리가 관찰되어 다른 개체군보다 오래, 남부 상주군 범고래만큼 긴 시간 연구되었다. 매콤은 이곳에서 확성기와 테이프 재생기를 들고 다니면서 코끼리 가족에게 다른 코끼리 가족의 녹음된 소리를 들려주고 반응을 살폈다.[7]

긴장한 코끼리들은 하던 일을 멈추고 한데 모여 방어 형태를 이루고는 침입자에 대한 정보를 더 파악하고자 공기의 냄새를 맡았다. 하지만 나이 든 우두머리가 이끄는 가족은 위협을 판단하는 데 훨씬 능숙하여 실제로 낯선 코끼리의 울음소리가 들렸을 때만 행동이 달라졌다. 반대로 어린 우두머리가 이끄는 가족은 무작정 방어 태세를 취하며, 매콤의 말에 따르면 '엉망진창'이었다.

나이가 많은 대장 암컷은 친구와 적을 구분할 뿐 아니라 수사자와 암사자의 포효도 가려낼 수 있다. 이는 생존에 필수적인 재주인데 암수의 소리는 거의 비슷하지만 위협도는 천지 차이이기 때문이다. 사자는 주로 암컷이 사냥에 나서긴 하지만, 새끼 코끼리를 낚아챌 수 있는 것은 몸집이 50퍼센트 정도 더 큰 수컷만 가능하다.

나이 많은 여족장의 월등한 식별력은 식구를 안전하게 지키고 긴장을 낮추면서 이들이 우선순위에 집중하게 한다. 먹는 일 말이다. 매콤의 연구는 연륜 있는 암코끼리의 빠른 판단과 자신감 넘치는 리더십은 자손의 증가로 이어져 할머니 가설을 뒷받침한다는 것을 보여준다.

그렇다면 이 코끼리 노부인이 아기 생산 벨트에서 내려와 이미 출산한 자손들에 에너지를 집중해서 투자할 것이라 생각할지도 모르겠다. 특히 22개월의 임신 기간이 고되고 새끼는 5~6세가 되어서야 젖을 뗀다는 점을 고려하면 말이다. 그러나 엠보셀리의 여족장들은 예순이 지나도 새끼를 낳았다. 생식 속도는 확실히 느려지지만 범고래나 인간처럼 급격히 감퇴하지 않는다. 조사에 따르면 암코끼리 난소는 70세에도 여전히 정상적으로 기능했다.[8] 이론적으로는 죽을 때까지 출산할 수 있다는 뜻이다.

할머니 가설이 작용하려면 말년에 생식에 들어가는 비용이 아주 많아야 한다. 그렇지 않으면 범고래든 그 어떤 동물이든 번식을 멈출 이유가 없다. 크로프트와 공동 연구자들은 범고래 폐경의 미스터리는 이들의 특수한 사회적 환경과, 협력 아닌 갈등에 핵심이 있다고 제안했다.

새끼를 낳는 것은 비용이 많이 드는 일이다. 그러나 범고래의 경우 아들과 딸의 차이가 꽤 크다. 열다섯 살이 된 젊은 암컷 범고래가 번식을 시작할 때 이들이 새끼에게 줄 양질의 젖을 생산하려면 연어를 40퍼센트나 더 먹어야 한다. 그러므로 '딸'이 성숙기에 도달하면 무리 전체가 영양학적으로 엄청난 부담을 짊어져야 한다.

하지만 아들은 다르다. 서로 다른 무리가 뒤섞일 때 아들은 다른 모계에서 온 암컷과 짝짓기한다. 아들은 짝짓기할 때조차 어미 옆에서 멀리 떨어지지 않지만, 그 아들의 자식은 제 어미를 따라가서 다른 모계의 암컷에 의해 키워질 것이다. 결국 아들의 자식을 먹이고 키우는 비용을 내는 것은 다른 모계 집단이 된다. 그렇다면 어미 입장에서는 딸을 낳았을 때보다 훨씬 저렴하게 유전자를 퍼트릴 수 있다. 그러므로 어미는 성숙한 딸보다는 아들을 더 좋아할 거라는 게 진화론의 예측이며, 실제로 12년에 걸친 범고래 먹이 공유 연구에서도 이 사실이 증명되었다.[9] 반대로 이런 독특한 친족관계 역학의 결과로 딸이 임신할 수 있는 연령이 되면 어미와 딸 사이의 갈등이 예상된다.

범고래 암컷이 태어나면 그 아비는 다른 무리에 있으므로 출생 집단의 수컷들과 근친도가 떨어진다. 하지만 나이가 들고 아들과 손자를 낳으면서 무리에 대한 상대적 근친도가 점점 높아진다.

그러므로 어미는 딸이나 손녀보다 무리와의 근친도가 항상 더 크다. 이런 비대칭적 근친도가 동시에 번식하는 여러 암컷 세대 간에 갈등을 조장한다. 자연선택은 젊은 엄마를 선호하는데, 이들은 집단의 성공에 대한 이해관계가 낮아서 제한된 자원을 두고 적극적으로 경쟁하기 때문이다. 이런 예측은 범고래 엄마와 딸이 동시에 출산했을 때 나이 많은 엄마에게서 태어난 새끼가 어린 엄마에게서 태어난 새끼보다 15세가 되기 전에 죽을 확률이 두 배라는 관찰로 증명된다.[10]

이처럼 나이 들어 엄마가 되는 것에 대한 부담스러운 사회적 비용이 진화적 자극이 되어 범고래 암컷으로 하여금 중년이 되면 번식을 중단하고 대신 아들과 손자에게 투자하며 딸과 손녀와의 경쟁을 거두게 한다. 그런 동기가 코끼리에서는 존재하지 않는데, 다른 사회적 포유류처럼 아들이 출생 집단을 떠나기 때문이다. 그래서 코끼리 암컷은 시간이 지나도 집단 구성원과 근친도가 낮고, 아니 적어도 더 높아지지는 않기 때문에 코끼리 암컷 우두머리들에게 가장 무난한 선택은 죽을 때까지 번식하는 것이다.

크로프트는 이 '생식 갈등 가설'이 인간처럼 완경하는 다른 동물에서 할머니 가설이 작용하는 데 필요한 진화적 동기의 잃어버린 조각을 제공한다고 생각한다.[11]

앞 장에서 알게 된 것처럼, 고대 인류 집단에서는 딸들이 출생 집단을 떠나 확산하고 새로운 가족에 합류한다고 생각되었다. 처음에 이 젊은 암컷 이주자는 무리와 아무 연고가 없다. 그러나 일단 자식을 낳기 시작하면 무리와의 근친도가 올라간다. 나이가 들수록 자신의 딸과 손녀가 자식을 기르는 걸 돕는 것은 자신에게도 유전적으로 혜택이 된다. 특히 자기가 자식을 더 낳았을 때 그 자식이 다른 자식이나 자손과 자원을 두고 직접 경쟁하는 상황이라면 말이다. 크로프트는 "따라서 인간의 경우도 근친도의 비대칭을 염두에 둘 때, 진화는 암컷이 어릴 때는 경쟁하고 늙어서는 돕는 방식을 선호할 것입니다."라고 설명한다.

이런 가족 갈등에 대한 상반된 증거가 인간 사회에서 발견되었다. 산업화 이전의 핀란드인을 대상으로 200년에 걸쳐 수집한 자료를 바탕으로 한 연구가 가족 갈등 가설을 지지했지만, 노르웨이 여성을 대상으로 한 소규모 연구에서는 그렇지 않았다. "인간을 시험하기는 어렵습니다. 진화의 시간을 거슬러 올라갈 수 없으니까요. 그래서 이런 가설을 테스트할 대상으로 범고래 시스템이 흥미로운 겁니다." 크로프트가 말했다. "바다에 사는 이빨고래한테서 우리 자신의 진화에 대해 이토록 많은 것을 알아내리라고 누가 생각이나 했겠습니까?"

범고래 똥에서 찾은 진화의 비밀

이빨이 있는 6톤짜리 어뢰에서 폐경을 연구하는 일은 결코 만만치 않다. 첫 번째 장애물은 범고래의 생식적 노화를 추적할 성호르몬을 채취하는 일이다. 혈액 채취는 과학자들에게는 위험하고 범고래들에게는 침습적인 일이다. 그래서 냄새는 나지만 덜 침습적인 방법을 시도하는데 그게 대변 분석이다. 내가 와일드 오르카 연구 및 과학 디렉터이자 남부 상주군 공식 대변 수집가인

데버라 A. 가일스Deborah A. Giles 박사와 함께 화창한 9월의 오후 범고래를 찾아 살리시해에서 항해에 나선 이유도 똥을 수집하기 위해서였다. 가일스는 지난 10년 동안 남부 상주군을 연구하면서 무리의 모든 개체를 알고 있으며, 나에게 범고래 우두머리와의 친밀한 만남을 주선할 최고의 중개인이었다.

가일스는 산후안섬에서 작업한다. 그곳은 캐나다와 미국 북서부 해안가의 범람한 피오르 땅에 빙하가 남긴 수백 개의 바위투성이 섬 중 하나다. 시애틀에서 수상 비행기를 타고 아래로 60분짜리 장관을 지나고 나면 살리시해를 해양생물의 본거지로 만드는 차가운 해류와 켈프 숲의 전경을 볼 수 있다. 이 섬의 중심인 프라이데이 항구는 범고래 이미지로 온통 도배가 되어 있다. 원목으로 만든 범고래가 가로등에서 다이빙하거나 범고래 벽화가 벽을 뚫고 들어가고 기념품 가게 창문에서 오븐 장갑이 되어 손을 흔들었다.

차로 작은 섬을 가로질러 스너그 항구에서 가일스를 만나기까지 20분밖에 걸리지 않았다. 항구에 가일스의 수수한 쾌속정이 정박해 있었다. 가일스는 일손이 부족하여 그 자리에서 나를 승진시킨 다음 똥을 찾고 퍼 올리는 임무를 맡겼다. 머릿속에서 천 가지 질문이 스쳐갔다. 개를 키우고 있어서 똥을 집어 드는 일이 낯설지는 않았지만 그렇게 큰 주머니가 동원되는 줄은 몰랐다. 담쟁이빛 바닷물은 깊고 차가워 보였다. 최상위 포식자와 함께 헤엄칠 일을 생각하니 소름이 돋았다. "잠수도 해야 하나요?" 가일스는 걱정하지 않아도 된다고 말하면서 내게 큰 그물을 건넸다. 고래 똥은 물 위에 떠다닌다. 아주 큰 덩어리로.

"똥은 완벽한 금광이에요." 가일스의 말이다. 대변 표본으로 가일스 연구팀은 범고래의 에스트로겐 수치는 물론이고 스트레스 호르몬과 임신 호르몬까지 추적할 수 있다. 고래가 먹은 음식과 기생충, 세균, 균류 및 미세플라스틱까지 확인이 가능하다. 분변 표본은 살리시해 고래들의 건강뿐 아니라 전반적인 생태계의 건강을 확인하는 도구이다.

그러자면 먼저 똥을 찾아야 한다. 고래처럼 거대한 짐승의 똥이라도 이 넓디넓은 바다에서 찾기는 어렵다. 다행히 가일스에게는 에바가 있다. 에바는 새크라멘토에서 떠돌던 유기견이었는데 구조된 후 입양되어 고래 대변 냄새를 맡도록 훈련받았다.

에바의 움찔대는 코에는 3억 개의 후각 수용기가 포진해 있다. 내 코의 보잘것없는 600만 개와 비교하면 똥 냄새를 맡는 기술이 40배나 뛰어나다는 뜻이다. 에바는 약 2킬로미터 떨어진 곳에 있는 똥 냄새도 기가 막히게 찾아내는 완벽한 똥 사냥 파트너다. 에너지 덩어리인 이 작은 흰색 구조견은 보전 과제라는 새로운 임무를 확실히 즐기고 있었다. "에바 덕분에 일터에 오는 게 훨씬 즐거워졌어요. 제 사무실 좀 보세요." 가을의 낮은 태양 아래 반짝이는 은빛 푸른 바다를 가리키며 가일스가 말했다.

처음 만난 고래는 산후안 해협을 따라 헤엄치는 한 쌍의 혹등고래였다. 리드미컬하게 나타난 너비 4미터의 꼬리로 보아 30톤 정도 견적이 나왔다. 브로브딩내그*의 이 야수는 보전 성공담의 좋은 예다. 상업용 고래 사냥에 의해 20세기 전반부에 거의 씨가

---

* 『걸리버 여행기』에 나오는 거인국―옮긴이

말랐으나 1966년 혹등고래 사냥이 금지되면서 인상적으로 재등장하였다. 작년에 현지 혹등고래 ID 목록에 100개체의 꼬리 사진이 실렸다.(혹등고래에게는 지문이나 마찬가지다.) 올해는 400마리다.

가일스는 '원격 대변 추적'을 실행하기 위해 혹등고래의 사라지는 꼬리 뒤로 50미터 떨어져서 따라간다. 혹등고래는 치누크연어처럼 미끼용 어류를 먹고 살기 때문에 이들의 배설물은 남부 상주군의 건강과도 관련된 이야기를 말할 것이다. 고래의 뒤를 바짝 뒤쫓으면서 나도 새로 배운 것이 있다. 고래의 입냄새는 정말 끔찍하다는 사실. 여름철 음식물 쓰레기통 뚜껑을 연 순간의 악취에 휩싸이면서 나는 오늘의 사냥감에 가까이 왔다고 생각했으나 이내 가일스가 내 엇나간 추측을 바로잡아주었다. "그냥 입냄새예요. 이 냄새도 어지간히 끔찍하지만 밍크고래 냄새를 맡아보면 생각이 달라질걸요. 그대로 토하고 싶어져요."

나는 신에게 감사한 다음 배 앞쪽에 있는 에바의 '사무실'에 합류했다. 가일스는 물 위에 젤라틴 같은 것이 떠 있는지 살펴보라고 했다. 달걀프라이해파리와 썩어가는 거머리말 덩어리에 몇 번 속은 다음, 나는 큰 접시 크기의 끈적거리는 갈색 덩어리가 수면에 떠다니는 것을 보았다. 우리는 뒤로 물러나 가일스가 조사하게 했다. "유감이지만 저건 보트의 빌지bilge*예요." 배설물은 맞지만 고래가 아닌 인간의 배설물이다.

똥 덩어리를 찾아 바다를 헤집고 다니는 일이 모두의 이상적인 직업은 아니겠지만 가일스는 다른 직업과 바꾸지 않을 것이다.

---

* 선박에서 나오는 오염수와 폐유가 섞인 물질—옮긴이

여섯 살 때부터 가일스는 남부 상주군을 구하겠다는 확실한 포부가 있었다. 1970년대 당시 범고래를 위협하는 것은 굶주림과 오염이 아닌 납치였다. 전국의 해양 공원에 범고래 개체군이 잔혹하게 약탈당한 것이다. 살리시해의 남부 상주군 40퍼센트가 납치되어 인간의 여흥을 위해 수족관에 감금되었다.

"인간은 범고래 개체군을 살상할 수 있는 거의 모든 짓을 해왔어요. 그 점이 참을 수 없이 슬프고 또 참을 수 없이 화가 납니다." 가일스가 감정을 솔직하게 표출하며 내게 말했다.

나는 내가 암흑의 시기에 가일스를 찾아왔다는 걸 아주 잘 알았다. 그래니가 죽은 이후 18개월 동안 남부 상주군은 일곱 마리를 더 잃었고, 그중에는 완경한 암컷 범고래 두 마리가 포함되었다. 일부 고래는 확실히 쇠약해 있었다. 육질의 커다란 총탄 같았던 몸이 말기 기아 상태의 바람 빠진 '땅콩 머리'가 되었다. 개체수는 73마리로 30년 만에 최저치를 기록했지만, 새로 태어난 개체가 빈자리를 미처 다 채우지 못했다. 가일스가 범고래 대변에서 호르몬을 조사한 결과, 임신한 범고래 70퍼센트가 영양 부족으로 출산에 실패했고 23퍼센트는 임신 말기에 그렇게 되었다.

태어나자마자 세상을 떠난 새끼 고래 이야기가 무척 가슴 아팠다. 어미 탈레콰는 새끼의 죽은 몸을 17일이나 데리고 다녀 세계적인 뉴스가 되었다. 언론은 이 어린 엄마가 과연 애도를 할 수 있는지를 두고 여러 가지로 추정했다. 가일스에게 답은 하나였다. "저 어미가 애통해하지 않을 거라 생각하는 것 자체가 모욕적입니다." 가일스가 내게 말했다. "범고래는 우리와 아주 비슷해요. 하지만 솔직히 저는 저들이 인간보다 훨씬 낫다고 생각해요. 심지어 우리에게는 없는 뇌도 갖고 있거든요."

　범고래의 뇌는 최상급 표현을 끌어들이는 자석 같다. 아주 크고 신기할 정도로 복잡해서 인간이 비교적 제한된 회백질로 둘러싸는 것이 쉽지 않다. 범고래의 뇌는 약 7킬로그램으로 지구상에서 가장 무겁다. 그래고 거대하다. 범고래 뇌에 사람 5명의 뇌가 넉넉히 들어간다. 같은 크기의 포유류에서 예상되는 것의 2.6배로 대형 유인원의 뇌보다도 크다. 몸집에 비례한 상대적인 뇌의 크기, 즉 대뇌화 지수encephalization quotient, EQ로 지능을 가늠할 수 있는데, 인간의 EQ는 7.4~7.8이고 침팬지는 2.2~2.5이다. 범고래 암컷의 EQ는 약 2.7로서 침팬지보다 높으며 동종의 수컷보다도 높다. 범고래 수컷은 몸집이 더 크지만 EQ는 2.3에 불과하다. 이런 암수의 차이는 수컷의 지적 우월성을 강조한 다윈의 선언에 어긋나는 것이고, 범고래 수컷보다 더 많은 인지력을 필요로 하는 범고래 암컷의 사회적 리더십 기술과 연관되어 있다고 여겨진다.*[12]

　물론 크기가 전부는 아니다. 그러나 범고래의 뇌는 인간보다 비율적으로 더 많은 사고 구역을 진화해왔다. 인간의 대뇌는 뇌 전체 부피의 72.6퍼센트를 차지하지만 범고래의 대뇌는 81.5퍼센트를 구성한다.[14] 계산 능력은 신피질이라는 복잡한 사고가 일어나는 영역의 크기와 표면적 넓이로 측정되는데, 범고래의 뇌는 지

---

*　심지어 향유고래는 암수의 EQ가 더 크게 차이 난다.[13] 향유고래 암컷의 EQ는 수컷의 두 배나 된다(암컷이 1.28, 수컷이 0.56). 이런 놀라운 격차는 포유류 중에서도 특이한 편이며 범고래처럼 암컷에서 사회적 지능의 필요성이 증가한 것과 연관되어 보인다. 향유고래 수컷은 홀로 생활하지만, 암컷은 거대한 가족을 이루고 살며 그 안에서 사회적 관계와 개체 간 의사소통이 필수적이다. 구애의 시기에 향유고래 암컷이 수컷과의 대화에서 답답함을 느낄지도 모를 일이다.

구상에서 가장 복잡하다. 이걸로도 부족하다면 한 가지 더 추가하겠다. 범고래의 정교한 신피질과 변연계(감정이 처리되는 곳) 사이에는 수수께끼 같은 뇌엽이 추가로 끼어 있다.

이처럼 이해할 수 없는 통계가 다 무슨 뜻인지 이해하기 위해 나는 로리 마리노Lori Marino 박사에게 연락했다. 마리노는 30년간 고래 신경해부학을 연구하면서 길 잃은 범고래 뇌의 MRI 촬영을 했다. 그녀는 내게 이른바 부변연엽paralimbic lobe이라는 영역은 돌고래와 고래에서만 발견된다고 말했다. 이 영역은 뇌의 이웃하는 두 구역을 밀도 높게 연결하며, 이는 범고래가 인간이 이해하지 못하는 방식으로 감정을 처리한다는 것을 암시한다.

"저는 범고래가 우리가 (시애틀에서) 본 기쁨과 절망을 포함해 다양한 감정을 경험한다고 생각합니다." 마리노가 내게 말했다. "우리에게 없고 이해하기도 어려운 수준 높은 감정의 무지개를 지니고 있을 가능성이 크다고 보고 있어요."

마리노에 따르면 범고래의 뇌에는 대단히 복잡한 사회적 인식과 의사소통과 연결된 부분이 더 있다. 그래서 재밌는 점은 범고래의 대뇌에는 영장류의 뇌보다 더 정교한 부분이 많이 있다는 사실과, 이 부분이 사회적 인지, 인식, 문제 해결 등 아주 흥미로운 일들을 행한다는 것이다. 그렇다면 이런 질문을 던져보자. 이들의 마음은 어떨까?

마리노는 범고래가 섬세한 감정을 지녔고 두뇌 회전이 빠른 동물로서 우리보다 '더 많은 차원의 소통 방식'을 사용한다고 생각한다. 범고래는 그 유명한 거울 테스트를 통과한 몇 안 되는 동물로 거울에 비친 자신의 모습에 관심을 기울이는 것으로 보아 자아감이 있다고 여겨진다. 그렇다고 이기적인 동물은 아니다. 마리노는 이 '사회적으로 복잡한 브레이니악'[15]들이 개체로서는 물론이고 집단에 묶인 존재로서 분산된 자아감을 가지고 있을지도 모른다고 추측한다. 이들이 자신을 해치면서까지 시도하는 놀라운 수준의 사회적 결속을 설명하는 것이 이 점이다. 남부 상주군이 해양 공원에 의해 그렇게 대량으로 약탈당한 이유는 한 마리를 잡으면 그 가족이 도망가지 않고 옆에서 계속 머물러 있는 바람에 포획이 아주 쉬웠기 때문이다. "얼마든지 그 자리에서 벗어날 수 있지만 무리를 떠난다는 걸 생각조차 할 수 없는 거죠." 마리노의 말이다.

나이 든 여족장 사회의 유대와 결속력

고래연구센터의 공중 무인항공기 연구는 이런 긴밀한 사회적 유대에 대한 신선한 관점을 제공한다. 지난 40년 동안 모든 범고래 연구자들이 연구할 수 있었던 것은 지느러미와 몸의 특이한 섬광이었지만, 이제 그들은 수면 바로 아래에서 무슨 일이 일어나는지 볼 수 있게 되었다. "처음으로 수조의 뚜껑을 열고 그 안에 있는 물고기를 보고 있는 것 같아요." 대런 크로프트가 내게 말했다. "저토록 넓은 바다를 유영하면서도 저들은 서로 나란히 헤엄치는 것도 모자라 서로 꼭 붙어서 다녀요."

바다처럼 넓고 특색 없는 3차원 공간에 살면서 매일 엄청난 깊이와 거리를 이동한다면 하루를 마치고 돌아가 사랑하는 이들과 함께 머물며 편안함을 느낄 집 같은 것은 기대할 수 없다. 가족이 곧 집이자, 안전한 공간이자, 생존의 열쇠인 셈이다. 그래서 범고래는 우리가 이해하지 못하는 방식으로 서로 가까이 머물며 연결된 것이다.

이들은 서로의 아기를 돌보거나 장애가 있는 개체를 보살피며 엄청난 수준의 사회적 지원을 제공한다. 가일스는 남부 상주군 말고 다른 무리의 어느 범고래 수컷에 관해 이야기해주었다. 이 수컷은 척추측만증에 걸린 상태였지만 사이좋게 포유류를 사냥하는 가족의 일원이었다. "식구들이 음식을 가져다주었어요." 가일스가 내게 말했다. "무리를 뒤쫓기 힘든 상태였지만, 가족은 물범이든 뭐든 방금 사냥한 것을 들고 돌아와 나누어주었습니다. 많은 인간 문화에서는 그런 개체는 내버릴 거예요."

나는 부변연엽 이식수술로 얼마나 많은 인간 지도자들이 혜택을 받을지 생각하지 않을 수 없었다. 헤아릴 수 없이 깊은 감정과 포용적인 사회를 이끄는 저 현명하고 동정심 있는 우두머리 암컷들처럼 되길 바라면서 말이다.

하지만 범고래 암컷이라고 해서 모두 훌륭한 지도자가 되는 것은 아니다. 가일스는 인간처럼 범고래에도 저마다 개성이 있어서 유난히 고집불통인 놈들이 있다고 했다. "우두머리는 여럿이지만 일부는 훌륭한 리더의 자질이 부족해요. 그저 집단의 나머지를 좇아 따라가죠. 하지만 어떤 이들은 나름의 생각을 갖고 무리의 나머지를 이끌어요."

성격과 리더십의 관계는 엠보셀리 코끼리들 안에서 더 확실히 증명되었다. 엠보셀리에서는 빠르게 움직이는 해양 포유류보다 대상의 행동을 관찰하기가 훨씬 쉽다. 엠보셀리에 상주하는 과학자 비키 피시록Vicki Fishlock은 성격 차이가 코끼리 우두머리 여성들 사이에서 큰 역할을 한다고 말했다. 자신감이 넘치든 호기심이 많든 불안해하든 새것을 혐오하는 편이든 어떤 형질은 고대로부터 가족 내에서 계속 대물림되어 측량하기가 쉽지 않다. 신시아모스Cynthia Moss는 엠보셀리 프로젝트를 시작한 사람이고, 필리스리Phyllis Lee는 스코틀랜드 스털링대학교 심리학 교수이다. 피시록의 상급자인 이들이 최근 연구에서 우두머리 암컷들을 조사한 결과 이들에게 무리를 이끈다는 것은 예컨대 침팬지 알파 수컷처럼 무리 위에서 군림하거나 권력을 쓰는 행위라기보다 큰 영향력과 높은 지식 및 인식 수준으로[16] 다른 코끼리들의 존경을 사고 따르고자 하는 자신감을 심어주는 것이었다.

범고래(그리고 인간과 같은 대형 유인원)처럼 코끼리는 분열과 융합이 거듭되는 사회를 이룬다. 즉 사회적 삶이 유동적이라는 뜻이다. 집단의 크기는 고정되지 않았고 역동적이며 구성원이 나가고 들어오기를 반복하면서 시시각각 변할 수 있다. "리더십은 어디로 가라고 지시하지 않아도 끌어들이는 힘을 가진 사회의 중심입니다." 피시록이 내게 말했다. "대모는 모두를 하나로 뭉치게 하는 접착제예요."

2009년 끔찍한 가뭄이 지나간 후 피시록 연구팀이 발견했듯 현명한 늙은 암컷이라는 구심점을 잃으면서 엠보셀리 코끼리 사회가 산산조각 났다. 몇십 년 만에 닥친 최악의 가뭄이었다. 강은 하늘로 증발하고 초원은 먼지로 쪼그라들었다. 엠보셀리 프로젝트는 전체 코끼리의 20퍼센트를 잃었다. 나이 든 코끼리일수록 특히 가뭄에 취약하다. 이빨이 닳아버려 물이 없어도 살아남는 질긴 풀들을 잘 먹지 못하기 때문이다. 2009년 가뭄이 끝난 뒤 50세 이상의 엠보셀리 대장 암컷 80퍼센트가 죽었다. 그중에 64세의 에코가 있었다. 제 씨족을 40년이나 이끈 전설의 암컷이었다. 그래니를 잃은 남부 상주군에 버금가는 상실이었다.

"대장을 잃는 것은 모두에게 큰 타격을 줍니다." 피시록이 내게 말했다. 우선 생태, 사회 지식의 도서관이 사라진다. 역경의 시기를 벗어나는 데 가장 필요한 지식이다. 이제 무리는 누구에게 의지해 빠르고 확신에 찬 결정을 내려야 할지 알 수 없어 혼돈이 야기된다. 그러나 그 못지않은 피해가 바로 상실로 인한 사회적, 정서적 영향이다.

"저는 그것을 낙수 경제 효과로 보았어요." 피시록이 내게 말했다. "슬픔에 빠진 동물은 다른 이들에게 반응하지 않아요. 그래서 결속력 약화가 도미노 효과를 일으키죠. 우울한 상태에 빠져서는 먹지도 않고 집단의 필요를 돌보지도 않아요." 탄자니아 미주미에서 밀렵이 코끼리에 미치는 영향을 조사한 연구에 따르면, 나이든 대장 암컷을 잃은 집단에서 스트레스 호르몬 수치가 가장 높았다.

피시록은 이처럼 사회성이 높은 동물 집단에 슬픔이 미치는 영향 때문에 대모를 잃은 직후 가족이 높은 비율로 분열된다고 보았다. 엠보셀리 팀이 에코의 죽음 이후에 관찰한 바이기도 하다.

에코의 자매 엘라는 44세인데 무리에서 에코 다음으로 나이가 많기 때문에 무리를 이끌 자격이 되었다. "하지만 제 가족 외에는 다른 이들로부터 시달릴 생각이 없었습니다." 피시록이 말했다.

엘라를 제외하면 대장 암컷의 후보로 37세의 유도라, 27세의 에
니드 두 암컷이 남는다. 일반적으로 코끼리 무리의 대장은 나이와
연륜이 모든 것을 이긴다. 그러나 유도라는 '괴짜 성향이 있고 정
신없는 성격'이라 최고의 지위를 맡기에 부족했다. 그래서 나이가
유도라보다 열 살이나 어린 에코의 장녀 에니드가 우두머리 자리
에 올랐다. "하지만 아주 드문 일이에요."

엠보셀리 코끼리들이 사회 구조를 재정비하고 가뭄에서 회복
하는 데 2년이 걸렸다. 그러나 무리는 다시 번성하고 있다. "정말
즐거운 건 이들의 수가 다시 늘어나고 있다는 거예요." 피시록이
내게 말했다. "무리의 완전한 나이 구조(나이가 어린 구성원과 나이
가 많은 구성원이 골고루 섞인)가 핵심 요인인 것 같아요. 이런 구조
에서는 새로운 세대의 리더들이 자연스럽게 나타날 수 있거든요."

하지만 범고래 남부 상주군은 극심한 고통에서 아직 벗어나
지 못하고 있다. "나이 든 여자 어른을 잃는 것이 진짜로 어떤 의
미인지는 시간이 말해줄 거예요. 무서워서 상상하고 싶지도 않지
만요." 가일스가 내게 말했다.

완경한 범고래에게 기대하는 미래

이들은 확실히 더 흩어지고 있다. 가일스와 내가 마침내 남부
상주군을 따라잡았을 때, 한때 무리 전체를 끌어들인 전통적인 연
어 뷔페 장소인 산후안섬 서쪽 해안에는 23마리 중 고작 두 마리
가 먹이를 찾고 있었다. 처음에 나는 로보의 높이 솟은 검은색 지

느러미를 발견했다. 열아홉 살의 수컷이 보트 가까이 접근할 때 나는 심장이 벌렁거렸다. 로보의 어미인 레아가 가까이서 헤엄치고 있었다. 마흔두 살인 레아는 아마 생식력의 정점에서 나처럼 중년의 뜨거운 호르몬 변화의 파도를 타고 있는지도 모른다. 나는 가일스에게 범고래도 갱년기에 심적 변화나 열감을 느끼는지 묻지 않을 수 없었다.

범고래는 기본적으로 '단열 처리된 소시지'라는 게 가일스의 답이다. 그래서 이들의 체온을 측정하기가 어렵다. 가일스는 지금까지 나이 든 암컷이 가족으로부터 떨어져 나와 혼자서 어디론가 향하는 모습을 세 번쯤 본 것 같다고 했다. "짜증이 났거나 잠시 혼자만의 시간이 필요했나 보죠. 누가 알겠어요." 호르몬 수치의 비교가 추가적인 단서를 제공할 것이다. 발한과 홍조, 분노의 기분 등은 에스트로겐 수치가 떨어지는 것과 연관되었으며, 이는 행복감과 관련된 신경전달물질인 세로토닌 수치에 영향을 미친다. 하지만 범고래 배설물로는 아직 이런 테스트가 이루어지지 않았다.

그럼에도 나는 범고래와의 교감에 고무되었다. 레아는 (나처럼) 삶의 다음 단계에 들어선 사회적 동물이다. 레아에게 난소의 죽음은 주체성의 부활을 예고했다. 그녀는 퇴색되어 사라지기는 커녕 사회의 중앙 무대를 차지할 것이다. 무르익은 통찰로 무리의 존경을 받고 무리를 이끌고 앞으로 나아갈 것이다. 남부 상주군 범고래에 남아 있는 완경한 암컷의 하나로서 레아는 새로운 그래니가 될 수 있을까?

"다들 누가 무리를 넘겨받을지 궁금해해요. 하지만 저들에게는 그런 사치를 부릴 여유가 없어요." 가일스가 말했다. 이들을 하나의 집단으로 유지할 치누크연어가 부족해지면서 전통적인 삶의 방식에도 영향을 줄 거라는 게 가일스의 생각이다. "문화의 틀 전체가 해체되는 기분이에요."

하지만 그 문화가 문제의 일부이다. 살리시해는 범고래가 먹을 수 있는 먹잇감이 많다. 그러나 남부 상주군은 연어 사냥에 특화되어 굶어 죽어도 다른 사냥감은 쫓지 않는다. 이들이 공유하는 바다에는 해양 포유류를 잡아먹는 다른 범고래 생태종이 살고 있으며 그 개체군은 심지어 크기가 늘고 있다. 가끔 남부 상주군 범고래가 물범 새끼와 놀고 있는 장면이 목격된다. 하지만 잡아먹을 기색이 전혀 없어 이들의 보전을 위해 애쓰는 사람들에게 안타까움을 주고 있다.

대체로 우리는 문화를 큰 이점을 전달하는 매개로 생각한다. 그러나 남부 상주군은 우리에게 문화적 보수주의의 위험성을 가르친다. 빠르게 변화하는 세상에서는 기회주의적으로 살아가지 않으면 막다른 길에 들어서게 된다. 새로 탄생할 대장 암컷이 혁신가가 되어 물범과 노는 대신 물어뜯는 법을 배우는 것이 시급하다. 그것이 그들의 문화가 수천 년 전 시작된 방식일 테니 그런 행동의 가소성이 이 범고래들을 제때 구하게 될지 누가 알겠는가.

이는 이 모든 격변의 설계자로서 우리가 너무 늦기 전에 자신의 습관을 변화시키는 것이 시급하다는 뜻이기도 하다. 가일스는 이렇게 말한다. "인간이 운송에서부터 어업, 물속의 유독물질까지 우리가 하는 일의 방식을 통째로 뜯어고치지 않는 한 이 범고래 개체군은 불행한 운명을 맞이하게 될 것입니다. 그러면서 우리는 도덕적으로 타락하겠죠. 지금까지 그들에게 우리가 해온 일입니다." 가일스가 떨리는 음성으로 간신히 눈물을 참으며 말했다. "이들은 우리에게 환경이 잘못되고 있다고 말하고 있어요. 이 고래들을 구하게 된다면 그건 우리가 아주 대단한 일을 해냈기 때문일 거예요."

10장

일부일처성 새로 알려진 하와이의 알바트로스 갈매기는

놀랍게도 무려 3분의 1이 레즈비언이다.

수컷에게 정자를 기증받은 암컷들이 새로운 서식지를 개척하고 떠난 결과다.

수컷 없는 삶

자매들끼리 알아서 해결하고 있다

레이산알바트로스는 스테로이드에 심각하게 중독된 갈매기처럼 보인다. 22종의 알바트로스 중에서 체구가 가장 작을지 모르지만 날개를 활짝 펴면 농구계의 거인 르브론 제임스도 꼬마처럼 보일 정도다. 이 바닷새의 특별한 체격은 역동적인 활공에 최적화되어 해양의 상승기류를 타고 하늘 높이 올라 날개 한 번 움찔대지 않고 푸른 지구를 수천 킬로미터나 항해할 수 있다. 알바트로스는 물갈퀴 달린 발로 한 번도 땅을 밟지 않고 바다에서 몇 년을 보낼 수 있다. 지구력만큼은 이길 자가 없는 이들은 선원과 시인과 신화 창조자들에게 똑같이 신성시되었다.

　하지만 이들의 서정적 유목 생활도 번식의 필요성으로 무례하게 끝나버리고 결국 오지의 바위투성이 노두에 내려와 빽빽하고 요란한 군집을 이룬다. 레이산알바트로스는 태평양 하와이 섬들을 좋아하여 매년 11월이면 6개월의 고독한 삶을 접고 한데 모여 짝짓기하고 새끼를 한 마리씩 낳아서 기른다. 고작 한 마리냐 싶겠지만 그조차 혼자서는 할 수 없는 일이다. 알바트로스 새끼는 유난히 자라는 속도가 느려서 둥지를 떠나 스스로 하늘에 몸을 띄우기까지 6개월이나 걸린다. 그때까지 부모는 한 팀이 되어 한 마리가 둥지에 남아 시끄럽고 바라는 것 많은 투자 대상을 보호하는 동안 다른 한 마리는 그 입에 넣어줄 오징어를 찾아 멀게는 북쪽

알래스카까지 출정을 떠난다.

　이런 팀워크는 대단히 높은 수준의 신뢰와 이해와 헌신이 뒷받침되어야 한다. 알바트로스가 장기간 인내력을 발휘하여 이룩한 또 다른 특별한 위업의 상징이 된 것도 그런 이유다. 알바트로스는 그 드물다는 일부일처성 새이다. 전형적인 알바트로스는 60~70년을 살면서 평생 매년 똑같은 짝을 만나 둥지를 튼다. 생물학자들이 말하는 '이혼율'이 다른 어떤 새보다 낮다. 배우자에 대한 한결같은 의리와 가족에 대한 헌신은 방방곡곡에서 지지와 성원을 받았다. 2006년 하와이를 방문한 공화당 영부인 로라 부시는 알바트로스 부부가 서로에게 평생 충실한 것을 두고 찬사를 보냈다. 당시 부시 집안 사람들이 알지 못했던 것은 헌신적인 저 커플의 3분의 1이 인간의 언어로 말해 레즈비언이라는 사실이다.

　"모든 커플이 반드시 남녀 커플이라고 가정할 수는 없어요." 하와이 오아후의 서쪽 끝 카에나 포인트에서 번식 중인 레이산알바트로스 군집 사이를 걸으며 린지 영Lindsay Young이 내게 말했다.

　린지 영은 현재 환태평양 보전협회Pacific Rim Conservation의 대표로서 2003년부터 레이산알바트로스를 연구했다. 이 캐나다 생물학자보다 이 새를 잘 아는 이도 없으므로 이곳에서 매주 이루어지는 개체 조사에 동행하게 된 것은 다행한 일이다. 부드럽게 물결치는 모래가 만든 손가락 모양의 땅은 토종 덩굴식물의 무성한 잎과 한데 엉켜 용의 등처럼 들쭉날쭉 솟아오른 화산 능선의 그림자에서 연결된다. 바람이 많이 부는 이 거친 지역은 호놀룰루의 티키바Tiki bar나 고층의 콘도와는 멀리 동떨어진 세계로서 카에나 포인트는 알바트로스, 얼가니새, 슴새처럼 멸종 위기에 처한 수많은 바닷새들을 위한 귀중한 보호구역이다. 땅에 둥지를 트는 이 순진한 종들은 도널드 트럼프가 꿈꾸던 대형 금속 울타리에 의해 지난 20년 동안 야생 고양이, 침입종이 설치류, 사냥감을 찾아다니는 오프로드 차량으로부터 보호받았다. 울타리 안쪽의 안전한 땅은 레이산알바트로스 군집과 더불어 바닷새의 천국이 되었고, 예기치 않게 "세계에서 '동성애 동물'의 비율이 가장 높은 곳"이 되었다.[1]

개척적인 동성 커플

하와이의 알바트로스는 생물학자들에 의해 한 세기가 넘게 기록되었으나 이들의 비관습적인 부부관계는 2008년이 되어서야 세상에 알려졌다.[2] 그 이유는 의외로 쉽게 알 수 있었다. 부비트랩처럼 사방에 감춰진 습새 굴에 걸려 연신 발을 헛딛으며 영의 뒤를 따르던 나는 온통 똑같아 보이는 새들의 무리를 보고 놀랐다. 거위 크기의 이 새들의 얼굴깃은 하나같이 예의 바르게 화를 감추는 표정이 고정되어 있었다. 몸이든 행동이든 성별을 알려주는 힌트는 없었다.

나는 영의 동료가 '독신자 술집'이라고 부른 곳에서 새들이 함께 의식무를 추며 서로 열정적으로 구애하는 것을 보았다. 몇몇은 묵음의 디스코에 맞춰 근엄한 음악가처럼 머리를 까딱거렸다. 잠시 후 한 쌍이 서로 동작을 맞추더니 한 단계 더 나아가 날개의 냄새를 맡고 부리를 부딪치며 고개를 들어 구슬프게 '음매' 소리를 내는 의식을 거행했다.

독신자들은 이 알바트로스 디스코 파티에 몇 년간 참석하면서 여러 댄스 파트너의 능력을 평가한 다음 첫 번째 짝을 선택한다. 한 번의 결정이 평생을 좌우한다는 점에서 아주 현명한 태도이다. 알바트로스는 서로 소통하고 함께 조정할 수 있는 짝을 찾아야 한다. 이들의 춤은 서로가 합을 맞춰볼 수 있는 시험의 일부인 것 같다. 그 공연이 아르헨티나 탱고만큼이나 열정적이라 아주 볼만하다. 어떤 쌍이 서로 잘 맞는지는 내 눈에도 뻔히 보였다. 궁합이 잘 맞는 듀오를 보면 에너지가 느껴진다. 그러나 그 한 쌍이 이성 커플인지 동성 커플인지 알려주는 힌트는 없었다. 그건 영도 마찬가지라 내가 묻자 그녀는 그저 어깨를 으쓱하고 말았다.

하지만 영과 영의 동료인 보전생물학자 브렌다 자운Brenda Zaun이 의심을 시작하게 된 계기가 있다. 레이산알바트로스는 신체 구조상 한 철에 알을 한 개 이상 낳을 수 없다. 한 개 이상 낳는 것은 지나친 에너지 소모이다. 그런데 카이네 포인트의 많은 둥지가 안에 또는 바로 바깥에 두 번째 알이 있는 것이 아닌가.

과학자들이 '과산란 둥지supernormal clutch'라고 부른 이 현상은 1919년 이후 하와이에서 주기적으로 기록되었다. 조류학자들은 이 두 개의 알에 대해 온갖 억측을 쏟아냈다. 누군가는 특별히 정력적인 암컷이 마침내 알을 두 개씩 낳을 수 있게 되었다고 주장했고, 1950년대 알바트로스 연구의 원로인 하비 피셔Harvey Fisher 같은 사람은 다른 암컷이 남의 둥지에 자기 알을 '버리고' 갔다고 비난했다. 피셔는 보수주의자의 열정으로 '난교, 복혼, 다부제는 이 종에서 알려진 바 없다'[3]라고 다소 성급하게 선언한 인물이다.

그런 전통주의자들은 과산란 둥지를 꾸린 새들의 성별을 감별해 진짜 이성 커플인지 확인할 생각을 꿈에도 하지 못했다. 그러나 미국 어류 및 야생동물 관리국 생물학자로 근처 카우아이섬에서 레이산알바트로스 군집을 연구하던 브렌다 자운은 달랐다. 자운은 매년 특정 둥지에 알이 두 개씩 놓인다는 걸 알았다. 알바트로스는 해마다 같은 둥지로 돌아오는 경향이 있다. 따라서 그렇다면 반복해서 같은 커플에서 일어나는 이 현상이 무작위적인 알 유기의 결과일 수는 없다. 강한 촉을 느낀 자운은 과산란 커플 한 쌍에서 깃털을 뽑아 린지 영에게 보냈고 영은 실험실에서 DNA를 추출해 성별을 감별했다.

두 새가 모두 암컷이라는 결과를 보고 영은 자기가 실수했다고 생각했다. "제 첫 반응은 '내가 이렇게 대단한 발견을 하다니'가 아니었어요. '실험을 개판으로 했구먼'이었지요."

그래서 영은 카에나 포인트의 모든 과산란 커플에서 표본을 수집했다. 이번에도 그들이 모두 암컷으로 판명 나자 영은 채취 과정에 문제가 있었을 거로 생각했다. 다시 군집으로 돌아가 더 많은 혈액 표본을 수집했으나 결과는 다르지 않았다. 그 커플들은 모두 암컷이었다.

영의 다음 반응은 이랬다. "반박의 여지가 일절 없도록 완벽하게 준비하지 않는 한 누구도 나를 믿지 않을 거야." 그래서 영은 모든 것을 철저히 검증하면서 1년에 걸쳐 실험 결과를 재차 확인했다. 마침내 야외에서 표본 채취를 반복하고 실험 과정도 다섯 번 이상 반복한 다음에야 영은 세상에 결과를 공개할 자신이 생겼다. 최종 결과는 놀라웠다. 2004년 이후로 카에나 포인트에서 125

개 둥지 중에 39개가 암컷-암컷 커플에 속했다. 그중에는 영이 처음에 과산란 둥지라고 생각하지 못한 20개가 포함된다.

이 데이터는 2004년 카에나 포인트에서의 최초 기록 이후로 계속 유지된다. 매년 전체 커플의 3분의 1이 암컷으로만 이루어졌다. 영은 이 암컷들이 어떤 식으로든 수컷과 교미를 하긴 했지만 그런 다음에는 다른 암컷과 동거하며 알을 품기로 했다고 생각했다.

왜 그럴까?

알고 보니 이 암컷들은 모든 의미에서 개척자였다. 카에나 포인트의 알바트로스 군집은 상대적으로 새로운 집단이다. 1980년대 말, 그 지역이 침입성 포식동물이나 오프로드 차량의 만행에서 보호된 후에야 레이산알바트로스가 그곳에서 둥지를 틀기 시작했다. 이 군집은 레이산섬과 미드웨이 환초 같은 하와이 무인도에서 100만 마리 이상이 번식하는 크고 혼잡한 군집에서 나온 자손들이 형성했다.

모험을 감행한 자들은 젊은 암컷 알바트로스들로, 자기가 태어난 곳을 떠나 새로운 목초지에서 독립했다. 젊은 수컷은 고향에 머물며 자기가 태어난 곳에서 번식을 시작할 가능성이 더 컸다. 그 바람에 카에나 포인트나 근처 카우아이 같은 지역의 신생 군집에는 암컷이 짝으로 삼을 수컷이 부족했다. 혼자서 새끼를 키우는 것이 알바트로스 사전에는 없는 일이므로, 이 혁신적인 암컷들은 기존 암수 커플의 수컷에게 정자를 기증받은 다음 개척 정신이 뛰어난 다른 암컷과 짝을 짓고 새끼를 키워내는 어려운 과제에 동반하게 된 것이다.

양쪽 암컷이 모두 수정된 알을 낳기는 하지만 두 알 중 하나만 살아남는다. 새들에게는 포란반brood patch이라는 게 있다. 새의 이착륙 장치에 있는 깃털 없는 부위인데, 알의 온도를 조절하는 데 사용된다. 그러나 크기가 딱 알 한 개용이라 다른 알은 버려지게 되어 있다. 둘 중에 어느 알을 버릴지는 어디까지나 운에 달렸으며, 암컷끼리 서로 경쟁하여 상대의 알을 둥지에서 밀어내는 일은 없다. 영은 암새가 그저 둥근 물체 위에 앉도록 각인되었을 뿐 어떤 알이 자기 알인지 알 방법이 없다는 걸 확신했다. "한번은 배구공을 품고 있는 놈도 봤어요." 영의 말이다.

그렇게 따지면 다른 암컷과 짝을 짓는 암컷의 번식 성공률은 수컷과 짝을 지었을 때와 비교하면 잘해야 절반이다. 그러나 아예 번식하지 않는 것보다는 훨씬 낫다. 이처럼 혁신적인 암컷 커플의 가장 큰 어려움은 산란 후 첫 몇 주 동안 찾아온다. 이성 커플에서는 수컷이 먼저 알을 품기 시작한다. 막 출산을 마친 암컷은 그사이에 바다로 나가 3주의 휴가를 즐기며 오징어를 실컷 먹고 그동안 고갈되었던 에너지를 채운다. 하지만 암컷 커플은 둘 다 알을 낳은 상황이라 둘 중 하나는 둥지에 남아 말 그대로 굶어 죽어간다. 그래서 둥지를 버리는 암컷 커플이 더 많다. 그러나 이 첫 고비만 잘 넘기면 새끼가 잘 자라 둥지를 건강하게 떠날 확률은 이성 커플만큼 높다는 것이 영의 설명이다.

"어떻게든 알이 부화할 때까지만 버티면 이후에는 똑같이 새끼를 잘 기를 수 있어요."

일부는 한두 해 정도 암컷과 짝을 지었다가 다시 수컷을 찾아간다. 암컷의 수가 더 많다는 점으로 미루어 린지 영은 카에나 포인트의 레이산알바트로스 수컷이 암컷보다 까다로운 성이라고 추정했다. 영의 데이터에 따르면 과거에 암수 중 누구와 짝을 맺었었는지에 상관없이 한 번이라도 성공적으로 새끼를 길렀던 경력으로 좋은 엄마의 자질이 증명된 암컷에게 수컷이 끌린다. 이런 '역전된' 성선택 사례가 원래의 예측과 달리 암컷의 경쟁을 증가시키지 않는다는 점은 매우 흥미롭다. 오히려 암컷끼리 협력하게 된 바람에 본의 아니게 다윈에게 큰 타격을 주었다.

일부 암컷은 평생까지는 아니더라도 여러 해 동안 수컷으로 갈아타지 않고 지속적인 동성애 관계를 유지한다. 영도 그 이유는 모르지만 어쨌든 이 조합이 잘 굴러가는 것 같다. 카에나 포인트 군집을 얼추 다 둘러봤을 때 영이 나에게 한 암컷 커플의 일원을 소개했다. 99번 새 '그레츠키'.

"사실은 남자 이름이죠." 영이 다소 멋쩍은 듯 웃으며 말했다. 동물에게 이름을 붙이는 것을 못마땅해하는 과학자도 있는데 거기에 성별까지 틀렸다면 말 다했다. 영은 그레츠키와 그레츠키의 파트너가 동성 커플인 줄 몰랐을 때 처음 보게 되어 당연히 수컷이라 생각했다고 했다. 이 젊은 과학자는 그 새에게 자기가 제일 좋아하는 캐나다 아이스하키 선수의 이름을 붙여주었다. '역사상 가장 위대한 하키 선수',[4] 사각턱의 마초 웨인 그레츠키Wayne Gretzky. 그의 등 번호가 99번이었다.

성별은 틀렸지만 이 챔피언의 이름만큼은 묘하게 어울린다는 생각이 들었다. 그레츠키와 그레츠키의 암컷 배우자는 17년 전 린지가 모니터링을 처음 시작한 때부터 내내 함께였고, 그래서 실제로는 더 오래된 커플인지도 모른다. 그사이 이들은 함께 여덟 마리의 새끼를 성공적으로 키워냈고 세 마리 이상의 조부모가 되어 동성과 이성을 합쳐 카에나 포인트에서 가장 성공한 알바트로스 커플 1위를 차지했다.

이들의 장기적인 번식 성공의 비결이 무엇이었을까?

먼저 나는 이들이 입지가 좋은 곳을 둥지로 선택했다고 본다. 그레츠키는 석양이 훌륭한 군집의 꼭대기에 자리 잡아 우렁찬 태평양의 파도를 마주하고 다른 새들을 내려다보았다. 더 중요한 것은 이들의 둥지는 노출된 모래에 파놓은 구덩이가 아니라, 하와이 토종 식물인 나이오naio 덤불 아래 진흙과 식물이 뒤섞여 인상적인 도넛 형태로 아늑하게 들어앉아 있었다. 이 짙은 초록색의 땅딸막한 관목은 새끼 새에게 필요한 그늘을 제공한다. 갓 태어나 회색 솜털 옷을 입고 땀을 흘리지 못하는 새끼는 따가운 하와이 햇볕에서 금세 익어버린다. 이들이 할 수 있는 일이라고는 둥지 안에 등을 기대고 누워 크고 거추장스러운 발을 그늘에 밀어 넣고 열기를 식히는 것뿐이다. 섭씨 27도의 오후 더위에 땀을 흘리고 있자니 이 시스템은 진화가 개선해야 마땅하다는 생각이 들었다.

이들의 아홉 번째 새끼 새는 시기상 당장 부화해도 이상하지 않았다. 린지 영이 알을 조사하려고 그레츠키를 부드럽게 밀자 새는 방어적으로 부리를 쳤다. 영은 아직도 알이 깨질 기미가 보이지 않는 것을 보고 놀랐다. 대개 경험 많은 부모의 알이 먼저 부화하며 보통 정확히 65일 만이다. 이 새끼 새는 올해 다른 새들처럼 부화가 늦다. 영은 최근의 이상 기후와 연관되었다고 생각한다. 우려할 만한 일이 아닐 수 없다.

영이 노트를 작성하려고 한 걸음 물러서자 그레츠키가 고개를 숙여 알을 내려다보면서 고음으로 짖는 소리를 냈다. "알한테

말을 걸고 있는 거예요." 영이 말했다. 나는 얼른 알을 깨고 나오라고 새끼를 격려하는 모습이 상상되었다. 실제로도 그렇게 해왔는지도 모르고. 알바트로스에게는 소통을 원활하게 하는 인상적인 소리와 몸짓이 있다. 대화는 이처럼 태어나기도 전부터 시작되어 아마 이 새끼 새는 엄마에게 대답할 수 있었을 것이다.

알바트로스 부모가 되어 성공한다는 것은 모두 소통, 조화, 협동과 관련이 있다. 그레츠키와 그 짝이 그 일을 멋지게 해낸 것이다. 영은 그레츠키의 짝이 식사 차례를 바꾸기 위해 긴 알래스카 낚시 여행에서 돌아오면, 지친 하키 챔피언을 달래주느라 이성 커플이 하듯 코를 비비고 깃털을 골라주며 알콩달콩한 사랑의 춤사위를 펼칠 거라고 설명했다.

"이들은 남녀 커플과 똑같이 행동합니다. 하는 짓만 보아서는 구분할 수가 없어요."

이 친밀한 몸짓은 '포옹 호르몬'인 옥시토신과 기분이 좋아지는 엔도르핀의 분비를 자극하여 커플의 유대를 강화한다.[5] 인간의 키스나 애무에 해당한다. 옥시토신은 애정을 부추길 뿐 아니라 스트레스 수치를 낮추고 사회적 인지력을 고무하는데, 이는 바다에서 몇 주, 몇 달을 보낸 후 돌아와 극도의 굶주림으로 트라우마에 빠졌을 짝을 달래는 데 매우 유용하다. 밀집된 둥지 환경에서 경쟁으로 인한 이웃과의 마찰을 피하는 것은 말할 것도 없다.

과학자들이 임상적으로 '상호 단장allopreening'이라고 부르는 행동은 새들 사이에서 협동 번식 및 낮은 이혼율과 연관되어 있다.[6] 아마도 그레츠키와 파트너가 성공한 비결 역시 신체적 친밀감에서 비롯하는지도 모른다. 그 힘이 긴 세월 이들을 사랑에 빠지게 했을 것이다.

"알바트로스는 사람과 똑같아요." 드물게 의인화의 덫에 걸린 영이 인정했다. "대부분 일부일처이고 오랫동안 같은 상대와 함께 머물러요. 물론 저 사회적 일부일처 커플 중에서도 누구는 바람을 피우고 누구는 이혼을 하죠. 전체적인 스펙트럼이 그렇습니다."

그 스펙트럼에 이제는 기혼의 다른 수컷에게 정자를 기증받아 다음 세대를 생산하는 장기적인 동성 관계가 포함된다. 영의 연구는 이성애적 일부일처의 아이콘으로 떠받들어진 알바트로스의 지위를 끌어내리는 계기가 되었을지 모르나 애초에 그 이미지는 서구 종교의 자연적이지 못한 도덕적 열망으로 억지 부과되었던 비현실적 투영이다.

새로 밝혀진 알바트로스 동성 커플이 제안하는 바는 훨씬 고무적이다. 자연에서 성역할에 내재된 융통성은 물론이고 동물이 새로운 사회, 생태적 환경 앞에서 파격적으로 행동을 바꿀 수 있다고 암시하기 때문이다. 이는 생태적 대재앙이 가까워지는 시점에 점차 더 중요해질 특성이다. 하와이 바닷새 군집의 65퍼센트 이상이 해수면 상승으로 위협받고 있다. 이들은 낮은 지대의 산호섬에 둥지를 짓기 때문이다. 미드웨이 환초와 레이산섬은 멸종 위기의 얼가니새나 슴새와 함께 레이산알바트로스 둥지의 95퍼센트가 밀집된 곳이지만 이번 세기 중반이면 사라질 것으로 예상된다.[7] 그리하여 더 높은 곳으로 올라가 새롭게 군집을 형성하는 개척적인 레즈비언들은 말 그대로 종을 보전하고 있는 것이다.

만약 과학이 이성애에 치우친 고글을 잠시만 벗고, 암수가 동형이고 수컷이 부족한 종을 새로운 관점으로 바라본다면 혁신적인 암컷 협동 번식자들의 다른 예를 얼마든지 찾아볼 수 있다. 1977년에 캘리포니아 샌타바버라섬에서 미국큰재갈매기*Larus occidentalis*의 '과산란 둥지'와 암컷-암컷 '동성애 커플'을 기록한, 잘 인용되지 않는 한 논문만 봐도 세상에는 확실히 여성 커플인 바닷새 부모가 더 존재한다.

이 논문의 저자인 조지 L. 헌트George L. Hunt와 몰리 워너 헌트Molly Warner Hunt는 캘리포니아주립대학교 소속으로 당시 자기들의 연구가 최초의 조류 동성애 짝짓기 보고서가 될 거라고 믿었다. 물론 그들도 고리부리갈매기ring-billed gull의 비정상적인 둥지가 1942년에 보고된 적 있다는 사실은 알고 있었다. 논문 속 미국큰재갈매기 암컷 커플은 번식 중인 전체 커플의 14퍼센트에 이르렀고,[8] 레이산알바트로스의 경우처럼 섬에 수컷이 부족한 바람에 시작된 적응적 행동으로 여겨졌다. 이어서 매사추세츠주의 버드아일랜드에서도 긴꼬리제비갈매기*Sterna dougallii*에서 비슷한 보고가 있었다.[9] 영 박사는 더 많은 조류 동성 커플이 대기 중이라고 확신한다.

놀라운 무성생식 기술

레이산알바트로스는 하와이에 거주하는 유일한 레즈비언 개척자가 아니다. 오아후에서의 마지막 일정으로 나는 알바트로스보다 한 단계 더 나아가 수컷을 완전히 배제한 말도 안 되는 생물을 만나기 위해 섬을 가로질러 달렸다. 매끈비늘도마뱀붙이*Lepido-*

dactylus lugubris 개체군은 암컷으로만 이루어졌고 수컷은 아예 존재하지 않는다. 이 도마뱀은 대단히 성공한 종으로서 오직 복제를 통해 수컷의 개입이 전혀 없이 이 섬에서 식민지를 건설했다.

암컷들만 모여 복제하며 살아가는 종족은 과학소설에나 나올 법하다. 그래서 도저히 그냥 이 섬을 떠날 수 없었다. 그런 종족이 오아후에 거주한다는 소문을 듣자마자 파충류학자들에게 긴급 이메일을 돌렸고 인맥을 총동원하여 마침내 섬의 반대편에서 이들을 소개해줄 앰버라는 여성과 만나게 되었다.

알고 보니 앰버는 하와이대학교 생태학과 조교수 앰버 라이트Amber Wright 박사였다. 나는 이메일 내용대로 이 대학교 농업연구소 한구석에서 풀을 깎고 있는 라이트를 발견했다. 나 때문에 놀라서 십년감수한 후―잔디깎기 소리 때문에 내가 뒤에서 오는 소리를 듣지 못했다―라이트 박사는 주인공이 있는 곳으로 나를 데려가주었다.

하와이대학교 농업연구소는 멀리 용의 등짝 같은 푸른 화산의 능선에서 내려다보이는 곳으로 작은 땅에 타로, 사탕수수, 커피 같은 작물이 정돈된 상태로 심어져 하와이 농경 생활의 단면을 보여주었다. 하지만 내 야생 도마뱀붙이 추적은 이 전원 풍경이 보여줄 수 있는 최악의 장소에서 끝이 났다. 쓰레기장이다.

도마뱀붙이는 낮이면 포식자의 눈에 띄지 않게 숨어 있어야 하는 야행성 동물이다. 눈꺼풀이 없어서 대낮의 눈부신 하와이 태양 아래에서 자는 것이 쉽지 않을 것이다. 라이트가 버려진 커다란 플라스틱 패널을 들어 올리자 대여섯 마리가 우리의 무례한 행동에 단잠에서 깨어 황급히 숨어버렸다. 하지만 도마뱀 전문 생태학자는 주저하지 않고 허리를 숙이더니 가볍게 한 마리를 붙잡았다.

과학소설에나 나올 특별한 생물치고 매끈비늘도마뱀붙이는 마치 일부러 가장이라도 한 듯 아주 평범해 보였다. 길고 통통한 꼬리를 제외하면 길이 4센티미터의 대단할 것 없는 작은 베이지색 동물이었다. 다른 도마뱀붙이처럼 포식자에게 잡히면 꼬리를 잘라버리는데 이후에 다시 자란다. 과학소설에 어울리는 두 번째 소재다. 마지막 초능력은 어떤 표면이라도 오를 수 있는 재주다. 발가락에 달린 끈적한 패드 덕분에 천정에 거꾸로 붙어서 기어 다닌다. 라이트가 나더러 활짝 뻗은 조그만 발바닥을 만져보라고 했다. 정말 끈적거렸다. 하지만 접착제가 발라져 있기 때문이 아니라 나노 수준의 미세섬유가 어떤 표면과 접촉해도 전하를 교환해 들러붙게 하는 것이다.[10] 효율성이 대단히 뛰어나 미국항공우주국은 여기에서 착안해 '우주인 고정장치astronaut anchor'[11]를 개발했다. 우주정거장 바깥에서 수리 작업하는 로봇이 표면에 잘 붙어 있게 하는 장비다.

라이트가 도마뱀을 뒤집자 반투명한 피부를 통해 사타구니 쪽에 틱택 캔디 크기의 흰색 얼룩 두 개가 명확하게 보였다. "난자예요." 라이트가 말했다. 대부분의 다른 동물과 달리 이 작은 도마뱀 숙녀의 알은 수정을 완성할 정자가 필요하지 않다. 어미가 할 일은 알을 낳을 완전한 장소를 찾는 것이다. 그러면 수컷의 협조가 없이도 알은 엄마의 완벽한 작은 복제품으로 부화할 것이다.

도마뱀붙이는 나를 보면서 안구를 핥았다. 우리처럼 사치스럽게 눈꺼풀을 깜빡거려 윤활유를 치는 대신 황금색 눈을 촉촉하게 적셔줄 유일한 방법이다. 그녀는 알 수 없는 묘한 미소를 지었다. 얼굴에 근육이 없어 진짜 감정을 드러내지 않는 고정된 표정인 줄은 알지만 적절한 타이밍이었기에 나도 미소로 화답했다.

이 작은 도마뱀은 번식이라는 압박이 심한 과업에 교묘하게 접근했다. 이성을 찾아 매력 있어 보이려는 시도가 아니다. 이들은 에너지가 소모되는 시련을 다른 방식으로 전환했다. 이 방법이라면 교미에 성공하기 위해 추가 에너지를 소환할 필요도 없고, 정사 도중 포식자에게 잡아먹힐 위험을 감수하지 않아도 된다.(섹스는 혼을 빼놓는 작업이므로 평소보다 경계가 느슨해지고, 과격한 동작으로 인해 지나가던 포식자의 눈에 더 잘 들어온다.)

이 작은 매끈비늘도마뱀붙이 부인은 5년의 짧은 생을 살면서 복제품을 최대 300마리까지 생산할 수 있는 도마뱀 제조기였다.

물론 가능하지 않은 일이다. 난세포와 정세포는 배아의 생식세포에서 감수분열이라는 과정을 통해 형성되는데, 염색체가 두 배로 증폭된 다음에 두 번에 걸쳐 반씩 나누어져 결국 원래 DNA 양의 절반인 4개의 딸세포를 만든다. 그 말인즉슨 난세포에는 몸속에 있는 대부분의 다른 세포에 들어 있는 염색체의 반밖에 없다는 뜻이다. 따라서 난세포처럼 똑같이 유전적으로 불완전한 정세포와 결합해야만 염색체 수를 회복하면서 다음 세대가 될 준비를 하는 것이다.

어쩌다가 매끈비늘도마뱀붙이는 이런 근본적인 과정을 속이게 진화하여 약 100종의 척추동물이 가입한 여성 전용 클럽에 합류했다.[12] 다양한 어류, 도마뱀, 양서류, 그 밖의 현미경이 있는 사람만 볼 수 있는 경이로운 무척추동물의 성생활, 엄밀히 말하면 성생활의 부재가 진화의 패러다임 사방에서 폭발하고 있었다.

이들의 놀라운 무성생식 기술은 단성생식parthenogenesis이라고 알려졌다. 그리스어로 partheno는 '처녀'를, genesis는 '출산'을 뜻한다. 단성생식 덕분에 매끈비늘도마뱀붙이는 비단 하와이 제도만이 아니라 스리랑카, 인도, 일본, 말레이시아, 파푸아뉴기니, 피지, 오스트레일리아, 멕시코, 브라질, 콜롬비아, 칠레 등 많은 장소에서 번성했다. 태평양이나 인도양의 어느 따뜻한 해양 지역에 가든지 매끈비늘도마뱀붙이가 저녁의 야회 조명 옆에서 모기를 잡아먹고 경쾌하게 '지저귀는' 모습을 발견할 것이다.

상상만 해도 놀라운 일이지만 매끈비늘도마뱀붙이는 수백만에 이르는 개체가 모두 소수의 시조 할머니의 클론이다. 이처럼 한 종으로서 세계적인 확산과 탄력성을 보면 이런 궁금증이 들 수밖에 없다. 왜 동물은 번거롭게 섹스를 하는가?

'질문의 여왕'[13]으로 손꼽히는 이 의문은 아마도 진화생물학에서 가장 큰 수수께끼일 것이다. 알다시피 성은 비용이 많이 든다. 짝을 찾고 유혹하는 번거로움은 말할 것도 없고, 기본적으로 한 개체의 번식 가능성을 절반으로 후려친다. 알을 낳는 것은 한쪽 성뿐이니까.

암컷만 있는 종은 유성생식하는 종보다 두 배는 더 빠르게 증식한다. 빠른 생장과 확산의 전문가로서 새로운 영역에서 훌륭한 식민지 개척자가 될 이상적인 조건이다.* 매끈비늘도마뱀붙이는

---

* 암컷뿐인 종에 잠재된 두 배의 생산성이 수익 증대를 모색하는 농업과학자들의 눈에 들어온 것은 당연하다.[14] 닭과 칠면조는 암컷밖에 없는 가계를 창조하기 위해 선택적으로 교배되어온 가축이다. 복제 양 돌리 역시 또 다른 예다. 1996년 스코틀랜드 암양의 유선세포에서 복제된 혁명적인 결과물은 육감적인 배우 돌리 파튼Dolly Parton의 이름을 받아 세계적으로 유명해졌다. 단, 돌리를 창조하게 된 타락한 배경은 세간에 알려지지 않았다.

기원후 400년경에 폴리네시아인들과 함께 하와이에 도착했고, 제
2차 세계대전에 전함을 타고 태평양을 떠돌았다. 매끈비늘도마뱀
붙이 암컷은 인간이 실어다 준 곳이면 어디든 장악했다. 하여 마
블가재marbled crayfish나 남극 깔따구의 일종인 에레트몹테라 무르
피이Eretmoptera murphyi를 포함한 다른 여러 단성單性의 종처럼 '잡초'
또는 '외래 침입자'로 여겨졌다. 이는 인간을 비롯해 진짜 토종이
라고 부를 만한 것이 없는 하와이 같은 젊은 섬에서는 다소 모순
되게 들리는 경멸적이고 대단히 주관적인 꼬리표다.

이 단성의 '잡초 같은' 종들은 폭발력 있는 기회주의자로서
공격적인 증식을 통해 번식이 느린 유성생식 경쟁자를 쉽게 몰아
낼 수 있다. 그러나 단성생식의 경제적 이점에도 불구하고 이처럼
암컷뿐인 종은 아주 소수에 불과하다. 자연은 아직 섹스 중독 상
태다.

복제를 통한 번식의 가장 큰 문제는 모든 자손이 유전적으로
어미와 동일하다는 점이다. 본질적으로 이는 근친교배의 궁극적
형태로, 감수분열 중에 가끔 일어나는 복제 실수 말고는 유전적
다양성을 만들어낼 방법이 없다. 그래서 복제된 동물의 가계는 기
생충, 질병, 환경 변화에 취약하다. 맞서서 대항할 유전 다양성이
부족하기 때문이다.

역병이나 환경의 변화가 없으면 실제로 수컷의 존재가 불필
요할 수도 있다. 그러나 수컷에게는 다행히도 세계는 늘 변화무쌍
하고 유전자 카드를 섞어 다양성을 유지하려면 성이 필요하다. 유

이는 생식에서 성을 제거하여 농업용 포유류의 생산을 늘리려는 50년간의 열망이 반영
된 것이었다.

성생식의 이점은 길고 긴 진화의 시간에서도 살아남는다는 것인데, 그래서 진정으로 성공한 '잡초 같은' 종은 두 가지 번식 모드를 모두 사용한다.

질형목 생물의 진화적 장수 비결

그런 놀라운 자기복제 번식가 중에 특히 토마토를 망치고 다니는 바람에 정원사들 사이에서 악명 높은 생물이 있다. 맞다, 진딧물이다. 수액을 먹고 사는 이 작은 곤충은 4,000종이나 되며 작물에서 생명을 빨아먹고 질병을 퍼트리기 때문에 혐오의 대상이 되었다. 또한 이들은 복제의 세계에서 대가의 반열에 올랐다.

여름이 시작하면서 암컷 한 마리가 50~100마리의 딸을 낳는다. 한데 이 딸들은 이미 발생 중인 배아를 임신한 상태다. 작고 통통한 러시아 인형 마트료시카처럼 새끼가 새끼를 임신한 상태로 포개진 덕분에 약충이 성숙하는 시기가 열흘로 단축되고 그 수가 기하급수적으로 늘어난다. 예를 들어 양배추가루진딧물*Brevicoryne brassicae* 같은 몇몇 종은 한 철에 41세대를 생산한다. 그래서 한 암컷이 여름의 시작과 함께 깐 알은 무당벌레 입속으로 들어가지 않는 한 이론적으로 수천억의 자손을 생산한다.*

___

* 저명한 18세기 프랑스 박물학자 르네 레오뮈르René Réaumur는 여름 한 철 진딧물 한 마리가 낳은 모든 후손이 살아남아 프랑스 군대식으로 4열 횡대를 갖추어 선다면 그 길이가 4만 5,000킬로미터나 되어 지구 둘레보다 길다고 계산했다. 이 열정적인 곤충학자는 진딧물에 꽤 집착한 사람이었는데 베스트셀러 『곤충의 역사History of Insects』에서 자신이 수많은 시간을 찾아 헤맸음에도 진딧물 수컷을 한 마리도 찾지 못했고, 실제 '짝짓기' 행

가을이 되어 수가 많이 불어나면 그때부터 암컷은 수컷 진딧물과 교미하여 유성생식을 시도한 후 다음해에 닥칠 난관에 대처할 유전적 다양성을 갖춘 알을 낳는다. 가히 정원사의 최강 숙적이 탄생하는 난공불락의 시스템이다. 언제나 승리는 진딧물의 것이다.

그래서 암컷이 유전적 다양성을 유지하려면 수컷이 필요하다. 수컷은 또 다른 필수적인 일을 담당한다. 섹스는 감수분열 중에 자연적으로 일어나는 해로운 돌연변이의 축적을 막는다. 유성생식하는 종에서는 복제 과정에 실수가 일어나더라도 상대편 성세포의 건강한 유전자 덕분에 정자와 난자가 결합할 때 오류가 제거된다. 무성생식하는 종은 이런 사치를 누릴 수 없어 유전학계에서 '돌연변이 멜트다운mutational meltdown'[15]이라고 부르는 상태에 도달할 때까지 계속 돌연변이를 축적하며 끝없이 복제만 거듭한다.

이는 실제로도 심각한 문제가 되어 왜 무성생식만 고집하는 종이 섹스에 발가락이라도 담근 종에 비해 단명한다는 평판을 얻게 되었는지 설명한다. 그래서 이처럼 낭비가 심한 암컷들만 모인 종은 생명의 나무에서 '진화의 막다른 길'[16]이라는 부정적 낙인이 찍히게 되었다.

위를 하는 암수를 한 번도 본 적 없다고 열변을 토했다. 레오뮈르는 심지어 처녀 진딧물을 며칠씩 관찰하면서 새끼를 낳기 전에 어떻게 해서든 교미 장면을 포착하려고 갖은 애를 썼으나 결국 실패했다. 레오뮈르의 실패를 젊은 과학자 샤를 보네Charles Bonnet가 이어받아 죽기 아니면 까무러치기로 씨름했다. 보네는 병에 처녀 진딧물을 가두고 이 아가씨가 살아 있는 33일 내내 아침 4시부터 밤 10시까지 꼬박 관찰했다. 결국 그는 이 암컷이 섹스도 하지 않고 새끼 95마리를 낳는 것을 확인했다. 이렇듯 힘겨운 헌신의 보답으로 1740년 보네는 자연에서 성의 보편성을 부정하고 '동정녀 잉태'를 처음으로 선언한 사람이 되었다.

유성생식하는 종의 평균 수명은 100~200만 년 정도다. 하지만 무성생식하는 종은 10만 번째 생일을 축하받는 일이 드물다. 하지만 이것도 이론일 뿐이다. 유통기한 예측을 노골적으로 무시하는 종이 많다. 전설적인 생물학자 존 메이너드 스미스가 설명한 것처럼 이 '진화계의 악당'[17]은 성에 대한 온갖 문제를 제기하면서 끝없이 과학자들에게 동요를 일으켰다.

이들이 오랫동안 용케 성의 부재를 견뎌왔다고 느낄지도 모르겠다. 하지만 이것도 윤형동물의 질형목 생물에 비할 바는 못 된다. 순결에 대한 이들의 헌신은 동물의 왕국에서 필적할 자가 없다. 편형동물의 친척인 이 미세한 생물은 무려 8,000만 년이나 섹스의 냄새도 맡지 못했다. 질형목 생물의 450개 종이 모두 암컷이다. 이들은 웅덩이나 하수 처리 탱크처럼 염분 섞인 물에서 살면서 데이트앱 프로파일에서 매력이라고는 하나도 내세울 것 없는 존재다. 그러나 자기복제로 살아가는 이 자매들은 전혀 개의치 않는다. 이들은 성이 없이도 자연선택에서 살아남아 진화하는 법을 찾아냈기 때문이다.

질형목 생물이 진화적으로 장수한 비결은 과학자들 사이에서도 꾸준한 조사와 맹렬한 숙고의 영역이었다. 그 비법 중 하나는 식사 중에 다른 생명체로부터 유전자를 '훔치는' 데 있는 것 같다.

이들의 식단이 부러울 만한 건 전혀 아니다. 물론 사는 곳을 보면 더 기대할 수도 없다. 질형목 생물은 대부분 '유기 폐기물', 죽은 세균, 조류, 원생동물 등 입에 넣을 수 있는 것은 뭐든지 먹고 산다. 그런데 어떤 과학자들은 질형목 생물이 저녁거리에서 DNA를 추출한 다음, '수평적 유전자 이동horizontal gene transfer'이라는 과정을 통해 자기 게놈을 단장한다고 생각한다. 모두 합치면 질형목은 500종 이상의 종에서 외래 DNA를 갖다 붙인 프랑켄슈타인 콜라주 기법을 사용하는 것처럼 보인다.[18] 소화를 통해서인지 아닌지는 아직 논란의 여지가 있지만, 이처럼 훔쳐온 유전자들은 성이 없는 상황에서 질형목에 필요한 유전적 다양성을 준다. 또한 질형목 특유의 또 다른 초능력이 원천이 된다. 바로 가뭄과 방사선에 대한 광범위한 저항력이다.

TV 리얼리티쇼 〈생존자Survivor〉가 자연 편을 제작한다면 아마 질형목 생물은 마지막까지 살아남는 동물이 될 것이다. 이들은 수년의 건조 상태나 고농도 방사선 폭발에도 죽지 않는다. 이들은 우리가 아는 한 지구에서 방사능에 가장 강하게 저항하는 생물이고 절대강자로 소문난 완보동물까지 이긴다.* 질형목 생물은 인간쯤이야 바로 녹여버릴 수준의 100배나 되는 방사선에 노출되어도 바로 뒤돌아 건강한 딸을 낳을 수 있다.

질형목이 끝까지 살아남아 멀쩡한 복제품을 생산할 수 있는 것은 훔친 유전자로 모자이크된 게놈이 마침 부서진 DNA를 수리하는 효소를 암호화하기 때문이다. 이들이 일상적으로 살아가는 환경은 수시로 물이 마른다. 그래서 사실상 다음 비를 기다리는 동안 몇 년씩 미라화된 상태로 지낸다. 이런 장기적인 탈수 상태가 DNA에 가하는 파괴력은 (덜 극단적이기는 해도) 방사선과 동급이

---

* 완보동물, 또는 '물곰'은 아주 미세한 생물로 건조 상태로 휴면할 수 있고 극한의 열기, 절대온도에 가까운 기온, 유독한 기체와 극도의 방사선을 견딘다. 심지어 우주의 진공상태에서도 살아남는다. 그러나 이런 강적도 500~1,000그레이의 방사선에서는 버티지 못하는데 질형목은 그조차 이겨낸다.

다. 이때 훔친 유전자로 만든 수리 키트가 망가진 DNA를 복구하는 일을 돕는다. 더하여, 유전자를 훔쳐서 게놈을 재구성하는 과정은 이들이 수컷 없이도 진화적 시간을 살아가는 비밀일 가능성이 크다. 성이 주는 것과 같은 혜택을 제공한다는 말이다.

이것은 대단한 뉴스다. 질형목이 나타나기 전에는 게놈을 뒤섞는 시장을 섹스가 독점했으나 이제 적어도 다른 방식이 한 가지더 있는 것이다.

알고 보니, 암컷밖에 없는 많은 종이 제 진화적 나이를 숨겨왔고 예상했던 것보다 건강 상태가 양호하다는 것이 밝혀졌다.[19] 돌연변이 멜트다운이나 유전자 균일의 위협을 완화하는 나름의 방법이 진화한 것이다. 2018년에는 단성인 점박이도롱뇽*Ambystoma*종의 역사가 500만 년이나 된 것으로 밝혀졌다. 이들의 장수 비결은 '절취생식kleptogenesis'이라는 것이다. 점박이도롱뇽 암컷은 때로 근연종의 정자를 슬쩍하는데, 자극에만 사용할 뿐 그걸로 알을 수정하지는 않는다. 그러나 몇천 년에 한 번씩은 다양성 유지를 위해 과거에 '훔쳐서' 저장해둔 정자의 일부를 게놈에 통합한다.[20]

암컷으로만 이루어진 종의 성공

지금은 신나는 시대다. 방금 본 것 같은 유전적 속임수의 발견은 유성생식과 무성생식의 경계를 모호하게 하며, 심지어 종이 무엇인가라는 근본적인 질문에도 도전한다. 암컷뿐인 이 개척자들은 성의 보편성에 대한 이성애 중심의 가정에 도전하고, 유전학과 진화생물학의 새로운 탐구 영역을 열고 있다. 예를 들어 이처럼 복제로 번식하는 가계에서도 놀라운 신체적 행동적 변이가 나타나는데, 이는 유전자 발현 방식의 차이를 뜻하는 후성유전학epigenetics이 중요한 역할을 하고 있으며, 심지어 유전적으로 동일한 가계에서도 약간의 변이를 조장한다고 제시한다.[21]

매끈비늘도마뱀붙이의 경우 단성생식의 비결은 두 근연종의 잡종이라는 사실이었다.[22] 일반적으로 잡종은 생식력이 없다고 간주된다. 번식할 수 없다는 뜻이다. 그러나 생물계의 반항아인 매끈비늘도마뱀붙이는 제멋대로 복제의 스위치를 켜버렸다.

매끈비늘도마뱀붙이의 두 조상종은 서로 염색체 세트가 매치되지 않는다는 점에서는 유전적으로 거리가 멀지만, 그럼에도 감수분열이 성공적으로 일어난다. 이런 적절한 여건이 지금까지 알려진 많은 다른 단성 척추동물에서 단성생식에 필요한 방아쇠로 보인다. 그 결과 복제된 딸들에서는 유성생식하는 생물에 환경의 변화와 싸울 지속적인 변이의 흐름을 제공하는 유전자 혼합이 여전히 부족하다. 하지만 비정상적인 감수분열 중에 이 다양한 잡종 염색체 세트 사이에서 일부 혼합이 일어나는 바람에 장기적인 근친교배의 역효과를 제한하는 것 같다.[23] 어떤 클론은 심지어 염색체 세트를 추가로 갖고 있는데, 이는 잡종이 다시 뒤섞여 잡종화된다는 뜻이며 그 덕분에 유전적 변이와 수명이 한 단계 늘어날지도 모른다. 지금까지 말한 것은 다 아주 새로운 사실이다. 1982년 영화 〈블레이드 러너〉에 나온 넥서스-6 복제품과 마찬가지로 이 클론은 예상보다 유통기한이 훨씬 길어 보이지만 얼마나 길지는 알 수 없다.

이 단성의 작은 도마뱀에서 가장 신기한 점은 생존하는 데 성이 필요하지 않음에도 그 습성을 버리지 못했다는 점이다. 이스라엘 교수 예후다 L. 베르너Yehudah L. Werner 박사는 40년 전에 베를린에서 출판한 잘 알려지지 않은 한 논문에서 이 도마뱀붙이의 '동성애적 행동'[24]을 묘사했다. 암컷이 서로 씨름하면서 올라타는 것이 관찰되었는데 한쪽은 '남성' 역할을, 다른 쪽은 '여성' 역할을 했다.

레즈비언 도마뱀에 대한 보고서는 여기에서 그치지 않는다. 암컷으로만 이루어진 사막초원채찍꼬리도마뱀desert grassland whiptail도 알을 낳기 전에 긴 구애와 '짝짓기' 행위에 탐닉한다. 심지어 이들의 가까운 친척이자 유성생식을 하는 사촌이 선호하는 소위 '도넛' 성 체위까지 시도한다.[25] 처음에 이 '유사 교미pseudo-copulation'는 일종의 흔적기관처럼 취급되었다. 암수로 번식하던 과거의 잔재라고 말이다. 하지만 왜 이들은 성별이 나누어진 성역할 놀이를 할까?

유성생식하는 많은 도마뱀에서 구애와 교미는 난자 생산을 자극하는 데 필요하다. 그런데 사막초원채찍꼬리도마뱀은 난소를 자극할 수컷이 없는 대신 영리한 암컷이 유동적으로 수컷 역할을 하는 것이다.

채찍꼬리도마뱀 암컷 두 마리를 우리에 넣고 함께 집을 짓고 살게 하면, 매달 배란 주기에 따라 서로 성별을 바꿔가며 유사 성행위를 한다. 어느 달에는 한 도마뱀이 위에 올라타는 '수컷'이 되고, 다음달에는 같은 암컷이 아래에 있는 '암컷' 역할을 한다. 이런 신기한 역할 놀이 에티켓은 호르몬에 의해 유발되는 것으로 밝혀졌다. 같은 우리에서 살게 된 두 암컷의 배란 주기는 서로 어긋나게 맞춰져서 대략 2주마다 번갈아가면서 배란한다. 일단 배란을 마친 암컷은 프로게스테론 수치가 높아지면서 수컷처럼 다른 도마뱀 위에 올라타기 시작한다. 이런 복잡한 행동은 신경 회로에 의해 제어되며 일반적으로 수컷에서는 테스토스테론으로 스위치가 켜지거나 꺼진다.[26] 그러나 단성의 채찍고리도마뱀에서도 프로게스테론에 의해 활성화된 암컷들이 서로 바꿔가며 성역할을 수행해 생식력을 최대로 높인다.[27] 이런 가상 짝짓기의 기회가 없는 채찍꼬리도마뱀 암컷은 알을 많이 낳지 못한다는 것이 확인되었다.

이 단성의 채찍꼬리도마뱀은 수컷이 없는 상황에서도 진화적 유통기한을 넘기고 살면서 번식 적합도를 극대화한다. 그러나 과학 소설식 암컷뿐인 사회가 유토피아일까, 디스토피아일까?

1980년대에 오클라호마대학교의 베스 뤽Beth Leuck 박사가 시도한 환상적인 실험이 있다. 그는 무성생식하는 채찍꼬리도마뱀과 유성생식하는 채찍꼬리도마뱀을 함께 우리에 가두고 키우면서 상세하게 관찰했다. 암컷밖에 없는 종들은 유성의 사촌과는 아주 다르게 행동했다.[28] 동성 커플은 밤에 암수가 따로 자는 친척에 비하면 굴을 공유하는 경우가 많았다. 또한 유성생식하는 사회는 서로에게 4배나 더 높은 공격성을 보여 서로 다투거나 뒤를 쫓으며 먹이를 훔치는 경우가 많았고 지배 서열도 확실했다.

암컷 클론들은 서로 DNA를 100퍼센트 공유하므로 유성생식하는 채찍꼬리도마뱀보다 서로 근친도가 훨씬 더 높다. 이런 혈연 관계가 협력의 강도를 설명한다. 뤽은 수컷이 공격의 유발자 역할을 많이 맡았다고 했는데, 그렇다면 적어도 채찍꼬리도마뱀에서는 수컷의 부재가 좀 더 관용적인 사회를 이끌었다는 추론이 가능하다. 이런 사실들을 보면서 나는 단성의 채찍꼬리도마뱀으로 환생하고 싶다는 생각이 들었다.

채찍꼬리도마뱀은 확실히 수컷 없는 삶을 고집한다. 여성들로만 이루어진 이 종의 성공은 자웅 전투의 새로운 차원을 증명한다. 수컷은 알을 수정시키기 위해서만 싸우는 것이 아니라 그저 존재하기 위해서 싸워왔다. 암컷뿐인 사회는 수컷이라는 무거운 짐이 없이도 두 배의 생산성을 달성하며, 수컷이 제공하는 유전적 다양성은 과거에 가정된 것보다 덜 중요한 것으로 드러났다. 최근 한 수학 모델에서는 이로운 변이를 늘리는 유성생식 효과를 인정하면서도 진화가 유성생식을 더 선호할 이유는 없다고 밝힌다.[29] 따라서 성의 문제는 여전히 수수께끼로 남는다.

그렇다면 수컷이 단지 정자 증여자 또는 난자 자극제 이상인 좀 더 복잡한 사회는 어떨까? 그곳에서 수컷은 안전할까? 최근 일본에서의 발견은 부정적 암시를 던진다.

2018년, 교토대학교의 도시히사 야시로Toshihisa Yashiro는 최초로 암컷으로만 구성된 흰개미 사회를 발견했다고 보고했다.[30] 과거에 소수의 개미와 꿀벌 종에서 비슷한 가계가 기록된 적이 있지만 이들의 군체는 원래 여왕과 암컷 일꾼들이 지배하는 사회였다. 야시로의 발견이 중요한 이유는 흰개미 군체는 전통적으로 여왕과 왕의 교미를 통해 유성생식으로 수컷과 암컷을 생산하기 때문이다. 전통적인 혼성 흰개미 집에서는 암수가 모두 복잡한 사회를 유지하는 데 필수적인 역할을 한다고 알려졌다. 그래서 흰개미 집단에서 수컷이 사라진 것은 유전적으로나 사회적으로 중요한 문제였다.

인간의 관점에서 흰개미는 사회성 곤충 중에서도 사랑받지 못하는 미운 오리 새끼다. 벌은 꽃가루를 전달하는 재주로 칭찬받고 개미는 성실함과 부지런함으로 찬사를 받지만, 흰개미는 인류 문명을 모욕하며 인간이 만든 도서관, 집, 심지어 돈까지 우리가 소중히 여기는 모든 것을 갉아먹는 파렴치한 동물이다.(2011년에 흰개미 패거리가 인도 은행을 파고 들어가 수표 22만 달러를 먹어치운 전력이 있다.)

하지만 흰개미는 원조 '반자본주의 무정부주의자'[31]로서 솔직히 말하면 좀 더 존경받을 자격이 있다. 흰개미는 공룡 시대부터 놀라운 일들을 해왔다. 이들은 노동의 분업이 있는 복잡한 사회를 유지하고, 곰팡이를 재배하고 셀룰로스를 설탕으로 전환하고, 자체적인 공기 순환 시스템을 완비한 방대한 고층빌딩을 짓는다. 그리고 이제는 저 목록에 가부장제 타도까지 추가할 수 있다.

야시로 박사팀은 일본 15개 지역에서 잘 발달한 통짜흰개미 *Glyptotermes nakajimai* 집단 74개 군체를 수집했다. 그중 37개는 오로지 암컷만으로 구성되었고 나머지는 혼성이었다. 암컷만 있는 군체는 혼성 군체와 비교하여 추가 염색체가 있는데, 이는 두 집단이 1,400만 년 전에 처음 갈라져 다른 집단으로 분지했다는 사실을 시사한다.

두 집단은 사회 구성도 다르다. 혼성 군체는 왕과 여왕이 생산한 암수 일꾼이 보모에서 무장 경비원까지 다양한 역할을 수행하고 나중에는 종종 스스로 번식하기도 한다. 반면 단성의 군체는 서로 협동하는 다수의 여왕이 지배하며 이들은 병사의 수도 훨씬 적기 때문에 야시로 박사는 암컷만 있는 군대는 혼성보다 훨씬 더 효율적일 것이라고 추정한다.

과거에 야시로 박사는 흰개미 암컷이 말 그대로 '정자가 들어오는 입구를 폐쇄하고'[32] 복부의 수정낭spermathecae을 밀봉하여 수컷이 아예 씨를 뿌리지 못하게 함으로써 무성생식으로의 전환을 조절하는 것을 발견했다. 대신 문제의 여왕은 계속해서 복제를 통해 유전적으로 동일한 암컷을 생산했다.

통짜흰개미 역시 수정낭에서 정자를 차단함으로써 수컷의 사형 집행에 적극적으로 서명했을 가능성이 크다. 이런 과학 소설 같은 시나리오는 여왕이 의식적으로 통제하는 것이 아님에도 야시로는 이 혁명적 암컷 흰개미 사회가 '과거 발전한 동물 사회에서 활발한 역할을 수행했던 수컷이 없어도 되는 존재가 된'[33] 최초의 증거라는 결론을 내렸다.

미래는 여성이 될 것이다

확실히 성은 진화적 우위를 잃어가고 있는 것 같다. 이는 수컷에게 좋은 뉴스가 아닐지도 모르지만 심각한 멸종 위기 상황에서 잠재적으로 복제 기술을 보유하는 다양한 생물에게는 구원의 동아줄이 될 수 있다.

최근 단성생식은 뜻밖의 종과 장소에서 나타나고 있다. 미국 네브래스카주의 상어를 예로 들어보자. 육지에 둘러싸인 이 중서부 공화당 주는 해양생물, 기적, 여성해방으로 유명한 곳은 분명 아니다. 그러나 오마하의 한 동물원 수족관에서 어느 귀상어의 놀라운 출산으로 모든 것이 달라졌다. 이 암컷의 룸메이트는 두 마리의 다른 암컷 귀상어와 다양한 가오리뿐이었다. 그렇다면 아이 아빠는 누구이고 또는 어디에 있을까?

상어 암컷은 몇 년까지는 아니어도 몇 개월 동안 정자를 보관할 수 있다. 그래서 저 귀상어는 포획되기 전에 바다에서 짝짓기한 게 분명하다고들 했다. 수족관에서 벌어진 막장 드라마는 귀상어 새끼가 태어난 지 며칠 만에 매가오리에게 죽임을 당하면서 막을 내렸다. 하지만 이 안타까운 비극으로 연구자들은 유전자 분석을 할 수 있었는데, 그 결과 이 새끼 상어에는 '수컷에서 유래한 DNA'가 없는 것으로 밝혀졌고[34] 지역 신문에 상어가 예수의 어머니에 비유되는 전례 없는 뉴스가 실렸다.

알고 보니 귀상어 암컷의 생식세포는 수컷의 정자에 의해 수정되는 대신 분열 과정에 스스로 결합했다. 제2 난모세포는 암컷 염색체 절반을 포함하며 정상적으로 난자가 되는데, 이 세포가 동일한 유전물질을 가진 제2 극체와 융합한다. 이 반수체 세포들이 합체하여 완전한 2배체 DNA 세트를 갖춘 새로운 귀상어를 창조한다. 당시 이 암컷 귀상어에게는 평소와 다른 사건이 없었으므로 이런 현상의 방아쇠가 무엇인지는 아직 오리무중이다.

무성생식에 성공한 암컷 귀상어는 패러다임의 이동을 일으킨 또 하나의 생물임이 증명되었다. 단성생식은 상어가 속한 원시 집단인 연골어류 내에서 알려진 적이 없다. 그러나 이제는 연골어류도 경골어류, 양서류, 파충류, 조류처럼 무성생식 대열에 올라타게 되었다. 무성생식이 이렇게 널리 보급되었다는 것은 그 과정이 척추동물 계통에서 오랜 뿌리가 있다는 뜻으로도 볼 수 있다.

지난 몇 년, 전 세계 동물원에서 유사한 '단성생식'의 사례가 쇄도하면서 불경스러운 존재들이 탄생했다. 흑단상어, 코모도왕도마뱀, 그리고 델마라는 이름의 6미터짜리 그물무늬비단뱀이 모두 최근 사육 상태에서 귀상어와 비슷한 방식으로 자신을 복제했다.

단성생식은 동물원에 살면서 유성생식의 기회를 잃은 동물들이 마지막으로 기댈 수단인 것 같다. 아마도 수억 년 전에 자기 복제는 갈라진 남녀가 서로 만나려고 애쓰는 고대 척추동물의 유성생식 전략의 편리한 대안으로서 진화했을 것이다.[35]

환경이 균열되고 아주 많은 종이 재앙 수준으로 감소하면서 성적 파트너를 찾는 일이 점차 어려워지고 있다. 복제라는 고대 기술에 의존할 수 있는 암컷은 종이 힘겨운 시기를 견디는 데 필요한 존재일지도 모른다.

톱상어가 바로 그 일을 실행한다는 사실이 최근 기록되었다. 톱상어는 얼굴에 전기톱이 부착된 것같이 생긴 가오리로 플로리다 서부 강에 자생하며, 세계에서 가장 이상할 뿐 아니라 개체수가 원래 개체군 크기의 1~5퍼센트로 줄어들어 멸종 위험이 가장 큰 종에 속한다. 2015년 스토니브룩대학교 연구자들이 톱상어 190마리에서 미세부수체microsatellite라는 유전자 마커를 분석한 결과, 부모와의 충격적인 근친도가 드러났다. 총 7마리가 부모와 완전히 동일한 마커를 지닌 것이다. 이 사실이 의미하는 바는 한 가지다. 톱상어 암컷이 자신을 복제하기 시작했다는 것이다.[36]

이는 야생 상어에서 최초로 기록된 단성생식이었다. 아니, 야생 척추동물에서 최초의 기록이다. 사실 이 현상이 암시하는 바는 섬뜩하다. 종이 멸종 직전에 있다는 비극적 티핑포인트의 징조이기 때문이다. 그러나 이런 개척적인 단성생식 암컷이 나타났다는 사실이 일말의 희망으로도 느껴진다. 적합한 수컷이 나타나면 다시 유성생식으로 돌아갈 수 있다는 전제하에, 단기적인 전략으로서 복제는 고립된 가계의 명맥을 일정 기간 유지할 수 있기 때문이다.

만약 수학을 신뢰한다면 이런 식의 단성생식이 유전자 풀에 해를 끼치지 않는다고 믿을 수 있다. 최근 수학 모델에 따르면 단성생식 위주의 개체군에서도 유성생식하는 개체군과 거의 같은 속도로 좋은 돌연변이가 퍼졌다. 성이 주는 이점은 10~20세대에 한 번씩만 유성번식을 하더라도 유지될 수 있다. 어느 최신 논문에서 주장한 것처럼 전체의 5~10퍼센트만 유성생식하더라도 매번 유성생식하는 것과 유전적으로 동일한 이점을 얻는다.[37]

그래서 번식 양식을 자기 복제로 전환하여 개체수를 위험 수준 이상으로 올리는 능력을 갖춘 암컷이야말로 한 종을 멸종 위기에서 구하는 데 필요한 존재다. 톱상어의 경우 환경운동가들이 실제로 일부 개체 수의 회복을 목격하고 있는데,[38] 그 원인이 성적으로 혁신적인 이 단성생식 암컷들 덕분일 수 있다.

이런 낙관적 시나리오의 한 가지 문제는 바로 우리다. 이렇게 책을 쓰고 있는 지금 나는 우리가 알고 있는 생명의 종말이 피부로 느껴진다. 전 세계가 팬데믹 상태이고 산불은 아마존과 오스트레일리아를 파괴하고 있으며, 전례 없는 폭풍이 아메리카, 아시아, 유럽을 휩쓸고 있다. 기후변화는 정말로 현실이 되었고 지구를 너

무 빨리 바꾸어놓아 건강한 크기의 유성생식 개체군들도 제때 적
응하지 못해 애를 먹고 있다. 우리 종은 개인적으로든 더 큰 규모
에서든 급진적인 변화가 시급하다. 지구의 걷잡을 수 없는 파괴를
멈추고 생태계를 회복시키려면 한시바삐 서둘러야 한다. 종이 살
곳이 없어지면 아무리 수를 늘리더라도 파멸할 수밖에 없다는 것
은 복잡한 수학적 모델이 없어도 알 수 있는 사실이다. 단성생식
은 특정 종에서만 가능한 안전망이고 복제 능력이 있는 것도 암컷
뿐이다.* 이 특별한 암컷들은 점점 더 중요해질 것이다. 만약 인류
가 이런 식으로 전쟁과 파괴를 이어나간다면 미래는 틀림없이 여
성이 될 것이다. 살아남는 건 질형목 생물뿐일 테니까.

　　아직 자연적인 자기 복제 사례가 알려지지 않은 척추동물이
포유류다. 실험실에서는 단성생식이 유도된 적이 있다.** 그러나
사육 상태든 야생에서든 단성생식으로 번식한 포유류는 알려진

* 산웅단성생식arrhenotoky은 수컷을 생산하는 특별한 복제 방식이다. 그러나 그렇게 탄생
한 수컷은 자신을 복제할 수 없다. 이런 특권을 보유한 것은 암컷뿐이다. 대부분의 벌, 말
벌이 이런 식으로 번식한다. 암컷은 수정된 알에서 생산되고 수컷은 미수정란에서 나온
다. 코모도왕도마뱀은 무성생식으로 수컷도 낳는다고 알려진 몇 안 되는 척추동물의 하
나인데, 그건 독특한 ZW 성결정 체계 덕분이다.(수컷은 ZZ이고 암컷은 ZW이다.) 코모도
도마뱀 암컷은 단성생식으로 하나의 Z를 가진 수컷밖에 낳을 수 없다. 나는 ZSL 런던 동
물원에서 가누스라는 이름의 파충류계의 예수를 만난 적이 있다. 사육 상태에 있는 그의
어미 플로라는 무성생식으로 번식했을 뿐 아니라 그렇게 하여 아들을 낳았기 때문에 동
물원 직원들이 모두 놀랐다.
** 1930년대에 피임약의 공동 발명자인 그레고리 굿윈 핀커스Gregory Goodwin Pincus는 실험
실에서 식염수, 호르몬, 열로 난자를 처리해 '아버지 없는' 토끼를 창조했다고 주장했다.
그 결과물인 복제 토끼가 언론을 크게 장식했고, 발명자는 이 방법을 자신의 이름을 따
서 '핀코생식pincogenesis'이라고 불렀다. 하지만 그 후 다른 사람들이 같은 방식으로 시도
해봤으나 모두 실패하면서 실험의 타당성이 의심되었다.[39] 수십 년 후 2004년에 일본의
한 실험실에서 인공 단성생식으로 생쥐 암컷을 생산하는 데 성공했고, 그 생쥐는 살아서
자손을 계속 낳았다.

바가 없다. 포유류는 생물학적으로 자기복제가 불가능한 구조다. 그래서 남성들은 적어도 당분간은 안심하고 잠자리에 들어도 될 것 같다. 인간은 앞으로도 이 복잡한 성 비즈니스를 고수해야 할 것 같으니 말이다. 우리가 이 모든 파괴의 설계자이자 궁극의 '잡초' 종이기에 지금은 그게 최선이다. 인간이 진딧물처럼 번식한다는 것은 생각만 해도 소름 끼치는 시나리오이며, 지구에 당장 필요한 것은 더군다나 아닐 것이다.

11장

자연에서 암컷은 다양하고 가소성이 높으며 낡은 분류 방식에 순응하길 거부한다.

이 점을 인정한다면 자연 세계에 대한 이해는 물론 인간에 대한 공감 역시 깊어질 것이다.

이분법을
넘어서

무지갯빛 진화

우주는 생각 이상으로 퀴어할 뿐 아니라
상상 이상으로 퀴어하다.

—J. B. S. 홀데인(1928)

마지막 장은 다윈의 따개비로 시작할까 한다. 이 위대한 인물과 성
에 대한 그의 생각에 대해 이보다 잘 알려줄 생물도 없기 때문이다.
다윈은 그의 이름을 달고 있는 핀치새로 유명하다. 이웃하는 갈라
파고스제도 섬들 사이에서 부리의 미묘한 변이가 자연선택에 의
한 진화론에 큰 영감을 주었다. 그러나 핀치에 대한 다윈의 애정
은 따개비에 대한 집착에 비하면 댈 것도 아니다. 썰물 때 바위를
감싸는 모습으로 흔히 발견되는 이 평범한 갑각류 집단이 다윈의
마음에 단단히 자리 잡아 평생의 열정으로 발달했다.

집착은 1830년대 초반 그가 비글호에 탑승하여 5년 동안 전
세계를 누비면서 수집한 따개비 목록을 작성하면서 시작했다. 그
가 목록을 수집한다는 소문이 동료 동물학자들 사이에서 퍼진 지
얼마 되지 않아 켄트에 있는 그의 집은 전 세계에서 보내온 만각
류 표본이 넘쳐나게 되었다. 1846년부터 1854년까지 다윈은 이
짭짤한 선물들을 열과 성을 다해 정리했다. 다윈 이전에도 다윈
이후에도 따개비에 그토록 강한 열정을 보이는 사람은 없었다. 어
찌나 몰입했는지 어느 날 이웃집에 다녀온 아들에게 이렇게 물었
다고 한다. "그 집 남자는 어디에서 따개비 작업을 한다더냐?"[1] 마
치 모든 아버지가 따개비를 연구하기라도 하는 것처럼 말이다.

애정을 듬뿍 담은 이 작업에 집중하여 현존하는 전 세계 따개비와 멸종한 따개비에 관한 심도 있는 네 권의 책을 집필하는 동안 종의 기원에 대한 책은 몇 년이나 출간이 미뤄졌다. 무명의 따개비를 다룬 모노그래프가 필요했던 소수에게 이 책들이 놀라울 정도로 도움이 되는 읽을거리가 되었다.

성실한 노력은 많은 중요한 발견들로 그에게 보답했다. 과거 따개비는 삿갓조개와 닮은꼴이라 하여 연체동물로 분류되었다. 다윈은 따개비가 연체동물보다는 게나 바닷가재와 같은 무리라는 사실을 밝혔다. 다만 이 생물은 이동성을 희생하여 보금자리를 확보했을 뿐이다. 따개비의 유생은 자유롭게 헤엄쳐 다니다가 때가 되면 머리를 바위에 부착하고 보호성 석회판을 마련한다. 그런 다음 갑옷의 경첩을 통해 털 달린 다리를 흔들어 먹잇감을 붙잡거나 걸러내어 생존을 유지한다.

이런 고착된 삶이 안전에는 도움이 될지 모르지만 과연 섹스에도 그럴까? 바위에 고정된 상태로는 짝을 찾을 수 없기 때문이다. 다윈은 따개비의 비밀 병기가 거대한 음경이라는 것을 알게 되었다. 동물의 왕국에서 몸길이와의 비율로 따지면 가장 길었다. 다윈은 평소 실용주의적으로 글을 쓰는 편이었으나 따개비의 '코끼리 코 같은 음경'이 얼마나 '멋지게 발달했고',[2] 또 '커다란 지렁이처럼 똬리를 틀고 있다가 완전히 펼쳐지면 전체 몸길이의 8~9배나 된다!'라는 표현들로 아찔한 반전을 선사했다.

이 엄청난 음경 길이는 철저하게 기능적인 것으로 머리를 비롯한 나머지 부분은 잘 고정된 채 섹스를 위해 주변을 돌아다닐 수 있다. 간지럼 씨Mr. Tickle의 19금 버전처럼 이 음경은 따개비가 암수한몸으로 살아가는 것을 돕는다. 이들은 수컷과 암컷의 생식 기관을 모두 지니고 있어서 이웃과 난자를 서로 수정할 수 있다. 그리고 만약 음경이 닿는 범위 안에 다른 개체가 없으면 따개비는 마지막 수단으로 씨뿌리는 장비를 거둬들이고 스스로 수정한다.

따개비의 유동적 성

1848년에 다윈은 우연히 음경이 아예 없는 표본을 발견했다. 그 안에는 작은 기생충이 득시글거리고 있었다. 하지만 그런 표본들을 골라서 버리다가 다윈은 실수를 깨달았다. 문제의 따개비는 암컷이었고 미세한 '기생충'은 수컷이었던 것이다.[3] 다만 아주 축약된 형태라 위와 입이 없고 수명도 짧았다.

1848년에 동료 J. S. 헨슬로J. S. Henslow에게 개인적으로 보낸 서신에서 다윈은 이른바 '보완형 수컷'의 삶에 확실히 이입되어 묘사했다. 그 무렵 다윈은 지병에 시달리던 참이었다. 세계를 누비던 시절은 옛 추억이 되고 이제는 병약한 상태로 켄트에서 꼼짝 못하고 지냈다. 씨뿌리는 도구에 불과한 여위고 약한 따개비 수컷의 결여되고 감금된 삶 속에서 다윈은 집에 갇혀 지내는 10명의 아버지로서 자신의 모습을 보았을 것이다. 다윈이 보기에 이 '단순한 정충 주머니'는 '아내의 살 속에 반쯤 박힌 채 평생 그곳에서 지내고…… 절대 떠나지 못하는'[4] 불운한 운명에 처했다.

한 달 뒤 다윈은 훨씬 더 기이한 발견을 했다. 자웅동체인 따개비 근연종이었는데 여기에 별도로 보완형 수컷이 몸에 박혀 있었다. 다윈은 이 개체들이 자웅동체에서 성이 분리되는 방향으로 진화하는 전이 단계를 나타낸다고 추정했다. 성 분화의 잃어버린 고리라는 말이다.

친구이자 지적 스승이었던 존경받는 식물학자 조지프 후커 Joseph Hooker에게 보낸 편지에서 다윈은 '암수한몸의 개체가 눈에 띄지 않을 만큼 미세한 단계를 거쳐 양성(즉 분리된 성)으로 옮겨 가는 방식'[5]을 언급하며, '원래 암수한몸 상태로 있던 수컷의 기관이 사라지고 독립된 수컷이 형성되기 시작한다'라고 조심스럽게 제시했다.

다윈은 이 신기한 따개비를 그가 한참 작업 중인 큰 스케일의 '종 이론'(후에 자연선택에 의한 다윈의 진화론이라고 알려진 이론)에 대한 추가 증거로 여겼다. 모든 생명은 신에 의해 창조된 것이 아니라 공통 조상에서 진화했다는 다윈의 발상은 이미 충분히 이단적이었다. 하지만 성이 시간이 지나면서 변화한다는 말은 아무리 하등한 갑각류라고 해도 너무나 터무니없는 주장이었다. 다윈은 후커에게 보내는 편지에서 그 사실을 인정했지만 그럼에도 이 발견에 대한 흥분을 감출 수 없었다. "나는 내 생각을 잘 설명할 수 없고, 당신은 아마도 내 따개비와 종 이론을 악마에게나 주어버리길 바라겠지만 난 당신이 뭐라 얘기하든 상관하지 않겠소. 내 종 이론은 진실이니까."

이 작은 갑각류의 무엄한 섹슈얼리티에도 불구하고 다윈의 마음은 경이로 가득 찼다. 내가 흥미롭게 생각하는 부분은 이 개인 서신과 초기의 모노그래프가 이후 고상을 떠는 다윈의 딸이 편집한 그의 유명한 작품과 크게 대조된다는 점이다. 따개비와 그

추가된 음경은 『인간의 유래』에서 온데간데 없이 사라졌다. 그러나 이 비밀 서한에서는 다윈도 대중의 입방아에 오를 두려움 없이 자신이 사랑하는 만각류의 새로운 성적 설정이 드러낸 경이를 마음껏 즐겼다. 빅토리아 시대의 엄격한 이분법적 고정관념이 그의 성선택 이론에서 무감각해졌다는 신호는 없다. 다만 우리는 교회, 기존 학계, 딸의 빨간 펜에 두려워하지 않고 성적 표현의 총체적인 스펙트럼을 탐구하는 다윈의 천재적인 호기심을 볼 뿐이다.

또 다른 개인적인 따개비 편지에서(이번에는 1849년 찰스 라이엘에게 보낸 편지) 다윈은 '자연의 계획과 경이로움은 진실로 무한하다'[6]라는 찬사로 끝을 맺었다.

실로 그러하다. 한 세기 반이 지나 DNA 표지를 사용한 최첨단 연구가 다윈이 옳았음을 검증했다.[7] 따개비는 자웅동체에서 분리된 성, 그리고 혼합된 형태까지 아주 다양한 성 체제를 아우르며 과학자들에게 실시간으로 진행 중인 진화를 연구할 전무후무한 기회를 주었다.

따개비는 성적 투자를 분산하는 대가이다. 안착한 환경이나 사회적 상황에 따라 성 체제를 수정하는 능력 덕분에 번식 스펙트럼의 폭이 대단히 넓다. 예를 들어 앞에서 본 왜웅矮雄, 즉 난쟁이 수컷은 암컷 위에 내려앉았는지 아닌지에 따라 난소가 발달하기도 하고 아니기도 한다. 그러므로 확실히 수컷으로 분류하기가 뭣하다. '수컷의 기능을 강조하는' 현대 과학이 이 모호한 성을 '잠재적 자웅동체potential hermaphrodite'[8]로 기술하는 편이 낫다고 여기는 이들이 많다. 어떤 경우에는 자웅동체, 암컷, 왜웅 사이의 경계가 너무 흐릿해서 이들의 성적 표현은 명확한 구분이 있다기보다 연

속체에 가깝다고 보여진다.[9]

따개비에서 보인 한 번식 시스템에서 다른 번식 시스템으로의 빠른 진화는 자연에서 성과 그 표현의 놀라운 유동성을 드러낸다. 이것을 명확히 인지했다는 점에서 다윈은 시대를 훨씬 앞서 갔다. 그래서 그가 성의 발현에 대한 사색에서 사랑하는 따개비를 빼버린 것은 유감이다. 따개비를 포함시켰다가는 성을 이분법적이고 결정론적 방식으로 제시하지 못하기 때문이었는지도 모른다. 오늘날 따개비, 그리고 그와 비슷한 생명체는 진화의 최전선에 서서 우리에게 성이란 이원적으로 고정된 것이 아니라 유동적인 현상으로서 진화의 변덕에 놀라울 정도로 빠르게 변화하는 모호한 경계를 지닌다고 가르친다.

비이원적인 세계

동물계는 이른바 섹슈얼리티의 뷔페로서 그 안에 우리가 상상할 수 있는 모든 형태가 들어 있고 상상조차 하지 못한 것들까지 있다. 이 영광스러운 다양성을 연구하는 것의 가치를 알린 최고의 과학자가 이론 생태학자 조앤 러프가든 박사이다. 러프가든은 2004년에 출간한 저서 『변이의 축제』에서 처음으로 이런 다양성의 많은 부분을 기록하고 해독했다.

하와이 자택에서 그녀는 남편 릭이 준비한 참치 샌드위치와 수제 피클을 점심으로 먹으며 '자가수정selfing'으로 번식하는 자웅 동체 선충, 마초 게이 큰뿔양의 동성애 사회, '음경' 끝으로 출산하는 간성intersex 곰에 관한 재밌는 이야기들을 들려주었다.

러프가든은 현재 칠십 대이고 은퇴했지만 여전히 비이원적
생물에 대한 관심의 끈을 놓지 않았다. 그녀는 조너선 러프가든으
로 학문의 길을 걷기 시작했고, 1990년대 후반에 스탠퍼드대학교
에 있는 동안 여성으로 성전환했다.* 러프가든은 다윈의 성선택을
저격하는 시끄러운 비평가로서, 성선택 이론의 유산은 수 세대 생
물학자들로 하여금 무지개로 표현할 수 있는 자연의 방대한 성적
다양성을 진부한 두 칸짜리 상자에 억지로 쑤셔 넣게 강요했다고
주장했다.

러프가든은 『변이의 축제』 서두에서 '오늘날 생물학의 가장
큰 오류는 서로 크기가 다른 두 배우체가 몸의 종류, 행동, 생활사
에서도 이원적일 거라는 무비판적인 가정에 있다'라고 서술한다.[10]

이는 과학과 사회에 위험한 영향을 끼치는 가정이다. '젠더와
성생활의 이야기를 온전히 펼치지 못하게 억누르는 것은 자연과
하나임을 느낄 권리를 부인하는 것이다.'[11] 러프가든은 이렇게 주
장한다. "자연의 진짜 이야기가 성소수자들의 표현과 성적 취향에
커다란 힘을 실어주고 있습니다."

러프가든의 책은 성 분화란 수많은 유전자와 호르몬의 상호
작용이 관여하는 복잡한 과정임을 지적한 초창기 책들 중 하나이
다. 그 표현의 미세한 변화는 다른 유전자뿐 아니라 환경에서도
영향을 받아, 한 동물의 성적 궤적을 바꾸며 동등하게 살아 있고

* "저는 당시 우리 학교 교무처장으로 재직 중이던 콘돌리자 라이스에게 커밍아웃했어요."
  러프가든의 말이다. "저는 미국에서 그녀에 대해 좋게 말할 유일한 좌익이지만, 어쨌든
  라이스는 저에게 무척이나 잘 대해줬습니다."

안정적인 수많은 결과로 이어진다. 1장에서 보았듯 이처럼 내재한 가소성은 성과 관련된 형질의 표현에서 변이는 물론이고, 흔히 인지되는 것보다 더 많은 성간 중첩을 허락하여 진화를 자극한다.[12] 성은 흑백으로만 따질 수 없는 현상이며 회색 지대를 이상체, 더 나쁘게는 병적인 것으로 낙인찍는 것은 다양성이라는 자연의 기능을 제대로 깨우치지 못한 행동이다.

러프가든의 인습 타파적 사고는 성의 유일한 역할이 생식이라 여기는 다윈의 성선택 이론이 가해한 이성애 중심의 구속에 도전했다. 그런 렌즈로 보면 동성애는 불편한 '오류'로 폄하되어 무시된다.[13] 캐나다 생물학자 브루스 배게밀Bruce Bagemihl은 300종이 넘는 척추동물에서 동성애적 활동의 목록을 작성했는데,[14] 러프가든은 이 중요한 현대 우화집을 바탕으로 동물 사회에서 협력을 부추기는 동성 활동의 역할을 강조했다. 우리는 보노보에서 이런 사회적 접착제가 훌륭하게 작동하는 것을 보았다. 보노보의 성적 쾌감은 사회적 긴장을 조절하고 암컷 사이의 연합을 촉진한다. 러프가든은 다양한 분류군에 속한 여러 종을 예로 들면서 동성애적 활동이 '사회의 포용 형질'[15]로 진화했다고 주장했다.* 네덜란드 검은

---

* 동성 간의 활동에 의한 많은 진화적 적응의 결과물이 가능하다. 이성 간의 섹스가 언제나 생식적인 목적으로만 행해지는 것이 아니듯이(허디의 랑구르 암컷이 섹스를 이용해 제 새끼가 살해되는 것을 막는 것처럼), 동성 활동 역시 다윈의 이론을 넘어서는 많은 사회적, 성적 목적을 수행한다. 예를 들어 돌고래 수컷 사이에서 성은 지배권 교섭의 도구로 쓰이며, 마카크원숭이 암컷 사이에서 성적 행위는 갈등 이후에 화해를 부추긴다. 수컷 올리브개코원숭이들이 서로의 음경을 만지는 것은 협력을 자극하는 상호 신뢰의 표현으로 갱 단원들의 '충성 서약'과 비슷하다.[16] 동물에서 동성 간의 행동에 대한 근접한 원인으로는 유전학, 발달, 생활사를 포함한 원인에 관한 많은 다른 이론이 있다. 동물에서 광범위하게 일어나는 동성 간 섹스에 대한 최근 개론에서는 이를 설명할 단일 원인이나 결과는 없으며, 여러 원인으로 일어나는 현상의 다양한 모음으로만 이해될 수 있다고 결론지

머리물떼새European oystercatcher에 대한 장기 연구가 여기에 포함된다. 해안가에 흔히 나타나는 이 흑백의 바닷새는 암컷 두 마리와 수컷 한 마리가 '스리섬' 상태로 둥지를 짓고 번식한다고 기록되었다. 이런 형태의 가족은 집단 안에서 암컷이 서로 섹스를 하는지에 따라 공격적일 수도, 사이가 돈독할 수도 있다.[19]

그런 번식 전략은 일반적으로 자연의 규범으로 널리 여겨진 이상적인 핵가족을 배신하는 '대안'으로 폄하된다. 러프가든은 이런 경멸적인 꼬리표에 의문을 제기하고 얼마나 많은 동물 가족이 '노아의 방주'[20]에 탑승하기를 거부했는지 보라고 부르짖는다. 러프가든은 수컷과 암컷이 다양한 성적 형태와 성 정체성을 취하는 종에서는 각각을 다른 젠더로 여겨야 한다고 주장한다. 생물학자 대부분은 이런 인간의 문화적, 심리적 구조를 동물계에 적용하지 않으려고 애써왔다. 그러나 러프가든의 책에서 비인간 동물의 젠더는 러프가든이 '성이 있는 몸의 외형, 행동, 생활사'로 정의하는 다른 특성을 갖고 있다.[21] 『변이의 축제』는 연어에서 참새까지 3~5개의 젠더 형태로 존재한다고 보이는 많은 종을 인용했다. 생물학적으로는 같은 성에 속해 있지만 별개의 외형과 성적 행동을 보이는 동물을 말한다.

무지개양놀래기Thalassoma bifasciatum를 예로 들어보자. 화려한 색깔의 이 자웅동체 물고기를 두고 러프가든은 세 가지 젠더를 발견했다고 생각한다. 한 젠더는 수컷으로 태어나 평생 수컷으로 살

었다.[17] 2019년에 발표된 한 연구는 진화적 관점에서 고대에 성이 처음 나타났을 때 성적 욕망은 무차별적으로 모든 성을 향했을 거라고 가정한다.[18] 따라서 동물계 전체에서 동성 간 성적 활동은 이성애적 행동만큼이나 정상적이며 예상될 수 있다.

고, 한 젠더는 암컷으로 태어나 평생 암컷으로 산다. 하지만 세 번째는 암컷으로 태어나 살다가 나중에 수컷으로 변한다. 이처럼 성이 전환된 수컷은 처음부터 수컷이었던 놈들보다 몸집이 훨씬 크다. 이들은 영역과 암컷을 공격적으로 방어한다. 수컷으로 태어난 작은 개체들은 서로 연합하여 팀워크를 통해 짝짓기에 성공한다.

환경에 따라 선호되는 무지개양놀래기 수컷의 젠더가 다르다. 해초로 덮인 환경에서는 몸집이 큰 성전환 수컷이 암컷을 지키느라 애를 먹는 반면, 성전환하지 않은 작은 수컷은 더 활발하게 행동한다. 하지만 산호초의 맑은 물속에서는 성전환 수컷이 제 영역과 암컷을 더 잘 지킨다. 따라서 진화는 그 둘의 혼합을 선호한다.

많은 학자들이 동물의 젠더에 관한 러프가든의 급진적 제안을 반기고, 성적 표현의 다양성과 성의 비선형적 관계를 둘러싼 신선한 논쟁을 일으킨 것을 환영했다.[22] 하지만 그녀의 다른 발상은 별로 구미에 맞지는 않았다. 예컨대 성선택은 '동물에 투영된 엘리트 수컷 이성애자 이야기'라는 비난은 가혹하지만 정당하다.[23] 그러나 다윈이 근본적으로 틀렸다는 주장이나 성선택이 '거짓'[24]이라는 주장은 잘 받아들여지지 않고 있다.

러프가든은 다윈의 '개념적 부패'를 찢어버리고 자연의 성적 뷔페를 포함하는 새로운 모델로 자신이 주창한 사회선택 이론을 내세운다.[25] 이 혁명적 개념은 7장에서 살펴본 메리 제인 웨스트에버하드의 사회선택 이론이라는 이미 확립된 학술 이론에서 이름을 따온 것이 가장 먼저 물의를 일으켰다. 웨스트 에버하드의 사회 선택 이론과는 제안하는 내용이 상당히 달랐기 때문에 불필요한 혼란을 일으킨 것이다. 러프가든은 다윈의 경쟁보다 집단 수준의 협력을 성의 중심에 두었다. 이는 학술지《사이언스》에 40명 이상의 생물학자가 동성 경쟁과 배우자 선택이라는 다윈의 근본 원칙을 옹호하는 글을 쓰도록 만들 정도로 인기 없는 개념이었다.[26]

"저는 학계의 테러리스트예요." 러프가든이 농담처럼 내게 말했다. "영국에서 다윈은 일개 과학자가 아닌 국가의 영웅이죠. 다윈의 업적을 칭송하는 것은 영국 정체성의 일부입니다. 그 바람에 영국 진화생물학계는 보수적인 성향이 아주 강하게 되었지요."

분명 러프가든의 아이디어가 모두 올바른 답인 것은 아니리라. 러프가든 자신이 제일 먼저 인정한 사실이다. 러프가든은 오래전에 사망한 백인 남성이 제한된 문화적 관점에서 창조한 견고한 원형에 대한 새로운 담론으로 세상을 자극하려고 한다. 이는 바람직할 수밖에 없다. 과학은 논쟁을 통해 발전하고 진화생물학자 대부분은 성선택 이론이 격변의 과정에 들어섰음을 인정한다. 이 진행 중인 변화 끝에 마침내 어떤 개념의 나비가 나타날지가 활발한 논쟁의 대상이다.[27] 진화의 무지개를 무시하지 않고 연구하는 것이 성과 진화에 대해 가치 있는 통찰을 줄 것이라는 러프가든의 본능적 감각은 시의적절하고 논쟁의 여지가 없다. 러프가든의 연구는 다른 이들로 하여금 퀴어 이론의 관점을 수용하고 동물의 세계에서 섹스, 섹슈얼리티, 성적 표현의 관계를 선형적으로 보는 고루한 가정을 다시금 생각하게 한다.[28] 이는 특히 바닷속으로 들어가 산호초 주변에 살고 있는 물고기를 연구할 때 특별히 명확해진다. 이 물고기들은 색채의 화려함 못지않게 성적으로도 오색찬란하다.

흰동가리 니모와 성전환

산호초에서 스노클링하면서 보는 물고기의 4분의 1이 성전환 상태다. 무지개양놀래기는 성인기에 자연적으로 성이 바뀌는 많은 무지갯빛 산호초 물고기 중 하나에 불과하다. 자웅이숙sequential hermaphrodite이라고 알려진 이런 물고기들은 한 성으로 삶을 시작해 사회적 자극을 받으면 성을 바꾼다. 이를테면 지배권자의 죽음이나 다른 성과의 비율이 그 요인이다.

이색적인 앵무고기에서처럼 변화가 영구적이라 일단 성을 바꾸면 죽을 때까지 그 성으로 살아가는 종이 있다. 반면 평생 유동적으로 양쪽 성을 왔다 갔다 하면서 사는 물고기도 있다. 산호초 바위 틈바구니에 사는 고비goby처럼 잡아먹힐까 두려워 밖으로 모험하지 않는 물고기에게는 아주 편리한 재주다. 다른 산호 고비를 만나면 상대의 성이 무엇이건 간에 거기에 맞춰 생식샘을 바꿀 수 있으므로 언제나 번식할 수 있다.

어떤 물고기는 성을 뒤집는 빈도가 가히 수준급이다. 초크배스Serranus tortugarum는 엄지손가락만 한 크기의 형광 파란색의 카리브해 물고기로 하루에 최대 20번이나 성을 바꾼다고 알려졌다. 하지만 초크배스가 성을 바꾸는 것은 경기장에서 승부를 가리기 위해서가 아니다. 오히려 그 반대다. 이들에게 성전환은 성공적인 관계로 나아가는 열쇠다. 초크배스는 비정상적일 정도로 배우자에게 성적으로 충실하여 일부일처에 가깝다고 알려졌다. 성을 바꾸는 습성은 장기 파트너와 함께 조정하는 행동으로, 정자 생산보다 에너지가 많이 드는 산란을 번갈아 하여 상호 공정한 번식 투자를 유지하려는 목적이라고 전문가들은 보고 있다. 이들은 각각 자기가 생산하는 만큼 알을 수정시킨다. 물고기조차 상대와의 관계에서 주는 만큼 받는다는 예시다.

성을 바꾸는 물고기 대부분이 자성선숙이다. 암컷으로 태어나 나중에 수컷이 된다는 뜻이다. 소수지만 그 반대인 웅성선숙의 예도 있다. 흰동가리들이 바로 수컷으로 시작하는 소수에 속한다. 이 물고기는 암컷을 만드는 메커니즘을 연구할 특별한 기회를 준다.

"흰동가리는 뇌에서 일어나는 적극적인 여성화를 연구할 좋은 대상입니다." 저스틴 로즈Justin Rhodes가 스카이프로 실험실을 구경시켜 주며 말했다. "그동안 밝혀진 것이 하나도 없어요!"

이 책의 1장에서 살펴본 조직개념은 뇌의 여성화를 단지 안드로겐이 부재할 때 기본값으로 발생하는 수동적 과정으로 간주했다. 그 결과 지난 70년 동안 과학은 배아의 초기 발달에서 남성화를 주도하는 테스토스테론의 힘에 기대어 남성의 뇌는 화성에서 왔고, 여성의 뇌는 금성에서 왔다는 이론을 뒷받침할 암수 뇌의 이형성을 열심히 수색해왔다. 그러나 발견한 것은 없었다. 이런 배경하에 흰동가리 뇌는 수컷으로 시작하지만 나중에 암컷으로 바뀌기 때문에 여성화를 일으키는 신경 변화를 식별할 기회를 준다.

일리노이대학교 심리학과 교수인 로즈는 괴짜의 경계에 서서 흰동가리에 열정을 바치는 매력적인 인물이다. 온라인 인터뷰를 시작하면서 그는 주황-흰색 줄무늬 물고기 수백 마리가 돌아다니는 수족관에 둘러싸인 방을 보여주었다. 나는 넋을 놓고 화면을 쳐다보았다.

"제가 제일 좋아하는 암컷들이에요. 얼마나 공격적인지 좀 보세요." 로드는 작은 알집이 있는 엎어놓은 화분 주위로 작은 물고기 두 마리가 돌아다니는 수조에 손을 집어넣으며 말했다. 알집 안의 아직 부화하지 않은 치어의 눈이 반짝거렸다.

"아주 시각적인 종입니다. 우리가 여기에 있는 줄 알기 때문에 기분이 별로 좋지 않아요." 당돌한 암컷이 손가락을 들이받는 걸 보고 로즈가 유쾌하게 말했다. 내가 보기에 이 물고기 암컷은 화면 속 내 얼굴보다 과학자의 크고 털 달린 손을 더 걱정하는 것 같았지만 말이다.

모두 아주 초현실적인 광경이었다. 특히 흰동가리는 아주 익숙한 물고기인데도 낯설게 보였다. 2배색의 이 작은 물고기는 애니메이션 〈니모를 찾아서〉의 주인공으로 발탁된 이후 세계적으로 유명해졌다. 디즈니가 제작한 이 히트작은 어린 흰동가리 니모가 꼬치고기에게 엄마를 잃고 길을 떠나 놀라운 모험 끝에 아빠 말린을 만나게 된다는 따뜻한 영화다.

말할 것도 것이 이 영화는 흰동가리의 실제 삶에서 벗어나기 위해 예술적 자유를 발휘했다. 이 일부일처성 산호 서식자는 암수가 함께 말미잘 안에 집을 짓는다. 말미잘의 쏘는 촉수가 흰동가리 커플과 알을 보호한다. 암수의 관계에서 보스는 호전적인 암컷이다. 수컷이 알을 돌보는 동안 영역을 사수하는 일은 암컷의 몫이다. 흰동가리는 최대 30년이라는 긴 수명을 살면서 한 말미잘 안에서 종종 어린 수컷들과 함께 산다. 그러다가 암컷이 예를 들어 꼬치고기에 잡아먹혀 사라지고 나면 미스터 흰동가리가 암컷으로 변신하여 우두머리가 되고 어린 수컷 중 하나가 성숙하여 그 짝이 된다.

따라서 이 히트작을 생물학적으로 정확히 묘사하자면, 니모의 아빠 말린이 암컷으로 성전환한 다음 아들과 성관계한다는 말인데, 그렇게 되면 보수적인 디즈니 시청자가 절대 찾지 않을 가족 영화가 될 것이다.

로즈의 연구는 수컷에서 암컷으로의 성 변화가 뇌에서 먼저 시작하고, 수개월 심지어 수년이 지난 다음에야 생식샘이 뒤늦게 따라잡아 완전한 암컷이 된다는 것을 보여주었다.

"충격받았죠." 로즈가 말했다. "암컷으로 성전환 중인 물고기 한 마리가 있었어요. 우리는 매달 혈액을 채취했죠. 그런데 세상에, 이럴 수는 없는 거예요. 호르몬만 보면 여전히 수컷이었거든요. 그래서 다시 검사했죠. 이 작은 한 마리 물고기에서 피를 총 30번이나 뽑았어요. 그런데 3년이 다 되어가는 지금까지도 아직 수컷의 생식샘을 지니고 있어요."

로즈는 나에게 수컷으로 바뀐 지 몇 달밖에 안 되는 물고기 한 마리를 소개해줬다. 로즈가 이 물고기의 생식샘과 뇌를 그린 상세히 나타낸 그림을 보여주었을 때 물고기가 나를 똑바로 쳐다보았다. 성전환의 방아쇠는 물고기가 환경의 변화를 인지할 때 당겨져 뇌에서부터 변화가 시작한다. 이는 시각교차앞구역pre-optic area이라는 뇌의 특별한 지역을 활성화하여 몸집을 키운다. 이 지역은 모든 척추동물에서 생식샘을 통제한다. 암컷은 이곳에 수컷보다 2~10배나 많은 뉴런이 있는데 복잡한 생산과 산란을 관리하기 위함이다. 로즈는 흰동가리에서 시각교차앞구역이 완전한 암컷의 크기에 도달하는 데 6개월이 걸린다는 걸 발견했다. 그사이 정소는 수축하기 시작하지만 수개월이 지나 완전히 퇴화하고 알이 채

워진 성숙한 난소로 대체될 때까지 계속 안드로겐을 생산한다.[29]

따라서 성이 변환 중인 물고기는 암컷의 뇌와 수컷의 생식샘을 가지고 있는 셈이다. 이런 상태에 물고기 본인이 혼란스러울 수 있지만 로즈는 만약 물고기에게 묻는다면 자기가 암컷이라고 말할 거라고 확신한다.

"그래서 이 물고기가 기특한 거예요. 자기가 직접 대답하거든요." 로즈가 말했다. 성전환 중인 물고기를 다른 암컷과 한 수조에 넣기만 하면 된다. 이처럼 텃세가 심한 물고기는 다른 암컷과 말미잘을 공유할 생각이 없으므로 암컷을 만나면 죽을 때까지 싸운다.

로즈는 내게 암컷 두 마리가 결투하는 장면의 영상을 보내면서 이들이 '서로 소리 지르는 것'을 잘 들어보라고 했다. 고성은 둘째치고 물고기가 소리를 내던가? 하지만 로즈가 맞았다. 그 영상에는 두 물고기가 신체적 다툼을 시작하기 전에 내는 커다란 공격음, 팝콘이 터지는 것 같은 소리가 들렸다. 도저히 무시할 수 없는 소리였다. 이는 암컷이 수컷과 만났을 때와는 다른 양상인데, 그때는 수컷이 알아서 복종하여 치명적인 영역 싸움으로 번지지 않기 때문이다.

이 간단한 실험으로 성전환 중인 흰동가리가 비록 정소를 지니고 있음에도 암컷처럼 행동하고, 상대 역시 이 흰동가리를 암컷으로 인식한다는 것을 알 수 있다. 이는 뇌의 성과 그로 인한 모든 성적 행동, 그리고 생식선의 성이 분리될 수 있음을 명확하게 보여준다. 그렇다면 이런 질문을 하지 않을 수 없다. 저 물고기의 성은 생식샘이 지정하는 것인가, 뇌가 지정하는 것인가?

"저 물고기를 수컷이라고 하면 그건 틀린 거예요." 로즈가 설명했다. "완전한 암컷이든 아니든 누가 신경 씁니까? 결국에는 그렇게 될 건데요. 난소는 중요하지 않아요. 행동하는 걸 보면 영락없는 암컷이고 다른 물고기들도 암컷으로 인지합니다."

현재의 과학은 동의하지 않을 것이다. 암컷의 뇌가 무르익고 정소는 시들어가더라도 많은 생물학자의 눈에는 여전히 수컷으로 보일 테니까. 이는 어류에서조차 생식샘의 성, 성적 정체성, 섹슈얼리티의 관계가 선형으로 '잘못' 가정되고 있었다는 뜻이다.

"흰동가리는 우리가 성을 할당하는 방식에 문제를 제기합니다." 로즈가 덧붙였다. "이 물고기는 우리가 성을 생식샘으로 정의하면 안 된다는 메시지를 주고 있어요."

젊은 '수컷'들에서는 분류 문제가 더 난감해진다. 이들의 미성숙한 생식샘은 공식적으로 '난소고환'이라고 알려졌으며 수컷이든 암컷이든 어느 생식기관으로도 발달할 수 있다. 정소 조직이 있지만 정자를 활발하게 생산하지 않고, 미발달한 난자가 있는 난소 조직도 있다. "이런 비번식가들에게는 쉽게 성을 할당할 수 없어요." 로즈가 말했다. "수컷도 암컷도 아니니까요."

암수한몸인 어류는 약 500종이 알려졌다. 광활한 바다에서 번식의 기회를 최대화하려는 실용적인 전략이다. 대부분 자웅이숙이지만 일부는 수컷인 동시에 암컷이다. 맹그로브리벌루스*Kryptolebias marmoratus* 같은 일부 종은 자가수정도 가능하다.

암수한몸은 맨처음 진화한 종류에서부터 모든 어류 분류군에 넓게 분포되어 있다. 먹장어는 근육질의 뱀처럼 생긴 물고기인데, 일단 실물을 보고 나면 악몽에 등장할지도 모른다. 몸에 비늘과 척추와 턱이 없지만 하나짜리 콧구멍으로 바다 밑바닥에서 썩

어가는 동물의 살냄새를 맡은 다음 원형의 날카로운 이빨로 잘 다
져서 먹는다.

어두운 심해의 적막함 속에서 끈적한 거래를 하는 외로운 저
서생물인 먹장어는 짝을 찾기가 어렵기 때문에 많은 종이 난소와
정소를 둘 다 보유하는 것으로 성적인 선택권을 퍼트린다고 알려
졌다. 먹장어는 무려 3억 년 동안이나 모습이 거의 변하지 않았고
현생 어류의 원시 조상으로 여겨지는바, 로즈는 물고기는 물론이
고 모든 척추동물의 조상이 암수한몸이었을 가능성을 제기한다.

"이 물고기들이 우리의 이분화된 시스템에 의혹을 던집니다."
자웅동체 물고기는 생식샘으로 성을 감별하기 어렵지만, 로즈가
발견한 바에 따르면 뇌도 근본적으로는 다르지 않았다. 로즈는 흰
동가리에서 시각교차앞구역의 변이에 주목했고, 알을 돌보는 일
의 80퍼센트를 수컷이 담당하고 암컷은 주로 싸움을 담당하는 것
으로 보아 형태적인 차이가 추가로 더 있으리라 추측했다. 그러나
이런 역할이 엄격하게 강제된 것은 아니다. 수컷도 침입자를 쫓아
낼 수 있고 암컷도 알을 돌볼 수 있다. 따라서 뇌의 발달 과정에
이에 해당하는 중첩된 부분이 있으리라 추측하는 것이다.

"저는 차이를 강조하고 싶지 않습니다." 로즈가 내게 말했다.
"수컷과 암컷의 뇌는 서로 크게 다르지 않습니다. 대부분의 뇌는
아주아주 비슷해요."

데이비드 크루스에게는 이런 사실이 전혀 놀랍지 않다. 1장에
서 소개한 이 텍사스대학교 동물학 및 심리학 교수는 평생 동물의
성과 섹슈얼리티를 연구한 세계 최고의 전문가다.

"모든 척추동물에는 근본적인 양성성*이 있습니다." 코로나 봉쇄 기간에 여러 차례 나와 나눈 긴 전화 통화 중 언젠가 그가 한 말이다. 흰동가리 같은 자웅동체는 이런 내재된 양성성의 완벽한 예시다. 수컷과 암컷의 역할을 모두 수행하고 성체로 살아가는 동안 내내 성을 바꾸는 것으로 보아 조직화와 기능 측면에서 이중의 잠재력을 가진 게 틀림없다. 크루스는 동시 발생 자웅동체인 농어를 대상으로 이 사실을 멋지게 증명한 신경생물학자 네오 뎀스키Neo Demski의 실험에 대해 말해주었다. 뎀스키는 이 물고기의 뇌에서 특정 구역을 자극해 정자를 분비하게 하고 또 다른 곳을 자극해 알을 낳게 조작할 수 있었다.

저스틴 로즈처럼 크루스도 어떻게 한 동물의 성적 행동이 생식샘 상의 성과 분리되었는지를 관찰해왔다. 크루스는 앞 장에서 보았던 채찍꼬리도마뱀을 연구하면서 이 사실을 기록했다. 이 단성의 종은 모두 암컷이며 복제로 번식한다. 그러나 수컷과 암컷의 교미 행동을 번갈아 주고받는 것은 이들의 뇌가 양성을 모두 갖추고 있다고 암시한다.

"성을 이분법적으로 가르는 태도에서 벗어나야 합니다." 크루즈가 조심스럽게 말했다. "성은 한쪽 끝에는 수컷이, 다른 한쪽 끝에는 암컷이 있는 연속체입니다. 저 둘 사이에는 연속적인 변이가 있고요."

메리 제인 웨스트 에버하드가 이 주장을 반복한다. 발달의 가소성을 다룬 백과사전급 저서에서 웨스트 에버하드는 남성화된

---

* 크루스가 말하는 양성bisexuality이란 양성애라는 성적 취향이 아니라, 행동과 형태 면에서 수컷과 암컷의 성적 특징을 모두 나타낼 잠재력을 뜻한다.

극단과 여성화된 극단 사이에 다양한 종류의 '간성'을 띠는 연속적인 변이의 스펙트럼을 인지한다.[30] 그럼에도 생물학은 성전환하는 흰동가리와 다윈의 따개비, 또는 1장에서 보았듯이 생식샘과 행동의 혼합된 개구리를 어떻게 정의할지를 두고 치열하게 싸운다. 저 생물들을 암수 두 상자 중 하나에 억지로 쑤셔 박을 수는 없다. 생식샘을 기준으로 삼으면 대부분 암수한몸 또는 간성으로 정의된다. 하지만 그런 정의는 성의 이원적 정의를 파괴할 뿐 아니라 그 자체도 지나치게 단순화되었다. 이 세 번째 범주조차 암컷과 간성과 수컷 사이에 경계를 그으려 할 때는 아무 쓸모가 없고, 결국 주관적이고 임의적일 수밖에 없다. 예를 들어 우리가 1장에서 만난 두더지는 여러 과학 논문에서 오랜 세월 '암컷', '성 역전된',[31] '자웅동체',[32] '간성' 등의 다양한 용어가 뒤섞여서 묘사되는 바람에[33] (두더지 말고) 과학에 혼란을 주고 있다.

암컷들이 가르쳐주는 것

현대 연구자들은 과학의 언어가 성 시스템과 성적 표현의 스펙트럼을 아우를 만큼 빠르게 진화하지 못한다고 비판한다. 최근 성 시스템의 언어 사용에 도전한 한 저자는 '자연에서 발견되는 다양성이 전문용어로 잘 포착되지 않을 것이라는 점을 기억해야 한다.'라는 의견을 내놓았다.[34] 언어의 간극을 메우기 위한 시도로 '양적 젠더quantitative gender'[35]와 '조건적 성 발현'[36]과 같은 새로운 용어가 인용되고 있지만 그다지 인상적이지는 않다.

이 문제가 의미론적이든 철학적이든, 주류 생물학은 성에 대한 근본적인 이분화 정의를 넘어서 발전하고 생물학적 사실을 인식하는 데 굼뜨다고 증명된 사실이 남는데,[37] 이는 다소 모순적이다.

"인간의 뇌가 흑백 논리를 좋아한다는 것이 결론입니다. 매사 이것 아니면 저거여야 좋아하지요. 하지만 그런 성향이 성에 관해서는 문제를 일으킬 수밖에 없습니다." 크루스가 이런 모순을 설명하며 말했다.

동물의 왕국을 흑백 안경을 쓰고 보는 바람에 다윈과 그의 발자취를 따른 많은 과학자들이 성의 차이점만을 강조하게 되었다는 게 크루스의 입장이다. 유사성을 연구함으로써 배울 것이 더 많은데 말이다.

"사람들은 사실 수컷과 암컷의 형질 대다수가 비슷하다는 사실을 잊고 있습니다. 수컷이든 암컷이든 모두 뇌가 있고 심장이 있고 몸이 있어요. 서로 다른 성 사이에는 차이점보다 유사점이 더 많아요."

크루스는 예의 훌륭한 과학자처럼 단조로운 그래프 안에서 심오한 영감을 깨우치게 하는 사실을 예시했다. 선형 데이터의 두 혹(하나는 수컷, 하나는 암컷)의 중첩은 같은 성 안에서 개체별 변이가 두 성 간의 평균 변이보다 더 크다는 사실을 증명한다.[38] 생물학은 각 성의 전형적인 상태만 수용하면서 개체의 폭넓은 변이를 무시하고 극단을 제거하는 경향이 있다. 그래서 논문 속 두 성은 완전히 달라 보이지만 이는 통계적 현상일 뿐, 진실은 수컷과 암컷이 서로 다르기보다 비슷한 점이 더 많다는 데 있다.

"우리 모두는 결국 수정된 하나의 세포에서 나왔습니다. 그러므로 모두 양쪽 성이 되는 요소를 갖고 있어야 해요." 크루스가 덧붙였다. "유사점을 더 깊이 연구한다면 개체가 모든 면에서 양성적임을 발견할 것입니다."

흰동가리야 당연히 여기에 동의하겠지만, 우리가 지금까지 이 책에서 만난 암수가 좀 더 분리된 동물 역시 적어도 일부는 그러할 것이다. 암컷 알바트로스 또는 도마뱀붙이 커플의 구애와 성적 행동, 그리고 개구리와 생쥐 암수의 뇌에서 증명된 '모성 본능' 스위치 또한 크루스가 옳다고 암시한다.

2020년에 출간된 선충에 관한 연구는[39] 이진법적 도그마에 더 큰 타격을 준다. 이 미세한 회충은 인간을 포함해 좀 더 복잡한 생물에서 행동 조절의 청사진을 찾는 신경과학자들이 아주 사랑하는 모델 생물이다. 로체스터대학교 메디컬 센터 연구자들은 이 벌레의 뇌세포에서 유전자 스위치 하나를 분리했는데, 환경의 요구에 따라 성별 특이적인 형질을 왔다 갔다 한다. 예컨대 선충 수컷은 섹스를 찾도록 배선되었고, '암컷'(자웅동체이기도 하다)은 먹이를 찾는 데 집중된다. 그러나 수컷이 너무 굶주리면, 행동이 급격하게 암컷을 닮아간다. 이런 가소성은 성 사이의 경계를 뭉개고 성을 고정된 것으로 보는 발상에 도전한다. '이런 발견은 분자 수준에서 성이란 이원적이지도 고정되지도 아니하며, 오히려 역동적이고 유동적이라고 말한다.' 이 연구를 주도한 신경과학자 더글러스 포트먼Douglas Portman의 선언이다.[40]

이 책을 통틀어 우리는 다윈의 견고한 이원적 고정관념을 거스르는 수십 종의 암컷들을 만났다. 넘치는 테스토스테론으로 불룩한 수컷의 생식샘을 자랑하고 반대로 질은 눈에 보이지 않는 암두더지, 유사 음경을 달고 다니며 공격적이고 수컷보다 우세한 하이에나 암컷, 염색체를 보면 수컷이지만 유전적으로 보면 암컷보다 더 다산하는 턱수염도마뱀, 사회적으로나 성적으로 목적이 있는 삶을 살아가는 완경 이후의 범고래, 패권을 두고 서로를 찢어 죽이는 벌거숭이두더지쥐 자매, 황홀경에 이르는 동성 프로타주를 통해 수컷을 지배하는 작은 보노보 암컷, 방탕한 성생활이 곧 극단적인 모성애의 발로인 랑구르 어미, 난소가 발달할 때까지 여전히 기다리고 있는 성전환 암컷 흰동가리까지.

이 암컷들이 우리에게 가르쳐주는 것은 성은 수정구슬이 아니라는 사실이다. 성은 다른 것과 마찬가지로 정적이지도 고정되지도 아니하며, 역동적이고 유동적인 형질로서 유전자와 환경의 특별한 상호작용으로 형성되고 동물의 발달 과정과 생활사에서 형성되며, 여기에 약간의 우연이 더해진다. 자웅을 전혀 별개의 생물학적 실체로 생각하는 대신[41] 동일 종의 일원으로서, 번식과 관련된 특정한 생물학적 생리적 과정에서만 유동적이고 상보적으로 차이가 날 뿐, 그 외에는 거의 같은 존재로 보아야 한다. 이제는 유해하며 공공연하게 우리를 속이는 이원적 기대를 버려야 할 때가 되었다. 자연에서 암컷의 경험은 성별 구분이 없는 연속체 안에 존재하며, 다양하고 가소성이 높으며 낡은 분류 방식에 순응하길 거부하기 때문이다. 이 점을 인정한다면 자연 세계에 대한 이해와 인간으로서 서로에 대한 공감을 증가시킬 것이다. 그렇지 않고 구식의 성차별에 대한 믿음을 고집한다면 여성과 남성이라는 비현실적인 기대를 부채질하고 남녀 사이를 이간질하고 성 불평등을 조장하기만 할 것이다.

나오며

이 여정의 끝에서 나는 그 무엇도 '부적합자'로 여기지 않게 되었다.
생물학적 진실을 밝히는 싸움은 지구에 사는 모든 것의 미래를 보호하기 위해,
포용적인 사회를 만드는 데 반드시 필요하다.

편견 없는
자연계

'객관적 지식'이란 모순이다.[1]

—퍼트리샤 고와티, 『페미니즘과
진화생물학Feminism and Evolutionary Biology』

과학이 동물의 암컷을 얼마나 왜곡해왔는지를 책으로 쓰겠노라
처음 마음먹었을 때, 그 이야기가 이렇게 커질 줄도 몰랐고 내 대
상이 이토록 문화적으로 오염되어왔는지도 몰랐다. 나는 막연하
게 과학이란 당연히 과학적일 것이라 생각하며 살아왔다. 이성적
이고 증거에 기반하며 실험을 통해 추론되고 오염되지 않은 지식
이라고 말이다. 내가 대학에서 복음처럼 배운 진화생물학의 기본
개념들이 편견에 의해 왜곡되어왔다는 것은 충격적 깨달음이었
다. 그 덕분에 자신의 편견에 맞서게 되었고 과연 우리가 개인적
인지의 족쇄에서 벗어나 동물의 세계를 진정 공정한 눈으로 볼 수
있는지가 궁금해졌다.

　이 질문을 처음으로 던진 사람은 물론 내가 아니다. 빅토리아
시대의 학계에서도 과학 지식이 사회적으로 형성된다는 사실을
인식하고 있었다. 윌리엄 휴월William Whewell은 영어에 '과학자'라
는 단어를 선사한 선견지명 있는 박학자로, 다윈이 『인간의 유래
와 성선택』을 출간하기 30여 년 전에 과학에 대한 많은 철학적 사
색에서 이를 경고한 바 있다.

　'자연의 얼굴 전체를 덮는 이론의 가면이 있다…… 우리 대부
분은 바깥 세계의 언어를 읽으면서 자신의 언어로 번역해서 읽는

영구적인 습관을 의식하지 못한다.'²

이 가면을 벗기는 것이 그토록 어려운 것은 그것이 보이지 않기 때문이다. 우리는 모두 깊이 각인된 개인적 이해의 틀 안에서 세상을 문화적으로 해석하도록 적응되었다. 이런 확실성의 안전한 그물 밖으로 나오려면 먼저 그것이 존재한다는 사실을 인정해야 한다. 그런 다음에는 자신의 깜냥이 부족하다는 것을 받아들이면서도 앞으로 계속 나아갈 만큼 용감해져야 한다.

생명과학이 이런 실패를 직시하기까지 오랜 시간이 걸렸다. 페미니즘이 중요한 역할을 했다. 초기의 물결은 다윈의 활동 시기 끝 무렵에 시작되었고 그의 성선택 이론은 동등한 권리를 주장하는 저 첫 번째 개척자들로부터 공격받았다. 『인간의 유래와 성선택』이 출간되고 4년 후, 미국의 목사이자 독학한 과학자 안토이넷 브라운 블랙웰Antoinette Brown Blackwell은 『자연계에서의 성The Sexes Throughout Nature』을 출간하고, 다윈은 '남성 계통에서 진화한 것들을 과도하게 중시함으로써' 진화를 잘못 해석했다고 주장했다.³ 블랙웰은 유기체가 복잡하고 발전할수록 성별 간 노동의 분할이 더 크다고 제안했다. 수컷에서 진화한 모든 특수한 형질에 대해 암컷 역시 그에 상응하는 것을 진화시켰다. 그 순수한 결과는 '암수의 생리적이고 심리적인 등식에서의 유기적 평형'이다.⁴

블랙웰의 외침은 외롭지 않았다. 독학으로 공부한 소수의 여성 지식인들은 다윈의 연구를 읽은 후 종의 암컷이 소외되고 잘못 이해되었다는 것을 깨달았다. 그러나 이 초기 페미니스트들의 목소리는 과학적 가부장제에 의해 묵살되었다. 과학은 빅토리아 시대의 '합리적인 성'이 독점하는 전유물이었다.*5 세라 블래퍼 허디가 비꼬듯이 말한 것처럼 주류 진화생물학에서 이 페미니스트 선조의 영향은 한 구절로 요약될 수 있다. '아무도 가지 않은 길.'7

목청이 터져라 소리 지른 덕분에 허디의 목소리는 마침내 다른 20세기 페미니스트 과학자들과 함께 세상에 들리게 되었다. 이 여성들은 평등 교육과 그로 인한 지적 자신감을 바탕으로 악명 높은 신다윈주의 남성 진화생물학자와 심리학자가 퍼뜨린 과학계의 두 번째 성차별주의 물결에 맞설 수 있었다. 신기원을 이룬 이들의 연구는 암컷의 진정한 의미는 물론이고 진화론 그 자체에 대한 이해에 근본적인 변화를 불러왔다.

독자는 이 책을 읽으며 선봉에 선 일부 과학자들을 만났다. 물론 이 책에서 미처 다루지 못한 성과 젠더의 사람들이 많다. 이들의 대찬 논리 덕분에 우리는 성에 대한 융통성 없는 결정론적 관점을 넘어 어떻게 발생 과정의 가소성과 행동의 변이가 수컷은 물론이고 암컷의 진화를 부추겼는지 이해하게 되었다. 또한 그 진화를 이끈 메커니즘에 자연선택, 성선택, 사회선택이 복잡하게 뒤엉켜 있다는 것도 알게 되었다. 수컷 대 수컷의 경쟁과 암컷의 선택 외에도 배우자와 자원을 두고 벌이는 암컷 대 암컷의 경쟁과 수컷의 선택, 암컷과 암컷, 암컷과 수컷의 전략적 협력, 적대적 성적 공진화 등이 모두 짝짓기 성공에 책임이 있는 것이 분명하다.

---

* 다윈의 편지를 보면 그가 비록 여성의 과학 참여에 마음을 열었어도 기본적으로는 과학을 남성의 영역으로 보고 있었음을 알 수 있다. 블랙웰은 다윈에게 자신의 다른 저서 『일반 과학 연구Studies in General Science』와 함께 서신을 보내면서 이니셜로만 서명하여 여성임을 숨겼다. 이에 다윈의 답장은 이렇게 시작한다. '친애하는 경……'6

나는 허디뿐 아니라 퍼트리샤 고와티, 진 앨트먼, 메리 제인 웨스트 에버하드를 위시해 많은 논문을 출간한 혁명적인 학자들의 이름이, 그들의 연구가 과학적 문화적으로 미치는 영향력에 비해 더 널리 알려지지 않은 이유를 도무지 이해하지 못하겠다. 이들은 로버트 트리버스, 리처드 도킨스, 스티븐 제이 굴드 등의 남성 동료만큼이나 유명해질 자격이 있다. 그런데 어떤 이유로, 이들의 발상이 이미 현대 진화론적 사고에 통합되어 있음에도, 대담하게 새로운 관점을 피력한 이 여성들은 여전히 상대적으로 눈에 띄지 않고 있다.

고와티는 진화론을 괴롭히는 편견의 상당 부분을 성공적으로 드러냈고 그것을 대체하려고 노력한 사람이다. 함께 나눈 많은 통화에서 고와티는 내가 자신의 연구에 보인 관심에 눈물을 글썽이며 감사했다. 이런 한탄과 함께. "난 죽고 나서야 유명해지려나 봐요." 나는 이런 혁신적인 사상가들이 그들이 받아 마땅한 인정을 받는 데 이 책이 보탬이 되길 간절히 바란다.

이론의 마스크는 확실히 벗겨지고 있지만 여전히 할 일은 많다. 한 세기 동안 이어진 쇼비니즘의 뿌리는 진화적 사고의 구성요소에 단단히 박혀 있다. 베이트먼의 패러다임은 고와티 등이 실험을 바탕으로 비판한 내용에 대한 어떤 언급도 없이 과학 논문에서 여전히 인용되고 있다.[8] 다음 세대 진화생물학자를 교육하는 교과서는 여전히 성선택에 관한 남성 중심의 구식 관점이 주를 이룬다. 2018년의 한 분석에 따르면 진화론 교과서 속 수컷과 암컷의 이미지는 여전히 전형적인 성역할을 강화하고 '과학계에서 일어나는 변화의 물결을 반영하지 못하고 있다'.[9]

편견은 언어에도 도사린다. 최근 연구에 따르면 과학 저자들이 여전히 수컷을 기술할 때는 적극적인 단어를, 암컷을 기술할 때는 수동적인 단어를 사용한다는 것을 발견했다. 이를테면 수컷이 '적응'이면 암컷은 '역적응'이라는 식이다. 다시 말해 수컷이 행동하면 암컷은 반응한다는 것이다.[10] 꼬리표처럼 붙어 다니는 '돌보는' 암컷과 '승부욕 강한' 수컷이라는 표현이 과학 문헌에서 아무렇지도 않게 쓰이고 있다.[11] 정당성을 입증할 인용이나 출처조차 필요 없는 확실한 사실인 양 말이다.

의도적이든 아니든 대부분의 연구가 수컷을 대상으로 한다. 종을 정의하고 전 세계 자연사 박물관에서 위대한 생명의 도서관을 채우는 '모식 표본type specimen'[12]은 철저히 수컷 위주다. 살아 있는 표본이 점점 귀해지는 세상에서 박제되고 절여진 이 표본들은 연구의 기본이 되며, 여기에 암컷을 대표하는 표본이 부족하다는 것은 남성중심으로 왜곡된 진화생물학, 생태학, 보전학의 미래를 의미한다. 질과 음핵의 다양성을 총망라하려는 퍼트리샤 브레넌의 연구는 대단한 프로젝트임이 틀림없다. 그러나 암컷의 나머지 부분도 수컷과 함께 목록화되어야 한다.

살아 있는 동물이 대상인 많은 연구에서 연구자들이 암컷의 사용을 기피한다.[13] 암컷의 '엉망진창인 호르몬'은 문제를 복잡하게 만드는 반면 수컷은 좀 더 순수하다고 보는 것이다.[14] 이처럼 서서히 확산된 신화는 허튼소리의 결정체다. 발정기에 수컷의 테스토스테론보다 암컷의 에스트로겐이 더 심한 내분비 변동을 일으킨다는 명백한 증거는 없다. 암컷의 호르몬은 수컷의 호르몬보다 결코 더 엉망이지 않다.

실험에 암컷이 사용된다고 하여 그것이 모든 암컷을 대표하는 것도 아니다. 하버드대학교 신경과학자 캐서린 뒬락은 내게 무수한 실험 연구의 근간이 된 흰쥐가 어떻게 쇼비니즘에 길들었는지 이야기해주었다. 야생에서 암쥐는 수컷만큼이나 난폭한데, 구혼자를 공격하고 새끼를 잡아먹기도 한다. 그러나 그런 공격성은 몇 년 동안 의도적인 교배로 제거되었다. 그리고 온순하게 개조된 상태로 '암컷은 이렇게 행동한다'를 대표하는 모델 동물이 된 것이다. 이 가짜 암컷이 실험실 기반의 상당한 행동 연구 및 신경생물학 연구의 기초적인 모델로 쓰여왔다. 실험실에서 교배된 생물이 아닌 야생동물 연구가 연구비나 야외 연구의 번거로움 측면에서 어려운 것이 사실이다. 그러나 로렌 오코넬(그리고 그녀의 독개구리 부모)과 데이비드 크루스(그리고 그의 단성 도마뱀)이 보여준 것처럼 오염되지 않은 시스템을 연구하기 위해 필요한 노력이다.

가부장적 이상을 실현하기 위해 교배된 것이 아니더라도 모델 생물에는 여전히 문제의 소지가 있다. 모델 시스템은 생물의 한 측면에 대한 결과를 일반화하기 위해 지정되었지만, 선택된 종은 종종 의심의 여지가 있다. 해당 실험과의 관련성보다 역사나 편의성의 기준에서 선별된 경우가 많기 때문이다. 예를 들어 초파리는 여전히 성선택 연구를 장악하고[15] 이 주제로 출판된 논문의 거의 4분의 1에서 등장한다. 그러나 초파리가 모델이 된 이유는 단지 교배 주기가 실험실 달력과 잘 맞아떨어지기 때문이다. 초파리의 성적 행동이 곤충조차 대표하지 못한다는 사실도 초파리가 인간을 포함한 모든 동물의 성역할 모델로 적용되는 괴이한 뒤틀림을 멈출 수는 없다.[16]

진실은 다양성과 투명성에 있다

미네소타 대학교 진화생물학 교수인 말린 적Marlene Zuk은 표본의 출처(야생인지 사육 상태인지)는 물론이고 사용된 종의 가짓수에서도 부적합한 모델 시스템에 경고하며 다양성을 부르짖었다.[17] 말린 적은 만약 우리가 애초에 첫 번째 원칙에서 출발했다면 초파리를 성선택 연구의 기본 대상으로 선택하지 않았을 것이며, 이 생물의 괴벽이 확증 편향을 부채질해왔다고 주장했다. 말린 적은 '분류학적 쇼비니즘'[18]이 실재하며, 카리스마가 있거나 편리한 동물 집단—말하자면 곤충과 새—이 성선택 연구를 장악하면서 자연의 다양성이 소멸되었다고 경고했다. 이는 변이에 대한 관심이 곧 학문의 본질인 진화생물학에서 특히 역설적이다.

과학을 생산하는 사람들도 다양성이 필요하다. 지금까지 진화생물학 법칙은 엄밀히 말해 서구 산업화된 사회에서 온 백인 상류층 남성의 손으로 쓰였다. 성, 성적 취향, 젠더, 피부색, 계층, 문화, 능력, 나이가 뒤섞여 함께 연구를 수행한다면 성차별주의든, 지리학적이든, 이성애 중심이든, 인종차별주의든 모든 종류의 편향을 씻어내는 데 도움이 될 것이다. 우리는 신경 써서 이 목소리를 끌어들여야 하며 그들이 계속 머물도록 격려해야 한다. 최근 한 연구에서는 STEM(과학, 기술, 공학, 수학) 분야에서 LGBTQ(성소수자)들이 여전히 통계적으로 소수에 불과하고 제대로 지원받지 못하여 우려할 속도로 떠난다는 것을 발견했다.[19] 또한 수십 년의 페미니즘 역사에도 불구하고 여성 역시 승진과 연구비에 있어서 동등한 기회를 받지 못해 싸우고 있다. 젠더 간에 타고난 과학적 적성의 차이가 있다는 진부한 구닥다리 선전이 아직도 여성 과학자를 괴롭힌다.[20] 물론 정당성이 하나도 없는 주장이다.

빅토리아 시대는 문화적 규범을 반영하는 규칙을 창조함으로써 자연 세계에 질서를 부여했다. 신세대 진화생물학자들은 자연 세계에서 개체의 유연성, 발달상의 가소성, 제한 없는 가능성의 혼돈을 아우르는 법을 배우고 있다. 많은 이들이 저 빅토리아 시대의 상자 밖에서 생각하고 있을 뿐 아니라 이론의 마스크를 영원히 벗겨버릴 방법을 알아내고 있다.

지난 5~10년 동안 비판적 자기성찰이 쏟아져 나왔다. 많은 메타분석과 진화생물학 비평 논문이 실험 디자인과 수행에 숨어 있는 음험한 편향을 밝히고 제거하는 방법을 권고한다.

1970년에서 2012년까지 거의 300편의 진화 및 생태 연구를 조사한 결과, 절반 이상이 실험의 결과와 통계의 구체적인 세부 사항을 공개하지 못했다. 샘플 크기가 너무 작아서 우연을 배제하기 힘든 상황에서도 결과는 의미 있는 것으로 보고되었다.[21] 지금까지 살펴본 데이터는 의심스러운 연구 관행이 우려할 수준으로 흔하다고 제시한다. 멜버른대학교의 한나 프레이저Hannah Fraser는 800명 이상의 생태학자와 진화생물학자를 조사했는데, 많은 이들이 최소한 한 번은 종료 규칙에 융통성을 발휘하거나(원하는 결과가 나올 때까지 데이터를 수집한다는 뜻) 결과에 맞춰 가설을 수정하는 방식으로 유의미한 통계 결과를 의도적으로 선별했음을 인정했다.[22] 최악의 범죄자들은 누구보다 신중했어야 하는 중견 과학자와 원로 과학자들이었다.

이 걱정스러운 결과는 기존 연구를 비판적으로 평가하고 중요한 연구의 경우 고와티가 그랬듯이 시급하게 다시 반복할 필요성을 제시한다. 이런 반복 실험은 과학의 모퉁잇돌이 될 테지만, 이런 연구로는 재정 지원을 받기가 어렵고, 독창적인 연구가 아닌 타인의 연구를 검증하는 일이라는 이유로 관심을 덜 끈다. 연구비를 주는 기관과 과학 출판계 편집자들은 이런 오명을 극복하기 위해 적극적으로 나서야 한다.[23]

그럼에도 내게는 희망이 있다.

이 책의 자료를 조사하는 과정은 희망의 경험이었다. 더는 나 자신이 비참한 부적합자로 느껴지지 않기 때문이다. 암컷은 수동적이거나 수줍어야 할 운명이 아니고 수컷의 지배를 기다리는 진화적 뒷생각도 아니며 신체적으로 열악한 조건으로도 여전히 힘을 발휘할 수 있다. 나는 워싱턴주 해안에서 작은 배를 타고 다니며 사회성과 공감력이 뛰어난 완경 범고래의 경외할 만한 존재로부터 받은 감동을 잊을 수가 없다. 이 범고래 암컷들은 내게 어떻게 힘이 지혜와 연륜을 통해서 올 수 있는지 보여주었다. 내가 특별히 심오하게 여긴 부분이다.

힘은 다른 암컷들과의 교감에서도 올 수 있다. 보노보 암컷의 연대는 완전히 고무적이었다. 그렇다고 모두 서로 섹스하자고 제안하는 건 아니다. 하지만 저들의 평화로운 사회에서 배워야 할 점은 있다. 보노보와 범고래 사회는 어떻게 지배와 리더십이 전혀 별개인지를 보여준다. 한 사람이 다른 사람의 뒤에서 따라가는 것이 아니라 함께 공존할 수도 있다는 예시이다.

그러나 내 세계를 가장 뒤흔든 것은 흰동가리였다. 이들의 성전환은 나로 하여금 내 성에 대해 가장 급진적으로 생각하게 했고, 성을 정의하는 핵심적인 가정에 의문을 제기하도록 밀어붙였다. 이는 불편하면서도 짜릿한 경험이었다. 실제로 생물학적 성은 하나의 스펙트럼상에 존재하며 모든 성은 기본적으로 같은 유전자, 같은 호르몬, 같은 뇌의 산물임을 발견한 것이야말로 크나큰 깨달음이었다. 그로 인해 나 자신의 문화적 편견을 인지하고 성, 성 정체성, 성적 행동, 섹슈얼리티 사이의 관계에 대해 지금까지 유지된 이성애 중심의 가정을 떨쳐버리는 관점의 변화를 강요했다. 생각의 자유는 유지하기 어렵지만 여성이 되는 것의 경험이 가지는 무한한 가능성으로 인해 나는 힘을 얻었다.

이 지적 여행을 따라 나는 다양한 성과 젠더의 젊은 과학자들을 만났는데 그 또한 나에게 희망을 주었다. 이 새로운 세대는 성에 대한 구태의연한 이분법적 가정에 도전하는 데 좀 더 익숙해 보였다. 그들은 마침내 이론의 마스크를 영원히 벗겨낼 다양성과 투명한 관행을 소리 높여 표현하고 있다. 물론 하룻밤 사이에 일어날 수 있는 일은 아니다. 미국 작가이자 학자인 안네 파우스토 스털링이 말한 것처럼 '생물학은 수단만 다를 뿐인 정치'다.[24] 오랜 성차별주의자 백인 남성에 의해 고안된 이론은 나이 든 성차별주의적 백인 남성 정치가에게 가장 잘 맞는다. 생물학적 진실을 밝히는 싸움은 우리가 지구와 그 위에 사는 모든 것의 미래를 보호하기 위해 합심할 수 있는 포용적인 사회를 만들어나갈 때 반드시 필요하다.

감사의 말

세상에 쉽게 쓰는 책이 어디 있겠냐마는, 이 책 『암컷들』은 정말 한발 한발 힘겹게 나아간 책이다. 거대하고 벅차고 아프고 지적으로도 힘들고 개인적으로도 크나큰 도전이었다. 담당 편집자 수재나 웨이드슨Susanna Wadeson과 토머스 켈러허Thomas Kelleher의 인내와 지지, 이 야수 같은 책에 대한 믿음에 감사한다. 편집팀은 대서양 양쪽에서 엄청난 일들을 해냈다. 벨라 보스워스Bella Bosworth는 교열을, 앨리슨 배로Alison Barrow는 홍보를, 케이트 사마노Kate Samano와 멜리사 베로네시Melissa Veronesi는 제작을 맡아 고군분투했다. 특히 에마 베리Emma Berry의 훌륭한 메모 덕분에 이 책이 한 단계 더 나아졌다. 에이전트 윌 프랜시스Will Francis와 조 사스비Jo Sarsby가 보여준 지속적인 응원과 나에 대한 신뢰에 대해 이루 다 말할 수 없는 감사를 전한다.

이 책을 쓰기까지 조사하는 일은 실로 엄청났고 나는 이 지적인 등반에 내 손을 잡아준 많은 뛰어난 이들에게 신세를 졌다. 기초적인 작업은 대단히 똑똑한 젊은 학자들이 판을 깔아주었다. 앤 힐본Anne Hilborn, 아드리아나 로Adriana Lowe, 므리날리니 사라바이Mrinalini Erkenswick Watsa 덕분에 책을 시작하는 핵심적인 개념과 통찰을 얻을 수 있었다. 그 후로는 부지런한 제니 이즐리Jenny Easley가 내 오른팔이 되어 엄청난 조사를 수행했다. 학계에 있는 독자, 켈시 루이스Kelsey Lewis(위스콘신대학교 매디슨에서 페미니스트 생물학을 전공하는 위티크 연구원)와 야코브 브로 예르겐센Jakob Bro-Jørgensen(리 버풀대학교 진화 및 동물 행동학 선임 강사)가 모든 초안에 작성해 준 철저한 메모들은 더할 나위 없이 귀중했다.

가장 깊은 감사는 이 책의 알맹이가 된 선구적인 연구를 수행 한 과학자들에게 바친다. 나는 이들 모두를 진심으로 경외한다. 소 중한 시간을 내주어 많은 질문에 답하고 자신의 연구에 대해 수차 례 끈기 있게 설명해준 것에 진심으로 감사한다. 이들의 너그러움, 솔직함, 그리고 신뢰 앞에서 나는 한없이 겸손해졌다. 특히 데이비 드 크루스와 패티 고와티는 누구보다 내 질문에 빠져들어 자주 이 야기를 나누어주었고 급기야 우리는 제법 친해진 것 같다.

연구지에서, 자택에서, 실험실에서 내가 합류하도록 허락한 용감한 과학자들에게 특별한 고마움을 전한다. 마다가스카르 여 우원숭이 패스포트를 제공한 리베카 루이스와 안드레아 보든에 게, 산쑥들꿩 쇼를 보여준 게일 패트리셸리와 에릭 팀스트라에 게, 로레타를 소개해준 에이미 패리시, 벌거숭이두더지쥐를 만지 게 해 준 크리스 포크스, 고무 질 모형을 끝도 없이 보여준 퍼트리 샤 브레넌, 고래 똥 수집법을 알려준 드보라 가일스, 진과 사나운 물고기를 대접해준 몰리 커밍스Molly Cummings, 하와이에서 마지막 순간에 도마뱀을 찾게 해준 앰버 라이트, 놀라운 알바트로스를 만 나게 해준 린지 영, 수제 피클과 도발적인 수다를 제공한 조앤 러 프가든, 마지막으로 그토록 특별한 정상회담에 나를 기꺼이 불러 주고 특별한 '독수리' 파이를 구워주었으며, 이 매머드급 여행의 시작부터 너그러이 지도해준 세라 블래퍼 허디의 놀라운 힘에 지극한 감사를 전한다.

　이 책을 쓰는 3년은 개인적으로도 폭풍 같은 시간이었다. 엄마가 세상을 떠나셨고 팬데믹의 불안한 고독을 버텨야 했다. 내게 절대적으로 필요했던 옥시토신을 준 우리 집 개 코비, 그리고 봉쇄 기간에 내가 정신을 놓지 않게 꽉 붙잡아준 루스 일거Ruth Illger와 드루 카Drew Carr에게 정말 감사한다. 수영 새벽반 친구들인 루크 고텔리어Luke Gottelier, 세라 패린히아Sarah Farinhia, 제미마 듀리Jemima Dury, 베리 화이트Berry White는 함께 얼음장 같은 바다로 용감하게 나아가 불안을 씻어내고 그 자리를 박장대소로 채워준 고마운 사람들이다. 저자에게 펠텀의 농장에 벙커와 맛있는 냄새가 진동하는 치즈를 제공한 페니 퍼거슨Penny Fergusson과 마커스 퍼거슨Marcus Fergusson에게도 마음에서 우러나오는 감사를 전한다. 많은 친구들이 내가 이야기를 풀어나가는 과정을 인내심 있게 들어주고 초안을 읽고 조언해주었다. 세라 롤슨Sarah Rollason, 헤더 리치Heather Leach, 비니 애덤스Bini Adams, 웬디 오티월Wendie Ottiewill, 리베카 킨Rebecca Keane, 제스 서치Jess Search, 사라 챔벌레인Sara Chamberlain, 알렉사 헤이우드Alexa Haywood, 샬럿 무어Charlotte Moore에게 너무 고맙다. 이 책에 'Bitch'라는 제목을 붙여준 사람은 캐롤 캐드월리드Carole Cadwalladr였다. 맥스 지너인Maxx Ginnane은 늦은 밤 함께 나눈 대화에서 내가 이원적 도그마에 도전하고 나의 선입견과 싸우도록 북돋아주었다. 이 책은 문화적 편견에 관한 것이고 나는 내 세계관이 발전을 거듭할 수 있도록 도와주는 똑똑한 오색빛깔 계집들이 있다는 것에 진심으로 감사한다. 모두 사랑합니다.

들어가며

1   Richard Dawkins, *The Selfish Gene* (Oxford University Press, 2nd edn, 1989; 1st edn, 1976), p. 146

2   ibid., pp. 141 –2

3   'Survival of the Fittest', Darwin Correspondence Project (University of Cambridge), https://www.darwinproject.ac.uk/commentary/survival-fittest [accessed March 2021]

4   Charles Darwin, *The Descent of Man, and Selection in Relation to Sex* (John Murray, 2nd edn, 1879; republished by Penguin Classics, 2004), pp. 256 –7

5   Charles Darwin, *On the Origin of Species* (John Murray, 1859; republished by Mentor Books, 1958), p. 94

6   Darwin, *The Descent of Man*, p. 259

7   Helena Cronin, *The Ant and the Peacock* (Cambridge University Press, 1991)

8   Darwin, *On the Origin of Species*, p. 94

9   Darwin, *The Descent of Man*, p. 257

10 Aristotle, *The Complete Works of Aristotle, ed. by Jonathan Barnes* (Princeton University Press, 2014), p. 1132

11 *The Autobiography of Charles Darwin*, ed. by N. Barlow (New York, 1969), pp. 232 –3

12 Evelleen Richards, 'Darwin and the Descent of Woman' in *The Wider Domain of Evolutionary Thought*, ed. by David Oldroyd and Ian Langham (D. Reidel Publishing Company, 1983)

13 Zuleyma Tang Martínez, 'Rethinking Bateman's Principles: Challenging Persistent Myths of Sexually Reluctant Females and Promiscuous Males', *Journal of Sex Research* (2016), pp. 1 –28

14 Darwin, *The Descent of Man*, pp. 629/631

15 John Marzluff and Russell Balda, *The Pinyon Jay: Behavioral Ecology of a Colonial and Cooperative Corvid* (T. and A. D. Poyser, 1992), p. 110

16 ibid., p. 113

17 ibid., pp. 97 –8

18 ibid., p. 114

19 Marcy F. Lawton, William R. Garstka and J. Craig Hanks, 'The Mask of Theory and the Face of Nature' in *Feminism and Evolutionary Biology*, ed. by Patricia Adair Gowaty (Chapman and Hall, 1997)

20 William G. Eberhard, 'Inadvertent Machismo?' in *Trends in Ecology & Evolution*, 5: 8 (1990), p. 263

21 Hillevi Ganetz, 'Familiar Beasts: Nature, Culture and Gender in Wildlife Films on Television' in *Nordicom Review*, 25 (2004), pp. 197 –214

22 Anne Fausto-Sterling, Patricia Adair Gowaty and Marlene Zuk, 'Evolutionary Psychology and Darwinian Feminism'

in *Feminist Studies*, 23: 2 (1997), pp. 402–17

23 ibid.

1장 무정부 상태의 성

1 'Species‒Mole', Mammal Society, https://www.mammal.org.uk/species-hub/full-species-hub/discover-mammals/species-mole/ [accessed 5 May 2021]

2 Kevin L. Campbell, Jay F. Storz, Anthony V. Signore, Hideaki Moriyama, Kenneth C. Catania, Alexander P. Payson, Joseph Bonaventura, Jörg Stetefeld and Roy E. Weber, 'Molecular Basis of a Novel Adaptation to Hypoxic-hypercapnia in a Strictly Fossorial Mole' in *BMC Evolutionary Biology*, 10: 214 (2010)

3 Christian Mitgutsch, Michael K. Richardson, Rafael Jiménez, José E. Martin, Peter Kondrashov, Merijn A. G. de Bakker and Marcelo R. Sánchez-Villagra, 'Circumventing the Polydactyly "Constraint": The Mole's "Thumb"' in *Biology Letters*, 8: 1 (23 Feb. 2012)

4 Jennifer A. Marshall Graves, 'Fierce Female Moles Have Male-like Hormones and Genitals. We Now Know How This Happens', The Conversation, 12 Nov. 2020, https://theconversation.com/fierce-female-moles-have-male-like-hormones-and-genitals-we-now-know-how-this-happens-149174

5 Adriane Watkins Sinclair, Stephen E. Glickman, Laurence Baskin and Gerald R. Cunha, 'Anatomy of Mole External Genitalia: Setting the Record Straight' in *The Anatomical Record* (Hoboken), 299: 3 (March 2016), pp. 385–99

6 David Crews, 'The Problem with Gender' in *Psychobiology*, 16: 4 (1988), pp. 321–34

7 Joan Roughgarden, *Evolution's Rainbow* (University of California Press, 2004), p. 23

8 Kazunori Yoshizawa, Rodrigo L. Ferreira, Izumi Yao, Charles Lienhard and Yoshitaka Kamimura, 'Independent Origins of Female Penis and its Coevolution with Male Vagina in Cave Insects (Psocodea: Prionoglarididae)' in *Biology Letters*, 14: 11 (Nov. 2018)

9 Clare E. Hawkins, John F. Dallas, Paul A. Fowler, Rosie Woodroffe and Paul A. Racey, 'Transient Masculinization in the Fossa, *Cryptoprocta ferox* (Carnivora, Viverridae)' in *Biology of Reproduction*, 66: 3 (March 2002), pp. 610–15

10 ibid.

11 Christine M. Drea, 'Endocrine Mediators of Masculinization in Female Mammals' in *Current Directions in Psychological Science*, 18: 4 (2009), pp. 221–6

12 Paul A. Racey and Jennifer Skinner, 'Endocrine Aspects of Sexual Mimicry in Spotted Hyenas *Crocuta crocuta*' in Journal of Zoology, 187: 3 (March 1979), p. 317

13 Katherine Ralls, 'Mammals in which Females Are Larger than Males' in *The Quarterly Review of Biology*, 51 (1976), pp. 245–76

14 Richard Sears and John Calambokidis, 'COSEWIC Assessment and Update

Status Report on the Blue Whale, *Balaenoptera musculu'* (Mingan Island Cetacean Study, 2002), p. 3

15 Theodore W. Pietsch, *Oceanic Anglerfishes: Extraordinary Diversity in the Deep Sea* (University of California Press, 2009), p. 277

16 Alan Conley, Ned J. Place, Erin L. Legacki, Geoff L. Hammond, Gerald R. Cunha, Christine M. Drea, Mary L. Weldele and Steve E. Glickman, 'Spotted Hyaenas and the Sexual Spectrum: Reproductive Endocrinology and Development' in Journal of *Endocrinology*, 247: 1 (Oct. 2020), pp. R27 – R44

17 Anne Fausto-Sterling, *Sexing the Body*(Basic Books, 2000), p. 202

18 Charles H. Phoenix, Robert W. Goy, Arnold A. Gerall and William C. Young, 'Organizing Action of Prenatally Administered Testosterone Propionate on the Tissues Mediating Mating Behavior in the Female Guinea Pig' in *Endocrinology*, 65: 3 (1 Sept. 1959), pp. 369 – 82

19 Fausto-Sterling, *Sexing the Body*, p. 202

20 ibid.

21 J. Thornton, 'Effects of Prenatal Androgens on Rhesus Monkeys: A Model System to Explore the Organizational Hypothesis in Primates' in *Hormones and Behavior*, 55: 5 (2009), pp. 633 – 45

22 Christine M. Drea, 'Endocrine Mediators of Masculinization in Female Mammals'

23 Dagmar Wilhelm, Stephen Palmer and Peter Koopman, 'Sex Determination and Gonadal Development in Mammals' in *Physiological Reviews*, 87: 1 (2007), pp. 1 – 28

24 Bill Bryson, *The Body* (Transworld Publishers, 2019)

25 Andrew H. Sinclair, Philippe Berta, Mark S. Palmer, J. Ross Hawkins, Beatrice L. Griffiths, Matthijs J. Smith, Jamie W. Foster, Anna-Maria Frischauf, Robin Lovell-Badge and Peter N. Goodfellow, 'A Gene from the Human Sex-determining Region Encodes a Protein with Homology to a Conserved DNA-binding Motif' in *Nature*, 346: 6281 (1990), pp. 240 – 4

26 Roughgarden, *Evolution's Rainbow*, p. 198 15 exploit the benefits of 'adaptive intersexuality': Francisca M. Real, Stefan A. Haas, Paolo Franchini, Peiwen Xiong, Oleg Simakov, Heiner Kuhl, Robert Schöpflin, David Heller, M-Hossein Moeinzadeh, Verena Heinrich, Thomas Krannich, Annkatrin Bressin, Michaela F. Hartman, Stefan A. Wudy and Dina K. N. Dechmann, Alicia Hurtado, Francisco J. Barrionuevo, Magdalena Schindler, Izabela Harabula, Marco Osterwalder, Michael Hiller, Lars Wittler, Axel Visel, Bernd Timmermann, Axel Meyer, Martin Vingron, Rafael Jimémez, Stefan Mundlos and Darío G. Lupiáñez, 'The Mole Genome Reveals Regulatory Rearrangements Associated with Adaptive Intersexuality' in *Science*, 370: 6513 (Oct. 2020), pp. 208 – 14

27 Frank Grützner, Willem Rens, Enkhjargal Tsend-Ayush, Nisrine ElMogharbel, Patricia C. M. O'Brien, Russell C. Jones, Malcolm A. Ferguson-Smith and

Jennifer A. Marshall Graves, 'In the Platypus a Meiotic Chain of Ten Sex Chromosomes Shares Genes with the Bird Z and Mammal X Chromosomes' in *Nature*, 432 (2004)

28 Frédéric Veyrunes, Paul D. Waters, Pat Miethke, Willem Rens, Daniel McMillan, Amber E. Alsop, Frank Grützner, Janine E. Deakin, Camilla M. Whittington, Kyriena Schatzkamer, Colin L. Kremitzki, Tina Graves, Malcolm A. Ferguson-Smith, Wes Warren and Jennifer A. Marshall Graves, 'Bird-like Sex Chromosomes of Platypus Imply Recent Origin of Mammal Sex Chromosomes' in *Genome Research*, 18: 6 (June 2008) pp. 965–73

29 Jennifer A. Marshall Graves, 'Sex Chromosome Specialization and Degeneration in Mammals' in Cell (2006), pp. 901–14

30 Asato Kuroiwa, Yasuko Ishiguchi, Fumio Yamada, Abe Shintaro and Yoichi Matsuda, 'The Process of a Y-loss Event in an X*OXO Mammal, the Ryukyu Spiny Rat*' in *Chromosoma*, 119 (2010), pp. 519–26; E. Mulugeta, E. Wassenaar, E. Sleddens-Linkels, W. F. J. van IJcken, E. Heard, J. A. Grootegoed, W. Just, J. Gribnau and W. M. Baarends, 'Genomes of Ellobius Species Provide Insight into the Evolutionary Dynamics of Mammalian Sex Chromosomes' in *Genome Research*, 26: 9 (Sept. 2016), pp. 1202–10

31 N. O. Bianchi, 'Akodon Sex Reversed Females: The Never Ending Story' in *Cytogenetic and Genome Research*, 96 (2002), pp. 60–5

32 Mary Jane West-Eberhard, *Developmental Plasticity and Evolution* (Oxford University Press, 2003), p. 121

33 Nicolas Rodrigues, Yvan Vuille, Jon Loman and Nicolas Perrin, 'Sex-chromosome Differentiation and "Sex Races" in the Common Frog (Rana temporaria)' in *Proceedings of the Royal Society B*, 282: 1806 (May 2015)

34 Max R. Lambert, Aaron Stoler, Meredith S. Smylie, Rick A. Relyea, David K. Skelly, 'Interactive Effects of Road Salt and Leaf Litter on Wood Frog Sex Ratios and Sexual Size Dimorphism' in *Canadian Journal of Fisheries and Aquatic Sciences*, 74: 2 (2016), pp. 141–6

35 A Complicated Affair' (University of Sydney, 8 June 2016), https://www.sydney.edu.au/news-opinion/news/2016/06/08/sex-in-dragons-a-complicated-affair.html [accessed 10 April 2020]

36 Hong Li, Clare E. Holleley, Melanie Elphick, Arthur Georges and Richard Shine, 'The Behavioural Consequences of Sex Reversal in Dragons' in *Proceedings of the Royal Society B*, 283: 1832 (2016)

37 Clare E. Holleley, Stephen D. Sarre, Denis O'Meally and Arthur Georges, 'Sex Reversal in Reptiles: Reproductive Oddity or Powerful Driver of Evolutionary Change?' in *Sexual Development* (2016)

38 Li, Holleley, Elphick, Georges and Shine, 'The Behavioural Consequences of Sex Reversal in Dragons'

39 Madge Thurlow Macklin, 'A Description of Material from a Gynandromorph Fowl' in *Journal of Experimental*

Zoology, 38: 3 (1923)

40 Laura Wright, 'Unique Bird Sheds Light on Sex Differences in the Brain', Scientific American, 25 March 2003 24 the sex chromosomes . . . must be playing a crucial role: Robert J. Agate, William Grisham, Juli Wade, Suzanne Mann, John Wingfield, Carolyn Schanen, Aarno Palotie and Arthur P. Arnold, 'Neural, Not Gonadal, Origin of Brain Sex Differences in a Gynandromorphic Finch' in *PNAS*, 100 (2003), pp. 4873-8

41 M. Clinton, Zhao, S. Nandi and D. McBride, 'Evidence for Avian Cell Autonomous Sex Identity (CASI) and Implications for the Sex-determination Process?' in *Chromosome Research*, 20: 1 (Jan. 2012), pp. 177-90

43 J. W. Thornton, E. Need and D. Crews, 'Resurrecting the Ancestral Steroid Receptor: Ancient Origin of Estrogen Signaling' in *Science*, 301 (2003), pp. 1714-17

43 David Crews, 'Temperature, Steroids and Sex Determination' in *Journal of Endocrinology*, 142 (1994), pp. 1-8

2장 배우자 선택의 미스터리

1 R. Bruce Horsfall, 'A Morning with the Sage-Grouse' in *Nature*, 20: 5 (1932), p. 205

2 John W. Scott, 'Mating Behaviour of the Sage-Grouse' in *The Auk* (American Ornithological Society), 59: 4 (1942), p. 487

3 Charles Darwin, letter to Asa Gray, 3 April 1860, Darwin Correspondence Project, https:// www.darwinproject. ac.uk/letter/DCP-LETT-2743.xml

4 Charles Darwin, *The Descent of Man, and Selection in Relation to Sex* (John Murray, 2nd edn, 1879; republished by Penguin Classics, 2004), p. 257

5 Charles Darwin, *The Descent of Man, and Selection in Relation to Sex* (1871), vol. 1, p. 422

6 G. F. Miller, 'How Mate Choice Shaped Human Nature: A Review of Sexual Selection and Human Evolution' in *Handbook of Evolutionary Pyschology: Ideas, Issues, and Applications*, ed. by C. Crawford and D. Krebs (1998), pp. 87-130

7 Darwin, *The Descent of Man* (1871), p. 92

8 Nicholas L. Ratterman and Adam G. Jones, 'Mate Choice and Sexual Selection: What Have We Learned Since Darwin?' in *PNAS*, 106: 1 (2009), pp. 1001-8

9 Alfred R. Wallace, *Darwinism* (Macmillan & Co., 1889), p. 293

10 ibid., p. viii

11 Richard O. Prum, *The Evolution of Beauty: How Darwin's Forgotten Theory of Mate Choice Shapes the Animal World Around Us* (Anchor Books, 2017) 34 'the mad aunt in the evolutionary attic of Darwinian theory': ibid. 34 'the most dynamic areas': Thierry Hoquet (ed.), *Current Perspectives on Sexual Selection: What's Left After Darwin?* (Springer, 2015) 35 only 10-20 per cent of the males: A. Mackenzie, J. D. Reynolds, V. J. Brown and W. J. Sutherland,

'Variation in Male Mating Success on Leks' in *The American Naturalist*, 145: 4 (1995)

12 Jacob Höglundi, John Atle Kålås and Peder Fiske, 'The Costs of Secondary Sexual Characters in the Lekking Great Snipe *(Gallinago media)' in Behavioral Ecology and Sociobiology*, 30: 5 (1992), pp. 309–15

13 Marc S. Dantzker, Grant B. Deane and Jack W. Bradbury, 'Directional Acoustic Radiation in the Strut Display of Male Sage Grouse *Centrocercus urophasianus' in Journal of Experimental Biology*, 202: 21 (1999), pp. 2893–909

14 J. Amlacher and L. A. Dugatkin, 'Preference for Older Over Younger Models During Mate-choice Copying in Young Guppies' in *Ethology Ecology & Evolution*, 17: 2 (2005), pp. 161–9

15 Jason Keagy, Jean-François Savard and Gerald Borgia, 'Male Satin Bowerbird Problem-solving Ability Predicts Mating Success' in Animal Behaviour, 78: 4 (2009), pp. 809–17

16 Alfred R. Wallace, 'Lessons from Nature, as Manifested in Mind and Matter' in *Academy*, 562 (1876)

17 Michael J. Ryan and A. Stanley Rand, 'The Sensory Basis of Sexual Selection for Complex Calls in the Túngara Frog, *Physalaemus pustulosus* (Sexual Selection for Sensory Exploitation)' in Evolution, 44 (1990), pp. 305–14

18 F. Helen Rodd, Kimberly A. Hughes, Gregory F. Grether and Colette T. Baril, 'A Possible Non-sexual Origin of Mate Preference: Are Male Guppies Mimicking Fruit?' in *Proceedings of the Royal Society*, 269 (2002), pp. 475–81

19 Joah Robert Madden and Kate Tanner, 'Preferences for Coloured Bower Decorations Can Be Explained in a Nonsexual Context' in *Animal Behaviour*, 65: 6 (2003), pp. 1077–83

20 Michael J. Ryan, 'Darwin, Sexual Selection, and the Brain' in *PNAS*, 118: 8 (2021), pp. 1–8

21 Gil Rosenthal, Mate Choice (Princeton University Press, 2017), p. 6

22 Michael J. Ryan, 'Resolving the Problem of Sexual Beauty' in A Most Interesting Problem, ed. by Jeremy DeSilva (Princeton University Press, 2021)

23 Krista L. Bird, Cameron L. Aldridge, Jennifer E. Carpenter, Cynthia A. Paszkowski, Mark S. Boyce and David W. Coltman, 'The Secret Sex Lives of Sage-grouse: Multiple Paternity and Intraspecific Nest Parasitism Revealed through Genetic Analysis' in *Behavioral Ecology*, 24: 1 (2013) pp. 29–38

3장 조작된 암컷 신화

1 P. Dee Boersma and Emily M. Davies, 'Why Lionesses Copulate with More than One Male' in *The American Naturalist*, 123: 5 (1984), pp. 594–611

2 Sarah Blaffer Hrdy, 'Empathy, Polyandry, and the Myth of the Coy Female' in *Feminist Approaches to Science*, ed. by Ruth Bleier (Pergamon, 1986), p. 123

3 Richard Dawkins, *The Selfish Gene* (Oxford University Press, 2nd edn, 1989; 1st edn, 1976), p. 164

4 Aristotle, *The History of Animals*, books

VI-X (350 BC), trans. and ed. by D. M. Balme (Harvard University Press, 1991)

5 Charles Darwin, *The Descent of Man, and Selection in Relation to Sex* (John Murray, 2nd edn, 1879; republished by Penguin Classics, 2004), p. 272

6 ibid., p. 256

7 ibid, p. 257

8 Zuleyma Tang-Martínez, 'Rethinking Bateman's Principles: Challenging Persistent Myths of Sexually Reluctant Females and Promiscuous Males' in *Journal of Sex Research* (2016), pp. 1-28

9 Darwin, *The Descent of Man*, p. 257

10 A. J. Bateman, 'Intrasexual Selection in Drosophila' in Heredity, 2 (1948), pp. 349-68

11 ibid.

12 ibid.

13 Margo Wilson and Martin Daly, *Sex, Evolution and Behaviour* (Thompson/Duxbury Press, 1978)

14 Erika Lorraine Milam, 'Science of the Sexy Beast' in *Groovy Science*, ed. by David Kaiser and Patrick McCray (University of Chicago Press, 2016), p. 292

15 Craig Palmer and Randy Thornhill, *A Natural History of Rape* (MIT Press, 2000)

16 Olin Bray, James J. Kennelly and Joseph L. Guarino, 'Fertility of Eggs Produced on Territories of Vasectomized Red-Winged Blackbirds' in *The Wilson Bulletin*, 87: 2 (1975), pp. 187-95

17 David Lack, *Ecological Adaptations for Breeding in Birds* (Methuen, 1968)

18 Marlene Zuk, *Sexual Selections: What We Can and Can't Learn about Sex from Animals* (University of California Press, 2002), p. 64

19 Reverend F. O. Morris, A History of Birds (1856)

20 Nicholas B. Davies, *Dunnock Behaviour and Social Evolution* (Oxford University Press, 1992)

21 Marlene Zuk and Leigh Simmons, *Sexual Selection: A Very Short Introduction* (Oxford University Press, 2018), p. 29

22 Tim Birkhead, Promiscuity (Faber, 2000), p. 40

23 Zuleyma Tang-Martínez and T. Brandt Ryder, 'The Problem with Paradigms: Bateman's Worldview as a Case Study' in *Integrative and Comparative Biology*, 45: 5 (2005), pp. 821-30

24 Tim Birkhead and J. D. Biggins, 'Reproductive Synchrony and Extra-pair Copulation in Birds' in *Ethology*, 74 (1986), pp. 320-34

25 Susan M. Smith, 'Extra-pair Copulations in Blackcapped Chickadees: The Role of the Female' in *Behaviour*, 107: 1/2 (1988), pp. 15-23

26 Diane L. Neudorf, Bridget J. M. Stutchbury and Walter H. Piper, 'Covert Extraterritorial Behavior of Female Hooded Warblers' in *Behavioural Ecology*, 8: 6 (1997), pp. 595-600

27 Marion Petrie and Bart Kempenaers, 'Extra-pair Paternity in Birds: Explaining Variation Between Species and Populations' in *Trends in Ecology & Evolution*, 13: 2 (1998), p. 52

28 Zuk and Simmons, *Sexual Selection*, p. 32

29 Tang-Martínez and Brandt Ryder, 'The Problem with Paradigms'

30 Birkhead, *Promiscuity*, p. ix

31 Hrdy, 'Empathy, Polyandry, and the Myth of the Coy Female'

32 ibid.

33 Sarah Blaffer Hrdy, 'Myths, Monkeys and Motherhood' in *Leaders in Animal Behaviour*, ed. by Lee Drickamer and Donald Dewsbury (Cambridge University Press, 2010)

34 Phyllis Jay, 'The Female Primate' in *Potential of Women* (1963), pp. 3 –7

35 ibid.

36 Hrdy, 'Empathy, Polyandry, and the Myth of the Coy Female'

37 ibid.

38 Sarah Blaffer Hrdy, *The Woman That Never Evolved* (Harvard University Press, 1981)

39 Hrdy, 'Empathy, Polyandry and the Myth of the Coy Female'

40 Desmond Morris, *The Naked Ape* (Jonathan Cape, 1967)

41 Caroline Tutin, *Sexual Behaviour and Mating Patterns in a Community of Wild Chimpanzees* (University of Edinburgh, 1975)

42 Alan F. Dixson, *Primate Sexuality: Comparative Studies of the Prosimians, Monkeys, Apes, and Humans* (Oxford University Press, 2012), p. 179

43 Phillip Hershkovitz, *Living New World Monkeys* (Chicago University Press, 1977), p. 769

44 Suzanne Chevalier–Skolnikoff, 'Male – Female, Female –Female, and Male – Male Sexual Behavior in the Stumptail Monkey, with Special Attention to the Female Orgasm' in *Archives of Sexual Behaviour*, 3 (1974), pp. 95 – 106

45 Frances Burton, 'Sexual Climax in Female *Macaca Mulatta* ' in *Proceedings of the Third International Congress of Primatologists* (1971), pp. 180 –91

46 Donald Symons, *The Evolution of Human Sexuality* (Oxford University Press, 1979), p. 86

47 Hrdy, *The Woman That Never Evolved*, p. 167

48 Sarah Blaffer Hrdy, 'Male – Male Competition and Infanticide Among the Langurs of Abu Rajesthan' in *Folia Primatologica*, 22 (1974), pp. 19 – 58

49 Claudia Glenn Dowling, 'Maternal Instincts: From Infidelity to Infanticide', *Discover*, 1 March 2003, https://www.discovermagazine.com/health/maternal–instincts–from–infidelity–to–infanticide

50 Joseph Soltis, 'Do Primate Females Gain Nonprocreative Benefits by Mating with Multiple Males? Theoretical and Empirical Considerations' in *Evolutionary Anthropology*, 11 (2002), pp. 187 –97

51 Hrdy, 'Male –male Competition and Infanticide'

52 Sarah Blaffer Hrdy, 'The Optimal Number of Fathers: Evolution, Demography, and History in the Shaping of Female Mate Preferences' in *Annals of the New York Academy of Sciences* (2000), pp. 75 – 96

53 ibid.

54 Sarah Blaffer Hrdy, 'The Evolution of the Meaning of Sexual Intercourse', presented at Sapienza University of Rome, 19 – 21 Oct. 1992, sponsored by the Ford Foundation and the Italian

Government

55 Hrdy, 'The Optimal Number of Fathers'

56 Hrdy, 'The Evolution of the Meaning of Sexual Intercourse'

57 Marlene Zuk, *Sexual Selections*, p. 80

58 G. J. Kenagy and Stephen C. Trombulak, 'Size and Function of Mammalian Testes in Relation to Body Size' in *Journal of Mammology*, 67: 1 (1986), pp. 1–22

59 Birkhead, *Promiscuity*, p. 81

60 A. H. Harcourt, P. H. Harvey, S. G. Larson and R. V. Short, 'Testis Weight, Body Weight and Breeding System in Primates' in *Nature*, 293 (1981), pp. 55–7

61 Zuleyma Tang-Martínez, 'Repetition of Bateman Challenges the Paradigm' in *PNAS* (2012), pp. 11476–7

62 Bateman, 'Intra-sexual Selection in *Drosophila* ', p. 364

63 Amy M. Worthington, Russell A. Jurenka and Clint D. Kelly, 'Mating for Male-derived Prostaglandin: A Functional Explanation for the Increased Fecundity of Mated Female Crickets?' in *Journal of Experimental Biology* (Sept. 2015)

64 Donald Dewsbury, 'Ejaculate Cost and Male Choice' in *The American Naturalist*, 119 (1982), pp. 601–10

65 Tang-Martínez, 'Rethinking Bateman's Principles'

66 Nina Wedell, Matthew J. G. Gage and Geoffrey Parker, 'Sperm Competition, Male Prudence and Sperm-limited Females' in rends in Ecology and Evolution/ (2002), pp. 313–20

67 30 Cordelia Fine, *Testosterone Rex* (W. W. Norton and Co., 2017), p. 41

68 Tang-Martínez, 'Rethinking Bateman's Principles'

69 Patricia Adair Gowaty, Rebecca Steinichen and Wyatt W. Anderson, 'Indiscriminate Females and Choosy Males': Within and Between Species Variation in *Drosophila* in *Evolution*, 57: 9 (2003), pp. 2037–45

70 Birkhead, *Promiscuity*, pp. 197–8

71 Tang-Martínez, 'Rethinking Bateman's Principles'

72 Patricia Adair Gowaty and Brian F. Snyder, 'A Reappraisal of Bateman's Classic Study of Intrasexual Selection' in *Evolution* (The Society for the Study of Evolution), 61: 11 (2007), pp. 2457–68

73 Patricia Adair Gowaty, 'Biological Essentialism, Gender, True Belief, Confirmation Biases, and Skepticism' in *Handbook of the Psychology of Women: Vol. 1. History, Theory, and Battlegrounds* (2018), ed. by C. B. Travis and J. W. White, pp. 145–64

74 Gowaty and Snyder, 'A Reappraisal of Bateman's Classic Study'

75 Patricia Adair Gowaty, Yong-Kyu Kim and Wyatt W. Anderson, 'No Evidence of Sexual Selection in a Repetition of Bateman's Classic Study of *Drosophila melanogaster*' in *PNAS*, 109 (2012), pp. 11740–5 and Thierry Hoquet, William C. Bridges, Patricia Adair Gowaty, 'Bateman's Data: Inconsistent with "Bateman's Principles"', *Ecology and Evolution*, 10: 19 (2020)

76 Robert Trivers, 'Parental Investment and Sexual Selection' in *Sexual Selection*

and the Descent of Man, ed. by Bernard Campbell (Aldine-Atherton, 1972), p. 54

77　Tim Birkhead, 'How Stupid Not to Have Thought of That: Post-copulatory Sexual Selection' in *Journal of Zoology*, 281 (2010), pp. 78 – 93

78　Malin Ah-King and Patricia Adair Gowaty, 'A Conceptual Review of Mate Choice: Stochastic Demography, Within-sex Phenotypic Plasticity, and Individual Flexibility' in *Ecology and Evolution*, 6: 14 (2016), pp. 4607 – 42

79　Tang-Martínez, 'Rethinking Bateman's Principles'

80　ibid.

81　Lukas Schärer, Locke Rowe and Göran Arnqvist, 'Anisogamy, Chance and the Evolution of Sex Roles' in *Trends in Ecology & Evolution*, 5 (2012), pp. 260 – 4

82　Angela Saini, *Inferior* (Fourth Estate, 2017)

83　interview with a professor of evolutionary biology at Oxford University, conducted by Jenny Easley for the book, June 2020

84　Patricia Adair Gowaty, 'Adaptively Flexible Polyandry' in *Animal Behaviour*, 86 (2013), pp. 877 – 84

85　Tang-Martínez, 'Rethinking Bateman's Principles'

4장 연인을 잡아먹는 50가지 방법

1　Matjaž Kuntner, Shichang Zhang, Matjaž Gregorič and Daiqin Li, 'Nephila Female Gigantism Attained Through Post-maturity Molting' in *Journal of Arachnology*, 40 (2012), pp. 345 – 7

2　Charles Darwin, *The Descent of Man* (John Murray, 2nd edn, 1879; republished by Penguin Classics, 2004), pp. 314 – 15

3　ibid.

4　Bernhard A. Huber, 'Spider Reproductive Behaviour: A Review of Gerhardt's Work from 1911 – 1933, With Implications for Sexual Selection' in *Bulletin of the British Arachnological Society*, 11: 3 (1998), pp. 81 – 91

5　Göran Arnqvist and Locke Rowe, Sexual Conflict (Princeton University Press, 2005)

6　Lutz Fromhage and Jutta M. Schneider, 'Safer Sex with Feeding Females: Sexual Conflict in a Cannibalistic Spider' in *Behavioral Ecology*, 16: 2 (2004), pp. 377 – 82

7　Luciana Baruffaldi, Maydianne C. B. Andrade, 'Contact Pheromones Mediate Male Preference in Black Widow Spiders: Avoidance of Hungry Sexual Cannibals?' in *Animal Behaviour*, 102 (2015), pp. 25 – 32

8　Alissa G. Anderson and Eileen A. Hebets, 'Benefits of Size Dimorphism and Copulatory Silk Wrapping in the Sexually Cannibalistic Nursery Web Spider, *Pisaurina mira* ' in *Biology Letters*, 12 (2016)

9　Matjaž Gregorič, Klavdija Šuen, Ren-Chung Cheng, Simona Kralj-Fišer and Matjaž Kuntner, 'Spider Behaviors Include Oral Sexual Encounters' in *Scientific Reports*, 6 (Nature, 2016)

10　Matthew H. Persons, 'Field Observations of Simultaneous Double Mating in the Wolf Spider *Rabidosa punctulata* (Araneae: Lycosidae)' in *Journal of Arachnology*, 45: 2 (2017), pp. 231 – 4

11 Daiqin Li, Joelyn Oh, Simona Kralj-Fišer and Matjaž Kuntner, 'Remote Copulation: Male Adaptation to Female Cannibalism' in *Biology Letters* (2012), pp. 512 – 15

12 Gabriele Uhl, Stefanie M. Zimmer, Dirk Renner and Jutta M. Schneider, 'Exploiting a Moment of Weakness: Male Spiders Escape Sexual Cannibalism by Copulating with Moulting Females' in *Scientific* Reports (Nature, 2015)

13 John Alcock, 'Science and Nature: Misbehavior', *Boston Review*, 1 April 2000, http://bostonreview.net/books-ideas/john-alcock-misbehavior

14 Stephen Jay Gould, 'Only His Wings Remained' in *The Flamingo's Smile: Reflections in Natural History* (W. W. Norton & Company, 1985), p. 51

15 ibid., p. 53

16 'Life History', Fen Raft Spider Conservation [accessed 28 Jan. 2021], https://dolomedes.org.uk/index.php/biology/life_history

17 Shichang Zhang, Matjaž Kuntner and Daiqin Li, 'Mate Binding: Male Adaptation to Sexual Conflict in the Golden Orb-web Spider (Nephilidae: *Nephila pilipes*)' in *Animal Behaviour* 82: 6 (2011), pp. 1299 – 304

18 Jurgen Otto, 'Peacock Spider 7 (*Maratus speciosus*)', YouTube, 2013, https://www.youtube.com/watch?v=d_yY-C5r8xMI

19 Robert R. Jackson and Simon D. Pollard, 'Jumping Spider Mating Strategies: Sex Among the Cannibals in and out of Webs' in *The Evolution of Mating Systems in Insects and Arachnids*, ed. by Jae C. Choe and Bernard J. Crespi (Cambridge University Press, 1997), pp. 340 – 51

20 Madeline B. Girard, Damian O. Elias and Michael M. Kasumovic, 'Female Preference for Multi-modal Courtship: Multiple Signals are Important for Male Mating Success in Peacock Spiders' in *Proceedings of the Royal Society B*, 282 (2015); and Damian O. Elias, Andrew C. Mason, Wayne P. Maddison and Ronald R. Hoy, 'Seismic Signals in a Courting Male Jumping Spider (Araneae: Salticidae)' in *Journal of Experimental Biology* (2003), pp. 4029 – 39

21 Damian O. Elias, Wayne P. Maddison, Christina Peckmezian, Madeline B. Girard, Andrew C. Mason, 'Orchestrating the Score: Complex Multimodal Courtship in the *Habronattus coecatus* Group of *Habronattus* Jumping Spiders (Araneae: Salticidae)' in *Biological Journal of the Linnean Society*, 105: 3 (2012), pp. 522 – 47

22 Jackson and Pollard, 'Jumping Spider Mating Strategies: Sex Among Cannibals in and out of Webs'; and David L. Clark and George W. Uetz, 'Morph-independent Mate Selection in a Dimorphic Jumping Spider: Demonstration of Movement Bias in Female Choice Using Video-controlled Courtship Behaviour' in *Animal Behaviour*, 43: 2 (1992), pp. 247 – 54

23 Marie E. Herberstein, Anne E. Wignall,

Eileen A. Hebets and Jutta M. Schneider, 'Dangerous Mating Systems: Signal Complexity, Signal Content and Neural Capacity in Spiders' in *Neuroscience & Biobehavioral Reviews*, 46: 4 (2014), pp. 509 – 18

24 M. Salomon, E. D. Aflalo, M. Coll and Y. Lubin, 'Dramatic Histological Changes Preceding Suicidal Maternal Care in the Subsocial Spider *Stegodyphus lineatus* (Araneae: Eresidae)' in *Journal of Arachnology*, 43: 1 (2015), pp. 77 – 85

25 Darwin, *The Descent of Man*, p. 315

26 Gustavo Hormiga, Nikolaj Scharff and Jonathan A. Coddington, 'The Phylogenetic Basis of Sexual Size Dimorphism in Orb-weaving Spiders (Araneae, Orbiculariae)' in *Systematic Biology*, 49: 3 (2000), pp. 435 – 62

27 'Spider Bites Australian Man on Penis Again', BBC News, 28 Sept. 2016, https://www.bbc.co.uk/news/world-australia-37481251

28 L. M. Foster, 'The Stereotyped Behaviour of Sexual Cannibalism in *Latrodectus-Hasselti Thorell* (Araneae, Theridiidae), the Australian Redback Spider' in *Australian Journal of Zoology*, 40 (1992), pp. 1 – 11

29 ibid.

30 ibid.

31 Maydianne C. B. Andrade, 'Sexual Selection for Male Sacrifice in the Australian Redback Spider' in *Science*, 271 (1996), pp. 70 – 72

32 Jutta M. Schneider, Lutz Fromhage and Gabriele Uhl, 'Fitness Consequences of Sexual Cannibalism in Female *Argiope bruennichi* ' in *Behavioral Ecology and Sociobiology*, 55 (2003), pp. 60 – 64

33 Steven Schwartz, William E. Wagner, Jr. and Eileen A. Hebets, 'Males Can Benefit from Sexual Cannibalism Facilitated by Self-sacrifice' in *Current Biology*, 26 (2016), pp. 1 – 6

34 Liam R. Dougherty, Emily R. Burdfield-Steel and David M. Shuker, 'Sexual Stereotypes: the Case of Sexual Cannibalism' in *Animal Behaviour* (2013), pp. 313 – 22

5장 생식기 전쟁

1 Carl G. Hartman, *Possums* (University of Texas at Austin, 1952), p. 84

2 William John Krause, *The Opossum: Its Amazing Story* (Department of Pathology and Anatomical Sciences, School of Medicine, University of Missouri, 2005)

3 William G. Eberhard, 'Postcopulatory Sexual Selection: Darwin's Omission and its Consequences', *PNAS*, 6 (2009), pp. 10025 – 32

4 Menno Schilthuizen, *Nature's Nether Regions* (Viking, 2014), p. 5

5 Eberhard, 'Postcopulatory Sexual Selection'

6 J. K. Waage, 'Dual Function of the Damselfly Penis: Sperm Removal and Transfer' in *Science*, 203 (1979), pp. 916 – 18

7 Gordon G. Gallup Jr., Rebecca L. Burch, Mary L. Zappieri, Rizwan A. Parvez, Malinda L. Stockwell and Jennifer A. Davis, 'The Human Penis as a Semen Displacement Device' in *Evolu-*

tion and Human Behaviour, 24: 4 (July 2003), pp. 277 – 89

8   Malin Ah-King, Andrew B. Barron and Marie E. Herberstein, 'Genital Evolution: Why Are Females Still Understudied?' in *PLoS Biology*, 12: 5 (2014), pp. 1 – 7

9   William G. Eberhard, 'Rapid Divergent Evolution of Genitalia' in *The Evolution of Primary Sexual Characters in Animals*, ed. by Alex Córdoba-Aguilar and Janet Leonard (Oxford University Press, 2010), pp. 40 – 78; and Paula Stockley and David J. Hosken, 'Sexual Selection and Genital Evolution' in *Trends in Ecology & Evolution*, 19: 2 (2014), pp. 87 – 93

10 Richard O. Prum, *The Evolution of Beauty* (Anchor Books, 2017), p. 162

11 Kevin G. McCracken, Robert E. Wilson, Pamela J. McCracken and Kevin P. Johnson, 'Are Ducks Impressed by Drakes' Display?' in *Nature*, 413: 128 (2001)

12 Patricia L. R. Brennan, Christopher J. Clark and Richard O. Prum, 'Explosive Eversion and Functional Morphology of Waterfowl Penis Supports Sexual Conflict in Genitalia' in *Proceedings of the Royal Society B* (2010), pp. 1309 – 14

13 McCracken, Wilson, McCracken and Johnson, 'Are Ducks Impressed by Drakes' Display?'

14 Craig Palmer and Randy Thornhill, *A Natural History of Rape: Biological Bases of Coercion* (MIT Press, 2000)

15 Patricia Adair Gowaty, 'Forced or Aggressively Coerced Copulation' in *Encyclopedia of Animal Behaviour* (Elsevier, 2010), p. 760

16 Brennan, Clark and Prum, 'Explosive Eversion and Functional Morphology'

17 Patricia L. R. Brennan, Richard O. Prum, Kevin G. McCracken, Michael D. Sorenson, Robert E. Wilson and Tim R. Birkhead, 'Coevolution of Male and Female Genital Morphology in Waterfowl' in *PLoS One*, 2: 5 (2007)

18 Patricia L. R. Brennan, 'Genital Evolution: Cock-a-Doodle-Don't' in *Current Biology*, 23: 12 (2013), pp. 523 – 5

19 Gowaty, 'Forced or Aggressively Coerced Copulation', pp. 759 – 63

20 Prum, *The Evolution of Beauty*, pp. 179 – 81

21 Ah-King, Barron and Herberstein, 'Genital Evolution: Why Are Females Still Understudied?'

22 Yoshitaka Kamimura and Yoh Matsuo, 'A "Spare" Compensates for the Risk of Destruction of the Elongated Penis of Earwigs (Insecta: Dermaptera)' in *Naturwissenschaften* (2001), pp. 468 – 71

23 used his lengthy virga like a chimney sweep's brush: 'Last-male Paternity of *Euborellia plebeja*, an Earwig with Elongated Genitalia and Sperm-removal Behaviour' in *Journal of Ethology* (2005), pp. 35 – 41

24 Yoshitaka Kamimura, 'Promiscuity and Elongated Sperm Storage Organs Work Cooperatively as a Cryptic Female Choice Mechanism in an Earwig' in *Animal Behaviour*, 85 (2013), pp. 377 – 83

25 William G. Eberhard, 'Inadvertent Machismo?' in *Trends in Ecology & Evolution*, 5: 8 (1990) p. 263

26 Marlene Zuk, *Sexual Selections: What*

We Can and Can't Learn about Sex from Animals (University of California Press, 2002), p. 82

27 William G. Eberhard, *Female Control: Sexual Selection by Cryptic Female Choice* (Princeton University Press, 1996)

28 Patricia L. R. Brennan, 'Studying Genital Coevolution to Understand Intromittent Organ Morphology' in *Integrative and Comparative Biology*, 56: 4 (2016), pp. 669 –81

29 Takeshi Furuichi, Richard Connor and Chie Hashimoto, 'Non-conceptive Sexual Interactions in Monkeys, Apes and Dolphins' in *Primates and Cetaceans: Field Research and Conservation of Complex Mammalian Societies*, ed. by Leszek Karczmarski and Juichi Yamagiwa (Springer, 2014), p. 390

30 'Sexually Frustrated Dolphin Named Zafar Sexually Terrorizes Tourists on a French Beach' (*Telegraph*, 27 August 2018), https://www.telegraph.co.uk/news/2018/08/27/swimming-banned-french-beach-sexually-frustrated-dolphin-named/

31 Dara N. Orbach, Diane A. Kelly, Mauricio Solano and Patricia L. R. Brennan, 'Genital Interactions During Simulated Copulation Among Marine Mammals' in *Proceedings of the Royal Society B*, 284: 1864 (2017)

32 Séverine D. Buechel, Isobel Booksmythe, Alexander Kotrschal, Michael D. Jennions and Niclas Kolm, 'Artificial Selection on Male Genitalia Length Alters Female Brain Size' in *Proceedings of the Royal Society B*, 283: 1843 (2016)

33 Patricia L. R. Brennan and Dara N. Orbach, 'Functional Morphology of the Dolphin Clitoris' in *The FASEB journal*, 3: S1 (2019), p. 10.4

34 M. M. Mortazavi, N. Adeeb, B. Latif, K. Watanabe, A. Deep, C. J. Griessenauer, R. S. Tubbs and T. Fukushima, 'Gabriele Falloppio (1523 –1562) and His Contributions to the Development of Medicine and Anatomy' in *Child's Nervous System* (2013) pp. 877 –80

35 Çağatay Öncel, 'One of the Great Pioneers of Anatomy: Gabriele Falloppio (1523 –1562)' in *Bezmialem Science*, 123 (2016)

36 'Gabriele Falloppio', Whonamedit? A Dictionary of Medical Eponyms, http://www.whonamedit.com/ doctor.cfm/2288.html

37 Helen E. O'Connell, Kalavampara V. Sanjeevan and John M. Hutson, 'Anatomy of the Clitoris' in *Journal of Urology*, 174: 4 (2005), p. 1189

38 Schilthuizen, *Nature's Nether Regions*, p. 74

39 Adele E. Clarke and Lisa Jean Moore, 'Clitoral Conventions and Transgressions: Graphic Representations in Anatomy Texts' in *Feminist Studies*, 21: 2 (1995), p. 271

40 O'Connell, Sanjeevan and Hutson, 'Anatomy of the Clitoris'

41 Helen O'Connell, 'Anatomical Relationship Between Urethra and Clitoris' in *Journal of Urology*, 159: 6 (1998), pp. 1892 –7

42 Nadia S. Sloan and Leigh W. Simmons, 'The Evolution of Female Genitalia' in *Journal of Evolutionary Biology* (2019),

pp. 1 – 18

43 Eberhard, Female Control

44 Víctor Poza Moreno, 'Stimulation During Insemination: The Danish Perspective', Pig333.com Professional Pig Community, 15 Sept. 2011, https://www.pig333.com/articles/stimulation-during-insemination-the-danish-perspective_4812/

45 Teri J. Orr and Virginia Hayssen, *Reproduction in Mammals: The Female Perspective* (Johns Hopkins University Press, 2017)

46 David A. Puts, Khytam Dawood and Lisa L. M. Welling, 'Why Women Have Orgasms: An Evolutionary Analysis' in *Archives of Sexual Behaviour*, 41: 5 (2012), pp. 1127 – 43

47 Monica Carosi and Alfonso Troisi, 'Female Orgasm Rate Increases With Male Dominance in Japanese Macaques' in *Animal Behaviour* (1998), pp. 1261 – 6

48 Puts, Dawood and Welling, 'Why Women Have Orgasms'

49 Orr and Hayssen, *Reproduction in Mammals*, p. 115

50 Emily Martin, 'The Egg and the Sperm: How Science Has Constructed a Romance Based on Stereotypical Male – Female Roles' in *Signs* (University of Chicago Press), 16: 3 (1991), pp. 485 – 501

51 John L. Fitzpatrick, Charlotte Willis, Alessandro Devigili, Amy Young, Michael Carroll, Helen R. Hunter and Daniel R. Brison, 'Chemical Signals from Eggs Facilitate Cryptic Female Choice in Humans' in *Proceedings of the Royal Society B*, 287: 1928 (2020)

6장 성모마리아는 없다

1 Charles Darwin, *The Descent of Man, and Selection in Relation to Sex* (John Murray, 2nd edn, 1879; republished by Penguin Classics, 2004), p. 629

2 Adam Davis, '*Aotus nigriceps* Black-headed Night Monkey', Animal Diversity Web (University of Michigan), https://animaldiversity.org/accounts/Aotus_nigriceps/

3 David J. Hosken and Thomas H. Kunz, 'Male Lactation: Why, Why Not and Is It Care?' in *Trends in Ecology & Evolution*, 24: 2 (2008), pp. 80 – 5

4 John Maynard Smith, *The Evolution of Sex* (Cambridge University Press, 1978)

5 C. M. Francis, Edythe L. P. Anthony, Jennifer A. Brunton, Thomas H. Kunz, 'Lactation in Male Fruit Bats' in *Nature* (1994), pp. 691 – 2

6 Hosken and Kunz, 'Male Lactation'

7 Camilla M. Whittington, Oliver W. Griffith, Weihong Qi, Michael B. Thompson and Anthony B. Wilson, 'Seahorse Brood Pouch Transcriptome Reveals Common Genes Associated with Vertebrate Pregnancy' in *Molecular Biology and Evolution*, 32: 12 (2015), pp. 3114 – 31

8 Eva K. Fischer, Alexandre B. Roland, Nora A. Moskowitz, Elicio E. Tapia, Kyle Summers, Luis A. Coloma and Lauren A. O'Connell, 'The Neural Basis of Tadpole Transport in Poison Frogs' in *Proceedings of the Royal Society B*, 286 (2019)

9 Z. Wu, A. E. Autry, J. F. Bergan, M. Watabe-Uchida and Catherine G.

Dulac, 'Galanin Neurons in the Medial Preoptic Area Govern Parental Behaviour' in *Nature*, 509 (2014), pp. 325–30

10 Sarah Blaffer Hrdy, *Mother Nature* (Ballantine Books, 1999), p. 27

11 Margo Wilson and Martin Daly, *Sex, Evolution and Behaviour* (Thompson/ Duxbury Press, 1978)

12 Sampling Methods': Jeanne Altmann, 'Observational Study of Behaviour: Sampling Methods' in *Behaviour*, 4 (1974), pp. 227–67

13 Interview with Dr Rebecca Lewis, anthropology professor, University of Texas at Austin, March 2016

14 Hrdy, *Mother Nature*, p. 46

15 Jeanne Altmann, *Baboon Mothers and Infants* (Harvard University Press, 1980), p. 6

16 ibid., pp. 208–9

17 Hrdy, *Mother Nature*, p. 155

18 Robert L. Trivers, 'Parent–Offspring Conflict' in *American Zoology*, 14 (1974), pp. 249–64

19 Hrdy, *Mother Nature*, p. 334

20 Joan B. Silk, Susan C. Alberts and Jeanne Altmann, 'Social Bonds of Female Baboons Enhance Infant Survival' in *Science*, 302 (2003), pp. 1231–4

21 Dario Maestripieri, 'What Cortisol Can Tell Us About the Costs of Sociality and Reproduction Among Free-ranging Rhesus Macaque Females on Cayo Santiago' in *American Journal of Primatology*, 78 (2016), pp. 92–105

22 Linda Brent, Tina Koban and Stephanie Ramirez, 'Abnormal, Abusive, and Stress-related Behaviours in Baboon Mothers' in *Society of Biological Psychiatry*, 52: 11 (2002), pp. 1047–56

23 Dario Maestripieri, 'Parenting Styles of Abusive Mothers in Group-living Rhesus Macaques' in *Animal Behaviour*, 55: 1 (1998), pp. 1–11

24 Maestripieri, 'Early Experience Affects the Intergenerational Transmission of Infant Abuse in Rhesus Monkeys' in *PNAS*, 102: 27 (2005), pp.9726–9

25 Silk, Alberts and Altmann, 'Social Bonds of Female Baboons Enhance Infant Survival'

26 Joan B. Silk, Jacinta C. Beehner, Thore J. Bergman, Catherine Crockford, Anne L. Engh, Liza R. Moscovice, Roman M. Wittig, Robert M. Seyfarth and Dorothy L. Cheney, 'The Benefits of Social Capital: Close Social Bonds Among Female Baboons Enhance Offspring Survival' in *Proceedings of the Royal Society B*, 276 (2009), pp. 3099–104

27 Jeanne Altmann, Glenn Hausfater and Stuart A. Altmann, 'Determinants of Reproductive Success in Savannah Baboons, *Papio cynocephalus* ' in *Reproductive Success: Studies of Individual Variation in Contrasting Breeding Systems*, ed. by Tim H. Clutton-Brock (University of Chicago Press, 1988), pp. 403–18

28 J. L. Tella, 'Sex Ratio Theory in Conservation Biology' in *Ecology and Evolution* (2001), pp. 76–7

29 Katherine Hinde, 'Richer Milk for Sons But More Milk for Daughters: Sex-biased Investment during Lactation Varies with Maternal Life History in Rhesus Macaques' in *American Journal of Human Biology*, 21: 4 (2009), pp. 512–19

30 Hrdy, *Mother Nature*, p. 330

31 Eila K. Roberts, Amy Lu, Thore J. Bergman and Jacinta C. Beehner, 'A Bruce Effect in Wild Geladas' in *Science*, 335: 6073 (2012), pp. 1222-5

32 Hrdy, *Mother Nature*, p. 129

33 Martin Surbeck, Christophe Boesch, Catherine Crockford, Melissa Emery Thompson, Takeshi Furuichi, Barbara Fruth, Gottfried Hohmann, Shintaro Ishizuka, Zarin Machanda, Martin N. Muller, Anne Pusey, Tetsuya Sakamaki, Nahoko Tokuyama, Kara Walker, Richard Wrangham, Emily Wroblewski, Klaus Zuberbühler, Linda Vigilant and Kevin Langergraber, 'Males with a Mother Living in their Group Have Higher Paternity Success in Bonobos But Not Chimpanzees' in *Current Biology*, 29: 10 (2019), pp. 341-57

34 Hrdy, *Mother Nature*, p. 83

35 S. Smout, R. King and P. Pomeroy, 'Environment-sensitive Mass Changes Influence Breeding Frequency in a Capital Breeding Marine Top Predator' in *Journal of Animal Ecology*, 88: 2 (2019), pp. 384-96

36 Timur Kouliev and Victoria Cui, 'Treatment and Prevention of Infection Following Bites of the Antarctic Fur Seal (*Arctocephalus gazella*)' in Open Access Emergency Medicine (2015), pp. 17-20

37 C. Crockford, R. M. Wittig, K. Langergraber, T. E. Ziegler, K. Zuberbühler and T. Deschner, 'Urinary Oxytocin and Social Bonding in Related and Unrelated Wild Chimpanzees' in *Proceedings of the Royal Society B*, 280: 1755 (2013)

38 Miho Nagasawa, Shohei Mitsui, Shiori En, Nobuyo Ohtani, Mitsuaki Ohta, Yasuo Sakuma, Tatsushi Onaka, Kazutaka Mogi and Takefumi Kikusui, 'Oxytocin-gaze Positive Loop and the Coevolution of Human - Dog Bonds' in Science, 348 (2015), pp. 333-6

39 Lane Strathearn, Peter Fonagy, Janet Amico and P. Read Montague, 'Adult Attachment Predicts Maternal Brain and Oxytocin Response to Infant Cues' in *Neuropsychopharmacology*, 34 (2009), pp. 2655-66

40 Jennifer Hahn-Holbrook, Julianne Holt-Lunstad, Colin Holbrook, Sarah M. Coyne and E. Thomas Lawson, 'Maternal Defense: Breast Feeding Increases Aggression by Reducing Stress' in *Psychological Science*, 22: 10 (2011), pp. 1288-95

41 M. A. Fedak and S. S. Anderson, 'The Energetics of Lactation: Accurate Measurements from a Large Wild Mammal, the Grey Seal (*Halichoerus grypus*)' in *Journal of Zoology*, 198: 2 (1982), pp. 473-9

42 Kelly J. Robinson, Sean D. Twiss, Neil Hazon and Patrick P. Pomeroy, 'Maternal Oxytocin Is Linked to Close Mother-Infant Proximity in Grey Seals (*Halichoerus grypus*)' in *PLoS One*, 10: 12 (2015), pp. 1-17

43 ibid.

44 Kelly J. Robinson, Neil Hazon, Sean D. Twiss, Patrick P. Pomeroy, 'High Oxytocin Infants Gain More Mass with No Additional Maternal Energetic Costs in Wild Grey Seals (*Halichoerus*

grypus)' in *Psychoneuroendocrinology*, 110 (2019)

45 James K. Rilling and Larry J. Young, 'The Biology of Mammalian Parenting and its Effect on Offspring Social Development' in *Science*, 345: 6198 (2014), pp. 771–6

46 Allison M. Perkeybile, C. Sue Carter, Kelly L. Wroblewski, Meghan H. Puglia, William M. Kenkel, Travis S. Lillard, Themistoclis Karaoli, Simon G. Gregory, Niaz Mohammadi, Larissa Epstein, Karen L. Bales and Jessica J. Connell, 'Early Nurture Epigenetically Tunes the Oxytocin Receptor' in *Psychoneuroendocrinology*, 99 (2019), pp. 128–36

47 Lane Strathearn, Jian Li, Peter Fonagy and P. Read Montague, 'What's in a Smile? Maternal Brain Responses to Infant Facial Cues' in *Pediatrics*, 122: 1 (2008), pp. 40–51

48 Strathearn, Fonagy, Amico and Montague, 'Adult Attachment Predicts Maternal Brain and Oxytocin Response'

49 Hrdy, *Mother Nature*, p. 151

50 Teri J. Orr and Virginia Hayssen, Reproduction in *Mammals: The Female Perspective* (Johns Hopkins University Press, 2017)

51 Andrea L. Baden, Timothy H. Webster and Brenda J. Bradley, 'Genetic Relatedness Cannot Explain Social Preferences in Black-and-white Ruffed Lemurs, *Varecia variegata* ' in *Animal Behaviour*, 164 (2020), pp. 73–82

52 Hrdy, Mother Nature, p. 177

53 Charles Darwin, *The Descent of Man, and Selection in Relation to Sex* (reprinted Gale Research, 1974; first published 1874), p. 778

54 'The Evolution of Motherhood', *Nova*, 26 Oct. 2009, https://www.pbs.org/wgbh/nova/article/evolution-motherhood/

55 Darwin, *The Descent of Man* (John Murray, 2nd edn, 1879; republished by Penguin Classics, 2004), p. 629

7장 계집 대 계집

1 Charles Darwin, *The Descent of Man, and Selection in Relation to Sex* (John Murray, 2nd edn, 1879; republished by Penguin Classics, 2004), pp. 561–75

2 ibid., p. 246

3 ibid., p. 561

4 ibid., p. 566

5 Roxanne Khamsi, 'Male Antelopes Play Hard to Get' in *New Scientist*, 29 Nov. 2007, https://www.newscientist.com/article/dn12979-male-antelopes-play-hard-to-get-/

6 Wiline M. Pangle and Jakob Bro-Jørgensen, 'Male Topi Antelopes Alarm Snort Deceptively to Retain Females for Mating' in *The American Naturalist* (2010), pp. 33–9

7 Khamsi, 'Male Antelopes Play Hard to Get'

8 Richard Dawkins, *The Selfish Gene* (Oxford University Press, 2nd edn, 1989; 1st edn, 1976)

9 Jakob Bro-Jørgensen, 'Reversed Sexual Conflict in a Promiscuous Antelope' in *Current Biology*, 17 (2007), pp. 2157–61

10 ibid.

11 'Male Topi Antelope's Sex Burden', BBC News, 28 Nov. 2007, http://news. bbc.co.uk/1/mobile/sci/tech/7117498. stm

12 Diane M. Doran-Sheehy, David Fernandez and Carola Borries, 'The Strategic Use of Sex in Wild Female Western Gorillas' in *American Journal of Primatology*, 71 (2009), pp. 1011 – 20

13 Tara S. Stoinski, Bonne M. Perdue and Angela M. Legg, 'Sexual Behavior in Female Western Lowland Gorillas (*Gorilla gorilla gorilla*): Evidence for Sexual Competition' in *American Journal of Primatology*, 71 (2009), pp. 587 – 93

14 Darwin, *The Descent of Man* (1871)

15 Paula Stockley and Jakob Bro-Jørgensen, 'Female Competition and its Evolutionary Consequences in Mammals' in *Biological Review*, 86 (2011), pp. 341 – 66

16 K. A. Hobson and S. G. Sealy, 'Female Song in the Yellow Warbler' in *Condor*, 92 (1990), pp. 259 – 61; and Rachel Mundy, *Animal Musicalities: Birds, Beasts, and Evolutionary Listening* (Wesleyan University Press, 2018), p. 38

17 Clive K. Catchpole and Peter J. B. Slater, *Bird Song: Biological Themes and Variations* (Cambridge University Press, 2005)

18 71 Karan J. Odom, Michelle L. Hall, Katharina Riebel, Kevin E. Omland and Naomi E. Langmore, 'Female Song is Widespread and Ancestral in Songbirds' in *Nature Communications*, 5 (2014), p. 3379

19 Oliver L. Austen, 'Passeriform', Britannica, https://www.britannica.com/ animal/ passeriform

20 Naomi Langmore, 'Quick Guide to Female Birdsong' *Current Biology*, 30 (2020), pp. R783 – 801

21 Keiren McLeonard, 'Aussie Birds Prove Darwin Wrong', *ABC*, 5 March 2014, https://www. abc.net.au/radio-national/programs/archived/bushtele-graph/female-birds-hit-the-high-notes/5298150

22 Carl H. Oliveros et al., 'Earth History and the Passerine Superradiation' in *PNAS*, 116: 16 (2019), pp. 7916 – 25

23 Odom, Hall, Riebel, Omland and Langmore, 'Female Song is Widespread and Ancestral in Songbirds'

24 Hobson and Sealy, 'Female Song in the Yellow Warbler'

25 Mary Jane West-Eberhard, 'Sexual Selection, Social Competition, and Evolution' in *Proceedings of the American Philosophical Society* (1979), pp. 222 – 34

26 Mary Jane West-Eberhard, 'Sexual Selection, Social Competition, and Speciation' in *The Quarterly Review of Biology*, 58: 2 (1983), pp. 155 – 83

27 Tim H. CluttonBrock, 'Sexual Selection in Females' in *Animal Behaviour* (2009), pp. 3 – 11

28 Trond Amundsen, 'Why Are Female Birds Ornamented?' in *Trends in Ecology & Evolution*, 15: 4 (2000), pp. 149 – 55

29 Joseph Tobias, Robert Montgomerie and Bruce E. Lyon, 'The Evolution of Female Ornaments and Weaponry: Social Selection, Sexual Selection and Ecological Competition' in *Philosoph-*

ical Transactions of the Royal Society B, 367 (2012), pp. 2274 – 93

30 ibid.

31 D. W. Rajecki, 'Formation of Leap Orders in Pairs of Male Domestic Chickens' in *Aggressive Behavior*, 14: 6 (1988), pp. 425 – 36

32 Jack El-Hai, 'The Chicken-hearted Origins of the "Pecking Order" in Discover, 5 July 2016, https://www.discovermagazine.com/planet-earth/the-chicken-hearted-origins-of-the-pecking-order

33 Marlene Zuk, *Sexual Selections: What We Can and Can't Learn about Sex from Animals* (University of California Press, 2002)

34 Virginia Abernethy, 'Female Hierarchy: An Evolutionary Perspective' in *Female Hierarchies*, ed. by Lionel Tiger and Heather T. Fowler (Beresford Book Service, 1978)

35 Sarah Blaffer Hrdy, *The Woman That Never Evolved* (Harvard University Press, 1981), p. 109

36 Susan Sperling, 'Baboons with Briefcases: Feminism, Functionalism, and Sociobiology in the Evolution of Primate Gender' in *Signs*, 17: 1 (1991), p. 18

37 Richard Gray, 'Why Meerkats and Mongooses Have a Cooperative Approach to Raising their Pups', *Horizon: The EU Research and Innovation Magazine*, 27 June 2019, https://ec.europa.eu/research-and-innovation/en/horizon-magazine/why-meerkats-and-mongooses-have-cooperative-approach-raising-their-pups

38 Andrew J. Young and Tim Clutton-Brock, 'Infanticide by Subordinates Influences Reproductive Sharing in Cooperatively Breeding Meerkats' in *Biology Letters*, 2 (2006), pp. 385 – 7

39 Tim Clutton-Brock, *Mammal Societies* (Wiley, 2016)

40 Sarah J. Hodge, A. Manica, T. P. Flower and T. H. Clutton-Brock, 'Determinants of Reproductive Success in Dominant Female Meerkats' in *Journal of Animal Ecology*, 77 (2008), pp. 92 – 102

41 A. A. Gill, *AA Gill is Away* (Simon & Schuster, 2007), pp. 36 – 7

42 K. J. MacLeod, J. F. Nielsen and T. H. Clutton-Brock, 'Factors Predicting the Frequency, Likelihood and Duration of Allonursing in the Cooperatively Breeding Meerkat' in *Animal Behaviour*, 86: 5 (2013), pp. 1059 – 67

43 'Infanticide Linked to Wet-nursing in Meerkats', *Science Daily*, 7 Oct. 2013, https://www.sciencedaily.com/releases/2013/10/131007122558.htm

44 Young and Clutton-Brock, 'Infanticide by Subordinates'

45 José María Gómez, Miguel Verdú, Adela González-Megías and Marcos Méndez, 'The Phylogenetic Roots of Human Lethal Violence' in *Nature*, 538 (2016), pp. 233 – 7

46 Gray, 'Why Meerkats and Mongooses Have a Cooperative Approach'

47 Daniel Elsner, Karen Meusemann and Judith Korb, 'Longevity and Transposon Defense, the Case of Termite Reproductives' in *PNAS* (2018), pp. 5504 – 9

48 Takuya Abe and Masahiko Higashi,

'Macrotermes', Science Direct (2001) https://www.sciencedirect.com/topics/biochemistry-genetics-and-molecular-biology/macrotermes

49 F. M. Clarke and C. G. Faulkes, 'Dominance and Queen Succession in Captive Colonies of the Eusocial Naked Mole-rat, *Heterocephalus glaber*' in *Proceedings of the Royal Society B*, 264: 1384 (1997), pp. 993 – 1000

50 Interview with Chris Faulkes, 28 Sept. 2020

51 Xiao Tian, Jorge Azpurua, Christopher Hine, Amita Vaidya, Max Myakishev-Rempel, Julia Ablaeva, Zhiyong Mao, Eviatar Nevo, Vera Gorbunova and Andrei Seluanov, 'High-molecular-mass Hyaluronan Mediates the Cancer Resistance of the Naked Mole-rat' in *Nature*, 499 (2013), pp. 346 – 9

52 Brady Hartman, 'Google's Calico Labs Announces Discovery of a "Non-aging Mammal"', Lifespan.io, 29 Jan. 2018, https://www.lifespan.io/news/non-aging-mammal/ [accessed Dec. 2020]; and Rochelle Buffenstein, 'The Naked Mole-rat: A New Long-living Model for Human Aging Research' in *The Journals of Gerontology: Series A*, 60: 11 (2005), pp. 1369 – 77

53 Chris Faulkes, 'Animal Showoff', July 2014 (YouTube, 15 April 2015), https://www.youtube.com/watch?v=6Vmx-P7nDQnM

54 'Naked Mole-rat (Heterocephalus glaber) Fact Sheet: Reproduction & Development', San Diego Zoo Wildlife Alliance Library, https://ielc.libguides.com/sdzg/factsheets/naked-mole-rat/ reproduction

55 Chris Faulkes, 'Animal Showoff'

56 Daniel E. Rozen, 'Eating Poop Makes Naked Mole-rats Motherly' in *Journal of Experimental Biology*, 221: 21 (2018)

57 Clarke and Faulkes, 'Dominance and Queen Succession'

58 C. G. Faulkes and D. H. Abbot, 'Evidence that Primer Pheromones Do Not Cause Social Suppression of Reproduction in Male and Female Naked Mole-rats (*Heterocephalus glaber*)' in *Journal of Reproduction and Fertility* (1993), pp. 225 – 30

8장 영장류 정치학

1 Alison Jolly, *Lords and Lemurs* (Houghton Mifflin, 2004), p. 3

2 Christine M. Drea and Elizabeth S. Scordato, 'Olfactory Communication in the Ringtailed Lemur (*Lemur catta*): Form and Function of Multimodal Signals' in *Chemical Signals in Vertebrates*, ed. by J. L. Hurst, R. J. Beynon, S. C. Roberts and T. Wyatt (2008), pp. 91 – 102

3 Anne S. Mertl-Millhollen, 'Scent Marking as Resource Defense by Female *Lemur catta*' in *American Journal of Primatology*, 68: 6 (2006)

4 Marie J. E. Charpentier and Christine M. Drea, 'Victims of Infanticide and Conspecific Bite Wounding in a Female-dominant Primate: A Long-term Study' in *PLoS One*, 8: 12 (2013), p. 5

5 ibid., pp. 1 – 8

6 Alison Jolly, *Lemur Behaviour: A Mada-*

gascar Field Study (University of Chicago Press, 1966), p. 155

7 ibid., p. 3

8 ibid.

9 S. Washburn and D. Hamburg, 'Aggressive Behaviour in Old World Monkeys and Apes' in *Primates – Studies in Adaptation and Variability*, ed. by P. C. Jay (Holt, Rinehart and Winston, 1968)

10 Vinciane Despret, 'Culture and Gender Do Not Dissolve into How Scientists "Read" Nature: Thelma Rowell's Heterodoxy' in *Rebels, Mavericks and Heretics in Biology*, ed. by Oren Harman and Michael R. Dietrich (Yale University Press, 2008)

11 Dale Peterson and Richard Wrangham, *Demonic Males: Apes and the Origins of Human Violence* (Mariner Books, 1997)

12 Karen B. Strier, 'The Myth of the Typical Primate' in *American Journal of Physical Anthropology* (1994)

13 Anthony Di Fiore and Drew Rendall, 'Evolution of Social Organization: A Reappraisal for Primates by Using Phylogenetic Methods' in *PNAS*, 91: 21 (1994), pp. 9941–5

14 Karen Strier, 'New World Primates, New Frontiers: Insights from the Woolly Spider Monkey, or Muriqui (*Brachyteles arachnoides*)' in *International Journal of Primatology*, 11 (1990), pp. 7–19

15 Rebecca J. Lewis, 'Female Power in Primates and the Phenomenon of Female Dominance' in *Annual Review of Anthropology*, 47 (2018), pp. 533–51

16 Richard R. Lawler, Alison F. Richard and Margaret A. Riley, 'Intrasexual Selection in Verreaux's Sifaka (*Propithecus verreauxi verreauxi*)' in *Journal of Human Evolution*, 48 (2005), pp. 259–77

17 J. A. Parga, M. Maga and D. Overdorff, 'High-resolution X-ray Computed Tomography Scanning of Primate Copulatory Plugs' in *American Journal of Physical Anthropology*, 129: 4 (2006), pp. 567–76

18 Alan F. Dixson and Matthew J. Anderson, 'Sexual Selection, Seminal Coagulation and Copulatory Plug Formation in Primates' in *Folia Primatologica*, 73 (2002), pp. 63–9

19 A. E. Dunham and V. H. W. Rudolf, 'Evolution of Sexual Size Monomorphism: The Influence of Passive Mate Guarding' in *Journal of Evolutionary Biology*, 22 (2009), pp. 1376–86

20 Amy E. Dunham, 'Battle of the Sexes: Cost Asymmetry Explains Female Dominance in Lemurs' in *Animal Behaviour*, 76 (2008), pp. 1435–9

21 Christine M. Drea, 'Endocrine Mediators of Masculinization in Female Mammals' in *Current Directions in Psychological Science*, 18: 4 (2009)

22 Christine M. Drea, 'External Genital Morphology of the Ring-tailed Lemur (*Lemur catta*): Females Are Naturally "Masculinized" ', in *Journal of Morphology*, 269 (2008), pp. 451–63

23 Nicholas M. Grebe, Courtney Fitzpatrick, Katherine Sharrock, Anne Starling and Christine M. Drea, 'Organizational and Activational Androgens, Lemur Social Play, and the Ontogeny of Female Dominance' in *Hormones and Behavior* (Elsevier), 115 (2019)

24 S. E. Glickman, G. R. Cunha, C. M. Drea, A. J. Conley and N. J. Place, 'Mammalian Sexual Differentiation: Lessons from the Spotted Hyena' in *Trends in Endocrinology and Metabolism*, 17: 9 (2006), pp. 349–56

25 Charpentier and Drea, 'Victims of Infanticide and Conspecific Bite Wounding in a Female-dominant Primate'

26 L. Pozzi, J. A. Hodgson, A. S. Burrell, K. N. Sterner, R. L. Raaum and T. R. Disotell, 'Primate Phylogenetic Relationships and Divergence Dates Inferred from Complete Mitochondrial Genomes' in *Molecular Phylogenetics and Evolution*, 75 (2014), pp. 165–83

27 Frans de Waal, *Chimpanzee Politics: Power and Sex Among Apes* (Johns Hopkins University Press, 1982), p. 185

28 ibid., p.55

29 Frans de Waal, *Mama's Last Hug* (Granta, 2019)

30 de Waal, *Chimpanzee Politics*

31 Thelma Rowell, 'The Concept of Social Dominance' in *Behavioural Biology* (June 1974), pp. 131–54

32 Despret, 'Culture and Gender Do Not Dissolve into How Scientists "Read" Nature'

33 de Waal, *Mama's Last Hug*, p. 23

34 ibid., p. 38

35 ibid.

36 Barbara Smuts, 'The Evolutionary Origins of Patriarchy' in *Human Nature*, 6 (1995), p. 9

37 Smuts, 'The Evolutionary Origins of Patriarchy'

38 Peter M. Kappeler, Claudia Fichtel, Mark van Vugt and Jennifer E. Smith, 'Female leadership: A Transdisciplinary Perspective' in *Evolutionary Anthropology* (2019), pp. 160–63

39 Jean-Baptiste Leca, Noëlle Gunst, Bernard Thierry and Odile Petit, 'Distributed Leadership in Semifree-ranging White-faced Capuchin Monkeys' in *Animal Behaviour*, 66 (Jan. 2003), pp. 1045–52

40 Lionel Tiger, 'The Possible Biological Origins of Sexual Discrimination' in *Biosocial Man*, ed. by D. Brothwell (Eugenics Society, London, 1970)

41 Jennifer E. Smith, Chelsea A. Ortiz, Madison T. Buhbe and Mark van Vugt, 'Obstacles and Opportunities for Female Leadership in Mammalian Societies: A Comparative Perspective' in *Leadership Quarterly*, 31: 2 (2020)

42 Richard Wrangham, 'An Ecological Model of Female-bonded Primate Groups' in *Behaviour*, 75 (1980), pp. 262–300

43 Sarah Blaffer Hrdy, *The Woman That Never Evolved* (Harvard University Press, 1981), p. 101

44 ibid.

45 Frans de Waal, 'Bonobo Sex and Society' in *Scientific American* (1995), pp. 82–8

46 ibid.

47 ibid.

48 ibid.

49 Pamela Heidi Douglas and Liza R. Moscovice, 'Pointing and Pantomime in Wild Apes? Female Bonobos Use Referential and Iconic Gestures to Request Genito-genital Rubbing' in *Scientific Reports*, 5 (2015)

50 Smuts, 'The Evolutionary Origins of Patriarchy'

51 ibid.

52 Frans de Waal and Amy R. Parish, 'The Other "Closest Living Relative": How Bonobos (*Pan paniscus*) Challenge Traditional Assumptions about Females, Dominance, Intra- and Intersexual Interactions, and Hominid Evolution' in *Annals of the New York Academy of Sciences* (2006)

53 ibid.

54 de Waal, 'Bonobo Sex and Society'

9장 범고래 여족장과 환경

1 Patrick R. Hof, Rebecca Chanis and Lori Marino, 'Cortical Complexity in Cetacean Brains' in *American Association for Anatomy*, 287A: 1 (Oct. 2005), pp. 1142–52

2 Samuel Ellis, Daniel W. Franks, Stuart Nattrass, Thomas E. Currie, Michael A. Cant, Deborah Giles, Kenneth C. Balcomb and Darren P. Croft, 'Analyses of Ovarian Activity Reveal Repeated Evolution of Post-reproductive Lifespans in Toothed Whale' in *Scientific Reports*, 8: 1 (2018)

3 Howard Garrett, 'Orcas of the Salish Sea', Orca Network, http://www.orcanetwork.org [accessed Oct. 2019]

4 Richard A. Morton, Jonathan R. Stone and Rama S. Singh, 'Mate Choice and the Origin of Menopause' in *PLoS Computational Biology*, 9: 6 (2013)

5 K. Hawkes et al., 'Grandmothering, Menopause and the Evolution of Human Life Histories' in *PNAS*, 95: 3 (1998), pp. 1336–9

6 Marina Kachar, Ewa Sowosz and André Chwalibog, 'Orcas are Social Mammals' in *International Journal of Avian & Wildlife Biology*, 3: 4 (2018), pp. 291–5

7 Karen McComb, Cynthia Moss, Sarah M. Durant, Lucy Baker and Soila Sayialel, 'Matriarchs as Repositories of Social Knowledge in African Elephants' in *Science*, 292: 5516 (2001), pp. 491–4

8 F. J. Stansfield, J. O Nöthling and W. R. Allen, 'The Progression of Small-follicle Reserves in the Ovaries of Wild African Elephants (*Loxodonta africana*) from Puberty to Reproductive Senescence' in *Reproduction, Fertility and Development* (CSIRO publishing), 25: 8 (2013), pp. 1165–73

9 Brianna M. Wright, Eva M. Stredulinsky, Graeme M. Ellis and John K. B. Ford, 'Kindirected Food Sharing Promotes Lifetime Natal Philopatry of Both Sexes in a Population of Fish-eating Killer Whales, Orcinus orca ' in *Animal Behaviour*, 115 (2016), pp. 81–95

10 Darren P. Croft, Rufus A. Johnstone, Samuel Ellis, Stuart Nattrass, Daniel W. Franks, Lauren J. N. Brent, Sonia Mazzi, Kenneth C. Balcomb, John K. B. Ford and Michael A. Cant, 'Reproductive Conflict and the Evolution of Menopause in Killer Whales' in *Current Biology*, 27: 2 (2017), pp. 298–304

11 M. A. Cant, R. A. Johnstone and A. F. Russell, 'Reproductive Conflict and the

Evolution of Menopause' in *Reproductive Skew in Vertebrates*, ed. by R. Hager and C. B. Jones (Cambridge University Press, 2009), pp. 24–52

12 Bruno Cozzi, Sandro Mazzariol, Michela Podestà, Alessandro Zotti and Stefan Huggenberger, 'An Unparalleled Sexual Dimorphism of Sperm Whale Encephalization' in *International Journal of Comparative Psychology*, 29: 1 (2016)

13 ibid.

14 Lori Marino, Naomi A. Rose, Ingrid Natasha Visser, Heather Rally, Hope Ferdowsian and Veronika Slootsky, 'The Harmful Effects of Captivity and Chronic Stress on the Well-being of Orcas (Orcinus orca)' in *Journal of Veterinary Behavior*, 35 (2020), pp. 69–82

15 Lori Marino, 'Dolphin and Whale Brains: More Evidence for Complexity', YouTube, https://www. youtube.com/watch?v=4SOzhyU3jM0

16 Phyllis Lee and C. J. Moss, 'Wild Female African Elephants (*Loxodonta africana*) Exhibit Personality Traits of Leadership and Social Integration' in *Journal of Comparative Psychology*, 126: 3 (2012), pp. 224–32

10장 수컷 없는 삶

1 Jon Mooallem, 'Can Animals Be Gay?' in *New York Times*, 31 March 2010

2 Lindsay C. Young, Brenda J. Zaun and Eric A. Vanderwurf, 'Successful Same-sex Pairing in Laysan Albatross' in *Biology Letters*, 4: 4 (2008), pp. 323–5

3 Mooallem, 'Can Animals Be Gay?'

4 Jack Falla, 'Wayne Gretzky' in *The Top 100 NHL Players of All Time*, ed. by Steve Dryden (McClelland and Stewart, 1998)

5 Inna Schneiderman, Orna Zagoory-Sharon and Ruth Feldman, 'Oxytocin During the Initial Stages of Romantic Attachment: Relations to Couples' Interactive Reciprocity' in *Psychoneuro-endocrinology*, 37: 8 (2012), pp. 1277–85

6 Elspeth Kenny, Tim R. Birkhead and Jonathan P. Green, 'Allopreening in Birds is Associated with Parental Cooperation Over Offspring Care and Stable Pair Bonds Across Years' in *Behavioural Ecology* (ISBE, 2017), pp. 1142–8

7 J. D. Baker, C. L. Littman and D. W. Johnston, 'Potential Effects of Sea Level Rise on the Terrestrial Habitats of Endangered and Endemic Megafauna in the North-western Hawaiian Islands' in *Endangered Species Research*, 4 (2006), pp. 1–10

8 George L. Hunt and Molly Warner Hunt, 'Female-Female Pairing in Western Gulls (*Larus occidentalis*) in Southern California' in *Science*, 196 (1977), pp. 1466–7

9 Ian C. T. Nisbet and Jeremy J. Hatch, 'Consequences of a Female-biased Sex-ratio in a Socially Monogamous Bird: Female-female Pairs in the Roseate Tern *Sterna dougallii*' in *International Journal of Avian Science* (1999)

10 Hadi Izadi, Katherine M. E. Stewart and Alexander Penlidis, 'Role of Contact Electrification and Electrostatic Interactions in Gecko Adhesion' in

Journal of the Royal Society, Interface, 11: 98 (2014)

11 Elizabeth Landau, 'Gecko Grippers Moving On Up', NASA, 12 April 2015, https://www. nasa.gov/jpl/gecko-grippers-moving-on-up

12 Kate L. Laskowski, Carolina Doran, David Bierbach, Jens Krause and Max Wolf, 'Naturally Clonal Vertebrates Are an Untapped Resource in Ecology and Evolution Research' in *Nature Ecology & Evolution* (2019), pp. 161–9

13 Graham Bell, *The Masterpiece of Nature* (University of California Press, 1982)

14 Joan Roughgarden, *Evolution's Rainbow* (University of California Press, 2004), p. 17

15 Logan Chipkin, Peter Olofsson, Ryan C. Daileda and Ricardo B. R. Azevedo, 'Muller's Ratchet in Asexual Populations Doomed to Extinction', eLife, 13 Nov. 2018, https://doi. org/10.1101/448563

16 Malin Ah-King, 'Queer Nature: Towards a Non-normative View on Biological Diversity' in *Body Claims*, ed. by J. Bromseth, L. Folkmarson Käll and K. Mattsson (Centre for Gender Research, Uppsala University, 2009)

17 J. Maynard Smith, *The Evolution of Sex* (Cambridge University Press, 1978)

18 C. Boschetti, A. Carr, A. Crisp, I. Eyres, Y. Wang-Koh, E. Lubzens, T. G. Barraclough, G. Micklem and A. Tunnacliffe, 'Biochemical Diversification through Foreign Gene Expression in Bdelloid Rotifers' in *PLoS Genetics* (2012)

19 Maurine Neiman, Stephanie Meirmans and Patrick G. Meirmans, 'What Can Asexual Lineage Age Tell Us about the Maintenance of Sex?' in *The Year in Evolutionary Biology* (2009), vol. 1168, issue 1, pp. 185–200

20 Robert D. Denton, Ariadna E. Morales and H. Lisle Gibbs, 'Genomespecific Histories of Divergence and Introgression Between an Allopolyploid Unisexual Salamander Lineage and Two Ancestral Sexual Species' in *Evolution* (2018)

21 Laskowski, Doran, Bierbach, Krause and Wolf, 'Naturally Clonal Vertebrates Are an Untapped Resource'

22 V. Volobouev and G. Pasteur, 'Chromosomal Evidence for a Hybrid Origin of Diploid Parthenogenetic Females from the Unisexual-bisexual *Lepidodactylus lugubris* Complex' in *Cytogenetics and Cell Genetics*, 63 (1993), pp. 194–9

23 Laskowski, Doran, Bierbach, Krause and Wolf, 'Naturally Clonal Vertebrates are an Untapped Resource'

24 Yehudah L. Werner, 'Apparent Homosexual Behaviour in an All-female Population of a Lizard, *Lepidodactylus lugubris* and its Probable Interpretation' in *Zeitschrift für Tierpsychologie*, 54 (1980), pp. 144–50

25 David Crews, '"Sexual" Behavior in Parthenogenetic Lizards (*Cnemidophorus*)' in *PNAS*, 77: 1 (1980), pp. 499–502

26 L. A. O'Connell, B. J. Matthews, D. Crews, 'Neuronal Nitric Oxide Synthase as a Substrate for the Evolution of Pseudosexual Behaviour in a Parthenogenetic Whiptail Lizard' in *Journal of Neuroendocrinology*, 23 (2011), pp.

244 – 53

27 David Crews, 'The Problem with Gender' in *Psychobiology*, 16: 4 (1988), pp. 321 – 34

28 Beth E. Leuck, 'Comparative Burrow Use and Activity Patterns of Parthenogenetic and Bisexual Whiptail Lizards (Cnemidophorus: Teiidae)' in *Copeia*, 2 (1982), pp. 416 – 24

29 Sarah P. Otto and Scott L. Nuismer, 'Species Interactions and the Evolution of Sex' in *Science*, 304: 5673 (2004), pp. 1018 – 20

30 T. Yashiro, N. Lo, K. Kobayashi, T. Nozaki, T. Fuchikawa, N. Mizumoto, Y. Namba and K. Matsuura, 'Loss of Males from Mixed-sex Societies in Termites' in *BMC Biology*, 16 (2018)

31 Lisa Margonelli, *Underbug: An Obsessive Tale of Termites and Technology* (Scientific American, 2018)

32 Toshihisa Yashiro and Kenji Matsuura, 'Termite Queens Close the Sperm Gates of Eggs to Switch from Sexual to Asexual Reproduction' in *PNAS*, 111: 48 (2014), pp. 17212 – 17

33 Yashiro, Lo, Kobayashi, Nozaki, Fuchikawa, Mizumoto, Namba and Matsuura, 'Loss of Males from Mixed-sex Societies'

34 Roger Highfield, 'Shark's Virgin Birth Stuns Scientists', *Telegraph*, 23 May 2007

35 Warren Booth and Gordon W. Schuett, 'The Emerging Phylogenetic Pattern of Parthenogenesis in Snakes' in *Biological Journal of the Linnean Society* (2015), pp. 1 – 15

36 Andrew T. Fields, Kevin A. Feldheim,

Gregg R. Poulakis and Demian D. Chapman, 'Facultative Parthenogenesis in a Critically Endangered Wild Vertebrate' in *Current Biology* (Cell Press), 25: 11 (2015), pp. 446 – 7

37 Kat McGowan, 'When Pseudosex is Better Than the Real Thing', Nautilus, Nov. 2016, https://nautil.us/issue/42/fakes/when-pseudosex-is-better-than-the-real-thing

38 Fields, Feldheim, Poulakis and Chapman, 'Facultative Parthenogenesis in a Critically Endangered Wild Vertebrate'

39 N. I. Werthessen, 'Pincogenesis – Parthenogenesis in Rabbits by Gregory Pincus' in *Perspectives in Biology and Medicine*, 18: 1 (1974), pp. 86 – 93

11장 이분법을 넘어서

1 Jean Deutsch, 'Darwin and Barnacles' in *Comptes Rendus Biologies*, 333: 2 (2010), pp. 99 – 106

2 Charles Darwin, *Living Cirripedia: A monograph of the sub-class Cirripedia, with figures of all the species. The Lepadidæ; or, pedunculated cirripedes* (Ray Society, 1851), pp. 231 – 2

3 ibid., pp. 231 – 2

4 Charles Darwin, letter to J. S. Henslow, 1 April 1848, in *The Correspondence of Charles Darwin*, ed. by Frederick Burkhardt and Sydney Smith (Cambridge University Press, 1988), vol. 4, p. 128

5 Charles Darwin, letter to Joseph Hooker, 10 May 1848, in *Charles Darwin's Letters: A Selection, 1825–1859*, ed. by Frederick Burkhardt (Cambridge Univer-

sity Press, 1998), p. xvii

6   Charles Darwin, letter to Charles Lyell, 14 Sept. 1849, in *The Life and Letters of Charles Darwin*, ed. by Francis Darwin (D. Appleton & Co., 1896), vol. 1, p. 345

7   Hsiu-Chin Lin, Jens T. Høeg, Yoichi Yusa and Benny K. K. Chan, 'The Origins and Evolution of Dwarf Males and Habitat Use in Thoracican Barnacles' in *Molecular Phylogenetics and Evolution*, 91 (2015), pp. 1-11

8   Yoichi Yusa, Mayuko Takemura, Kota Sawada and Sachi Yamaguchi, 'Diverse, Continuous, and Plastic Sexual Systems in Barnacles' in *Integrative and Comparative Biology* 53: 4 (2016), pp. 701-12

9   ibid.

10   Joan Roughgarden, *Evolution's Rainbow* (University of California Press, 2004), p. 17

11   ibid., p. 128 267 'The true story of nature is profoundly empowering': ibid., p. 181

12   Malin Ah-King, 'Sex in an Evolutionary Perspective: Just Another Reaction Norm' in *Evolutionary Biology*, 37 (2010), pp. 234-46

13   Roughgarden, *Evolution's Rainbow*, p.127

14   Bruce Bagemihl, *Biological Exuberance: Animal Homosexuality and Natural Diversity* (Stonewall Inn Editions, 2000)

15   Roughgarden, *Evolution's Rainbow*, p. 27

16   Volker Sommer and Paul L. Vasey (eds), *Homosexual Behaviour in Animals: An Evolutionary Perspective* (Cambridge University Press, 2006)

17   Aldo Poiani, *Animal Homosexuality: A Biosocial Perspective* (Cambridge University Press, 2010)

18   Julia D. Monk et al, 'An Alternative Hypothesis for the Evolution of Same-Sex Sexual Behaviour in Animals' in *Nature, Ecology and Evolution* 3 (2019), pp.1622-31

19   ibid., pp. 134-5

20   Bagemihl, *Biological Exuberance*

21   Roughgarden, *Evolution's Rainbow*, p. 27

22   Patricia Adair Gowaty, 'Sexual Natures: How Feminism Changed Evolutionary Biology' in Signs 28: 3, p. 901; and Ellen Ketterson, 'Do Animals Have Gender?' in *Bioscience* 55: 2 (2005), pp. 178-80

23   Roughgarden, *Evolution's Rainbow*, p. 234

24   ibid., p. 5

25   ibid., p. 181

26   Sarah Blaffer Hrdy, 'Sexual Diversity and the Gender Agenda' in *Nature* (2004), p. 19-20; and Patricia Adair Gowaty, 'Standing on Darwin's Shoulders: The Nature of Selection Hypotheses' in Current Perspectives on *Sexual Selection: What's Left After Darwin?*, ed. by Thierry Hoquet (Springer, 2015)

27   Hoquet, *Current Perspectives on Sexual Selection*

28   Malin Ah-King, 'Queer Nature: Towards a Non-normative View on Biological Diversity' in *Body Claims*, ed. by Janne Bromseth, Lisa Folkmarson Käll and Katarina Mattsson (Centre for Gender Research, Uppsala University, 2009), pp. 227-8

29 Logan D. Dodd, Ewelina Nowak, Dominica Lange, Coltan G. Parker, Ross DeAngelis, Jose A. Gonzalez and Justin S. Rhodes, 'Active Feminization of the Preoptic Area Occurs Independently of the Gonads in *Amphiprion ocellaris*' in *Hormones and Behavior*, 112 (2019), pp. 65–76

30 Mary Jane West-Eberhard, *Developmental Plasticity and Evolution* (Oxford University Press, 2003)

31 R. Jiménez, M. Burgos, L. Caballero and R. Diaz de la Guardia, 'Sex Reversal in a Wild Population of *Talpa occidentalis*' in *Genetics Research*, 52: 2 (Cambridge, 1988), pp. 135–40

32 A. Sánchez, M. Bullejos, M. Burgos, C. Hera, C. Stamatopoulos, R. Diaz de la Guardia and R. Jiménez, 'Females of Four Mole Species of Genus *Talpa* (insectivora, mammalia) are True Hermaphrodites with Ovotestes' in *Molecular Reproduction and Development*, 44 (1996), pp. 289–94

33 Francisca M. Real, Stefan A. Haas, Paolo Franchini, Peiwen Ziong, Oleg Simakov, Heiner Kuhl, Robert Schöpflin, David Heller, M-Hossein Moeinzadeh, Verena Heinrich, Thomas Krannich, Annkatrin Bressin, Michaela F. Hartman, Stefan A. Wudy and Dina K. N. Dechmann, Alicia Hurtado, Francisco J. Barrionuevo, Magdalena Schindler, Izabela Harabula, Marco Osterwalder, Micahel Hiller, Lars Wittler, Axel Visel, Bernd Timmermann, Axel Meyer, Martin Vingron, Rafael Jimémez, Stefan Mundlos and Darío G. Lupiáñez, 'The Mole Genome Reveals Regulatory Rearrangements Associated with Adaptive Intersexuality' in *Science*, 370: 6513 (Oct. 2020), pp. 208–14

34 Janet L. Leonard, *Transitions Between Sexual Systems* (Springer, 2018), p. 14

35 ibid., p. 15

36 ibid., p. 12

37 Ah-King, 'Queer Nature: Towards a Non-normative View on Biological Diversity'

38 David Crews, 'The (bi)sexual brain' in *EMBO Reports* (2012), pp. 1–6

39 Hannah N. Lawson, Leigh R. Wexler, Hayley K. Wnuk, Douglas S. Portman, 'Dynamic, Nonbinary Specification of Sexual State in the C. elegans Nervous System', *Current Biology* (2020)

40 ScienceDaily, University of Rochester Medical Center (10 August 2020), www.sciencedaily. com*releases202008200810140949*.htm

41 Agustín Fuentes, 'Searching for the "Roots" of Masculinity in Primates and the Human Evolutionary Past', *Current Anthropology* 62: S23, S13–S25 (2021)

나오며

1 Patricia Adair Gowaty, *Feminism and Evolutionary Biology: Boundaries, Intersections and Frontiers* (Springer Science and Business Media, 1997)

2 William Whewell, *The Philosophy of the Inductive Sciences: Founded Upon Their History* (1847), p. 42

3 Antoinette Brown Blackwell, *The Sexes Throughout Nature* (1875), p. 20

4 ibid., p. 56; and Patricia Adair Gowaty,

Feminism and Evolutionary Biology: Boundaries, Intersections and Frontiers (Springer Science and Business Media, 1997), p. 45

5 Antoinette Brown Blackwell, Darwin Correspondence Project (University of Cambridge) https://www.darwinproject.ac.uk/antoinette-brown-blackwell [accessed: April 2021]

6 Brown Blackwell, Darwin Correspondence Project (University of Cambridge), https://www.darwinproject.ac.uk/antoinette-brown-blackwell [accessed: April 2021]

7 Sarah Blaffer Hrdy, *Mother Nature* (Ballantine, 1999), p. 22

8 Paula Vasconcelos, Ingrid Ahnesjö, Jaelle C. Brealey, Katerina P. Günter, Ivain Martinossi-Allibert, Jennifer Morinay, Mattias Siljestam and Josefine Stångberg, 'Considering Gender-biased Assumptions in Evolutionary Biology' in *Evolutionary Biology*, 47 (2020), pp. 1-5

9 Linda Fuselier, Perri K. Eason, J. Kasi Jackson and Sarah Spauldin, 'Images of Objective Knowledge Construction in Sexual Selection Chapters of Evolution Textbooks' in *Science and Education*, 27 (2018), pp. 479-99

10 Kristina Karlsson Green and Josefin A. Madjidian, 'Active Males, Reactive Females: Stereotypic Sex Roles in Sexual Conflict Research?' in *Animal Behaviour*, 81 (2011), pp. 901-7

11 Brealey, Günter, Martinossi-Allibert, Morinay, Siljestam, Stångberg and Vasconcelos, 'Considering Gender-Biased Assumptions in Evolutionary Biology'

12 Natalie Cooper, Alexander L. Bond, Joshua L. Davis, Roberto Portela Miguez, Louise Tomsett and Kristofer M. Helgen, 'Sex Biases in Bird and Mammal Natural History Collections' in *Proceedings of the Royal Society B*, 286 (2019)

13 Annaliese K. Beery and Irving Zucker, 'Males Still Dominate Animal Studies' in *Nature*, 465: 690 (2010)

14 Rebecca M. Shansky, 'Are Hormones a "Female Problem" for Animal Research?' in *Science*, 364: 6443, pp. 825-6

15 Marlene Zuk, Francisco Garcia-Gonzalez, Marie Elisabeth Herberstein and Leigh W. Simmons, 'Model Systems, Taxonomic Bias, and Sexual Selection: Beyond Drosophila' in *Annual Review of Entomology* (2014), pp. 321-38

16 ibid.

17 ibid.

18 ibid.

19 Jonathan B. Freeman, 'Measuring and Resolving LGBTQ Disparities in STEM' in *Policy Insights from the Behavioral and Brain Sciences* (2020), pp. 141-8

20 Ben A. Barres, 'Does Gender Matter?' in *Nature* (2006), pp. 133-6

21 Yao-Hua Law, 'Replication Failures Highlight Biases in Ecology and Evolution Science', The Scientist, 1 Aug. 2018, https://www.the-scientist.com/features/replication-failures-highlight-biases-in-ecology-and-evolution-science-64475

22 Hannah Fraser, Tim Parker, Shinichi Nakagawa, Ashley Barnett and Fiona

Fidler, 'Questionable Research Practices in Ecology and Evolution' in *PLoS One*, 13: 7 (2018), pp. 1 – 16.

23 Hannah Fraser, Ashley Barnett, Timothy H. Parker and Fiona Fidler, 'The Role of Replication Studies in Ecology' in *Academic Practice in Ecology and Evolution* (2020), pp. 5197 – 206

24 Anne Fausto-Sterling, *Sexing the Body* (Basic Books, 2000)

더 읽을거리

Altmann, Jeanne, *Baboon Mothers and Infants* (Harvard University Press, 1980)

Arnqvist, Göran and Locke Rowe, *Sexual Conflict* (Princeton University Press, 2005)

Bagemihl, Bruce, *Biological Exuberance: Animal Homosexuality and Natural Diversity* (Stonewall Inn Editions, 2000)

Barlow, Nora (ed.), 나의 삶은 서서히 진화해왔다(갈라파고스, 2018)*The Autobiography of Charles Darwin* 1809 – 1882 (Collins, 1958)

Birkhead, Tim, 정자들의 유전자 전쟁(전파과학사, 2003) *Promiscuity: An Evolutionary History of Sperm Competition and Sexual Conflict* (Faber & Faber, 2000)

Blackwell, Antoinette Brown, *The Sexes Throughout Nature* (Putnam and Sons, 1875)

Bleier, Ruth (ed.), *Feminist Approaches to Science* (Pergamon Press, 1986)

Campbell, Bernard (ed.), *Sexual Selection and the Descent of Man 1871–1971* (Aldine-Atherton, 1972)

Choe, Jac, *Encyclopedia of Animal Behavior*, second edition (Elsevier, 2019)

Clutton-Brock, Tim, *Mammal Societies* (John Wiley and Sons, 2016)

Cronin, Helena, 개미와 공작(사이언스북스, 2016) *The Ant and the Peacock* (Cambridge University Press, 1991)

Darwin, Charles, *Living Cirripedia: A monograph of the subclass Cirripedia, with figures of all the species. The Lepadidæ; or, pedunculated cirripedes* (Ray Society, 1851)

Darwin, Charles, 종의 기원(사이언스북스, 2019) *On the Origin of Species by Means of Natural Selection* (John Murray, 1859; Mentor Books, 1958)

Darwin, Charles, 인간의 유래(한길사, 2006) *The Descent of Man, and Selection in Relation to Sex* (John Murray, 1871; second edition 1979; Penguin Classics 2004)

Davies, N. B., *Dunnock Behaviour and Social Evolution* (Oxford University Press, 1992)

Dawkins, Richard, 이기적 유전자(을유문화사, 2023) *The Selfish Gene* (Oxford University Press, 1976; new edition 1989)

Denworth, Lydia, *Friendship: The Evolution, Biology and Extraordinary Power of Life's Fundamental Bond* (Bloomsbury, 2020)

DeSilva, Jeremy (ed.), *A Most Interesting Problem: What Darwin's Descent of Man Got Right and Wrong about Human Evolution* (Princeton University Press, 2021)

de Waal, Frans, 침팬지 폴리틱스(바다출판사, 2018) *Chimpanzee Politics: Power and Sex among Apes* (Johns Hopkins University Press, 1982)

de Waal, Frans, 보노보(새물결, 2003) *Bonobo: The Forgotten Ape* (University of California Press, 1997) de Waal, Frans, 착한 인류(미지북스, 2014) *The Bonobo and the Atheist: In Search of Humanism among the Primates* (W. W. Norton & Co., 2013)

de Waal, Frans, 동물의 감정에 관한 생각(세종서적, 2019) *Mama's Last Hug* (Granta, 2019)

Dixson, Alan F., *Primate Sexuality: Comparative Studies of the Prosimians, Monkeys, Apes, and Humans* (Oxford University Press, 2012)

Drickamer, Lee and Donald Dewsbury (eds), *Leaders in Animal Behaviour* (Cambridge University Press, 2010)

Eberhard, William G., *Sexual Selection and Animal Genitalia* (Harvard University Press, 1985)

Eberhard, William G., *Female Control: Sexual Selection by Cryptic Female Choice* (Princeton University Press, 1996)

Elgar, M. A. and J. M. Schneider, 'The Evolutionary Significance of Sexual Cannibalism' in Peter Slater et al. (eds), *Advances in the Study of Behavior*, volume 34 (Academic Press, 2004)

Fausto-Sterling, Anne, *Sexing the Body: Gender Politics and the Construction of Sexuality* (Basic Books, 2000)

Fedigan, Linda Marie, *Primate Paradigms: Sex Roles and Social Bonds* (University of Chicago Press, 1982)

Fine, Cordelia, 테스토스테론 렉스(딜라일라북스, 2018) *Testosterone Rex* (W. W. Norton & Co., 2017)

Fisher, Maryanne L., Justin R. Garcia and Rosemarie Sokol Chang (eds), *Evolution's Empress: Darwinian Perspectives on the Nature of Women* (Oxford University Press, 2013)

Fuentes, Agustin, *Race, Monogamy and Other Lies They Told You: Busting Myths about Human Nature* (University of California Press, 2012)

Gould, Stephen Jay, 플라밍고의 미소(현암사, 2013) *The Flamingo's Smile: Reflections in Natural History* (W. W. Norton & Co., 1985)

Gowaty, Patricia (ed.), *Feminism and Evolutionary Biology: Boundaries, Intersections and Frontiers* (Springer, 1997)

Haraway, Donna J., *Primate Visions: Gender, Race, and Nature in the World of Modern Science* (Routledge, 1989)

Hayssen, Virginia and Teri J. Orr, 포유류의 번식 암컷 관점(뿌리와이파리, 2021) *Reproduction in Mammals: The Female Perspective* (Johns Hopkins University Press, 2017)

Hoquet, Thierry (ed.), *Current Perspectives on Sexual Selection: What's Left After Darwin?* (Springer, 2015)

Hrdy, Sarah Blaffer, *The Langurs of Abu: Female and Male Strategies of Reproduction* (Harvard University Press, 1980)

Hrdy, Sarah Blaffer, *The Woman That Never Evolved* (Harvard University Press, 1981; second edition, 1999)

Hrdy, Sarah Blaffer, 어머니의 탄생(사이언스북스, 2014) *Mother Nature: Maternal Instincts and How They Shape the Human Species* (Ballantine Books, 1999)

Hrdy, Sarah Blaffer, 어머니, 그리고 다른 사람들(에이도스, 2021) *Mothers and Others: The Evolutionary Origins of Mutual Understanding* (Harvard University Press, 2009)

Jolly, Alison, *Lemur Behaviour: A Madagascar Field Study* (University of Chicago

Press, 1966)

Jolly, Alison, *Lords and Lemurs: Mad Scientists, Kings with Spears, and the Survival of Diversity in Madagascar* (Houghton Mifflin Company, 2004)

Kaiser, David and W. Patrick McCray (eds), *Groovy Science: Knowledge, Innovation, and American Counterculture* (University of Chicago Press, 2016)

Lancaster, Roger, *The Trouble with Nature: Sex in Science and Popular Culture* (University of California Press, 2003)

Leonard, Janet (ed.), *Transitions Between Sexual Systems: Understanding the Mechanisms of, and Pathways Between, Dioecy, Hermaphroditism and Other Sexual Systems* (Springer, 2018)

Margonelli, Lisa, *Underbug: An Obsessive Tale of Termites and Technology* (Scientific American, 2018)

Marzluff, John and Russell Balda, *The Pinyon Jay: Behavioral Ecology of a Colonial and Cooperative Corvid* (T. and A. D. Poyser, 1992)

Maynard Smith, John, *The Evolution of Sex* (Cambridge University Press, 1978)

Milam, Erika Lorraine, *Looking for a Few Good Males: Female Choice in Evolutionary Biology* (Johns Hopkins University Press, 2010)

Morris, Desmond, 털 없는 원숭이(문예춘추사, 2020) *The Naked Ape* (Jonathan Cape, 1967)

Mundy, Rachel, *Animal Musicalities: Birds, Beasts, and Evolutionary Listening* (Wesleyan University Press, 2018)

Oldroyd, D. R. and K. Langham (eds), *The Wider Domain of Evolutionary Thought* (D. Reidel Publishing Company, 1983)

Poiani, Aldo, *Animal Homosexuality: A Biosocial Perspective* (Cambridge University Press, 2010)

Prum, Richard O., 아름다움의 진화(동아시아, 2019) *The Evolution of Beauty: How Darwin's Forgotten Theory of Mate Choice Shapes the Animal World Around Us* (Anchor Books, 2017)

Rees, Amanda, *The Infanticide Controversy: Primatology and the Art of Field Science* (University of Chicago Press, 2009)

Rice, W. and S. Gavrilets (eds), *The Genetics and Biology of Sexual Conflict* (Cold Spring Harbor Laboratory Press, 2015)

Rosenthal, Gil G., *Mate Choice: The Evolution of Sexual Decision Making from Microbes to Humans* (Princeton University Press, 2017)

Roughgarden, Joan, 변이의 축제(갈라파고스, 2021) *Evolution's Rainbow: Diversity, Gender, and Sexuality in Nature and People* (University of California Press, 2004)

Russett, Cynthia, *Sexual Science: The Victorian Construction of Womanhood* (Harvard University Press, 1991)

Ryan, Michael J., 너는 왜 아름다움에 끌리는가(빈티지하우스, 2020) *A Taste for the Beautiful: The Evolution of Attraction* (Princeton University Press, 2018)

Saini, Angela, *Inferior: How Science Got Women Wrong – and the New Research That's Rewriting the Story* (Fourth Estate, 2017)

Schilthuizen, Menno, *Nature's Nether Regions: What the Sex Lives of Bugs, Birds and Beasts Tell Us About Evolution, Biodiversity and Ourselves* (Viking, 2014)

Schutt, Bill, *Eat Me: A Natural and Unnatural History of Cannibalism* (Profile Books,

2017)

Smuts, Barbara B., *Sex and Friendship in Baboons* (Aldine Publishing Co., 1986)

Sommer, Volker and Paul F. Vasey (eds), *Homosexual Behaviour in Animals: An Evolutionary Perspective* (Cambridge University Press, 2004)

Symons, Donald, 섹슈얼리티의 진화(한길사, 2007) *The Evolution of Human Sexuality* (Oxford University Press, 1979)

Travis, Cheryl Brown (ed.), *Evolution, Gender, and Rape* (MIT Press, 2003)

Travis, Cheryl Brown and Jacquelyn W. White (eds), *APA Handbook of the Psychology of Women: History, Theory, and Battlegrounds* (American Psychological Association, 2018)

Tutin, Caroline, *Sexual Behaviour and Mating Patterns in a Community of Wild Chimpanzees* (University of Edinburgh, 1975)

Viloria, Hilda and Maria Nieto, *The Spectrum of Sex: The Science of Male, Female and Intersex* (Jessica Kingsley Publishers, 2020)

Wallace, Alfred Russel, *Darwinism: An Exposition of the Theory of Natural Selection with Some of its Applications* (Macmillan & Co., 1889)

Wasser, Samuel K., *Social Behaviour of Female Vertebrates* (Academic Press, 1983)

West-Eberhard, Mary Jane, *Developmental Plasticity and Evolution* (Oxford University Press, 2003)

Whewell, William, *The Philosophy of the Inductive Sciences: Founded Upon Their History* (J. W. Parker, 1847)

Willingham, Emily, 페니스, 그 진화와 신화 (뿌리와이파리, 2021) *Phallacy: Life Lessons from the Animal Penis* (Avery, 2020)

Wilson, E. O., 사회생물학 1, 2 (민음사, 1992) *Sociobiology: The New Synthesis* (Harvard University Press, 1975; twenty-fifth-anniversary edition 2000)

Wrangham, Richard and Dale Peterson,악마 같은 남성(사이언스북스, 1998) *Demonic Males* (Houghton Mifflin, 1996)

Yamagiwa, Juichi and Leszek Karczmarski, *Primates and Cetaceans: Field Research and Conservation of Complex Mammalian Societies* (Springer, 2014)

Zuk, Marlene, *Sexual Selections: What We Can and Can't Learn about Sex from Animals* (University of California Press, 2002)

Zuk, Marlene and Leigh W. Simmons, *Sexual Selection: A Very Short Introduction* (Oxford University Press, 2018)

찾아보기

ㅊ

ㅋ

ㅌ

ㅍ

ㅎ

방탕하고 쟁취하며 군림하는

암컷들

초판 1쇄 발행 2023년 5월 7일
초판 5쇄 발행 2024년 7월 29일

지은이 루시 쿡
옮긴이 조은영

발행인 이봉주 **단행본사업본부장** 신동해
편집장 김예원 **책임편집** 정다이
디자인 위드텍스트 **교정 교열** 윤희영
마케팅 최혜진 이은미 **홍보** 반여진
제작 정석훈 **국제업무** 김은정 김지민

브랜드 웅진지식하우스
주소 경기도 파주시 회동길 20
문의전화 031-956-7362(편집) 02-3670-1123(마케팅)
홈페이지 www.wjbooks.co.kr
인스타그램 www.instagram.com/woongjin_readers
페이스북 www.facebook.com/woongjinreaders
블로그 blog.naver.com/wj_booking

발행처 ㈜웅진씽크빅
출판신고 1980년 3월 29일 제406-2007-000046호

한국어판 출판권 © ㈜웅진씽크빅, 2023
ISBN 978-89-01-27151-4 03400

웅진지식하우스는 ㈜웅진씽크빅 단행본사업본부의 브랜드입니다.